Lehr- und Handbücher der Statistik

Herausgegeben von
Universitätsprofessor Dr. Rainer Schlittgen

Deskriptive und Explorative
Datenanalyse

Von

Univ.-Prof. Dr. Siegfried Heiler

und

Dr. Paul Michels

R. Oldenbourg Verlag München Wien

Anschrift der Verfasser:

Prof. Dr. Siegfried Heiler
Fakultät für Wirtschaftswissenschaften und Statistik
Universität Konstanz, Postfach 5560, D-7750 Konstanz

Dr. Paul Michels
A. C. Nielsen Marketing Research GmbH,
Ludwig-Landmann-Str. 405, D-60486 Frankfurt/Main

Die Deutsche Bibliothek — CIP-Einheitsaufnahme

Heiler, Siegfried:
Deskriptive und Explorative Datenanalyse / von Siegfried
Heiler und Paul Michels. — München ; Wien : Oldenbourg, 1994
  (Lehr- und Handbücher der Statistik)
  ISBN 3-486-22786-6

NE: Michels, Paul:

© 1994 R. Oldenbourg Verlag GmbH, München

Das Werk einschließlich aller Abbildungen ist urheberrechtlich geschützt. Jede Verwertung außerhalb der Grenzen des Urheberrechtsgesetzes ist ohne Zustimmung des Verlages unzulässig und strafbar. Das gilt insbesondere für Vervielfältigungen, Übersetzungen, Mikroverfilmungen und die Einspeicherung und Bearbeitung in elektronischen Systemen.

Gesamtherstellung: R. Oldenbourg Graphische Betriebe GmbH, München

ISBN 3-486-22786-6

Vorwort

Es ist schon immer, seit praktische Statistik betrieben wird, üblich gewesen, statistische Daten durch geeignete graphische Darstellungen zu veranschaulichen, in Tabellen zu verdichten und schließlich durch einfache Kenngrößen zu charakterisieren. Dies gehört zu dem Aufgabenbereich der deskriptiven Statistik. Durch die Verdichtung des Datenmaterials wird ein Verlust an Einzelinformation in Kauf genommen zugunsten eines Gewinns an Aussagekraft.

Während für lange Zeit, ausgehend von der englischen Schule, die am Wahrscheinlichkeitsmodell orientierte mathematische Statistik das Bild unseres Faches geprägt hat, stellt man, etwa zu Beginn der 60er Jahre, eine Renaissance der datenorientierten Betrachtungs- und Vorgehensweise fest. Als richtungsweisend wird in diesem Zusammenhang gern ein Artikel von John Wilder Tukey aus dem Jahre 1962 genannt mit dem Titel "The Future of Data Analysis". Zum Aufgabengebiet der deskriptiven Statistik, nämlich der Zusammenfassung, der Konzentration und Präsentation von Daten, kommt das Ziel hinzu, in den Daten vorhandene (häufig versteckte) Strukturen und etwaige Auffälligkeiten, Anomalien, aufzudecken. Dazu wird das Bündel der zur Verfügung stehenden Methoden in vielfältiger Weise erweitert. Eine wesentliche Rolle spielt dabei die ständig wachsende Einsatzmöglichkeit immer leistungsfähiger werdender Computer. Sie erlaubt früher unmöglich gewesene Kalküle mit hohem Komplexitätsgrad durchzuführen und eröffnet, was vielleicht noch interessanter ist, der graphischen Analyse und Darstellung neue Wege.

Diese Renaissance der Datenanalyse wird geprägt durch John W. Tukey in den USA und J.-P. Benzécri in Frankreich. Das erste Buch auf diesem Gebiet war die 1971 erschienene erste vorläufige Version der "Exploratory Data Analysis" von J.W. Tukey. Die endgültige Fassung ist 1977 erschienen. Das für den französischen Bereich grundlegende Werk "L'Analyse des Données" von J.-P. Benzécri et collaborateurs kam 1973 heraus. Es besteht aus den beiden Bänden "La Taxonomie Numérique" und "L'Analyse des Correspondences".

Die Feststellung, daß die Schwerpunkte der amerikanischen und der französischen Richtung verschieden sind, dürfte nicht überraschen. Zu den Schwerpunkten der Analyse des Données gehören die Clusteranalyse, die Hauptkomponenten- und die Faktorenanalyse, die Korrespondenzanalyse und die automatische Klassifikation. Diese Aspekte werden in dem vorliegenden Buch nicht behandelt mit Ausnahme der Hauptkomponentenanalyse, auf die im Zusammenhang mit der Diskussion der Streuung multivariater Daten eingegangen wird.

Die Einstellung der Amerikaner wird reflektiert in einer Umschreibung, die David Andrews in einer Enzyklopädie gegeben hat: Explorative Datenanalyse ist die Bearbeitung, Zusammenfassung und Darstellung von Daten, um sie dem menschlichen Verständnis zugänglicher zu machen. Auf diese Weise sollen vorhandene Strukturen in den Daten und bedeutsame Abweichungen von diesen Strukturen aufgedeckt werden.

Obwohl gewisse methodische Entwicklungen eine bedeutsame Rolle spielen, kann die EDA nicht als eine Methodensammlung verstanden werden. Es ist vielmehr eine Einstellung und eine Flexibilität im Umgang mit den Daten. So können bestimmte Verfahren sowohl in der explorativen als auch in der konfirmatorischen (d.h. klassich mathematisch-statistischen) Analyse Anwendung finden. Verschieden ist dann lediglich die Art der Interpretation der Ergebnisse.

Im Gegensatz zur schließenden Statistik (der konfirmatorischen Datenanalyse CDA), baut die EDA nicht auf einem vorher formulierten Wahrscheinlichkeitsmodell auf, in dem Annahmen gemacht und Hypothesen formuliert werden. Die EDA beginnt vielmehr mit einem Studium der Daten. Werden dabei nichttriviale Strukturen gefunden, so kann man versuchen, diese durch ein statistisches Modell zu beschreiben. Dabei sollten jedoch stark einschränkende Modellannahmen vermieden werden. Deshalb ist die Anwendung robuster (Ausreißer-resistenter) Schätzverfahren geboten.

Typisch für konfirmatorische Datenanalyse ist das Schema der testenden Statistik. Danach steht am Anfang eine Hypothese. Zu deren Überprüfung wird - etwa über einen geeigneten Versuchsplan - eine Zufallsstichprobe durchgeführt, und darauf wird dann ein Test angewandt. Das Ergebnis ist eine Aussage. In der Praxis ist die Situation meist nicht so einfach. "Hypothesen fallen nicht vom Himmel" (Victor). Häufig entstehen Fragen aus der Beschäftigung mit Daten. Und Fragestellungen, die aus wissenschaftlichen oder praktischen Problemen entstehen, sind im allgemeinen so vage, daß sie sich nicht direkt in ein präzises Wahrscheinlichkeitsmodell umsetzen lassen, wie es die Anwendung eines Tests erfordert.

"Finding the question is often more important than finding the answer", lautet einer der markanten Sätze von J.W. Tukey.
Explorative Verfahren geben durch die Suche nach Auffälligkeiten Anstöße zur Bildung von Hypothesen und Modellen und sie helfen bei der Präzisierung der Fragestellung im Sinne eines statistischen Tests.

Das Buch ist entstanden aus Unterlagen zu einer Lehrveranstaltung Statistik I, die in Konstanz für Studenten der Volkswirtschaftslehre und der Verwaltungswissenschaft regelmäßig angeboten wird. Ein wesentliches Anliegen bei diesen Veranstaltungen bestand darin, die Studenten auch mit einigen der Gedanken, Konzepten und Verfahren vertraut zu machen, die in der explorativen Datenanalyse entstanden sind und das Instrumentarium der deskriptiven Statistik beträchtlich erweitert haben. Der Stoff wurde erweitert um einige Aspekte, die wegen zeitlicher Restriktionen keinen Platz in den Lehrveranstaltungen finden konnten. Dazu kamen weiterführende Ergänzungen zu einigen der angesprochenen Analyseverfahren. Soweit das Verständnis solcher Ergänzungen an etwas tieferliegende mathematische Vorkenntnisse geknüpft ist, wurden die entsprechenden Abschnitte mit drei Sternen gekennzeichnet. Sie können bei einem ersten Durcharbeiten des Stoffes überschlagen werden. Allerdings gehen die für das Verständnis notwendigen Anforderungen an keiner Stelle über gewisse Kenntnisse der linearen Algebra, insbesondere des Vektor- und Matrizenkalküls, hinaus. Außerdem sollen die überall eingestreuten und durchgerechneten Beispiele aus verschiedenen Anwendungsbereichen das Verständnis des Stoffes erleichtern und zum Selbststudium anregen.

Die breite Streuung der Beispiele bringt zum Ausdruck, daß die vorgestellten Methoden in den unterschiedlichsten Anwendungsbereichen und Fachrichtungen einsetzbar sind. So werden Datensätze aus den Bereichen Demographie, Geschichte, Hydrologie, Kriminologie, Landwirtschaft, Marketing, Medizin, Meteorologie, Sozialwissenschaften, Technik, Wirtschaftswissenschaften und der Umweltforschung verwendet und analysiert.

Wir danken allen Mitarbeitern der Fachgruppe Statistik in Konstanz, die in unterschiedlicher Weise zur Fertigstellung dieses Buches beigetragen haben. Für die Erstellung wesentlicher Teile der Textvorlage in LaTeX danken wir Jeanette Blings, Cristina Fernández de Geiselhart, Katharina Kohn und insbesondere Sonja Schneider, die auch die Koordination und Zusammenstellung übernommen hat. Natürlich sind wir für alle enthaltenen Fehler selbst verantwortlich.

Siegfried Heiler
Paul Michels

Inhaltsverzeichnis

1 Einführung   **1**

    1.1 Was ist Statistik? 1

    1.2 Zur Geschichte der Statistik 3

    1.3 Statistische Institutionen in Deutschland 10

2 Durchführung einer Untersuchung   **19**

    2.1 Statistische Grundbegriffe 19

    2.2 Datenerhebung 24

    2.3 Aufbereitung des erhobenen Datenmaterials 27

3 Graphische Darstellungen univariater Daten   **33**

    3.1 Klassische Methoden graphischer Darstellung 34

    3.2 Kerndichteschätzung 54

    3.3 Stamm-Blätter-Darstellungen (Stem-and-Leaf-Displays) 63

    3.4 *** Regeln zur Wahl von Klassen und Bandbreiten 73

4 Maßzahlen univariater Verteilungen   **85**

4.1	Lagemaße	85
4.2	Streuungsmaße	104
4.3	Schiefe und Wölbung	116
4.4	Box-Plots	129
4.5	Konzentration	146

5 Transformation von Daten — 157

5.1	Transformationen zur Erhöhung der Interpretierbarkeit	158
5.2	Potenztransformationen	159
5.3	Transformationen zur Erhöhung der Symmetrie	163
5.4	Stabilisierung der Varianz mehrerer Datensätze	167
5.5	Angepaßte Transformationen (Matched Transformations)	171
5.6	*** Herleitungen von Transformationsplots	173
5.7	Abschließende Bemerkungen	175

6 Graphische Darstellungen multivariater Daten — 177

6.1	Multivariate Häufigkeitsverteilungen	177
6.2	Graphische Darstellungen multivariater Daten	185
6.3	Darstellung höherdimensionaler Daten ($p > 2$)	199

7 Lage, Streuung und Zusammenhangsanalyse multivariater Daten — 215

7.1	Lagemaße	215
7.2	Streuungsmaße	222

7.3   Das Ordnen multivariater Daten 231

7.4   *** Weitere Lage-, Streuungs-, sowie Schiefe- und Wölbungsmaße 242

7.5   Einführung in die Regression 244

8 Korrelationsanalyse   255

8.1   Zusammenhänge in metrisch skalierten Daten 255

8.2   Zusammenhänge in ordinal skalierten Daten 261

8.3   Zusammenhänge in nominal skalierten Daten 274

9 Weitere Verfahren der Regression   283

9.1   Lineare Einfachregression 283

9.2   Transformation auf Linearität 303

9.3   Glättungsverfahren bei nichtlinearen Zusammenhängen 312

9.4   Lokal gewichtete Regression 316

9.5   Modellbildung. 320

10 Zeitreihenanalyse   331

10.1 Trendermittlung 333

10.2 Kernglättung und gleitende Durchschnitte 342

10.3 Konstruktion gleitender Durchschnitte 347

10.4 Behandlung von Saisonschwankungen 354

10.5 Gleitende Durchschnitte mit lokal gewichteter Regression 364

10.6 Resistente Glättungsverfahren 371

10.7 Vorhersage 375

Literaturverzeichnis **397**

Abbildungsverzeichnis **407**

Tabellenverzeichnis **415**

Index **423**

Kapitel 1

Einführung

1.1 Was ist Statistik?

Dem Wort "*Statistik*" werden mehrere Bedeutungen zugeordnet. Zum einen versteht man darunter Tabellen, Graphiken, Zahlenkolonnen, Schaubilder oder daraus gewonnene Kenngrößen wie Mittelwerte oder relative Häufigkeiten. Manchmal verbindet man auch den (amtlichen) Apparat zur Erhebung und Dokumentation von Daten mit diesem Begriff. Zum anderen ist Statistik eine "wissenschaftliche Disziplin, deren Gegenstand die Entwicklung und Anwendung formaler Methoden zur Gewinnung, Beschreibung und Analyse sowie zur Beurteilung quantitativer Beobachtungen (Daten) ist" (Vogel, 1991). Als solche ist Statistik eine wissenschaftliche Methode zur Vorbereitung von Entscheidungen bei Unsicherheit. Unsicherheit birgt stets das Problem von Fehlentscheidungen in sich. Oft lassen Daten auch unterschiedliche Interpretationen zu. Beides hat dazu geführt, daß die Disziplin Statistik gelegentlich in Mißkredit geraten ist. Hier nur eine kleine Auswahl aus einer großen Fülle kritischer, häufig ironischer Bemerkungen:

> In der alten Zeit gab es keine Statistik, und daher mußten die Leute lügen. So ist denn die alte Literatur voll von gewaltigen Übertreibungen — es wimmelt nur so von Riesen und Wundern! Damals log man also, aber heute hat man die Statistik dafür; somit ist alles beim alten geblieben. (Stephen Leacock)

> Trau keiner Statistik, die du nicht selbst gefälscht hast.

Es gibt drei Arten von Lügen: Notlügen, gemeine Lügen — und dann noch die Statistik. (Disraeli)

Statistik kann nicht das auf Unsicherheit beruhende Risiko von Fehlentscheidungen ausschalten. Aber sie macht es kalkulierbar. Die Statistik befaßt sich nicht mit *Einzelphänomenen* oder Individuen. Sie trifft deshalb auch keine Aussagen für einzelne Sachverhalte, sondern hat stets ein *Gesamtbild* im Auge. In dieses Gesamtbild gehen von den Individuen nur einige wenige Charakteristika (ihre statistischen "Schatten") ein. Häufig wurde die Statistik auch als Lehre von der Analyse von *Massenerscheinungen* bezeichnet. Der mit dem Wort Masse suggerierte Eindruck ist jedoch falsch. Wir sind es heute durchaus gewohnt, aus Stichproben relativ kleinen Umfangs allgemeine, weitreichende Schlüsse zu ziehen.

Die wissenschaftliche Disziplin Statistik wird häufig in die zwei Teilgebiete "*Deskriptive Statistik*" und "*Schließende Statistik*" unterteilt, welche an Fachbereichen deutscher Universitäten in getrennten Vorlesungen behandelt werden. Aufgabe der deskriptiven Statistik ist die Aufbereitung mitunter umfangreichen Datenmaterials. Dazu zählt vor allem die graphische Darstellung und die Charakterisierung der Daten durch einige wenige Kenngrößen. Ihre Aussagen beschränken sich auf den untersuchten Datensatz selbst; Schlüsse über die vorliegenden Daten hinaus sind nicht beabsichtigt. Die schließende Statistik bedient sich hingegen formaler (mathematischer) Modellvorstellungen. Das Vorliegen unkontrollierbarer Einflüsse führt dann zu sogenannten stochastischen (d.h. auf der Wahrscheinlichkeitstheorie aufbauenden) Modellen. Innerhalb dieser ist es möglich, Rückschlüsse von einer zufällig ausgewählten Teilmenge auf die Gesamtheit, aus der diese entnommen wurde, zu ziehen. Nachdem in Anwendung und Wissenschaft lange Zeit ein vorrangiges Interesse an der schließenden Statistik mit Hilfe von wahrscheinlichkeitstheoretischen Modellen bestand, rückten Ende der siebziger Jahre vor allem die Arbeiten von John W. Tukey den datenanalytischen Aspekt der Statistik ins Bewußtsein. Tukeys "*Explorative Datenanalyse (EDA)*" stellt ein modernes, vielfältiges Instrumentarium zur Erkennung und Darstellung von Strukuren in den Daten dar. Neben der Behandlung der klassischen Methoden der deskriptiven Statistik wird daher in diesem Buch besonderer Wert auf diesen datenanalytischen Aspekt gelegt.

1.2 Zur Geschichte der Statistik

Die Statistik in der heutigen Form ist aus vier historischen Wurzeln entstanden.

I. Amtliche Erhebungen

Schon im frühen Altertum wurden amtliche Erhebungen als Volkszählungen und andere Registrierungen durchgeführt. Sie dienten vorwiegend militärischen und steuerlichen Zwecken.

Als eine erste Quelle wird gern ein ägyptischer Gedenkstein erwähnt, dessen Entstehung auf den Zeitraum um 2600 v. Chr. datiert. Er enthält Bevölkerungszahlen und ist so Zeugnis einer Erhebung, die, so vermutet man, der Organisation des Pyramidenbaus diente.
Kung-Fu-Tse (Konfuzius), 552 – 479 v. Chr., der ältere schriftliche Überlieferungen sammelte, berichtet, daß in der Yang-Schao-Kultur am Hoang-Ho neben dem Volk auch Grund und Boden sowie Gewerbe und Handel erfaßt wurden.
Im 2. Buch Samuel, 34, ist die Zählung der wehrfähigen Männer Israels durch König David erwähnt. ("Schon auf dieser Zählung lastete ein Fluch, und David wurde dafür von Gott bestraft.") Der römische Kaiser Servius Tullius verfügte um 550 v. Chr. einen Zensus (Volkszählung), der ab 433 periodisch, erst in 5-, dann in 10- und schließlich in 15-jährigem Abstand durchgeführt wurde, insgesamt 69 mal. Dokumentationen dazu sind im "Brevarium Augusti" von Kaiser Augustus (63 v. Chr. - 14 n. Chr.) angelegt und später fortgeführt worden. Die Weihnachtsgeschichte in der Bibel berichtet bekanntlich von so einer Volkszählung. Karl der Große (768 - 814) ordnete eine Bestandsaufnahme all seiner Güter, Domänen, etc. an, in der vielen bis ins kleinste Detail dokumentiert wurde. Wilhelm der Eroberer (1027 - 1087) ließ das *Domesday Book* anlegen, in dem die Ergebnisse einer 1086 durchgeführten Erhebung von Land und Bevölkerung aufgezeichnet sind. Dieses "Buch des jüngsten Gerichts" wird auch als Grundkataster des Okzidents bezeichnet. Gegen Ende 19. Jahrhunderts erfolgte die Gründung der ersten nationalen statistischen Ämter. In Deutschland entstanden:

1805 das Statistische Bureau in Preussen

1834 das Statistische Centralbureau des Deutschen Zollvereins und

1871 das Kaiserliche Statistische Reichsamt (in diesem Jahr wurde auch bereits die erste deutsche Volkszählung durchgeführt)

II. Die deutsche Universitäts- oder Kathederstatistik

Als älteste Wurzel der Statistik als Wissenschaft kann die *(deutsche) Universitäts- oder Kathederstatistik* im 17. und 18. Jahrhundert angesehen werden. Statistik wurde als Lehre von den Staatsmerkwürdigkeiten ("merkwürdig" im Sinne von "bemerkenswert") verstanden. Gesammelte Informationen zur Beschreibung der geographischen Gegebenheiten, der Bevölkerung, der Verfassung, der Wirtschaft, der Verwaltung und des Militärs wurden für einen einzelnen Staat oder für den Vergleich mehrerer Staaten zusammengefaßt. Vorgänger dieser Richtung sind

- die *Politiken des Aristoteles* (384-332 v. Chr.),

- das 1562 in Venedig erschienene Buch "Del governo et administratione di diversi regai" von *Francesco Sansovino* (1521 - 1586), das auf Reisebeschreibungen von Privatleuten und Gesandtenberichten beruht,

- Arbeiten von *Giovanni Botero* (1540 - 1617), der die "vergleichende Methode" verwendet, sowie

- eine Schriftenreihe mit 36 Bänden des Direktors der holländisch-westindischen Kompanie, *Jan de Laet* (1583 - 1649).

Die deutsche Universitäts- und Katheterstatistik wurde vom 1656 erschienenen Buch "Teutscher Fürstenstaat" von dem seinerzeit berühmten Historiker und Staatsmann *Veit Ludwig von Seckendorff* (1626 - 1692) geprägt. Daraus entwickelte sich die *Lehre von den Staatsmerkwürdigkeiten*. Erster Lehrer dieses Faches war *Hermann Conring* (1606 - 1681), Professor für Philosophie, Medizin und Politik in Helmstedt. Seine säamtlichen Schriften sind in Lateinisch und rein verbal gehalten. Die Vorlesung "*Collegium politico-statisticum*" von *Martin Schmeitzel* (1679 - 1747), Professor in Jena und Halle, hat den Namen *Statistik* geprägt und *Gottfried Achenwall* (1719 - 1772), seinen Schüler, zur ersten in deutsch gehaltenen Veranstaltung über Staatenkunde mit dem Titel "*Statistik*" an der Universität Göttingen (1747) angeregt. In seinem 1749 erschienenen Werk "*Abriß der Staatswissenschaft der Europäischen Reiche*" wird alles "Bemerkenswerte" in den gegenwärtigen Zuständen des Territoriums, der Bevölkerung und der Verwaltung eines Landes beschrieben. Sein Nachfolger *August Ludwig von Schlözer* (1735 - 1809) gilt als Vater der deutschen Publizistik.

1.2. ZUR GESCHICHTE DER STATISTIK

Mit der Ausdehnung der amtlichen Statistik wurden zur Darstellung immer mehr Tabellen herangezogen. Die Vertreter dieser, von der aus England kommenden *Politischen Arithmetik* beeinflußten Richtung wurden von den Anhängern Achenwalls als "Tabellenknechte" beschimpft, die nur "gemeine" statt "höhere" Statistik betrieben und die idealen Faktoren in einem Staatswesen übersahen.

> "Die ganze Wissenschaft der Statistik, eine der edelsten, ist durch die politischen Arithmetiker um alles Leben, um allen Geist gebracht und zu einem Skelett, zu einem wahren Kadaver herabgewürdigt, auf das man nicht ohne Widerwillen blicken kann." (Göttingische gelehrte Anzeigen 1806, S. 84)

Carl Gustav Adolph Knies (1821 - 1898) zieht 1850 einen Schlußstrich unter die deutsche Universitätsstatistik, indem er jener Richtung den Namen Statistik zuerkennt, die auf Beobachtung beruhende Zahlenangaben zu mathematisch fundierten Schlüssen verwendet.

III. Die politische Arithmetik

Während die deutschen Universitätsstatistiker gesammelte Daten nur zur Beschreibung benutzten, dienten sie den politischen Arithmetikern als Grundlage für Analysen. Sie suchten nach Gesetzmäßigkeiten in den bevölkerungs- und sozialstatistischen Daten. Die parallel zur deutschen Universitätsstatistik verlaufende Entwicklung der *politischen Arithmetik*, die ihren Ursprung in England hatte, war durch die folgende Arbeiten gekennzeichnet:

1662 ging der Royal Society of London die Schrift "*Natural and political observations upon the bills of mortality, chiefly with reference to the government, religion, trade, growth, air, deseases etc. of the City of London*" von Captain *John Graunt* zu, deren Aussagen auf den Geburts- und Sterbelisten Londons seit 1603 beruhten. Hier wurden zum ersten Mal aus Daten allgemeine Schlüsse gezogen.

1693 erschien ein Werk des Astronomen *Edmund Halley* (1656 - 1742), das die erste vollständige Sterbetafel — ermittelt anhand der Kirchenbücher der Stadt Breslau — und daraus resultierende Prämienberechnungen für Lebensversicherungen enthielt. Die Daten stammten von dem Breslauer Pastor *Kaspar Neumann*, der Aufzeichnungen aus Kirchenbüchern sammelte.

Den Namen erhielt die neue Richtung von *William Petty* (1623 - 1687), einem Freund Graunts, der wirtschaftliche Aspekte in seinen "*Essays in Political Arithmetic*" einbezog. Den Höhepunkt erreichte sie durch *Thomas Robert Malthus* (1766 - 1834), dessen "Gesetze" über die Zunahme der Bevölkerung und der Nahrungsmittelproduktion berühmt geworden sind.

Inzwischen hatte sich die politische Arithmetik über Belgien, Holland, Frankreich, Schweden verbreitet und erst relativ spät, wegen der dort herrschenden Universitätsstatistik, Deutschland erreicht. Erster deutscher Vertreter war der Pastor und Dozent *Kaspar Neumann* (1648 - 1715), der auf Vorschlag von Leibniz 1706 als einer der ersten zum Mitglied der neugegründeten Akademie der Wissenschaften in Berlin gewählt wurde. Wichtigster deutscher Vertreter wurde der preussische Feldprediger *Johann Peter Süßmilch* (1707 - 1767) mit seinem Werk "*Die göttliche Ordnung in den Veränderungen des menschlichen Geschlechts, aus der Geburt, dem Tode und der Fortpflanzung desselben erwiesen*" (1741). Der Titel gibt am besten Auskunft über die Intention dieser Richtung. Ihre stärkste Ausprägung, aber auch ihre größte Übertreibung erfuhr die Politische Arithmetik durch den Belgier *Lambert Adolphe Jacob Quetelet* (1796 - 1874), der die erste Volkszählung nach heutigem Muster 1846 in Belgien organisierte. Auf seiner Suche nach Gesetzmäßigkeiten in sozialstatistischen Daten glaubte er, der Physik ähnliche Naturgesetze gefunden zu haben und entwickelte in seinem Werk "Sur l'homme et ledéveloppement de ses facultés ou essai de physique sociale" (erstmals 1835 in Paris erschienen) die Lehre vom *homme moyen* als Ideal, das sämtliche Merkmale in mittlerer Ausprägung aufweist.

IV. Die Wahrscheinlichkeitstheorie

Von größter Bedeutung für den Aufschwung der Statistik im 19. und 20. Jahrhundert war die Entwicklung der *Wahrscheinlichkeitstheorie*, die aus der Chancenberechnung für Glücksspiele im 16. Jahrhundert entstanden ist. Als erste Ausführungen in dieser Richtung sind die Schriften von *Gerolamo Cardano* (1501 - 1576) (beispielsweise das um 1526 erschienene Buch "*Liber de ludo aleae*") sowie die Abhandlung "*Sopra le scorpeste dei Dadi*" (über die Wahrscheinlichkeit beim Spiel mit drei Würfeln) von *Galileo Galilei* (1564 - 1642) zu nennen.

1.2. ZUR GESCHICHTE DER STATISTIK

Berühmt geworden sind die Anfragen des Spielers *Antoine Chevalier de Méré* (1610 - 1684) bei dem französischen Mathematiker *Blaise Pascal* (1623 - 1662), die zu einem Briefwechsel zwischen Pascal und dem Mathematiker *Pierre de Fermat* (1602 - 1665) in den Jahren 1651 - 1655 führten, in dem wahrscheinlichkeitstheoretische (kombinatorische) Fragen behandelt wurden. Diese Überlegungen gingen in das erste Buch über Wahrscheinlichkeitstheorie "De Ratiociniis in Ludo Aleae" (1657) des holländischen Physikers *Christian Huygens* (1629 - 1695) ein. Zur Veranschaulichung seiner Ergebnisse verwendete Huygens das *Urnenmodell* (Ziehen von Kugeln unterschiedlicher Farben aus einer gut durchgemischten Urne).

Die weitere Geschichte der Wahrscheinlichkeitstheorie ist eng verknüpft mit dem Namen *Bernoulli* (vgl. etwa Begriffe wie *Bernoulli-Verteilung* und das *Bernoulli-Theorem*). Die Baseler Mathematikerfamilie stellte in vier aufeinander folgenden Generationen acht Professoren. *Jakob Bernoulli* (1654 - 1705) schrieb das Buch "Ars Conjectandi" (Kunst des Vermutens), das 1713 von seinem Neffen Nikolaus Bernoulli (1695 - 1726) veröffentlicht wurde. Es bestand aus 4 Teilen. Teil 1 war von dem Physiker Huygens geschrieben und von Jakob Bernoulli ergänzt, Teil 2 behandelt die *Kombinatorik*, Teil 3 die Anwendung auf Glücksspiele, Teil 4 die Anwendung auf wirtschaftliche Probleme. Die *Binomialverteilung* und die sogenannten Gesetze der großen Zahlen werden dort erstmals erwähnt.

Der Zusammenhang zwischen der Normalverteilung und der Binomialverteilung wird von *Abraham de Moivre* (1667 - 1754) erkannt und in seinem Werk "*The Doctrine of Chances*" 1718 veröffentlicht. Der englische Geistliche *Thomas Bayes* (1702 - 1761) schrieb "*An Essay Towards Solving a Problem in the Doctrine of Chances*", in dem bedingte Wahrscheinlichkeiten und Rückschlüsse auf Wahrscheinlichkeiten bei Kenntnis von Spielausgängen behandelt werden. Das Werk "*Théorie analytique des probabilités*" (1812) von *Pierre Simon de Laplace* (1749 - 1827) enthält einen Überblick über den Stand der Wahrscheinlichkeitsrechnung. In einem späteren Werk werden der nach ihm benannte (auf Bernoulli zurückgehende) *Laplacesche Wahrscheinlichkeitsbegriff* eingeführt und Anwendungen auf Zeugenaussagen und Gerichtsurteile diskutiert. Die *Methode der kleinsten Quadrate* geht auf *Adrien Marie Legendre* (1752 - 1833) zurück. *Carl Friedrich Gauß* (1777 - 1855), dessen Portrait den 10-DM-Schein schmückt, trug wesentliche Arbeiten zur *Normalverteilung ("Gauß-"Verteilung)*, zur *Methode der kleinsten Quadrate* und zur *Theorie der Beobachtungsfehler* bei. *Siméon Denis Poisson* (1781 - 1840) erweiterte in seiner Schrift "Le lois des grands nombres" (*Gesetz der großen Zahlen*) das Bernoullische Theorem.

In Deutschland wurden diese mathematische Methoden der Statistik lange Zeit nicht erkannt oder sogar abgelehnt. Vor allem *Gustav Rümelin* (1815 - 1889) und der als "Altmeister der deutschen Statistik" bezeichnete bayrische Landesstatistiker *Georg von Mayr* (1841 - 1925) taten sich in der Kritisierung dieser Entwicklung hervor und trugen so zur Verkundung ihrer Ausbreitung in Deutschland bei. Auch an der mathematischen Fakultäten deutscher Universitäten wurde die Bedeutung dieser Fachrichtung lange Zeit nicht erkannt.

So entstanden die Grundlagen der *modernen mathematischen Statistik* vor allen im angelsächsischen Raum. Als Vertreter der *angelsächsischen Schule* sind insbesondere die folgenden Persönlichkeiten zu nennen: der Biologe *Francis Galton* (1822 - 1911, Entwicklung des *Korrelationskoeffizienten*), *Francis Ysidro Edgeworth* (1845 - 1926), *Karl Pearson* (1857 - 1936, Wiederentdeckung der χ^2-*Verteilung* im Jahre 1900, χ^2-*Test* zur Überprüfung der Anpassungsgüte eines Modells an die Daten, *Korrelation* und *Regression, β-Funktion, β-* und Γ-*Verteilung*, Gründung der *Biometrika* im Jahre 1901), *G. U. Yule* (1871 - 1951, *Assoziationskoeffizient*), *William Sealy Gosset* (1876 - 1937, "*Student*" 'sche *t-Verteilung* als Verteilung des Stichprobenmittels) und *Sir Ronald Aylmer Fisher* (1890 - 1962), in dessen Buch "*The Design of Experiments*" (1935) grundlegende Methoden zur *Versuchsplanung* und *Varianzanalyse* behandelt werden. Zu R.A. Fishers Ehren wurde die von *Snedecor* abgeleitete *F-Verteilung* benannt. Der Entwicklung der statistischen Test- und Entscheidungstheorie seit dem zweiten Weltkrieg ist vor allem durch die Arbeiten von *Jerzy Neyman* und *Egon S. Pearson* sowie von *Abraham Wald* maßgeblich geprägt worden.

Es kann zusammenfassend festgestellt werden, daß die Grundlagen einer modernen mathematischen Statistik von der sogenannten "englischen Schule" gelegt wurden. Trotz der erwähnten Probleme im deutschsprachigen Raum kann jedoch auch auf wichtige Entwicklungen der "kontinentalen Schule" hingewiesen werden. Als Vorläufer dieser kontinentalen Schule sind der Phychologe G. Th. Fechner (1801-1887), Untersuchungen über schiefe Verteilungen, Fechnersche Lageregel) sowie der Geodät F. Helmert zu nennen. Als Hauptvertreter der kontinentalen Schule gelten die Nationalökonomen W. Lexis (1837-1914), Lexische Dispersionstheorie) und L. von Bortkiewicz (1868-1931), Indextheorie, Poissonsapproximation als "Gesetz der kleinen Zahlen") sowie A. A. Tschuprov (1874-1926), Untersuchung der empirischen Verteilung), A. A. Markov (1857-1922), Gesetze der großen Zahlen, Markov-Ketten) und O. Anderson (1887-1960). L. von Bortkiewicz regte mit Arbeiten zur Variationsbreite einer Stichprobe R. von Mises (1883-1953) sowie E. J. Gumbel (1891-1966) zu ihren Arbeiten

1.2. ZUR GESCHICHTE DER STATISTIK

auf dem Gebiet der Extremwerttheorie an.

Die Entwicklung der Wahrscheinlichkeitstheorie wurde besonders in Rußland weiter vorangetrieben. Neben A. A. Markov sind hier insbesondere zu nennen P. L. Tschebyschev (1821-1914), A. M. Liapunov (1857-1918), zentraler Grenzwertsatz) und A. N. Kolmogorov (1903-1988), axiomatische Begründung der Wahrscheinlichkeitstheorie).

V. Neuere Entwicklungen

Viele, inzwischen auch schon als klassisch zu bezeichnenden Methoden der mathematischen Statistik basieren auf der Annahme, daß die Meßwerte einer sogenannte Normalverteilung folgen. Untersuchungen haben gezeigt, daß dieser Verteilungstyp in der Praxis weit weniger oft anzutreffen ist als lange Zeit vermutet. Weiter wurde festgestellt, daß die unter Normalverteilung optimalen Verfahren häufig schon bei kleineren Abweichungen von diesem Modelltyp sehr unbefriedigende Ergebnisse liefern. Dies hat in den sechsiger Jahren zur Entwicklung robuster Verfahren geführt, die so konzipiert sind, daß sie auch bei Abweichungen von der Normalverteilung zuverläßige Schätz- und Testergebnisse liefern und sogenannte Ausreißer "verkraften" können.

Etwa zur selben Zeit stellt man eine Renaissance der datenorientierten Betrachtungs- und Vorgehensweise fest. Das Ziel dabei ist, in der Daten vorhandene (häufig versteckte) Strukturen und etwaige Auffälligkeiten oder Anomalien aufzudecken, um so erst Hypothesen und Modelle zu finden, die in einer späteren Phase mit mathematisch-statistischen Verfahren überprüft werden können. Zu diesem Zweck wird das Bündel der in der deskriptiven Statistik üblichen Methoden in vielfältiger Weise erweitert. Dabei spielt, wie in der robusten Statistik, die Resistenz gegenüber Ausreißern eine wichtige Rolle - um diese in den Ergebnissen, als möglicherweise interessante Abweichungen, auch klar erkennen zu können und um zu verhindern, daß Ausreißer die für die Mehrzahl der Daten gültigen Aussagen verfälschen. Diesem Aspekt wird in dem vorliegenden Buch besondere Aufmerksamkeit gewidmet.

Die obige Ausführungen zur Geschichte der Statistik sind sehr knapp gehalten und setzen teilweise auch schon ein gewisses überblickartiges Wissen voraus, das an dieser Stelle von vielen Lesern noch gar nicht erwartet werden kann. Weiter Interessierte seien auf die Bücher von T. M. Porter (1986), S. Stigler (1986), I. Hacking (1990) und I. Schneider (1988) hingewi-

Abbildung 1.1: Statistische Institutionen in der Bundesrepublik Deutschland

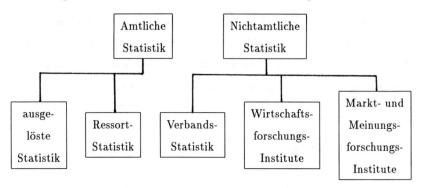

sen. Ein Überblick über die Entwicklung der mathematischen Statistik, der besonders auch den deutschsprachigen Raum einbezieht, ist zu finden in dem Beitrag von H. Witting zur Festschrift zum Jubiläum der Deutschen Mathematiker-Vereinigung (1990). Der Beitrag von U. Krengel in derselben Festschrift schildert die Entwicklung der Wahrscheinlichkeitstheorie im deutschen Sprachraum.

1.3 Statistische Institutionen in Deutschland

Die statistischen Institutionen in der Bundesrepublik können in die Bereiche *amtliche* und *nicht amtliche Statistik* untergliedert werden (vgl. Abbildung 1.1). Die amtliche Statistik umfaßt die *ausgelösten* Behörden, die primär für statistische Aufgaben zuständig sind, und die *Ressorts*, die sich sekundär mit Statistik beschäftigen.

Träger der ausgelösten Statistik sind

- das *Statistische Bundesamt*, Wiesbaden,

- die *Statistischen Landesämter* und

- *Kommunalstatistische Ämter*.

Die Aufgabe dieser statistischen Ämter besteht darin, Daten zu erheben, zu sammeln, aufzubereiten und darzustellen. Diese Ergebnisse werden einerseits vom Gesetzgeber, den Regie-

1.3. STATISTISCHE INSTITUTIONEN IN DEUTSCHLAND

rungen und den Verwaltungen als Planungsgrundlage und Erfolgskontrolle staatlicher Maßnahmen benötigt; andererseits bilden diese Daten die Basis für Analysen und Prognosen der gesellschaftlichen und wirtschaftlichen Situation und deren Entwicklung. Die Resultate der Bundesstatistik sind daher von öffentlichen Interesse und für jedermann zugänglich. Nicht alles, was an Datenmaterial anfällt, kommt zur Veröffentlichung. Über den *Auskunftsdienst des Statistischen Bundesamtes* und die Nutzung der externen Datenbank *STATIS-BUND* ist es möglich, weiteres gegebenfalls auch entsprechend aufgearbeitetes Material zu beziehen.

Der Charakter der ausgelösten Statistik ist von drei wesentlichen Prinzipien geprägt:

- der *fachlichen Konzentration* aller statistischen Arbeiten in statistischen Ämtern als eigens dafür eingerichtete Fachbehörden,

- der *regionalen Dezentralisierung* entsprechend dem föderalistischen Staats- und Verwaltungsaufbau und

- der *Legalisierung* der Arbeit der amtlichen Statistik auf der Grundlage von Gesetzen und Rechtsverordnungen.

Der Ablauf von Bundesstatistiken ist in der Abbildung 1.2 veranschaulicht.

Im umfangreichen *Veröffentlichungsprogramm des Statistischen Bundesamtes* sind zusammenfassende Veröffentlichungen, wie etwa das *Statistische Jahrbuch*, die Monatszeitschrift *Wirtschaft und Statistik* und der *Statistische Wochendienst*, sowie speziellere *Fachserien* enthalten. Derzeit werden vom Statistischen Bundesamt 19 Fachserien herausgegeben. Einen Überblick über die Veröffentlichungen des Statistischen Bundesamtes enthält die Abbildung 1.3.

Das Schaubild 1.4 stellt die Einbindung des Statistischen Bundesamtes in ein System internationaler Organisationen dar. Detaillierte Informationen über die Arbeit der ausgelösten Statistik (inbesondere auch über Daten zu diversen Themenschwerpunkten) können vom Statistischen Bundesamt, den Statistischen Landesämtern und den Kommunalstatistischen Ämtern direkt bezogen werden. Einen umfassenden Überblick über die Bundesstatistk bietet die vom Bundesamt in mehrjährigen Abständen herausgegebene Schrift "Bundesstatistik, das Arbeitsgebiet derDas Arbeitsgebiet der Bundesstatistik". Vom Bundesamt direkt kann das *Veröffentlichungsverzeichnis des Statistischen Bundesamtes*, ein Katalog der lieferbaren Pu-

Abbildung 1.2: Der Ablauf von Bundesstatistiken

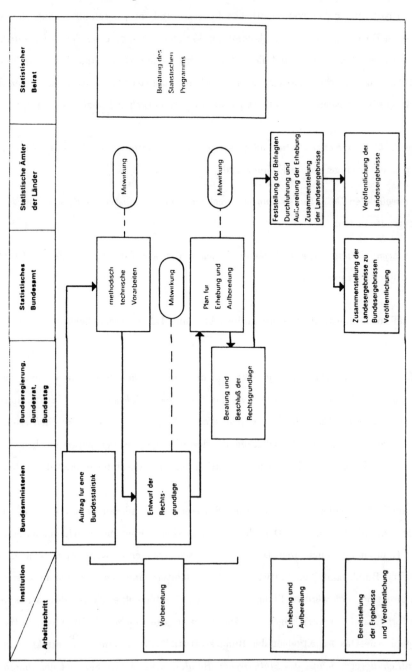

Quelle: Bundesstatistik - für wen und wofür, 3.Auflage 1989, Statistisches Bundesamt, Wiesbaden

1.3. STATISTISCHE INSTITUTIONEN IN DEUTSCHLAND

Abbildung 1.3: Veröffentlichungssystem des Statistischen Bundesamtes

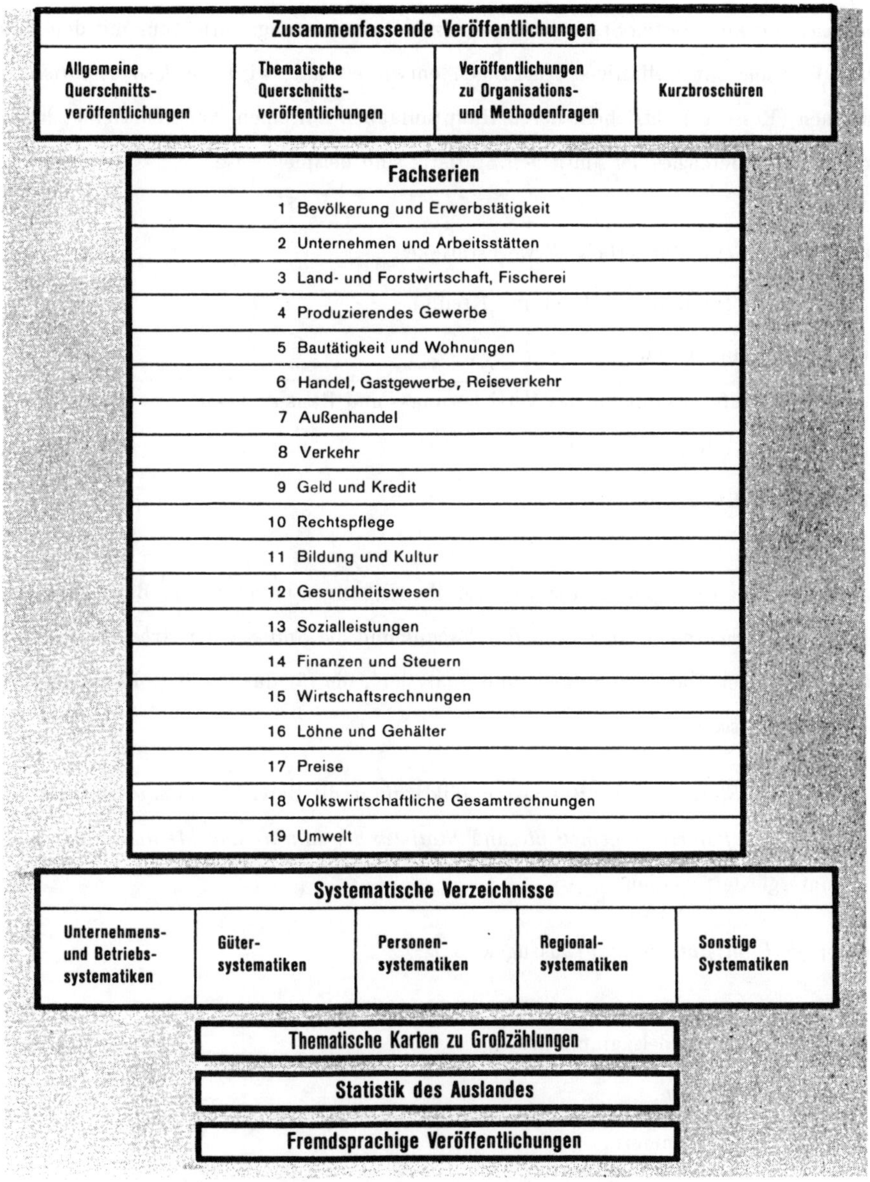

Zusammenfassende Veröffentlichungen			
Allgemeine Querschnittsveröffentlichungen	Thematische Querschnittsveröffentlichungen	Veröffentlichungen zu Organisations- und Methodenfragen	Kurzbroschüren

Fachserien
1 Bevölkerung und Erwerbstätigkeit
2 Unternehmen und Arbeitsstätten
3 Land- und Forstwirtschaft, Fischerei
4 Produzierendes Gewerbe
5 Bautätigkeit und Wohnungen
6 Handel, Gastgewerbe, Reiseverkehr
7 Außenhandel
8 Verkehr
9 Geld und Kredit
10 Rechtspflege
11 Bildung und Kultur
12 Gesundheitswesen
13 Sozialleistungen
14 Finanzen und Steuern
15 Wirtschaftsrechnungen
16 Löhne und Gehälter
17 Preise
18 Volkswirtschaftliche Gesamtrechnungen
19 Umwelt

Systematische Verzeichnisse				
Unternehmens- und Betriebssystematiken	Gütersystematiken	Personensystematiken	Regionalsystematiken	Sonstige Systematiken

Thematische Karten zu Großzählungen
Statistik des Auslandes
Fremdsprachige Veröffentlichungen

Quelle: Verzeichnis der Veröffentlichungen 1992/93, Statistisches Bundesamt, Wiesbaden

blikationen (mit Bezugspreisen), bezogen werden. Hinzu kommen noch die Publikationen der Statistischen Landesämter und der Kommunalstatistischen Ämter, die eine starke regionale Differenzierung der Ergebnisse beinhalten.

Im Gegensatz zur ausgelösten Statistik, die sich zur Dienstleistungseinrichtung mit dem Ziele der Datenlieferung für vielfältigee Nutzungen entwickelt hat, wird die *Ressortstatistik* in Institutionen (Ressorts) betrieben, deren Hauptaufgaben auf einem anderen Gebiet liegen. Als Träger dieses Bereiches der amtlichen Statistik sind beispielsweise

- die Bundesanstalt für Arbeit (Erwerbstätigkeit),
- die Deutsche Bundesbank (Geld und Kredit),
- die Bundesministerien,
- das Bundesaufsichtsamt für das Versicherungs- und Bausparwesen,
- das Kraftfahrt-Bundesamt oder
- das Umwelt-Bundesamt

zu nennen, die zum Teil eigene statistische Veröffentlichungen herausgeben. Beispiele hierfür sind die *Monatsberichte der Deutschen Bundesbank* und die *Statistik der Arbeitslosigkeit*. In den Ressorts werden Daten gesammelt und analysiert, die für das jeweilige Fachgebiet von besonderem Interesse sind.

Die *nichtamtliche Statistik* in der Bundesrepublik kann in die Bereiche *Verbandsstatistik*, *Statistik der Wirtschaftsforschungsinstitute* und *Statistik der Markt- und Meinungsforschungsinstitute* untergliedert werden.

Träger der *Verbandsstatistik* sind (auszugsweise)

- Industrie- und Handelskammern,
- Handwerkskammern,
- Landwirtschaftskammern,
- Fachorganisationen des Handwerks,
- Mitgliederverbände

    - des Bundesverbandes der Deutschen Industrie,

1.3. STATISTISCHE INSTITUTIONEN IN DEUTSCHLAND

- des Deutschen Bauernverband,
- des Bundesverbandes der Freien Berufe,
- der Bundesvereinigung der Deutschen Arbeitgeberverbände und

• Gewerkschaften.

Die Untersuchungen und die statistischen Auswertungen dienen diesen Verbänden als Informationsquelle für ihre Mitglieder und Argumentationsgrundlage zur Durchsetzung der verbandsorientierten Ziele. Man sollte daher beachten, daß Erhebungs- und Analysemethoden sowie Veröffentlichungsstrategien in enger Verbindung zur Zielsetzung des Verbandes stehen können.

Wirtschaftsforschungsinstitute (wie auch Verbände) greifen häufig auf das von der amtlichen Statistik bereitgestellte Datenmaterial und auf eigene Untersuchungen zurück und verwenden die Daten zur Beschreibung und Prognose der wirtschaftlichen Entwicklung. Der Arbeitsgemeinschaft deutscher wirtschaftswissenschaftlicher Forschungsinstitute gehören

- das Deutsche Institut für Wirtschaftsforschung e.V. Berlin (DIW),
- das IFO-Institut für Wirtschaftsforschung e.V. München,
- das Rheinisch-Westfälische Institut für Wirtschaftsforschung e.V. Essen (RWI),
- das Institut für Weltwirtschaft Kiel und
- das Hamburgische Weltwirtschaftsarchiv (HWWA)

an. Als weitere Einrichtungen seien hier

- das Wirtschaftswissenschaftliche Institut der Gewerkschaften GmbH, Köln, und
- das Deutsche Industrieinstitut e.V., Köln,

genannt.

Markt- und Meinungsforschungsinstitute führen in der Regel eigene Erhebungen durch, um Informationen etwa über das Kaufverhalten von Kunden, die Einstellung der Bevölkerung zu aktuellen Problemen, die Absatzmöglichkeiten für bestimmte Produkte oder die Wahlchancen von politischen Parteien zu gewinnen. Ihre Auftraggeber sind vor allem Unternehmen, denen die Untersuchungsergebnisse als Entscheidungsgrundlage dienen. Aber auch Parteien und öffentliche Institutionen geben Studien in Auftrag. In der Bundesrepublik gibt es eine zunehmend größer werdende Anzahl solcher Institute, von denen hier nur einige genannt werden können:

- Infratest, München,
- Gesellschaft für Konsumforschung (GfK), Nürnberg,
- A.C. Nielsen GmbH, Frankfurt,
- IMS, Frankfurt,
- GFM-Getas, Hamburg,
- IVE, Hamburg,
- Kehrmann, Hamburg,
- Infas, Bad Godesberg,
- Sample, Mölln,
- Marplan, Offenbach,
- Emnid, Bielefeld,
- Burke, Frankfurt,
- Contest Census, Frankfurt,
- Institut für Demoskopie, Allensbach,

Viele Marktforschungsintitute haben sich dem Arbeitskreis Deutscher Marktforschungsinstitute (ADM) angeschlossen, bei dem man auch eine detaillierte Beschreibung der Arbeitsgebiete seiner Mitgliedsintitute anfordern kann (Anschrift: Papenkamp 2-6, 2410 Mölln).

1.3. STATISTISCHE INSTITUTIONEN IN DEUTSCHLAND

Abbildung 1.4: Internationale Einbindung der Bundesstatistik

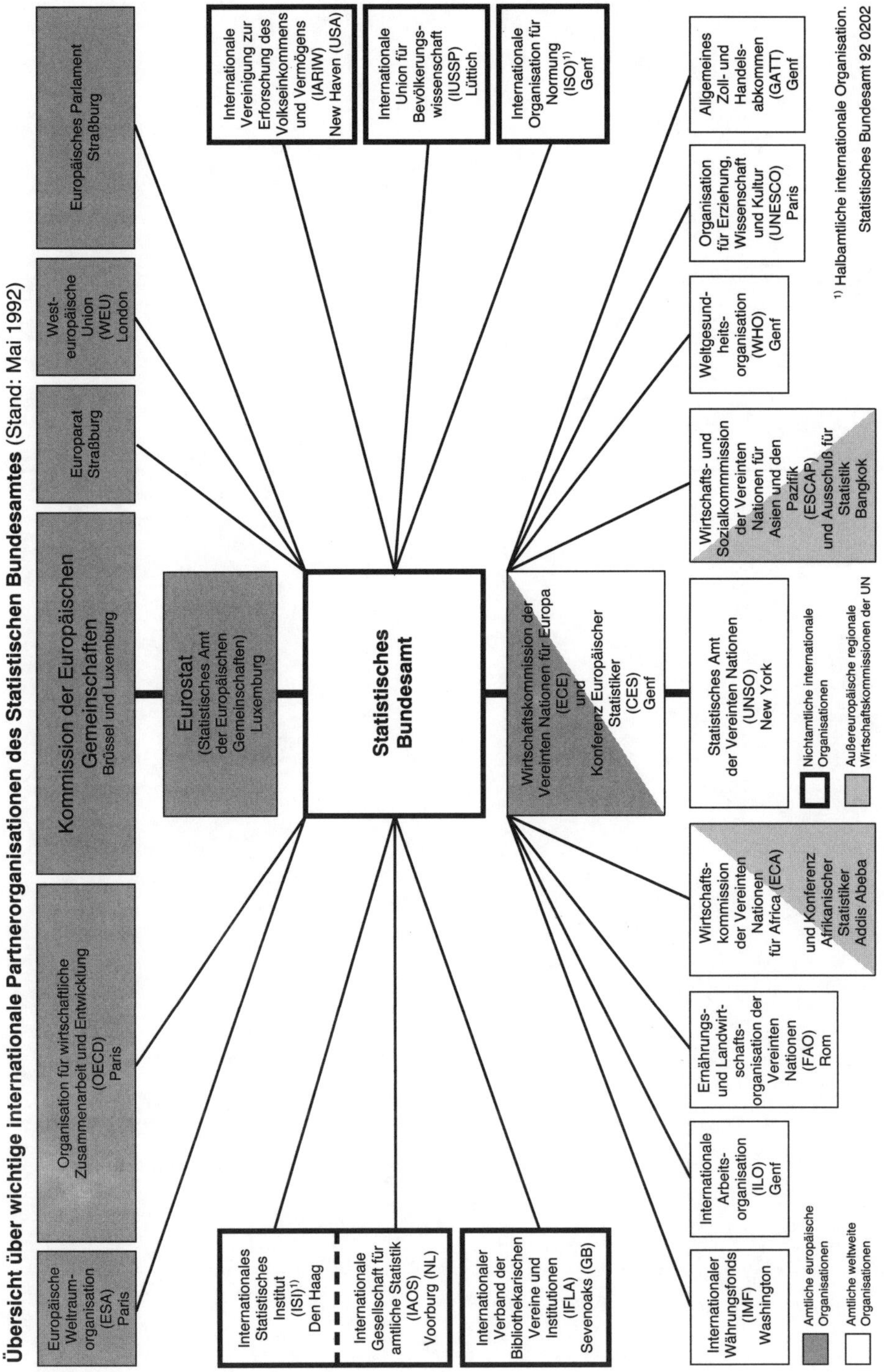

Quelle: Statistisches Bundesamt 920202

Kapitel 2

Durchführung einer Untersuchung

Am Anfang einer Untersuchung steht stets ein *Sachproblem*. Eine Problemstudie legt mögliche Ursachen, Voraussetzungen und schließlich das Forschungsziel fest. Schon in dieser Planungsphase sollten Empiriker bzw. Sachwissenschaftler und Statistiker zusammenarbeiten, denn auch noch so ausgeklügelte Instrumente der Datengewinnung, -aufbereitung, -darstellung und -auswertung können die in dieser Phase gemachten Fehler nicht mehr ausgleichen. Nach der Festlegung möglicher Einfluß- und Zielgrößen werden *Hypothesen*, d.h. Vermutungen über deren mögliches Zusammenwirken aufgestellt. Eine statistische Untersuchung kann solche Hypothesen nicht "beweisen" oder falsifizieren", sondern sie führt zu deren Verwerfung oder Akzeptierung (mit der Möglichkeit von Fehlentscheidungen).

2.1 Statistische Grundbegriffe

Zunächst werden die verwendeten *Begriffe präzisiert* (d. h. operational gemacht). Die Phänomene, Objekte, Personen etc., auf die sich die Untersuchung bezieht, heißen *Untersuchungseinheiten* und werden im folgenden durch das Symbol ω dargestellt. Die Gesamtheit aller Untersuchungseinheiten heißt *Grundgesamtheit (ensemble, statistische Gesamtheit, statistische Masse)* und wird durch das Symbol Ω repräsentiert. Von jedem Objekt muß eindeutig feststellbar sein, ob es unter den jeweiligen Begriff fällt. Dazu bedarf es einer *räumlichen*, *zeitlichen* und *sachlichen* Abgrenzung. Letztere ist häufig kompliziert. Erfüllt eine Untersuchungseinheit die örtliche, zeitliche und sachliche Begriffsabgrenzung, so soll dies durch die

Relation
$$w \in \Omega$$
ausgedrückt werden.

Beispiel 2.1 Eine Befragung der Studenten der Universität Konstanz soll Aufschluß geben über die von ihnen benutzten Beförderungsmittel und -zeiten zur Universität. Die Grundgesamtheit könnte dann etwa aus allen zu Beginn des Wintersemesters 1991/92 an der Universität Konstanz eingeschriebenen Studenten bestehen. Die räumliche und zeitliche Abgrenzung ist somit klar. Die sachliche Abgrenzung läßt jedoch noch Fragen offen:

- Werden Gasthörer einbezogen?
- Wie werden "Karteileichen" behandelt?
- Sollen auch beurlaubte Studenten erfaßt werden?
- Wie werden Aufbaustudiengänge oder eingeschriebene Doktoranden behandelt?

Über diese Fragen sollte im Hinblick auf das Untersuchungsziel entschieden werden. Schließlich muß von jeder Person ω ausgesagt werden können, ob sie zu der Grundgesamtheit

$$\Omega = \{\omega | \omega \text{ ist zu Beginn des Wintersemesters 91/92 Student der Universität Konstanz}\}$$

gehört oder nicht. ⋈

Für die spätere statistische Analyse ist es relevant, ob Ω eine sogenannte *Bestandsmasse* (englisch: stock) ist, deren Elemente ω eine gewisse zeitliche Verweildauer aufweisen, oder eine *Bewegungsmasse* (flow) vorliegt, bei der die Untersuchungseinheiten ω als Ereignisse gewissen Zeitpunkten zugeordnet werden. Bestandsmassen — wie die Gesamtheit der Studenten der Universität Konstanz — werden zu festgelegten Zeitpunkten gezählt oder gemessen, wohingegen Bewegungsmassen stets auf Zeiträume bezogen angegeben werden. Die Absolventen der Universität Konstanz im Jahre 1991 sind ein Beispiel für eine Bewegungsmasse. Weitere Beispiele für Bestandsmassen sind der Lagerbestand, die Bevölkerung oder die Belegschaft einer Firma; zugörige Ereignismassen sind Lagerzu- und abgänge, Geburts- und Todesfälle, Zu- und Fortzüge oder Einstellungen, Entlassungen und Pensionierungen.

2.1. STATISTISCHE GRUNDBEGRIFFE

Bei den Untersuchungseinheiten interessieren gewisse, für das Untersuchungsziel relevante *Merkmale* oder *Statistische Variablen*, die man durch die (im allgemeinen vektorielle) Zuordnungsvorschrift

$$\mathbf{X}: \Omega \to S$$

zum Ausdruck bringt. Der *Merkmalsvektor* $\mathbf{X}$ ordnet also jeder Untersuchungseinheit ω die *Merkmalsausprägungen*, *Realisationen* oder *Beobachtungen* $\mathbf{x}$ (ihren "statistischen Schatten") zu. Man schreibt

$$\mathbf{X}(\omega) = \mathbf{x}.$$

Die Merkmalsausprägungen $\mathbf{x}$ liegen im sogenannten *Merkmalsraum* S (der Menge möglicher Merkmalsausprägungen und deren Kombinationen.)

Beispiel 2.2 In Beispiel 2.1 können etwa die Merkmale

(a) das vornehmlich gewählte Verkehrsmittel,

(b) die Anfahrtzeit mit öffentlichen Verkehrsmitteln,

(c) die Zufriedenheit mit den öffentlichen Verkehrsmitteln,

(d) die Semesterzahl und

(e) das Studienfach

von Interesse sein. Ausprägungen dieser Merkmale wären beispielsweise

(a) Bus, Fahrrad, privates Auto, zu Fuß;

(b) 5, 13, 28, 54 Minuten;

(c) sehr, einigermaßen, weniger, überhaupt nicht zufrieden;

(d) 1., 4., 7., 15. Semester;

(e) Mathematik, Physik, Chemie, Volkswirtschaftslehre, Verwaltungswissenschaften, Literaturwissenschaften, Psychologie.

Nach Art der möglichen Ausprägungen werden *qualitative (artmäßige) Merkmale* mit verschiedenartigen Ausprägungen und *quantitative (zahlenmäßige)* Merkmale, die durch Zahlen erfaßt werden, unterschieden. Für das weitere Vorgehen ist es wichtig, auf welcher *Skala* die Merkmalsausprägungen gemessen werden. Der Anwender statistischer Methoden sollte sich zu Beginn seiner Analysen stets die Frage nach der *Skalierung* der Merkmalsausprägungen stellen, denn diese ist entscheidend für die Transformationsmöglichkeiten der Daten und somit schließlich für die Auswahl eines geeigneten Analyseverfahrens. Nach der Art der möglichen Ausprägungen unterscheiden wir die folgenden Skalenniveaus:

- *Nominalskala:* Die Merkmalsausprägungen sind nicht vergleichbar, und ihre Anordnung drückt keine Rangordnung aus.

- *Ordinal- oder Rangskala:* Die Realisationen sind intensitätsmäßig unterscheidbar und lassen sich je nach Stärke der Intensität ordnen. Man kann also die Rangordnung (nicht aber die Differenzen) der Merkmalsausprägungen interpretieren.

- *Metrische Skala:* Zwischen den Merkmalsausprägungen können zusätzlich Abstände gemessen und interpretiert werden. (auch: *Kardinalskala*). Die metrische Skala kann weiter untergliedert werden in die

    - *Intervallskala:* (Nur) Abstände können verglichen werden.
    - *Verhältnisskala:* Zur Intervallskala kommt ein natürlicher Nullpunkt hinzu.
    - *Absolutskala:* Zur Verhältnisskala kommt eine natürliche Einheit hinzu.

In der Psychologie, der Markt- und Meinungsforschung oder bei Testauswertungen versucht man oft, eine metrische Skala erst aus den Daten der Erhebung zu kontruieren. Komplexe Skalierungsverfahren, wie sie etwa bei der Messung von Einstellungen und Motiven in der empirischen Sozialforschung Verwendung finden, werden in diesem Buch ausgeklammert. Der Hinweis auf Atteslander (1974) möge hier genügen. Die Benutzung natürlicher (oder sogar reeller) Zahlen zur Festlegung von Merkmalsausprägungen impliziert nicht automatisch das Vorliegen einer metrischen Skala. Als Beispiel hierfür sind etwa Schulnoten anzuführen, die zwar eine Ordnung zum Ausdruck bringen, deren Abstände jedoch im allgemeinen nicht zu interpretieren sind. Die Aussage " 'befriedigend' ist im Vergleich zu 'ausreichend' um genau soviel besser wie 'sehr gut' gegenüber 'gut'" ist i.a. nicht zulässig.

2.1. STATISTISCHE GRUNDBEGRIFFE

Ein Merkmal (eine Variable) $\mathbf{X}: \Omega \to S$ heißt *diskret*, falls S höchstens abzählbar ist (d.h. es gibt endlich oder abzählbar unendlich viele Ausprägugen) und *stetig*, falls S eine (kompakte) Teilmenge des $\mathbb{R}(\mathbb{R}^p)$ ist (d.h. es gibt, zumindest theoretisch, überabzählbar viele mögliche Ausprägungen).

Natürlich ist in der Realität genau genommen wegen der endlichen Meßgenauigkeit jedes Merkmal diskret. Aber selbst bei einer endlichen Anzahl von Elementen des Zustandsraumes ($|S| < \infty$) bietet sich das Modell der stetigen Variablen für die statistische Behandlung eher an, wenn $|S|$ nur genügend groß ist. Man spricht in diesem Fall auch von *quasistetigen Merkmalen*. Beispiele hierfür sind Einkommen und Preise.

Ein metrisches Merkmal heißt *extensiv*, falls sich die Merkmalsausprägungen sinnvoll summieren lassen (z.B. Einkommen) und *intensiv*, falls nur Mittelwerte, nicht aber Summen sinnvoll interpretierbar sind (z.B. Preise).

Beispiel 2.3 In Beispiel 2.2 sind die Merkmale Verkehrsmittel (a) und Studienfach (e) nominal, das Merkmal Zufriedenheit (c) ordinal und die Merkmale Anfahrtszeit (b) und Semesterzahl (d) metrisch skaliert. Die Ausprägungen des Merkmals Semesterzahl sind Anzahlen und besitzen als solche eine natürliche Einheit; sie werden daher auf der Absolutskala gemessen. Die Ausprägungen des Merkmals Anfahrtzeit besitzen einen natürlichen Nullpunkt aber keine natürliche Einheit, da sie etwa in Sekunden, Minuten oder Stunden angegeben werden können. Ihnen liegt eine Verhältnisskala zu grunde, und mithin können Verhältnisse interpretiert werden. Somit ist die Aussage "Student A benötigt die doppelte Zeit für die Anfahrt zur Universität wie Student B" sinnvoll. Als Beispiel für ein Merkmal, dessen Ausprägungen auf der Intervallskala gemessen werden, seien hier in Celsius gemessene Temperaturen angeführt. Zwar können Temperaturdifferenzen, nicht aber Temperaturverhältnisse interpretiert werden. Die Aussage "heute ist es doppelt so kalt wie gestern", wenn gestern $10°C$ und heute $5°C$ gemessen wurden, macht keinen Sinn. Verkehrsmittel (a), Zufriedenheit (c) oder Studienfach (e) sind qualitativer Merkmale, Semesterzahl (d) oder Anfahrtzeit (b) sind quantitative Merkmale. Die Anfahrtzeit (b) ist ein stetiges Merkmal, die restlichen Merkmale aus Beispiel 2.2 sind diskret. ⋈

2.2 Datenerhebung

Das Gewinnen von Daten bezeichnet man als *Erhebung*. Für eine Erhebung ist eine gründliche Erhebungsplanung erforderlich. Erhebungen werden bei den sogenannten *Erhebungseinheiten* e durchgeführt, wobei wiederum eine genaue örtliche, zeitliche und sachliche Begriffsabgrenzung vorzunehmen ist. Die Erhebungseinheiten brauchen nicht mit den Untersuchungseinheiten übereinzustimmen. Die Menge der Erbebungseinheiten bildet die *Erhebungsgesamtheit E*. Häufig gilt $E \subset \Omega$, es kann aber auch $E \cap \Omega = \phi$ gelten. So wird man bei einer Untersuchung über Kinderkrankheiten nicht die Kinder selbst sondern deren Eltern befragen.

Unter Kosten- und zeitlichen Gesichtspunkten ist zu überlegen, ob für die Zwecke der Untersuchung nicht auf Daten aus anderen Quellen zurückgegriffen werden kann. Wird für die vorliegende Untersuchung keine gesonderte Erhebung durchgeführt, so spricht man von einer *Sekundärstatistik*. Beispiele hierfür sind Buchhaltungsunterlagen, Unfallprotokolle oder Krankenblätter. Ferner sollte überprüft werden, ob Daten aus anderweitig durchgeführten Erhebungen — etwa aus den Bereichen der *amtlichen* und *nichtamtlichen Statistik* (vgl. Abschnitt 1.3) — die gewünschten Informationen beinhalten. Eine Sekundärstatistik ist i.a. schneller und billiger zu erstellen, hat aber häufig den Nachteil, daß die den Daten zugrunde liegenden Bregriffsabgrenzungen nicht genau mit denen des Untersuchungsziels übereinstimmen (*Adäquationsproblem*). Entscheidet man sich für eine eigene Erhebung, so ist zu überlegen, ob diese als *Vollerhebung* (Totalerhebung) oder als *Stichprobe* (Teilerhebung) durchgeführt werden soll. Im ersten Fall wird ganz Ω, im zweiten Fall nur eine Teilmenge von Ω erfaßt. Mit der Auswahl geeigneter Teilmengen beschäftigt sich die *Stichprobentheorie*. Eine Stichprobe ist im allgemeinen schneller und billiger, und sie kann sogar genauer sein als eine Vollerhebung, wenn auf die (geringere Anzahl von) Einzelangaben mehr Zeit und Sorgfalt verwendet wird. Dennoch kann man manchmal auf Vollerhebungen — in größeren Zeitabständen — nicht verzichten, schon um eine Auswahlgrundlage für Stichproben zu schaffen.

Als Arten der Datengewinnung werden

- die Befragung,

- die Beobachtung und

2.2. DATENERHEBUNG

- das Experiment

unterschieden. Während die Beobachtung und das Experiment in naturwissenschaftlichen Anwendungen überwiegen, ist in den Wirtschafts- und Sozialwissenschaften die Befragung die häufigste Erhebungsmethode.

Die Befragung

Befragungen können

a) *schriftlich* (durch Fragebogen)

b) *mündlich* (durch persönliche oder telefonische Interviews)

c) *kombiniert* schriftlich / mündlich

durchgeführt werden. Bei der *Fragebogenerstellung* sind erhebungstechnische und psychologische Gesichtspunkte wie etwa die Reihenfolge der Fragen oder die Frageformulierung wesentlich. Von großer Wichtigkeit ist dabei die Einfachheit und Eindeutigkeit der Fragestellung. Eventuell empfiehlt es sich, zum "Testen" des Fragebogens eine *Probeerhebung* durchzuführen. Bei der schriftlichen Form der Befragung kann es durch niedrige Antwortquoten zu einer Verzerrung der Ergebnisse kommen, wenn sich die Gruppen der Beantworter und Antwortverweigerer bezüglich der interessierenden Merkmale systematisch unterscheiden.

Das *Interview* ist teurer, kann jedoch kompliziertere Fragestellungen behandeln und hat eine niedrigere Verweigerungsquote. Hier kann jedoch der Interviewer einen nicht zu unterschätzenden Einfluß auf das Antwortverhalten der befragten Personen haben *(Interviewer-Verzerrung)*. Eine billigere und schnellere Alternative zu persönlichen Interviews sind *Telefoninterviews*, bei welchen auch eine Reduktion des Interviewereinflusses zu erwarten ist. Wesentliche Faktoren für eine Verzerrung bilden hier die Unterschiede in der Erreichbarkeit für bestimmte Gruppen von Erhebungseinheiten (z.B. Hausfrauen und Berufstätige).

Bei der Durchführung des Interviews können die folgenden Formen unterschieden werden: Beim *standardisierten Interview* ist sowohl der Wortlaut der Fragen als auch deren Reihenfolge festgelegt. Dieses verringert den Interviewereinfluß und macht die Ergebnisse besser vergleichbar. Das *nichtstandardisierte Interview* mit freier Frageformulierung ermöglicht ein individuelles Eingehen des Interviewes auf spezifische Besonderheiten des Befragten und kann weitergehende Informationen etwa über das Persönlichkeitprofil der Befagten offen legen. Eine geeignete statistische Analyse auf Grund solcher Ergebnisse ist dann aber sehr schwierig. Ferner unterscheidet man *weiche* und *harte Interviews* je nach dem, ob der Interviewer passiv und geduldig die Antworten abwartet oder die Fragen Schlag auf Schlag folgen, um spontane Antworten zu provozieren.

Damit die Ergebnisse einer Befragung überhaupt sinnvolle Aufschlüsse geben können ist es wesentlich, daß die Interviewer gut informiert und geschult werden, denn von ihnen hängen Erfolg und Mißerfolg einer Studie ganz wesentlich ab.

"Man glaubt gar nicht, welcher Unsinn entstehen kann, wenn ohne Beteiligung geschulter Fachleute Erhebungen durchgeführt werden." (Wagemann, 1935)

Die Beobachtung

Neben Anwendungen in den Ingenieur- und Naturwissenschaften spielt die Beobachtung etwa auch in der Verkehrserfassung, bei innerbetrieblichen Studien, in der Psychologie, in der Marktforschung und der Medizin eine wesentliche Rolle. In den letztgenannten Disziplinen werden die Informationen unabhängig von der Auskunftsbereitschaft des Beobachteten gewonnen, so daß das Problem der Antwortverweigerung entfällt. Nur die "statistischen Schatten" der beobachteten Phänomene werden registriert. In der Psychologie unterscheidet man die *offene* und die *verdeckte* Beobachtung je nach dem, ob die beobachtete Person von der Beobachtung in Kenntnis gesetzt worden ist oder nicht. Verdeckte Beobachtungen haben den Vorteil, daß die Information für das Beobachtungsobjekt unbewußt ermittelt wird und somit dessen natürliches Verhalten widerspiegelt.

Das Experiment

Experimente überwiegen in den Naturwissenschaften wie etwa in der Landwirtschaft, der Biologie, der Medizin oder der Pharmazie, finden sich aber auch in der Produktplanung. Sie zeichnen sich dadurch aus, daß sich die interessierenden Einflußgrößen unter der Kontrolle

2.3. AUFBEREITUNG DES ERHOBENEN DATENMATERIALS

des Forschers befinden. Mit der Durchführung beschäftigt sich eine eigenständige Disziplin, die *statistische Versuchsplanung*. In einem *Versuchsplan* werden

- die Behandlungsarten,

- die Anzahl der Objekte,

- die Zuordnung von Behandlungsarten zu Objekten sowie

- die Meßvorschrift, nach der die Ergebnisse gewonnen und schließlich ausgewertet werden,

festgelegt.

2.3 Aufbereitung des erhobenen Datenmaterials

Nach Durchführung der Erhebung erfolgt die Zusammenfassung der Daten in *Tabellen* und (eventuell) ihre Veranschaulichung durch *Abbildungen*.

Da je Untersuchungseinheit im allgemeinen eine größere Anzahl von Merkmalen erfaßt wird, muß im *Aufbereitungsprogramm* festgelegt werden, welche Variablenpaare, Tripel, usw. aus dem Merkmalsvektor gemeinsam tabellarisch aufbereitet werden. Diese Auswahl richtet sich natürlich nach der Zielsetzung der Untersuchung. Dabei sollte stets beachtet werden, daß nach Vernichtung des sogenannten *Urmaterials* (Fragebogen, Interviewprotokolle usw.) unberücksichtigt gebliebene Merkmalskombinationen später nicht mehr untersucht werden können. Wenn möglich, sollten die Daten in einer Datenmatrix $\mathcal{X}$ der Form

$$\mathcal{X} = (x_{jk})_{j=1,\ldots,n;\ k=1,\ldots,p} = \begin{pmatrix} x_{11} & x_{12} & \ldots & x_{1p} \\ x_{21} & x_{22} & \ldots & x_{2p} \\ \vdots & \vdots & \vdots & \vdots \\ x_{n1} & x_{n2} & \ldots & x_{np} \end{pmatrix} \quad (2.1)$$

vollständig abgespeichert werden. Diese Form der Abspeicherung wird von den meisten statistischen *Softwarepaketen* unterstützt. Der Eintrag x_{jk} in der Datenmatrix bedeutet die Ausprägung des k-ten Merkmals, die an der j-ten Untersuchungseinheit gemessen wurde. Die j-te Zeile $(x_{j1}, x_{j2}, \ldots, x_{jp})$ gibt alle für die j-te Untersuchungseinheit erhobenen Daten an, und die k-te Spalte $(x_{1k}, x_{2k}, \ldots, x_{nk})'$ enthält die Ausprägungen des k-ten Merkmals für alle Untersuchungseinheiten. Qualitative Merkmale können numerisch *kodiert* werden. Die Datenaufbereitung sollte auch mit einer *Plausibilitätskontrolle* verbunden sein.

Beispiel 2.4 Für die Merkmale Verkehrsmittel (X_1), Anfahrtzeit (X_2), Zufriedenheit (X_3), Semesterzahl (X_4) und Studienfach (X_5) in Beispiel 2.2 wäre etwa die folgende Datenmatrix denkbar:

$$\mathcal{X} = (x_{j,k})_{j=1,\ldots,10;\ k=1,\ldots,5} = \begin{pmatrix} 1 & 17 & 2 & 5 & 5 \\ 0 & 25 & 3 & 7 & 1 \\ 2 & 31 & 4 & 3 & 9 \\ 3 & 13 & 2 & 8 & 16 \\ 1 & 21 & 1 & 1 & 11 \\ 2 & 12 & 3 & 2 & 15 \\ 0 & 12 & 2 & 11 & 3 \\ 1 & 10 & 2 & 9 & 2 \\ 1 & 21 & 1 & 3 & 10 \\ 3 & 12 & 1 & 7 & 2 \end{pmatrix} \qquad (2.2)$$

Sie enthält die Ausprägungen für 10 befragte Studenten, wobei die in Tabelle 2.1 angegebenen Kodierungen für qualitative Variablen verwendet wurden. ◻

Bei der Aufbereitung von Daten in Tabellen sind bei stetigen Merkmalen immer, bei diskreten Merkmalen oft *Gruppen (Klassen)* zu bilden. Dabei ist jedoch zu beachten, daß mit jeder Klassenbildung ein gewisser Informationsverlust einhergeht. In wissenschaftlichen Arbeiten unterscheidet man *Quellentabellen* und *Aussagetabellen*. Erstere gehören in den Anhang. Letztere bilden Ausschnitte oder Zusammenfassungen und erscheinen im Text, sollten aber möglichst für sich selbst lesbar und verständlich sein. Die Überschrift sollte zumindest den Untersuchungsgegenstand sachlich, zeitlich und räumlich abgrenzen. Zum Schema einer Tabelle siehe die Abbildung 2.1.

Für Tabellen der *amtlichen Statistik* gelten die folgenden Vereinbarungen. Es bedeutet:

2.3. AUFBEREITUNG DES ERHOBENEN DATENMATERIALS

Tabelle 2.1: Kodierung der qualitativen Variablen Verkehrsmittel, Zufriedenheit und Studienfach

Merkmal	Ausprägung	Kodierung
Verkerhrsmittel	zu Fuß	0
	Bus	1
	Auto	2
	Fahrrad	3
	sonstige	4
Zufriedenheit	sehr zufrieden	1
	einigermaßen zufrieden	2
	weniger zufrieden	3
	überhaupt nicht zufrieden	4
Studienfach	Mathematik	1
	Physik	2
	Chemie	3
	Biologie	4
	Psychologie	5
	Soziologie	6
	Verwaltungswissenschaft	7
	Politikwissenschaft	8
	Erziehungswissenschaft	9
	Sportwissenschaft	10
	Wirtschaftswissenschaften	11
	Jura	12
	Phylosophie	13
	Geschichte	14
	Literaturwissenschaft	15
	Sprachwissenschaft	16

Die Anfahrtzeit ist in Minuten angegeben.

Abbildung 2.1: Schema einer Tabelle:

—Überschrift—

Variablenangabe	Variablen- angabe		Tabellenkopf		ins- ge- samt
Vorspalte			Zahlenteil		
insgesamt					

Fußnoten

Quellenangabe

2.3. AUFBEREITUNG DES ERHOBENEN DATENMATERIALS

-     genau Null
- x   Eintragung aus sachlichen Gründen nicht möglich
- 0   von Null verschieden, aber weniger als die Hälfte der kleinsten ausgewiesenen Einheit
- .   unbekannt oder geheim
- ...   Daten noch nicht verfügbar
- p   vorläufige Daten
- r   berichtigte Daten
- s   geschätzte Daten

bei Stichprobenerhebungen:

- /   keine Angabe möglich, da das Ergebnis nicht ausreichend gesichert ist
- ( )   Angabe unter dem Vorbehalt, daß das Ergebnis erhebliche Fehler aufweisen kann.

Kapitel 3

Graphische Darstellungen univariater Daten

Zunächst werden Methoden für die Behandlung eines einzigen Merkmals (*univariate Daten*) vorgestellt. Obwohl in aller Regel bei einer Untersuchung mehrere Merkmale (*multivariate Daten*) erhoben werden, können auch hier für jedes einzelne Merkmal (jede einzelne Spalte der Datenmatrix $\mathcal{X}$) Verfahren für univariate Daten angewandt werden. Dies liefert des öfteren schon wesentliche Aufschlüsse über die Struktur der Daten und weist gegebenenfalls auf offenkundige Unstimmigkeiten hin. Zur expliziten Angabe der Verfahren bedarf es einiger Notationen, die nun eingeführt werden sollen. Mit n wird der *Erhebungsumfang (Stichprobenumfang)* — also die Anzahl der befragten Personen oder untersuchten Objekte — bezeichnet. $x_j = X(\omega_j)$ ist die Merkmalsausprägung bei der j-ten Untersuchungseinheit, $j = 1, \ldots, n$. Gibt es eine verhältnismäßig kleine Anzahl k von Merkmalsausprägungen, wie es bei nichtmetrischen oder diskreten Merkmalen häufig der Fall ist, so weisen im allgemeinen mehrere Untersuchungseinheiten ein und dieselbe Ausprägung auf. Ist $X(\Omega) = \{a_1, a_2, \ldots, a_k\}$ die Menge aller vorkommenden Merkmalsausprägungen, so ist es günstiger, anstelle der n Messungen x_j, $j = 1, \ldots, n$, lediglich die k Ausprägungen a_i, $i = 1, \ldots, k$, und die Anzahl der Fälle n_i zu notieren, in denen a_i beobachtet wurde. In Termen der sogenannten Indikatorfunktion der Menge A, $\mathbf{1}_A(x) = 1$, falls $x \in A$, $\mathbf{1}_A(x) = 0$ sonst, ist

$$n_i = \sum_{j=1}^{n} \mathbf{1}_{\{a_i\}}(x_j), \quad i = 1, \ldots, k \ . \tag{3.1}$$

Abbildung 3.1: Intervallaufteilung bei Klassenbildung

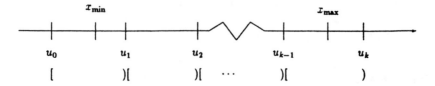

Die Anzahlen n_i, $i = 1, \ldots, k$, heißen *absolute Häufigkeiten*. Zum Vergleich von Datensätzen mit unteschiedlichen Erhebungsumfängen sollte man anstelle der absoluten die *relativen Häufigkeiten*

$$r_i = \frac{n_i}{n}, \quad i = 1, \ldots, k,$$

verwenden, welche den Anteilen der Fälle entsprechen, die auf die Ausprägungen a_i entfallen.

Zur Datenaufbereitung für *stetige oder quasistetige Merkmale* bedarf es im allgemeinen einer *Klassen- (Gruppen-) bildung*: Sei dazu x_{min} die kleinste und x_{max} die größte vorkommende Merkmalsausprägung. Zunächst legt man eine geeignete Anzahl k der Klassen (vgl. dazu Abschnitt 3.4) sowie geeignete Klassengrenzen $u_0 < u_1 < \ldots < u_{k-1} < u_k$ mit $u_0 \leq x_{min}$ und $x_{max} < u_k$ fest (vgl. Abbildung 3.1). Die $i - te$ Klasse ist dann durch das Intervall $[u_{i-1}, u_i)$ (lies: von u_{i-1} bis unter u_i) gegeben und besitzt die *Klassenbreite (Gruppenbreite)*

$$b_i = u_i - u_{i-1}, \quad i = 1, \ldots, k.$$

$$n_i = \sum_{j=1}^{n} \mathbf{1}_{[u_{i-1}, u_i)}(x_j), \quad i = 1, \ldots, k,$$

ist dann die Anzahl der Beobachtungen (Messungen) in der Klasse i. Entsprechend ist

$$r_i = n_i/n$$

die relative Häufigkeit der Fälle in dieser Klasse. Eine Klassenbildung ist häufig auch bei diskreten Merkmalen, die viele unterschiedliche Ausprägungen besitzen, sinnvoll. Ein Beispiel hierfür wäre etwa die Beschäftigtenzahlen von Betrieben.

3.1 Klassische Methoden graphischer Darstellung

Mit Hilfe des *Stabdiagramms, (Säulendiagramms)* können Häufigkeitsverteilungen diskreter Merkmale veranschaulicht werden. Die (absoluten oder relativen) Häufigkeiten werden über

3.1. KLASSISCHE METHODEN GRAPHISCHER DARSTELLUNG

Tabelle 3.1: Mehrpersonenhaushalte im April 1989 in der Bundesrepublik nach Zahl der Kinder im Haushalt

	Insgesamt	ohne Kinder	mit ... Kind(ern)			
			1	2	3	4 u. mehr
Anz. der Haushalte in Tsd.	17 988	7 525	5 389	3 737	1 026	311

Datenquelle: Statistisches Jahrbuch 1991 für die Bundesrepublik Deutschland, Hrsg.: Statistisches Bundesamt, Kohlhammer Verlag, Stuttgart, Mainz. Seite 70.

Tabelle 3.2: Schulabgänger 1978 und 1988 nach Beendigung der Vollzeitschulpflicht

	Insgesamt	Grund- und Hauptschulen	Sonder- schulen	Real schulen	Gymnasien, Gesamtschulem
Schulabgänger 1978	531 962	438 613 (82.5%)	53 175 (10.0%)	17 727 (3.3%)	22 447 (4.2%)
Schulabgänger 1988	286 930	227 032 (79.1%)	34 197 (11.9%)	10 899 (3.8%)	14 802 (5.2%)

In Klammern: Prozentualer Anteil an der Gesamtzahl der Absolventen. Datenquellen: Statistisches Jahrbuch 1980 bzw. 1990 für die Bundesrepublik Deutschland, Hrsg.: Statistisches Bundesamt, Kohlhammer Verlag, Stuttgart, Mainz. Seite 335 bzw. 360.

einer Skala mit den Merkmalsausprägungen als senkrechte Stäbe (oder Säulen) abgetragen. Verbindet man die Enden der Stäbe durch gerade Linien, so entsteht aus dem Stabdiagramm ein *Häufigkeitspolygon*.

Beispiel 3.1 Abbildung 3.2 zeigt ein Stabdiagramm (a) und ein Säulendiagramm (b) zur Kinderzahl der Haushalte in der Bundesrepublik Deutschland (vgl. Tabelle 3.1). Säulendiagramme verwendet man auch gerne, um mehrere Verteilungen zu vergleichen. Abbildung 3.3 stellt ein solches Säulendiagramm dar. Es ermöglicht den Vergleich zwischen den Anzahlen von Schulabgängern verschiedener Schulformen in den Jahren 1978 und 1988 (vgl. Tabelle 3.2). ⋈

Ein *Blockdiagramm* besteht im allgemeinen aus mehreren rechteckigen Blöcken der gleichen Höhe. Dabei charakterisiert jeder einzelne dieser Blöcke die relative Häufigkeitsverteilung eines diskreten Merkmals. Die relativen Häufigkeiten der Merkmalsausprägungen werden durch Schraffierung oder Farbgebung abgesetzte, übereinander abgetragene Rechtecke innerhalb dieses Blockes repräsentiert. Jeder einzelne Block enthält diese Häufigkeitsverteilung für die Ausprägungen eines anderen diskreten Merkmals, so daß ein Vergleich möglich ist.

Abbildung 3.2: Zahl der Kinder in Mehrpersonenhaushalten

a) Stabdiagramm:

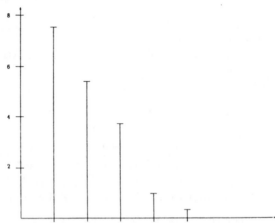

b) Säulendiagramm:

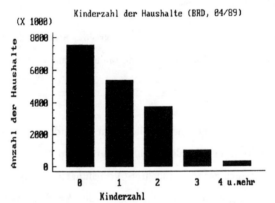

Abbildung 3.3: Säulendiagramm: Schulabsolventen in den Jahren 1978 und 1988 in der Bundesrepublik Deutschland

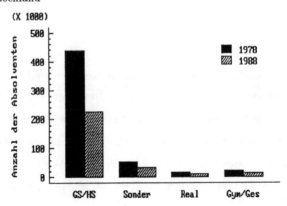

Abbildung 3.4: Sicherstellungsmengen [in kg] ausgewählter Drogen in den Jahren 1978, 1981, 1984, 1987 und 1990

a) Säulendiagramm

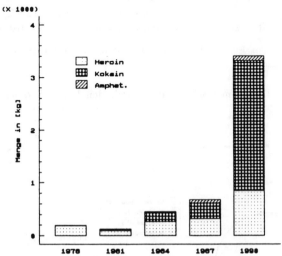

b) Blockdiagramm:

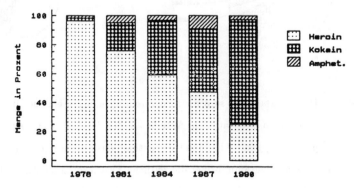

Tabelle 3.3: Sicherstellungsmengen [in kg] ausgewählter Drogen in den Jahren 1978, 1981, 1984, 1987 und 1990 in der Bundesrepublik Deutschland

Jahr	Heroin		Kokain		Amphetamin	
1978	187	(96.4 %)	4	(2.1%)	3	(1.5%)
1981	93	(75.6%)	24	(19.5%)	6	(4.9%)
1984	264	(58.8%)	171	(38.1%)	14	(3.1%)
1987	320	(47.2%)	296	(43.7%)	62	(9.1%)
1990	847	(24.9%)	2 474	(72.6%)	85	(2.5%)

In Klammern: Prozentualer Anteil am Gesamtverbrauch ausgewählter Drogen. Datenquelle: Polizeiliche Kriminalstatistik 1990, Hrsg.: Bundeskriminalamt, Wiesbaden.

Abbildung 3.5: Kreisdiagramme: Schulabsolventen in den Jahren 1978 und 1988 nach Schulabschlüssen

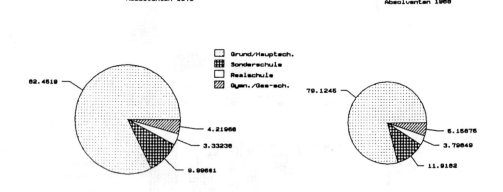

Beispiel 3.2 In der Tabelle 3.3 sind die Sicherstellungsmengen einiger Drogen für die Bundesrepublik, sowie deren prozentualen Anteile an der Gesamtmenge sichergestellter ausgewählter Drogen angegeben. Abbildung 3.4 enthält das zugehörigen Säulen- bzw. Blockdiagramm. Das Säulendiagramm bringt die zeitliche Entwicklung der Gesamtsicherstellungsmenge gut zum Ausdruck, wohingegen das Blockdiagramm die Anteile der einzelnen Drogen an der Gesamtmenge widerspiegelt, über die Entwicklung der Gesamtmenge selbst aber keine Information liefert. ⋈

3.1. KLASSISCHE METHODEN GRAPHISCHER DARSTELLUNG

Abbildung 3.6: Beispiele für Piktogramme:

Studienplatz Deutschland
Ausländische Studenten
an westdeutschen Hochschulen

57.713 Wintersemester 1980/81
99.760 Wintersemester 1990/91

29.086	53.151		17.056	30.051
Europa			**Asien**	
darunter:			darunter:	
6.542 — Türkei — 12.962			5.331 — Iran — 10.485	
5.204 — Griechenland — 6.465			317 — China — 4.230	
2.437 — Österreich — 5.101			1.066 — Korea — 4.228	

6.572	8.455		3.884	6.441
Nord- und Südamerika			**Afrika**	
darunter:			darunter:	
3.531 — USA — 4.207			795 — Ägypten — 942	
490 — Brasilien — 896			151 — Marokko — 925	
275 — Peru — 518			212 — Tunesien — 695	

Quelle: iwd, Informationsdienst des Instituts der deutschen Wirtschaft, Köln

Beim *Kreisdiagramm* werden in einem Kreis die Häufigkeiten eines (zumeist nominal skalierten) Merkmals durch Kreisausschnitte dargestellt. Sie werden proportional zu den Flächen der Kreisausschnitte gewählt. Dies ist gewährleistet, wenn für den einer Merkmalsausprägung zugeordneten Winkel $\alpha_i = 2\pi r_i = 360^\circ r_i$ gilt. Zum Vergleich mehrerer Kreisdiagramme, denen unterschiedlich große Grundgesamtheiten zugrunde liegen, sollte das *Prinzip der Flächentreue* angewandt werden: Die Flächen und nicht — wie oft anzutreffen — die Radien der Kreise sollten proportional zu den Umfängen n_i der zu vergleichenden Gesamtheiten sein. Für die Radien ρ_i muß dann $\rho_i \sim \sqrt{n_i}$ gelten.

Beispiel 3.3 Die Daten zu den Anzahlen der Schulabgänger 1978 und 1988 (vgl. Beispiel 3.2 und Tabelle 3.2) können auch durch Kreisdiagramme dargestellt werden. Aus den Anteilen in der Tabelle können leicht die zugehörigen Winkel ausgerechnet werden. Der Winkel für die Absolventenzahl von Gymnasien und Gesamthochschulen in 1978 beispielsweise ergibt sich zu $\alpha_i = 360^\circ r_i = 360^\circ \times 0.042 = 15.12^\circ$. Bei der Darstellung für die Jahre 1978 und 1988 sollten die unterschiedliche Gesamtzahlen der Abgänger durch unterschiedliche Flächen der Kreise ausgedrückt werden. Für die Radien ρ_{1978} und ρ_{1988} und die Gesamtzahlen N_{1978} und N_{1988} muß dann die Beziehung $\frac{\rho_{1978}}{\rho_{1988}} = \frac{\sqrt{N_{1978}}}{\sqrt{N_{1988}}} = \frac{\sqrt{531962}}{\sqrt{286930}} = \frac{729.36}{535.66} = 1.36$ gelten. Abbildung 3.5 zeigt die auf diese Weise konstruierten Kreisdiagramme. ◻

Zeichnet man in die Kreise oder Rechtecke von Säulen-, Block oder Kreisdiagramm Symbole für die unterschiedlichen Ausprägungen ein, so entstehen *Bilddiagramme (Piktogramme)*. (Vergleiche Abbildung 3.6) Oft werden auch die Symbole selbst zur Darstellung von Häufigkeitsverteilungen herangezogen. Auch dann sollten die Flächen (oder bei räumlichen Darstellungen das Volumen) der Symbole — und nicht deren Breiten oder Höhen — den Häufigkeiten proportional sein.

Bei einem extensiven Merkmal kann mit Hilfe von Stab-, Block-, Kreis- und Bilddiagrammen genauso wie bei einer Häufigkeitsverteilung die Verteilung der Gesamtsumme auf spezielle Teilsummen veranschaulicht werden. n entspricht dann der Gesamtsumme, und die n_i entsprechen den Teilsummen.

Beim *Kartogramm* werden die Merkmalsausprägungen einer diskreten oder einer in Klassen eingeteilten stetigen Variablen auf geographischen Karten durch verschiedene Schraffuren, Farben oder Farbintensitäten gekennzeichnet. In Abbildung 3.7 wird der Anteil der landwirtschaftlich genutzten Fläche an der Gesamtfläche durch verschiedene Schattierungen auf der Landkarte dargestellt.

Unter einer *Zeitreihe* versteht man eine zeitlich geordnete Folge von Beobachtungen (Merkmalsausprägungen). Der Analyse von Zeitreihen ist ein eigenes Kapitel (Kapitel 10) gewidmet. Zur Veranschaulichung von Zeitreihenverläufen dienen *Kurvendiagramme*, bei denen über der Zeitachse die Realisationen der Zeitreihe als Punkte markiert und gewöhnlich durch einen Polygonzug verbunden werden.

Beispiel 3.4 In Abbildung 3.8 ist die Zeitreihe der Drogentoten in der Bundesrepublik veranschaulicht. Die zugehörigen Daten sind in Tabelle 3.4 enthalten. ⋈

Zur Darstellung gruppierter Daten eines metrisch skalierten Merkmals können *Histogramme* verwendet werden. Sie bestehen aus aneinander stoßenden Rechtecken, die über den Klassen abgetragen werden und deren *Flächen* den Häufigkeiten proportional sind. Nur bei gleichbreiten Klassen kann somit die Klassenhäufigkeit als Höhe des Rechtecks übernommen werden.

3.1. KLASSISCHE METHODEN GRAPHISCHER DARSTELLUNG

Abbildung 3.7: Kartogramm: Anteil der landwirtschaftlich genutzten Fläche 1985 in der Bundesrepublik

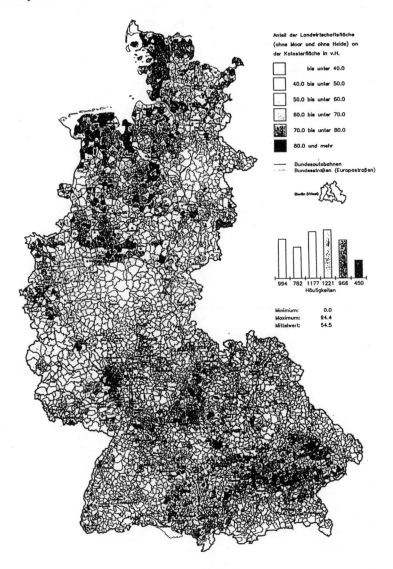

Quelle: Daten zur Umwelt 1988/89, Hrsg.: Umweltbundesamt, Erich Schmidt Verlag, Berlin.

Tabelle 3.4: Anzahl der Drogentoten in der Bundesrepublik von 1973 bis 1990

Jahr	1973	1974	1975	1976	1977	1978	1979	1980	1981
Anzahl der Drogentoten	106	139	195	344	392	430	623	494	360
Jahr	1982	1983	1984	1985	1986	1987	1988	1989	1990
Anzahl der Drogentoten	383	472	361	324	348	442	670	991	1 491

Datenquelle: Polizeiliche Kriminalstatistik 1990, Hrsg.: Bundeskriminalamt, Wiesbaden.

Abbildung 3.8: Kurvendiagramm der Zeitreihe der Drogentoten in der Bundesrepublik von 1973 bis 1990

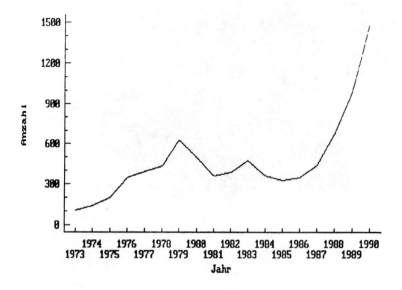

3.1. KLASSISCHE METHODEN GRAPHISCHER DARSTELLUNG

Sei f_i die Höhe des i-ten Rechtecks. Damit nach dem Prinzip der Flächentreue die Rechteckflächen $b_i f_i$ proportional zu n_i sind, müssen die Rechteckhöhen f_i proportional zu n_i/b_i sein. Geeignete Wahlen sind etwa $f_i = n_i/b_i$ oder $f_i = r_i/b_i$. Bei letzterer Wahl kann das Histogramm in Termen der Indikatorfunktion **1** wie folgt geschrieben werden:

$$f_n^H(x) = \begin{cases} r_i/b_i = \frac{1}{nb_i} \sum_{j=1}^n \mathbf{1}_{\{[u_{i-1}, u_i)\}}(x_j), & x \in [u_{i-1}, u_i) \\ 0, & \text{sonst.} \end{cases} \quad (3.2)$$

$f_n^H(x)$ ist nicht negativ und wegen

$$\int_{-\infty}^{\infty} f_n^H(x)\, dx = \sum_{i=1}^k b_i \cdot \frac{n_i}{n} \cdot \frac{1}{b_i} = \frac{1}{n} \sum_{i=1}^k n_i = \frac{n}{n} = 1$$

integriert sich die Fläche unter f_n^H zu Eins auf.

In der *schließenden Statistik* sind die vorliegenden Daten eine "zufällig" ausgewählte *Stichprobe* aus einer meist erheblich größeren Grundgesamtheit, über deren Charakteristiken Rückschlüsse gezogen werden sollen. Da nicht alle Einheiten erhoben werden, bleibt die Verteilung der Ausprägungen aller potentiellen Untersuchungseinheiten der Grundgesamtheit unbekannt. Die Dichtefunktion dieser zugrundeliegenden Verteilung sei mit f bezeichnet und habe (ggf. bis auf einige wenige Sprungstellen) einen stetigen Verlauf. f_n^H kann als Approximation für f aufgefaßt werden, die für wachsendes n die Dichtefunktion annähert. Hierzu stelle man sich vor, daß einerseits die Klassenbreiten des Histogramms kleiner und kleiner werden (gegen Null streben), andererseits aber der Stichprobenumfang n so stark anwachse, daß in allen Klassen überaus viele Ausprägungen liegen. In diesem Falle nähert sich das Histogramm f_n^H der zugrundeliegenden Dichte an. Auch bei kleineren Stichproben bezeichnet man solche Approximationen für Funktionen als "Schätzer". Dieser Begriffsbildung werden wir uns im folgenden anschließen, ohne auf eine weitere Fundierung aus der schließenden Statistik einzugehen.

Beispiel 3.5 Die Häufigkeitsverteilung des Bestandes an Milchkühen der landwirtschaftlichen Betriebe in der Bundesrepublik soll veranschaulicht werden. Tabelle 3.5 enthält die Anzahlen der landwirtschaftlichen Betriebe (Spalte 5), deren Bestand an Milchkühen in vorgegebene Klassen (Spalte 2) fällt. Da es sich bei den Ausprägungen des Merkmales "Milchkuhbestand" um ganze Zahlen handelt, die Klassenaufteilung sich aber auf eine zusammenhängende Teilmenge der reellen Zahlen bezieht, empfiehlt es sich, die Klassengrenzen zwischen die ganzen Zahlen zu setzen (vgl. Spalte 3). Schwierigkeiten macht natürlich die nach oben offene

Tabelle 3.5: Tabelle zur Erstellung eines Histogramms für die Milchkuhbestände in den landwirtschaftlichen Betrieben des früheren Bundesgebietes für das Jahr 1989

i	Milchkuhbest. von ... bis ...	Klasse $[u_{i-1}, u_i)$	Klassenbreite $b_i = u_i - u_{i-1}$	abs. Hfgk. n_i	rel. Hfgk. $r_i = n_i/n$	kum. rel. Hfgk. $\sum_{j=1}^{i} r_j$	Höhe $f_i = r_i/b_i$
1	1–4	[0.5, 4.5)	4	48 035	0.159	0.159	0.040
2	5–10	[4.5, 10.5)	6	77 811	0.257	0.416	0.043
3	11–19	[10.5, 19.5)	9	78 585	0.260	0.676	0.029
4	20–39	[19.5, 39.5)	20	77 332	0.256	0.932	0.013
5	40 und mehr	[39.5, 64.5)	25	20 445	0.068	1.000	0.003
				n=302 208			

Datenquelle zu Spalte 2 und 5: Statistisches Jahrbuch 1991 für die Bundesrepublik Deutschland, Hrsg.: Statistisches Bundesamt, Kohlhammer Verlag, Stuttgart, Mainz. Seite 160.

Abbildung 3.9: Histogramm der Milchkuhbestände der landwirtschaftlichen Betriebe im ehemaligen Bundesgebiet zum 1.1.1989

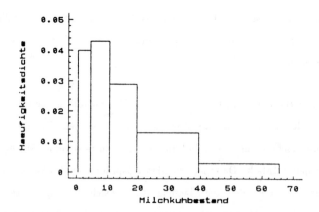

3.1. KLASSISCHE METHODEN GRAPHISCHER DARSTELLUNG

Klasse "40 und mehr". Hat man als Zusatzinformation den Gesamtbestand an Milchkühen in der offenen Klasse, so kann die folgende Vorgehensweise zur Berechnung einer künstlichen oberen Klassengrenze gewählt werden: Zunächst bestimme man $\bar{x}_k$, den mittleren Bestand (= Bestand an Milchkühen / Anzahl der Betriebe in dieser Klasse). Nimmt man an, daß die Bestände gleichmäßig in der letzten Klasse verteilt sind, so ist es sinnvoll, $\bar{x}_k$ als Mitte der offenen Klasse zu wählen. Aus der Wahl $\bar{x}_k = \dfrac{u_{k-1} + u_k}{2}$ berechnet sich die künstliche obere Klassengrenze zu $u_k = \bar{x}_k + (\bar{x}_k - u_{k-1}) = 2\,\bar{x}_k - u_{k-1}$. Aus Tabelle 4.26 (b) geht hervor, daß der Milchkuhbestand in der 5. Klasse 1 068 500 beträgt. Der mittlere Bestand dieser Klasse ist also durch $x_k = 1068500/20445 = 52,56$ gegeben, und mithin ist $u_k = 2 \times \bar{x}_k - u_{k-1} = 2\,52,26 - 40 = 64.52 \approx 64.5$ eine sinnvolle Wahl für die obere Grenze der offenen fünften Klasse. Diese Klassengrenze wird natürlich durch viele Betriebe überschritten; dennoch ist diese Vorgehensweise bei der Veranschaulichung einer Verteilung durch Histogramme durchaus sinnvoll und auch üblich. Tabelle 3.5 enthält als weitere, zur Erstellung eines Histogramms wesentliche Informationen die Klassenbreiten (Spalte 4), die relativen Häufigkeiten (Spalte 6) und die Histogrammhöhen (Spalte 8). Das zugehörige Histogramm ist in Abbildung 3.9 wiedergegeben. ◻

Beispiel 3.6 Als weitere wohlbekannte Beispiele für Histogramme seien hier Bevölkerungspyramiden genannt. Diese veranschaulichen nach dem Geschlecht getrennt die Altersverteilung einer Bevölkerung, wobei links und rechts einer senkrechten Achse die Histogramme für männliche und weibliche Einwohner um 90° gedreht abgetragen werden. Abbildung 3.10 zeigt die vom Statistischen Bundesamt herausgegebene deutsche Bevölkerungspyramide zum 1.1.1990. ◻

Abbildung 3.10: Bevölkerungspyramide Deutschlands am 1.1.1990

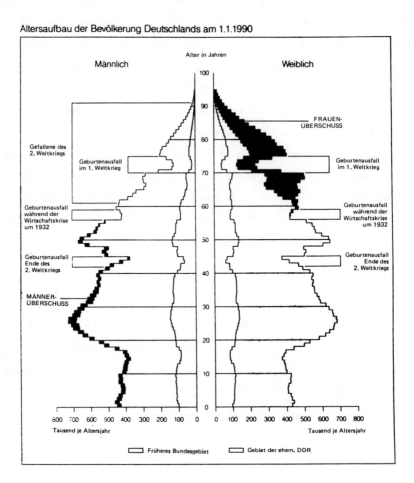

Quelle: Statistisches Jahrbuch 1991 für die Bundesrepublik Deutschland, Hrsg.: Statistisches Bundesamt, Kohlhammer Verlag, Stuttgart, Mainz.

3.1. KLASSISCHE METHODEN GRAPHISCHER DARSTELLUNG

Der optische Eindruck eines Histogramms hängt im wesentlichen von der Festlegung der Klassengrenzen ab. Liegen die Daten lediglich in gruppierter Form vor, so hat man im allgemeinen keine andere Wahl als diese Einteilung zu übernehmen. (Eventuell könnten Klassen zusammengefaßt werden.) Liegen die Daten in nichtaufbereiteter Form vor, so sollte man die folgenden *Faustregeln zur Klassenbildung* beachten. Bei der Klasseneinteilung sollten möglichst

- gleiche Klassenbreiten und

- keine "offenen" Klassen (d.h. "kleiner u_1", "u_{k-1} und größer")

gewählt werden. Ungleiche Klassenbreiten können jedoch sinnvoll sein

- aus erhebungstechnischen Gründen,

- zur Erhöhung der Aussagekraft — beispielsweise sind bei Altersverteilungen die Klassengrenzen 18 und 65 Jahre sehr informativ — oder

- zur Erhöhung der Anschaulichkeit (etwa durch stärkere Zusammenfassung an dünn besetzten Rändern).

Zur Wahl der Anzahl der Klassen werden in der Literatur unterschiedliche Regeln vorgeschlagen, von denen einige in Tabelle 3.6 zusammengestellt sind.

Tabelle 3.6: Regeln zur Wahl der Klassenanzahl

Regel	Name	Motivation
$k = [\sqrt{n}]$	$\sqrt{n}$-Regel	bei Gleichverteilung
$k = [2\sqrt{n}]$	$2 - \sqrt{n}$-Regel	bei Dreiecksverteilung
	(Vellemann, 1976)	
$k = [1 + 2\log_2 n]$	$\log_2$-Regel	bei Binomialverteilung
	(Sturges, 1926)	
$k = [10\log_{10} n]$	$\log_{10}$-Regel	"Kompromiß"
	(Dixon und Kronmal, 1965)	

Sowohl die $2\sqrt{n}$-Regel als auch die $\log_2$-Regel liefern für kleine n häufig zu wenig Klassen. Für große n liefert die $\log_2$-Regel zu wenig Klassen und die $2\sqrt{n}$-Regel eher zu viele.

Einen Kompromiß bildet die $10\log_{10}$-Regel. Eine weitergehende Betrachtung zur Klassenwahl enthält der Abschnitt 3.4. Dort werden auch weitere Methoden zur Wahl der Klassenbreiten vorgestellt.

Tabelle 3.7: Wetterverhältnisse in 42 deutschen Städten: Langjährige Mittelwerte der jährlichen Niederschläge (in mm), der Jahresdurchschnittstemperaturen sowie der mittleren Temperaturen im Januar und im Juli (in Grad Celsius)

Jährliche Nieder-	mittlere Temperaturen			
schlagsmengen	im Jahr	im Juli	im Januar	Stadt
804	7.9	16.5	0.6	Flensburg
717	7.6	16.3	0.0	Kiel
718	8.4	15.6	1.8	Helgoland
632	8.1	16.8	0.1	Lübeck
740	8.5	17.1	0.3	Hamburg
643	8.9	17.4	1.0	Bremen
587	8.4	18.0	-0.6	Berlin
736	8.5	16.5	1.0	Emden
701	8.4	16.9	0.7	Oldenburg
644	9.0	17.5	0.8	Hannover
771	8.8	17.1	1.1	Osnabrück
676	8.8	17.6	0.2	Braunschweig.
777	9.1	17.3	1.3	Münster
740	9.1	17.0	1.6	Dortmund
866	9.3	17.2	1.7	Essen
696	10.2	18.4	2.4	Köln
595	8.4	16.9	-0.2	Kassel
604	9.6	18.7	0.7	Frankfurt/Main
616	10.1	18.5	1.8	Koblenz
515	10.0	19.2	1.1	Mainz
714	9.8	18.6	1.5	Trier
528	10.0	19.2	0.9	Mannheim
756	9.9	19.1	1.0	Karlsruhe
662	10.0	19.1	1.0	Stuttgart
702	8.1	17.4	-1.4	Ulm
884	10.2	19.3	1.1	Freiburg
937	8.6	18.0	-0.8	Friedrichshafen

3.1. KLASSISCHE METHODEN GRAPHISCHER DARSTELLUNG

Tabelle 3.7 Fortsetzung

Jährliche Nieder-schlagsmengen	mittlere Temperaturen			Stadt
	im Jahr	im Juli	im Januar	
595	7.8	17.2	-1.5	Bayreuth
560	9.0	18.3	-0.1	Würzburg
585	8.7	18.3	-0.8	Nürnberg
591	7.7	17.6	-2.4	Regensburg
800	8.2	17.9	-1.4	Augsburg
904	7.5	16.9	-2.2	München
1447	6.9	16.1	-2.8	Berchtesgaden
1286	6.7	15.4	-2.9	Garmisch Partenkirchen
1721	6.0	15.1	-3.4	Oberstdorf
603	7.8	16.8	-0.4	Rostock
586	8.3	17.7	-0.7	Postsdam
508	9.1	18.4	0.1	Magdeburg
510	8.8	17.0	-1.1	Erfurt
621	8.9	18.4	-0.3	Leipzig
667	9.3	18.6	0.3	Dresden

Datenquelle: Rocznik, K. (1982): Wetter und Klima in Deutschland, Hirzel Verlag, Stuttgart.

Des öfteren spielen bei der Interpretation kumulierte relative Häufigkeiten eine Rolle. In Beispiel 2.1 könnte etwa der Anteil der Studenten, deren Anfahrtszeit zur Universität nicht größer als eine halbe Stunde ist, von Interesse sein. Die *empirische Verteilungsfunktion* $F_n : \mathbb{R} \longrightarrow [0,1]$ ist definiert als

$$F_n(x) := \frac{1}{n} \sum_{j=1}^{n} \mathbf{1}_{(-\infty,x]}(x_j)$$

und gibt somit den Anteil der Beobachtungen mit Ausprägungen kleiner oder gleich der Auswertungsstelle x an. Bei stetigen Merkmalen verwendet man anstelle von $F_n(\cdot)$ häufig lieber das auf der Basis des Histogramms gebildete *Summenpolygon*

$$\tilde{F}_n(x) := \int_{-\infty}^{x} f_n^H(y)\, dy\,,$$

das durch die Formel

$$\tilde{F}_n(x) = \begin{cases} 0 & , \ x < u_0 \\ \sum_{j=1}^{i-1} r_j + r_i \frac{x - u_{i-1}}{b_i} & , \ x \in [u_{i-1}, u_i), i = 1, \ldots, k, \\ 1 & , \ x \geq u_k. \end{cases} \qquad (3.3)$$

gegeben ist.

Das Summenpolygon nimmt also für $x < u_0$ den Wert 0, für $x > u_k$ den Wert 1 an und ist im Bereich $[u_0, u_k]$ die Verbindungslinie der Punkte $(u_0, 0)$ und $(u_i, \sum_{j=1}^{i} r_j)$, $j = 1, \ldots, k$.

Tabelle 3.8: Jahresdurchschnittstemperaturen in 42 deutschen Städten: Tabelle zur Berechnung der empirischen Verteilungsfunktion

x_i	n_i	r_i	$\sum_{j=1}^{i} r_j$	x_i	n_i	r_i	$\sum_{j=1}^{i} r_j$
6.0	1	1/42	1/42	8.6	1	1/42	20/42
6.7	1	1/42	2/42	8.7	1	1/42	21/42
6.9	1	1/42	3/42	8.8	3	3/42	24/42
7.5	1	1/42	4/42	8.9	2	2/42	26/42
7.6	1	1/42	5/42	9.0	2	2/42	28/42
7.7	1	1/42	6/42	9.1	3	3/42	31/42
7.8	2	2/42	8/42	9.3	2	2/42	33/42
7.9	1	1/42	9/42	9.6	1	1/42	34/42
8.1	2	2/42	11/42	9.8	1	1/42	35/42
8.2	1	1/42	12/42	9.9	1	1/42	36/42
8.3	1	1/42	13/42	10.0	3	3/42	39/42
8.4	4	4/42	17/42	10.1	1	1/42	40/42
8.5	2	2/42	19/42	10.2	2	2/42	42/42

Tabelle 3.9: Jahresdurchschnittstemperaturen in 42 deutschen Städten: Tabelle zur Berechnung des Summenpolygons

i	u_i	r_i	$\sum_{j=1}^{i} r_j$
0	5.6	0	0
1	6.3	1/42	1/42
2	7.0	2/42	3/42
3	7.7	2/42	5/42
4	8.4	8/42	13/42
5	9.1	15/42	28/42
6	9.8	6/42	34/42
7	10.5	8/42	42/42

Abbildung 3.11: Empirische Verteilungsfunktion der Jahresdurchschnittstemperaturen ausgewählter deutscher Städte

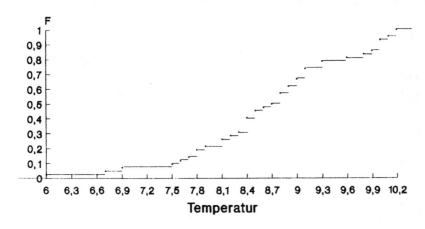

Abbildung 3.12: Summenpolygon der Jahresdurchschnittstemperaturen ausgewählter deutscher Städte

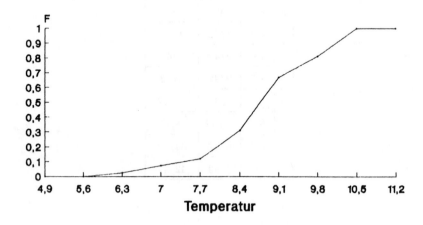

Abbildung 3.13: Summenpolygon und empirische Verteilungsfunktion der Jahresdurchschnittstemperaturen ausgewählter deutscher Städte

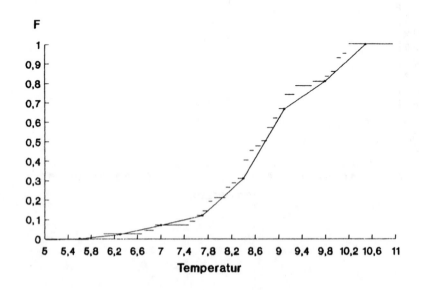

Abbildung 3.14: Summenpolygon der Milchkuhbestände landwirtschaftlicher Betriebe

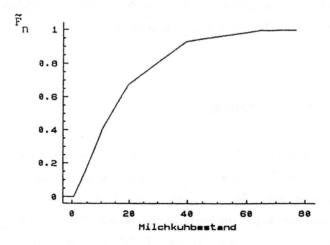

Beispiel 3.7 Tabelle 3.7 enthält langjährige Durchschnittswerte der mittleren Jahrestemperaturen, der mittleren Temperaturen im Januar und im Juli sowie über die mittlere jährliche Niederschlagsmenge in 42 deutschen Städten. Auf der Basis der mittleren Jahrestemperaturen wurde die empirische Verteilungsfunktion berechnet (vgl. Tabelle 3.8) und in Abbildung 3.11 dargestellt. Als Alternative ist in Abbildung 3.12 das Summenpolygon der Temperaturdaten gezeichnet. Dazu müssen die kumulierten relativen Häufigkeiten $\sum_{j=1}^{i} r_j$ berechnet werden, die gegen die Klassengrenzen u_i abgetragen werden (vgl. Tabelle 3.9). Abbildung 3.13 enthält Summenpolygon und empirische Verteilungsfunktion zusammen in einem Koorinatensystem. ⋈

Beispiel 3.8 In Beispiel 3.5 wurde die Häufigkeitsverteilung des Milchkuhbestandes landwirtschaftlicher Betriebe durch ein Histogramm veranschaulicht. Zur Berechnung des zugehörigen Summenpolygons enthält die Arbeitstabelle 3.5 in Spalte 7 die dazu notwendigen kumulierten relativen Häufigkeiten. Mit Hilfe des Summenpolygons kann etwa der Anteil der Betriebe, die weniger als 15 Milchkühe haben, bestimmt werden. Er berechnet sich gemäß Formel (3.3) wie folgt: Zunächst liegt 15 in der dritten Klasse, d.h. $i = 3$. Damit ergibt sich aus Tabelle 3.5 $\tilde{F}_n(x) = \sum_{j=1}^{2} r_j + r_3 \dfrac{x - u_2}{b_3} = 0.416 + 0.260 \dfrac{15 - 10.5}{9} = 0.546$. Somit lautet die Aussage, daß 54.6% der landwirtschaftlichen Betriebe weniger als 15 Milchkühe besitzen. Das Summenpolygon ist in Abbildung 3.14 wiedergegeben. ⋈

3.2 Kerndichteschätzung

Wie im vorherigen Abschnitt erwähnt, ist das Histogramm als ein Schätzer für die im allgemeinen stetige Häufigkeitsdichte einer zugrunde liegenden stetigen Variablen interpretierbar. Ein solcher Funktionsschätzer ordnet den Beobachtungen $x_1, x_2, \ldots, x_n$ eine Funktion zu, die bei einer genügend großen Anzahl von Beobachtungen als gute Approximation der zugrunde liegenden stetigen Dichte angesehen werden kann. Das Histogramm f_n^H läßt sich in Termen der empirischen Verteilungsfunktion als Differenzenquotient

$$f_n^H(x) = \frac{F_n(u_i) - F_n(u_{i-1})}{u_i - u_{i-1}}, \text{ für } u_{i-1} < x \leq u_i, \quad i = 1, \ldots, k, \tag{3.4}$$

ausdrücken. Das Histogramm weist jedoch die folgenden Nachteile auf:

- Das Schaubild der Verteilung hängt wesentlich von der Klasseneinteilung ab. Dieser Nachteil kann geschmälert werden, indem man auf Faustregeln zur Wahl der Klassenbreite bei äquidistanter Zerlegung zurückgreift (vgl. Abschnitt 3.1). Dadurch erhält man jedoch in der Regel zu schwach besetzte Klassen an den Rändern. Um dies zu vermeiden, könnte man anstelle konstanter Klassenbreiten gleiche Besetzungszahlen der Klassen fordern.

- Eine stetige Dichte wird als Treppenfunktion dargestellt — ein Umstand, der aus ästhetischer Sicht wenig befriedigend erscheint. Es ist auch intuitiv wenig einleuchtend, daß gerade an den Stellen der mehr oder weniger "willkürlich" gewählten Klassengrenzen die Häufigkeitsverteilung der dargestellten Variablen "Sprünge" aufweist.

- Der dritte Nachteil sei anhand von Abbildung 3.15 veranschaulicht. An der Auswertungsstelle x hat der Datenpunkt x_1 keinen Einfluß auf den Wert von $f_n^H(x)$, obwohl sein Abstand zu x erheblich geringer ist als derjenige des Datenpunktes x_2, welcher mit vollem Gewicht berücksichtigt wird.

Abbildung 3.15: Histogrammausschnitt

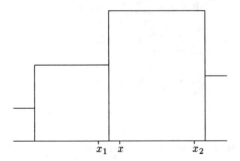

Der in Abbildung 3.15 skizzierte Nachteil kann vermieden werden, wenn man anstelle der festen Klasseneinteilung sogenannte *gleitende Histogramme* verwendet (*Rosenblatt*, 1956):

$$f_n^G(x) = \frac{F_n(x+h_n) - F_n(x-h_n)}{2h_n}, \quad h_n > 0. \tag{3.5}$$

In den Schätzer (3.5) gehen alle Beobachtungen ein, die innerhalb des Intervalls $(x-h_n, x+h_n]$ liegen, welches zentriert um den Mittelpunkt x über die reelle Achse gleitet. Anstelle der Klassenbreite geht hier die sogenannte *Bandbreite* h_n ein.

Man beachte, daß sich f_n^G in der Form

$$f_n^K(x) = \frac{1}{nh_n} \sum_{i=1}^{n} K(\frac{x-x_i}{h_n}), \quad h_n > 0, \tag{3.6}$$

schreiben läßt, wenn $K(u) = \frac{1}{2}\mathbf{1}_{[-1,1)}(u)$ gesetzt wird. Läßt man allgemeinere sogenannte Kernfunktionen als diese zu, so ist über (3.6) ein sogenannter *Kerndichteschätzer* definiert. In der Literatur werden unterschiedliche Forderungen an die Eigenschaften von Kernfunktionen gestellt. Neben den Eigenschaften

- K symmetrisch um Null,

- $K \geq 0$ und

- $\int_{-\infty}^{\infty} K(u)du = 1$

wird im allgemeinen gefordert, daß K für betragsmäßig wachsende Argumentwerte schnell gegen Null strebt.

Wie für einen Dichteschätzer sinnvoll beträgt die Fläche unter dem Kerndichteschätzer 1, denn mit der Substitution $u = (x - x_i)/h_n$ gilt wegen $\int_{-\infty}^{\infty} K(u)du = 1$

$$\int_{-\infty}^{\infty} f_n^K(x)\, dx = \int_{-\infty}^{\infty} \frac{1}{nh_n} \sum_{i=1}^{n} K(\frac{x - x_i}{h_n})\, dx$$

$$= \frac{1}{nh_n} \sum_{i=1}^{n} \int_{-\infty}^{\infty} h_n\, K(u) du$$

$$= 1.$$

Tabelle 3.10: Beispiele von Kernfunktionen

Name	Kernfunktion	Eigenschaften
Rechteckkern	$\frac{1}{2}\mathbf{1}_{[-1,1]}(u)$	Treppenfunktion kompakter Träger
Dreieckkern	$(1 - |u|)\mathbf{1}_{[-1,1]}(u)$	stetige Funktion, kompakter Träger
Epanechnikow-Kern	$\frac{3}{4}(1 - u^2)\mathbf{1}_{[-1,1]}(u)$	öptimaler" Kern, stetig, kompakter Träger
Bisquare-Kern	$\frac{15}{16}(1 - u^2)^2 \mathbf{1}_{[-1,1]}(u)$	stetig differenzierbar, kompakter Träger
Normalkern	$\frac{1}{\sqrt{2\pi}} \exp\left(-\frac{1}{2}u^2\right)$	Dichte der Standardnormalverteilung
Cauchy-Kern	$[\pi(1 + u^2)]^{-1}$	Dichte der Cauchy-Verteilung
Picard-Kern	$\frac{1}{2} \exp\left(-|u|\right)$	Dichte der Laplace-Verteilung

3.2. KERNDICHTESCHÄTZUNG

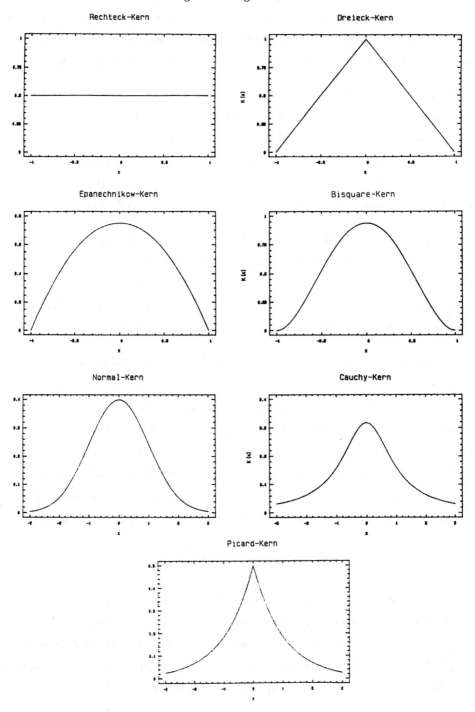

Abbildung 3.16: Einige Kernfunktionen

Man beachte, daß sich ferner die Stetigkeits- und Differenzierbarkeitseigenschaften der Kernfunktion auf die Kernschätzer übertragen. Somit kann durch geeignete Wahl des Kernes das Bild des Schätzers den jeweiligen Glattheitsvorstellungen angepaßt werden. Der zweite Nachteil kann also durch stetige oder differenzierbare Kernfunktionen vermieden werden. Einige Beispiele geeigneter Kernfunktionen enthält die Tabelle 3.10 und Abbildung 3.16.

In den Kerndichteschätzer fließen nicht die Datenpunkte x_i selbst ein, sondern ihr empirisches Gewicht wird auf eine Umgebung der Beobachtungswerte verteilt. Die Form dieser Verteilung auf das Umgebungsintervall wird durch die Kernfunktion, die Intervallbreite durch die Bandbreite bestimmt. So führen große Bandbreiten zu glatten Kurven, die auf die Wiedergabe von Einzelheiten verzichten, wohingegen Schätzer mit kleinen Bandbreiten Detailinformationen vermitteln, dafür aber einen weniger glatten, mitunter unruhigen Verlauf aufweisen.

Die Vorgehensweise bei der Berechnung von Kerndichteschätzern, kann durch die Abbildung 3.17 veranschaulicht werden. Als Kernfunktion wurde der Dreieckskern, als Bandbreite $h_n = 1$ verwendet. Zunächst wird um jeden Datenpunkt x_i die Kernfunktion $K(u/h_n)$ zentriert um x_i eingezeichnet. Für jede Auswertungsstelle x werden dann gemäß Formel (3.6) alle so eingezeichneten Kernfunktionen aufsummiert und durch nh_n dividiert.

Wie bei Histogrammen mit konstanter Klassenbreite ist die Wahl der Bandbreite h_n auch für Kernschätzer von zentraler Bedeutung. Eine zu große Bandbreite führt dazu, daß Details im mittleren Bereich weggeglättet werden, wohingegen eine kleine Bandbreite unnatürlich wirkende Ausschläge in den meist dünn besetzten Randbereichen zur Folge hat. Diese Effekte können vermieden werden, wenn an jeder Stelle x gleich viele Beobachtungen in den Dichteschätzer eingehen, welches gleichen Klassenbesetzungszahlen beim Histogramm entspricht: Ist $H_{n,k}(x)$ der Abstand zwischen x und demjenigen Beobachtungswert x_i, der am k_n-t nächsten zu x liegt, so wird der k_n-*Nearest-Neighbour-(k_n-NN-)Schätzer* definiert als

$$f_n^{NN}(x) = \frac{1}{nH_{n,k}(x)} \sum_{i=1}^{n} K\left(\frac{x - x_i}{H_{n,k}(x)}\right) \qquad (3.7)$$

und ist als Kernschätzer mit variabler, datengesteuerter Bandbreite zu interpretieren. Als Kernfunktionen sollten allerdings nur solche verwendet werden, deren Trägermenge das Intervall $[-1, 1]$ ist, (d.h. die nur in diesem Intervall von Null verschieden sind), so daß tatsächlich k_n oder bei in ± 1 stetigen Kernfunktionen $k_n - 1$ Beobachtungen einfließen. Da $H_{n,k}(x)$ nicht überall differenzierbar ist, überträgt sich diese Eigenschaft —unabhängig von der Wahl

3.2. KERNDICHTESCHÄTZUNG

des Kernes— auf den NN-Schätzer. Des weiteren divergiert im allgemeinen das Integral über f_n^{NN}. Diese beiden Nachteile treten nicht auf, wenn man den *variablen Kernschätzer*

$$f_n^V(x) = \sum_{i=1}^n \frac{K(\frac{x-x_i}{h_n H_{n,k}(x_i)})}{n h_n H_{n,k}(x_i)}, \qquad (3.8)$$

benutzt, der auf Breiman, Meisel und Purcell (1977) zurückgeht, auf den aber hier nicht näher eingegangen werden soll.

Beispiel 3.9 Für die langjährigen Durchschnittstemperaturen in Tabelle 3.7 (vgl. Beispiel 3.7) sind Kernschätzer, NN-Schätzer und variabler Kernschätzer der Häufigkeitsdichte in den Abbildungen 3.18 bis 3.21 dargestellt. Die Verwendung des Rechteckskernes führt zu einer unstetigen Treppenfunktion (vgl. Abbildung 3.18), wohingegen die Anwendung des Bisquare-Kernes einen stetig differenzierbaren Kernschätzer der Häufigkeitsdichte produziert (vgl. Abbildung 3.19). Letzteres gilt nicht für den NN-Schätzer, der auch bei differenzierbarer Kernfunktion nicht überall differenzierbar ist (vgl. Abbildung 3.20). Die Anwendung des variablen Kernschätzers liefert wiederum stetig differenzierbare Funktionen und ermöglicht wie auch der NN-Schätzer eine lokal variierende Wahl der Bandbreiten (vgl. Abbildung 3.21).

⋈

Weitergehende Betrachtungen zur Wahl der Glättungsparameter werden im Abschnitt 3.4 angestellt.

Abbildung 3.17: Konstruktion des Kerndichteschätzers bei Verwendung eines Dreieckskernes, b=h_n=1

(a) Stabdiagramm der Häufigkeitsmassen

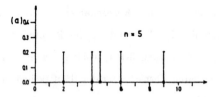

(b) Darstellung der Dreieckskerne über den Beobachtungen

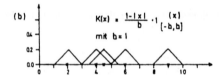

(c) Dichteschätzung nach Summation der Kerne

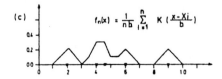

aus: Failing, K. (1983): Die Verallgemeinerung und Konsistenz von nichtparametrischen Dichte- und Hazard-Raten-Schätzern für den Fall zensierter Daten, Dissertation am Fachbereich Mathematik der Universität Gießen.

3.2. KERNDICHTESCHÄTZUNG

Abbildung 3.18: Kerndichteschätzer für die langjährigen Durchschnittstemperaturen in 42 deutschen Städten, Rechteckskern, Bandbreite $h_n = 0.5$

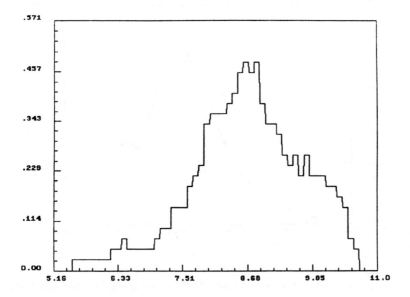

Abbildung 3.19: Kerndichteschätzer für die langjährigen Durchschnittstemperaturen in 42 deutschen Städten, Bisquare-Kern, Bandbreite $h_n = 0.7$

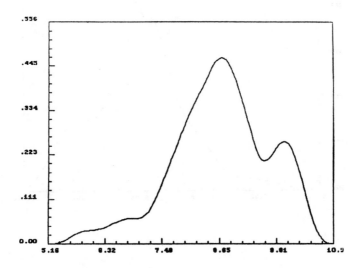

Abbildung 3.20: NN-Dichteschätzer für die langjährigen Durchschnittstemperaturen in 42 deutschen Städten, Bisquare-Kern, Nachbarnzahl $k_n = 20$

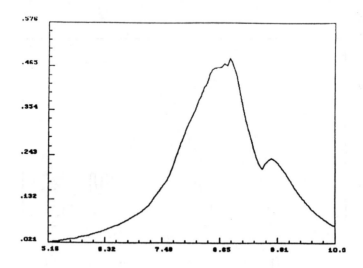

Abbildung 3.21: Variabler Kerndichteschätzer für die langjährigen Durchschnittstemperaturen in 42 deutschen Städten, Bisquare-Kern, Nachbarnzahl $k_n = 20$, Bandbreite $h_n = 0.8$

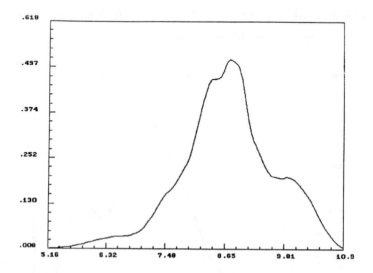

3.3 Stamm-Blätter-Darstellungen (Stem-and-Leaf-Displays)

Die Stamm-Blätter-Darstellung ist ein semigraphisches Verfahren, in dem der Datensatz als ganzes veranschaulicht wird und gewisse Grundzüge der Verteilung eines metrischen Merkmals zu erkennen sind. Es gibt Aufschluß über die folgenden Fragen:

- Ist die Merkmalsverteilung symmetrisch oder schief?
- Wie weit gestreut liegen die Daten?
- Liegen einige Werte stark entfernt vom Rest der Daten?
- Konzentrieren sich die Meßwerte auf einige Ausprägungen?
- Gibt es Auffälligkeiten innerhalb der gebildeten Klassen?
- Gibt es Lücken in den Daten?

Im Gegensatz zum Histogramm dienen die Ziffern, aus denen sich die Messungen zusammensetzen, selbst zur Darstellung. Es ist leicht zu konstruieren, und der Hauptschritt besteht im Sortieren der Daten. Man unterscheidet die *Konstruktionsphase* (for storage) und die *Kommunikationsphase* (to look at). Im Gegensatz zum Histogramm wird die Verteilung der Merkmale innerhalb jedes Intervalls ebenfalls repräsentiert, und eventuelle Muster können erkannt werden.

Die Grundform der Stamm–Blätter–Darstellung

Die Idee und die Konstruktion der Stamm-Blätter-Darstellungen lassen sich am besten anhand eines Beispieles erklären:

Beispiel 3.10 Dazu werden die Überlebenszeiten von verstorbenen Magenkrebspatienten nach einer Chemotherapie herangezogen. Zunächst wird der Bereich ermittelt, in dem die Merkmalsausprägungen liegen: Das Minimum der Überlebenszeiten liegt bei 1 und das Maximum bei 1397 Tagen. Das ergibt gerundet einen Datenbereich von 0 bis 1400. Diesen Bereich teilen wir – in Abhängigkeit vom Umfang der Daten in L Intervalle gleicher Länge. Nach der Regel von Dixon und Kronmal sollte die maximale Anzahl von Klassen bei

Tabelle 3.11: Überlebenszeiten von 38 gestorbenen Patentienten mit fortgeschrittenen Magenkrebs nach einer Chemotherapie

524	1271	216	250	358	1397	301
342	1	354	955	301	388	394
460	489	63	499	408	356	786
535	182	562	676	383	380	48
748	778	797	262	383	105	968
1245	129	675				

```
Quelle: Stablein, Carter, Novak (1981): Analysis of survival data
with nonproportional hazard functions, Controlled Clinical Trials 2, 149-159.
```

$L = 10 \log_{10} n = 10 \log_{10} 38 \approx 16$ liegen. Teilt man den Datenbereich in $L = 16$ Klassen auf, so erhält man als Intervallbreite $b = 87.5$. Wie im folgenden noch deutlich wird, sind bei Stamm-Blätter-Darstellungen lediglich Intervallbreiten von 0.5, 1 oder 2 mal einer Potenz von 10 sinnvoll. Da die Auswahlregel eine maximale Anzahl von Klassen angibt, sollten die so bestimmten Intervallbreiten in der Regel auf eine zulässige Breite **auf**gerundet werden. Im Beispiel wäre also eine Klassenbreite von $b = 100$ auszuwählen. Teilt man den Datenbereich in Intervalle der Länge 100 auf, so kann

das erste Intervall $[0, 100)$ durch die (führende) Ziffer 0,

das zweite Intervall $[100, 200)$ durch die führende Ziffer 1,

das dritte Intervall $[200, 300)$ durch die führende Ziffer 2, ...,

das letzte Intervall $[1400, 1500)$ durch die führenden Ziffern 14

repräsentiert werden. Die führenden Ziffern werden als *Stamm (stem)* bezeichnet. Es wird nun eine vertikale Linie gezeichnet, auf deren linken Seite die unteren Intervallgrenzen in aufsteigender Reihenfolge unter Vernachlässigung führender Nullen oder Dezimalpunkte abgetragen werden (vgl. Abbildung 3.22 Bild a)). Als nächstes werden die Werte der Urliste nacheinander abgearbeitet. Jeder Wert wird durch die auf die Ziffern des Stammes folgende Ziffer repräsentiert, welche auf der rechten Seite der senkrechten Linie eingetagen werden. Dies ergibt die *Blätter (leaves)*. Grundsätzlich ist hierbei das Runden dem Abschneiden vorzuziehen. Die Zerlegung der ersten Zahl 524 in Stamm und Blatt führt zu 5|2, und hinter

3.3. STAMM-BLÄTTER-DARSTELLUNGEN (STEM-AND-LEAF-DISPLAYS)

dem mit 5 gekennzeichneten Stamm wird die Ziffer 2 eingetragen. Für den zweiten Wert 1271 wird ein 7 hinter der 12 eingetragen. Der dritte Wert 216 wird auf 220 gerundet, und hinter dem Stamm mit der führenden Ziffer 2 wird eine 2 eingetragen. Trägt man alle Werte aus Tabelle 3.11 in die Stammblätterdarstellung ein, so entsteht Bild b). Ordnen der Blätter hinter jedem Stamm führt schließlich zur Stamm-Blätter-Darstellung in Bild c). Neben der

Abbildung 3.22: Konstruktion von Stamm-Blätter-Darstellungen:

Bild a)	Bild b)	Bild c)
0|	0|056	0|056
1|	1|813	1|138
2|2	2|256	2|256
3|	3|00456996888	3|00456688899
4|	4|691	4|169
5|2	5|2046	5|0246
6|	6|88	6|88
7|	7|958	7|589
8|	8|0	8|0
9|	9|67	9|67
10|	10|	10|
11|	11|	11|
12|7	12|75	12|57
13|	13|	13|
14|	14|0	14|0

graphischen Darstellung der Daten bieten Stamm-Blätter-Darstellungen auch eine zeitsparende Möglichkeit, einen Datensatz zu ordnen. Bild c) wird schließlich mit den folgenden Zusatzinformationen versehen:

- Links neben dem Stamm werden die maximalen Tiefen der durch die zugehörigen Blätter repräsentierten Beobachtungen eingetragen. Die Tiefe gibt an, wie "tief" sich eine Beobachtung im Datensatz befindet, wie weit sie also vom nächstgelegenen Extremalwert (Minimum bzw. Maximum) entfernt ist. Die Extremalwerte haben jeweils die Tiefe 1, der zweitkleinste und der zweitgrößte Wert die Tiefe 2, der m-te kleinste und der m-te größte Werte die Tiefe m für $m \leq (n+1)/2$. Da eine solche Angabe in der Zeile mit der maximalen Tiefe $[(n+1)/2]^\dagger$ keine zusätzlichen Information liefert, wird stattdessen die Anzahl der Blätter dieses Stammes eingetragen.

- Über oder unter der Graphik wird die Anzahl n der Beobachtungen, die (Maß-) Einheit und ein Ablesebeispiel eingetragen. Durch Multiplikation der eingetragenen Zahlen mit der Einheit ergeben sich (eventuell gerundet) die Orignaldaten. (5|2 multipliziert mit 10 ergibt 520; die Einheit ist hier also 10.)

So modifiziert ergibt sich aus Abbildung 3.22 Bild c) die in Abbildung 3.23 wiedergegebene eigentliche Stamm-Blätter-Darstellung.

⋈

Es werden nun einige Varianten dieser Darstellung angegeben, die insbesondere bei anderen Intervallbreiten anzuwenden sind.

a) Ergibt sich für die Intervallänge bei den Blättern eine 5 (mal einer Zehnerpotenz), so werden die Linien mit den Blättern 0 bis 4 mit einem ⋆ , die mit den Blättern 5 bis 9 mit einem • gekennzeichnet.

```
5  ⋆  |
5  •  |
6  ⋆  |
6  •  |
⋮     |
```

Beispiel 3.11 Bei einer Stichprobenerhebung aus der Studentenkartei der Universität Konstanz wurden die Daten der Abiturzeugnisse von 215 Studenten erfaßt. Weitere Einzelheiten über diese Erhebung werden in Beispiel 6.4 präsentiert. Tabelle

---

†Für eine reelle Zahl x sei hier [x] der ganzzahlige Anteil, also die größte ganze Zahl, die kleiner oder gleich x ist.

3.3. STAMM-BLÄTTER-DARSTELLUNGEN (STEM-AND-LEAF-DISPLAYS)

Abbildung 3.23: Stamm-Blätter-Darstellung der Überlebenszeiten von 38 gestorbenen Patentienten mit fortgeschrittenen Magenkrebs nach einer Chemotherapie

n = 38   Einheit = 10   52 bedeutet 520

2	0|056
6	1|138
9	2|256
(11)	3|00456688899
18	4|169
15	5|0246
11	6|88
9	7|589
6	8|0
5	9|67
	10|
	11|
3	12|57
	13|
1	14|0

Abbildung 3.24: Stamm-Blätter-Darstellung der Gesamtpunktzahlen im Abiturzeugnis von 215 Studenten der Universität Konstanz

10	3	•	5566678889
24	4	⋆	00112223344444
43	4	•	55555666666777888889
76	5	⋆	000000011122222222333333333344444
(37)	5	•	5555555555666666666777788888899999999
102	6	⋆	00000011111112222223333333334444444444
65	6	•	555555555566666777777788888999999
32	7	⋆	000001122334444
17	7	•	55667778899
6	8	⋆	122223

$n = 215$ Einheit = 10   7|1 bedeutet 710

3.12 enthält als kleinen Ausschnitt aus dem umfangreichen Datenmaterial die nach Fakultäten geordnete Gesamtpunktzahlen der ausgewählten Studenten. Die Stamm-Blätter-Darstellung der Abitur-Gesamtnoten ist in Abbildung 3.24 wiedergegeben. ◻

3.3. STAMM-BLÄTTER-DARSTELLUNGEN (STEM-AND-LEAF-DISPLAYS)

Tabelle 3.12: Gesamtpunktzahlen im Abiturzeugnis von 215 Studenten der Universität Konstanz nach Fakultäten geordnet

Fakultät	Gesamtpunktzahlen									
Mathematik (M)	357	558	567	585	595	597	621	621	643	647	655
	657	681	695	704	735	737	790	827	828		
Physik (P)	358	423	427	443	459	536	559	581	594	614	616
	619	629	651	662	675	685	751	755	768	811	828
Chemie (C)	489	524	527	553	568	574	598	640	650	658	659
	659	662	672	675	678	687	695	704	711	743	
Biologie (B)	518	522	523	542	550	569	587	597	605	622	633
	637	642	647	652	655	657	698	709	729	781	782
	830										
Wirtschaftswiss.	402	440	453	486	493	500	521	538	542	544	550
u. Statistik (W)	564	570	584	609	620	634	660	674	690	776	829
Rechtswissen-	365	425	441	445	455	466	468	472	485	501	509
schaften (R)	522	534	548	560	583	591	607	611	618	628	696
	715										
Philosophie (H)	401	436	448	464	486	487	502	521	532	554	575
	576	607	616	642	643	649	672	689	693	742	767
	779	798									
Psychologie (Y)	384	387	456	464	508	527	555	565	585	599	608
	613	630	638	641	663	683	706	729	749		
Verwaltung (V)	373	387	395	464	507	512	536	538	538	546	553
	556	566	574	591	606	642	665	671	702		
Sozialwissen-	366	368	412	415	435	457	470	476	506	512	533
schaften (S)	533	535	556	564	631	633	634	741	770		

b) Ergibt sich für die Anzahl der Blätter je Zeile eine 2, so wird folgende Kennzeichnung empfohlen:

		⋮		
⋆		für 0 und 1	5	⋆
t	(two, three)	für 2 und 3	5	t
f	(four, five)	für 4 und 5	5	f
s	(six, seven)	für 6 und 7	5	s
•		für 8 und 9	5	•
			6	⋆
		⋮		

Im nachfolgenden Beispiel 3.12 ist eine solche Klasseneinteilung durchgeführt worden.

c) Erhalten die Daten sowohl positive als auch negative Meßwerte, dann benötigt man bei Intervallänge 10 einen - 0Stamm und einen "+0Stamm (wobei die Null selbst zu einem von beiden oder abwechselnd zu beiden gehören kann). Bei Intervallbreite 5 bedarf es zweier - 0Stämme und zweier +0-Stämme usw.:

		−1	•	
−1		−1	⋆	
−0		−0	•	
+0	1 1 ⋯ 9 bzw.	−0	⋆	etc.
+1		+0	⋆	
+2		+0	•	
		+1	⋆	
		+1	•	

3.3. STAMM-BLÄTTER-DARSTELLUNGEN (STEM-AND-LEAF-DISPLAYS)

Modifizierte Stamm-Blätter-Darstellungen

Kodierte Stamm-Blätter-Darstellungen

Das Auffinden interessanter Merkmalsausprägungen kann dadurch erleichtert werden, daß man die Merkmalsträger — etwa durch geeignete Buchstabenabkürzungen — kodiert. Es gibt zwei Möglichkeiten: Entweder wird an die Stelle der Blattziffer der entsprechende Code gesetzt, oder die Stamm-Blätter-Darstellung wird gespiegelt und auf der gespiegelten Seite werden die Codes an die Stelle der Blätter gesetzt.

Tabelle 3.13: Erschließung einer Erdölprovinz: Bohrlochnummern und Ölfeldgröße (in Mio. barrel) von 58 erfolgreichen Bohrungen. Die Numerierung entspricht der zeitlichen Reihenfolge der Bohrungen

Nr.	Feldgr.	Nr.	Feldgr.	Nr.	Feldgr.	Nr.	Feldgr.
3	28.0	7	26.0	8	775.0	9	114.0
11	31.0	12	337.0	17	41.0	18	113.0
20	1328.0	21	21.0	22	13.0	29	455.0
33	89.0	34	482.0	35	70.0	39	215.0
45	62.0	46	58.0	52	6.9	55	154.0
56	177.0	57	43.0	58	33.0	62	178.0
71	15.0	76	22.0	78	11.0	81	8.1
82	35.0	88	25.0	90	170.0	92	19.0
102	56.0	105	42.0	109	335.0	110	21.0
116	50.0	119	181.0	131	93.0	139	75.0
141	8.8	144	29.0	145	450.0	152	5.9
161	8.8	162	49.0	171	100.0	174	10.0
176	8.8	178	17.0	189	12.0	195	125.0
197	20.0	202	8.8	203	8.8	209	6.9
210	25.0	215	100.0				

Datenquelle: Anderson, C.W. und Loynes, R.M. (1987): The Teaching of Practical Statistics, Wiley, Chichester usw.

Gestutzte Stamm-Blätter-Darstellung

Weichen einige Meßwerte von der Mehrzahl der Merkmalsausprägungen deutlich ab, dann empfiehlt es sich, nur einen gestutzten, mittleren Bereich in der obigen Form darzustellen. Ausreißer werden in einer LO- (low) Klasse bzw. einer HI- (high) Klasse zusammengefaßt

Abbildung 3.25: Stamm-Blätter-Darstellung der Ölfeldgröße bei 58 erfolgreichen Bohrungen

16	0	★	0000000001111111
28	0	t	222222222333
(7)	0	f	4444555
23	0	s	677
20	0	•	89
18	1	★	0011
14	1	t	2
13	1	f	5
12	1	s	777
9	1	•	8
8	2	★	1
	h	i	335(109), 337(12)
	H	i	450(145), 455(29), 482(34), 775(8), 1328(20)
			(in Klammern: Bohrlochnummer)

$n = 58$,   Einheit = 10 Mio. barrels

Ablesebeispiel: 1t|2 bedeutet 120 Mio. barrels

und oberhalb bzw. unterhalb des St&L-Displays der übrigen Messungen - ohne Berücksichtigung des Abstandes - dargestellt und markiert, d.h. mit dem (kodierten) Namen des Merkmalsträgers versehen.

Beispiel 3.12 In Tabelle 3.13 sind Daten über die Erschließung einer neuer Ölprovinz in den frühen siebziger Jahren aufgeführt. Neben der laufenden Nummer des Bohrloches sind die Ölreserven dieser Bohrstelle aufgeführt. Nicht aufgeführte Bohrungen waren nicht erfolgreich. Abbildung 3.25 enthält die zugehörige Stamm-Blätter-Darstellung. Die durch hi bzw. HI gekennzeichneten Werte heben sich deutlich vom Rest der Daten ab und würden zu einer lückenhaften Darstellung führen. Daher sind sie unter dem Diagramm gesondert ausgewiesen. Als Kennung für den Merkmalsträger ist hier die Bohrlochnummer angegeben. Methoden zum Erkennen und zur Differenzierung solcher "Ausreißer" in den Daten werden in Abschnitt 4.2 auf Seite 106 behandelt. ◻

3.4 *** Regeln zur Wahl von Klassen und Bandbreiten

Wesentlich für die Darstellung von Häufigkeitsverteilungen durch Histogramme, Stamm-Blätter-Darstellungen und Kernschätzer ist die Wahl eines sogenannten Glättungsparameters. Bei Histogrammen mit konstanter Klassenbreite ist dies entweder die Anzahl der Klassen oder die Klassenbreite selbst. Für Kernschätzer ist die Bandbreite, für Nearest-Neighbour-Schätzer die Anzahl der nächsten Nachbarn im Vorfeld der Berechnung festzulegen. Zur Wahl der Intervallbreite bei Stamm-Blätter-Darstellungen ist im vorherigen Abschnitt eine Faustregel angegeben worden. Diese Regel entstammt einem Verfahren zur Bestimmung der Anzahl der Klassen bzw. der Klassenbreite beim Histogramm. Im Unterschied zum Histogramm, das eine den Daten zugrunde liegende Dichte approximieren soll, werden beim Stem-and-Leaf-Display Intervallbreiten gesucht, die 2, 5 oder 10 mal einer Zehnerpotenz sind, die es ermöglichen sollen, unerwartete Muster in Daten zu erkennen, und bei denen die einzelnen Messungen einfach identifizierbar sind.

Regeln zur Anzahl der Klassen bei Histogramm und Stem-&-Leaf-Display

Geht man von einer Gleichverteilung der n Beobachtungswerte aus, so ist es naheliegend, die Anzahl der Klassen L eines Histogramms so zu wählen, daß sie mit der Anzahl der Beobachtungen pro Klasse übereinstimmt. Dies entspräche (wegen n = Anzahl der Beobachtungen je Klasse × Anzahl der Klassen = $\sqrt{n}\sqrt{n}$) $L = [\sqrt{n}]$ als geeigneter Klassenanzahl (Wurzelregel). Soll die Fläche des Histogramms mit der Anzahl der Beobachtungen n übereinstimmen, so ist die Histogrammhöhe ebenfalls $\sqrt{n}$. Die Gültigkeit der Annahme einer Gleichverteilung der Beobachtungen ist jedoch für reale Datensätze eher die Ausnahme. Realistischer erscheint dagegen eine Dreieckverteilung. Bei gleicher Histogrammhöhe $\sqrt{n}$ und Fläche n ergibt sich wegen n = Grundseite × Höhe/2 = $(2\sqrt{n})\sqrt{n}/2 = L \times \sqrt{n}/2$ die von Velleman (1976) vorgeschlagene Regel $L = [2\sqrt{n}]$. Auf Sturges (1926) geht die $\log_2 n$-Regel zurück, die wie folgt motiviert wird: Ist n in der Form $n = 2^{L-1}$ darstellbar, so ist — wegen $2^{L-1} = \sum_{k=0}^{L-1} \binom{L-1}{k}$ — eine natürliche" Aufteilung der 2^{L-1} Beobachtungen auf L Klassen, dadurch gegeben, daß der k-ten Klasse $\binom{L-1}{k}$ Beobachtungen zugeordnet werden. Auflösen der Bedingung $n = 2^{L-1}$ nach L ergibt $L = 1 + \log_2 n$, so daß die Wahl von $[1 + \log_2 n]$ sinnvoll ist. Nach Sturges wäre eine "natürliche" Aufteilung von beispielsweise 16 Beobachtungen auf 5 Klassen durch die Besetzungszahlen 1 4 6 4 1 gegeben. Die oben verwendete Obergrenze $L = [10 \log_{10} n]$ für die Anzahl der Klassen enstammt einer Arbeit von Dixon & Kronmal (1965) und bezieht sich ebenfalls auf Histogramme.

Abbildung 3.26: Klassenzahlen nach drei Regeln

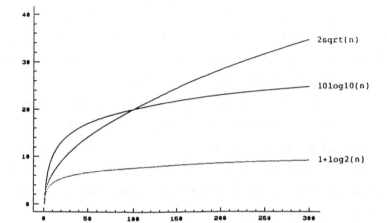

Tabelle 3.14: Anzahl der Linien in der Stamm–Blätter–Darstellung bzw. Klassenzahl im Histogramm nach drei Regeln:

n	$10\log_{10} n$	$2\sqrt{n}$	$1+\log_2 n$
10	10	6.3	4.3
15	12	8.0	5
20	13	8.9	5.3
32	15.1	11.3	6
40	16.0	12.6	6.3
50	16.9	14.1	6.6
100	20.0	20.0	7.6
150	21.7	24.4	8.2
200	23.0	28.2	8.6
300	24.7	34.6	9.2

Sowohl die $2\sqrt{n}$-Regel als auch die $1+\log_2 n$- Regel liefern für kleine n in der Praxis zu wenig Klassen. Für große n liefert die $\log_2 n$-Regel zu wenige Klassen und die $2\sqrt{n}$-Regel zu viele. Einen Kompromiß bildet die $10\log_{10} n$-Regel. Siehe hierzu Tabelle 3.14 und Abbildung 3.26.

Zum Berechnen einer geeigneten Klassen- und Intervallbreite ist die Breite des Datenbereiches (range) — also die Differenz zwischen der maximalen und minimalen Beobachtung — durch die Anzahl der Klassen L zu dividieren. Im Falle des Stem-&-Leaf-Diagramms ist auf Intervallbreiten auf- oder abzurunden, die Vielfaches von 2, 5 oder 10 mal einer Zehnerpotenz sind. Bei der $10\log_{10} n$-Regel ist aufzurunden, bei der Regel von Sturges abzurunden. Aus Gründen der besseren Interpretierbarkeit kann ein Runden der Klassenbreite beim Histogramm ebenfalls angebracht sein. Eine Studie zum Einfluß der Klassenbreite auf Histogramme und Kernschätzer befindet sich am Ende dieses Abschnitts.

Regeln zur Wahl der Klassen- und Bandbreiten

Neben diesen Regeln zur Wahl der Anzahl der Klassen, die indirekt auch eine Klassenbreite liefern, gibt es eine Reihe von Methoden, mit deren Hilfe Klassenbreiten direkt bestimmt werden können. Da einige dieser Verfahren für die Bandbreitenwahl bei Kerndichteschätzern und die Klassenbreitenwahl bei Histogrammen sehr ähnlich sind, werden sie in diesem Abschnitt gemeinsam behandelt. Erwähnt seien hier die folgenden Techniken:

- *asymptotisch optimale Verfahren,*

- *Cross-validation-Techniken* und

- *graphisch-explorative Methoden.*

Asymtotisch optimale Verfahren

Das Histogramm f_n^H und der Kerndichteschätzer f_n^K sind als Schätzer für die den Beobachtungen zugrunde liegenden unbekannte Dichtefunktion f zu interpretieren. Unterschiedliche Klassen- und Bandbreiten führen dabei zu unterschiedlich guten Anpassungen an die zugrundeliegende Dichte. (Vergleiche hierzu die Ausführungen auf Seite 43.) Es ist also sinnvoll, Maße anzugeben, die die Güte der Approximation quantifizieren. Für einen Vergleich von Schätzung f_n und tatsächlicher Dichtefunktion f an der Stelle x verwendet man häufig die quadrierte Abweichung $[f_n(x) - f(x)]^2$. Sind die Daten jedoch — wie auf Seite 43 beschrieben — eine Stichprobe aus einer größeren Grundgesamtheit, so hängt der Wert der quadrierten Abweichung von den speziellen zufällig gezogenen Ausprägungen $x_1, \ldots, x_n$ ab. Die Ziehung weiterer n Untersuchungseinheiten würde im allgemeinen zu unterschiedlichen Werten für dieses Gütemaß führen. Daher bildet man das arithmetische Mittel (vgl. Abschnitt 4.1) über alle möglichen Auswahlen von $x_1, \ldots, x_n$ aus der Grundgesamtheit und erhält den *mittleren quadratischen Fehler (mean squared error* MSE(f_n, f, x) als von der speziellen Stichprobe unabhängiges Gütemaß. Ist die Gestalt der Dichte f bekannt, so ist es nicht erforderlich, MSE(f_n, f, x) durch Einsetzen aller möglichen Stichproben auszurechnen. In diesem Falle kann der mittlere quadratische Fehler durch ein Integral ausgedrückt und analytisch bestimmt werden. MSE(f_n, f, x) ist ein lokales Gütemaß für die Approximation an der Stelle x. Für einen globalen Vergleich eignet sich der *integrierte mittlere quadratische Fehler (integrated mean squared error)* IMSE(f_n, f) $\int$ MSE$(f_n, f, x)dx$. Man wählt die Glättungsparameter dann so, daß IMSE(f_n, f) minimal wird. Im folgenden wird angenommen, daß die Dichtefunktion f zweimal stetig differenzierbar und ihre erste und zweite Ableitung beschränkt ist. Ist n genügend groß, so kann für die im Sinne des IMSE optimale Klassenbreite des

Histogramms

$$h_n^H = \left\{ \frac{6}{\int_{-\infty}^{+\infty} [f'(x)]^2 dx} \right\}^{1/3} n^{-1/3} \qquad (3.9)$$

(Scott, 1979) hergeleitet werden. Leider hängt die optimale Klassenbreite hier noch von der unbekannten Dichte f ab. Scott schlägt daher vor, eine Standardverteilung wie die in der Praxis sehr beliebte Normalverteilung zu unterstellen. Die Dichte der Normalverteilung um μ mit der Streuung θ hat die Gestalt

$$\varphi(x) = \frac{1}{\sqrt{2\pi}\theta} \exp\left(-\frac{(x-\mu)^2}{2\theta^2}\right) \qquad (3.10)$$

und ist sowohl in Abbildung 3.27 als auch auf dem Zehnmarkschein dargestellt.

Abbildung 3.27: Dichte der Normalverteilung mit Lagezentrum $\mu = 20$ und Streuung $\theta = 2$

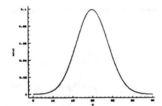

Ersetzt man den Streuungsparameter θ der Normalverteilung durch die Standardabweichung s (vgl. Abschitt 4.2), so erhält man auf diese Weise

$$h_n^H = 3.49\, s\, n^{-1/3}. \qquad (3.11)$$

Legt man normalverteilte Daten zugrunde, so ist diese Regel schon für $n \geq 25$ brauchbar.

Freedman & Diaconis (1981) minimieren anstelle des IMSE die maximale Abweichung zwischen dem Schätzer f_n und der Dichte f

$$\max_x |f_n(x) - f(x)|$$

und leiten daraus die Regel

$$\tilde{h}_n^H = c(f)\, ((\log_e n)/n)^{1/3}$$

ab, wobei $c(f)$ eine verteilungsspezifische Konstante ist. Im Normalverteilungsfall ist $c(f) = 1.66\theta$. Mit einem anderen theoretischen Konzept kommen die beiden Autoren (ebenfalls 1981) zu der Regel

$$\tilde{h}_n = \frac{2\,\mathrm{IQR}}{n^{1/3}}, \qquad (3.12)$$

wobei IQR dem Inter-quartile-range — d.h. dem Abstand der Quartile der Daten — entspricht. (Zur Definition von IQR siehe Abschnitt 4.2.) Diese Regel ist einfacher und kommt dem anderen Vorschlag nahe.

Interessanterweise weisen alle diese optimalen Bandbreiten die Ordnung $(\frac{1}{n})^{1/3}$ auf. Dies bedeutet für die Anzahl der Klassen eine Größenordnung von $n^{1/3}$, eine Funktion, die zwischen $\log n$ und $\sqrt{n}$ liegt. Ist n genügend groß, so kann dies demnach als Argument für Verwendung der "Kompromißregel" $L = [10 \log_{10} n]$ gewertet werden.

Die Bandbreite, die den IMSE des Kernschätzers minimiert, ist durch

$$h_n^K = \{\int u^2 K(u)du\}^{-2/5}\{\int_{-\infty}^{\infty} K(u)^2 du\}^{1/5}\{\int_{-\infty}^{\infty} f''(u)^2 du\}^{-1/5} n^{-1/5} \qquad (3.13)$$

gegeben (Parzen, 1962). Ersetzt man, wie oben, die unbekannte Dichte f durch die Dichte der Normalverteilung mit Streuungsparameter θ, so erhält man wegen $\int_{-\infty}^{\infty} \varphi''(u)^2 du = \frac{3}{8}\pi^{-1/2}\theta^{-5}$ als optimale Bandbreite

$$h_n^K = C(K)[\frac{8}{3}\sqrt{\pi}]^{1/5}\theta\, n^{-1/5}, \qquad (3.14)$$

wobei die Werte für $C(K) = \{\int u^2 K(u)du\}^{-2/5}\{\int_{-\infty}^{\infty} K(u)^2 du\}^{1/5}$ aus der Tabelle 3.15 abgelesen werden können.

Tabelle 3.15: Werte für $\int K^2(u)du$, $\int u^2 K(u)du$ und für $C(K)$ für einige Kernfunktionen

Name	$\int_{-\infty}^{\infty} K^2(u)du$	$\int_{-\infty}^{\infty} u^2 K(u)du$	$C(K)$
Rechteckskern	1/2	1/3	1.351
Dreieckskern	2/3	1/6	1.888
Epanechnikow-Kern	3/5	1/5	1.719
Bisquare-Kern	5/7	1/7	2.036
Normalkern	$1/(2\sqrt{\pi})$	1	0.776
Picard-Kern	1/4	1	0.758

Für den unbekannten Streuungsparameter der Normalverteilung θ kann wiederum die Standardabweichung s —zur Definition siehe Abschnitt 4.2 — der Daten eingesetzt werden. Für mehrgipflige Verteilungen der Daten, ist $\int_{-\infty}^{\infty} f''(u)^2 du$ größer als bei der Normalverteilung. Da das Integral in (3.13) mit negativem Exponenten eingeht, führt die Formel (3.14) zu einer Überschätzung der IMSE-optimalen Bandbreite ("*Oversmoothing*"). Eine ähnliche Problematik dürfte auch beim Histogramm auftreten. *Robustere* Ergebnisse (d.h. nicht so sehr

3.4. *** REGELN ZUR WAHL VON KLASSEN UND BANDBREITEN

von einigen wenigen extremen Werten abhängige Ergebniss) werden erzielt, wenn s durch ein Ausreißer-resistentes Streuungsmaß) ersetzt wird. Wiederrum bietet sich der IQR an. (Zur Definition siehe Abschnitt 4.2.) Da unter der Normalverteilungsannahme IQR $= 1.34\theta$ gilt, erhält man dann

$$\tilde{h}_n^K = C(K)[\frac{8}{3}\sqrt{\pi}]^{1/5}\frac{\text{IQR}}{1.34}\, n^{-1/5}. \tag{3.15}$$

Zwar bringt dies eine Robustifizierung der Ergebnisse; mehrgipflige Verteilungen werden jedoch in noch stärkeren Maße als bei der Verwendung von (3.14) geglättet, so daß diese Methode hierfür nicht zu empfehlen ist. Silverman (1986) schlägt daher eine Mischung vor: Man ersetze in Formel (3.14) die Standardabweichung s durch $A = \min(s, \text{IQR}/1.34)$. In der Praxis hat sich für den Normalkern die Regel

$$\hat{h}_n^K = 0.9\, A\, n^{-1/5} \tag{3.16}$$

bewährt (vgl. Silverman), die im Normalverteilungsfalle zu etwas weniger geglätteten Kurven führt ("*Undersmoothing*"). Bei Verwendung anderer Kernfunktionen sollte man die Bandbreite $\hat{h}_n^K$ in (3.16) durch die Konstante des Normalkernes 0.776 dividieren und mit der zum ausgewählten Kern gehörigen Konstanten $C(K)$ aus Tabelle 3.15 multiplizieren.

Schließlich sei noch erwähnt, daß es auch Verfahren zur direkten Schätzung von $\int_{-\infty}^{\infty} f''(u)^2 du$ gibt, die jedoch einerseits einen erheblichen Rechenaufwand mit sich bringen und deren Darstellung andererseits den Rahmen dieser Einführung sprengen würde. Solche "*Plug-in-Techniken*" wurden für die Kerndichteschätzung etwa von Scott, Tapia und Thompson (1977) und Abramson (1982a,1982b) vorgeschlagen und untersucht.

Cross-validation-Techniken

Dies sind vollständig automatische Methoden, bei denen eine Verlustfunktion — wie etwa der IMSE — mit Hilfe von sogenannten *Leave-one-out*-Schätzern der Dichte geschätzt und bezüglich des Glättungsparameters minimiert werden. Auch zur Beschreibung dieser rechenaufwendigen Methoden bedarf es einschlägiger technischer Argumente, die den Rahmen dieser Einführung sprengen würden, so daß hier ein Verweis auf die Monographie von Silverman (1986) genügen möge.

Graphisch-explorative Methoden

Die oben vorgestellten asymptotisch optimalen Verfahren legen möglicherweise nicht zutreffende Verteilungsannahmen zugrunde. Sie geben aber dennoch wesentliche Anhaltspunkte, in welchem Bereich sich der gesuchte Glättungsparameter befindet. Eine genaue Feinabstimmung der Glattheit der Dichteschätzer kann dann durch graphisch-explorative Verfahren durchgeführt werden. Hier wird ein "passender" Glättungsparameter nicht mehr durch nachvollziehbare Rechnung, sondern durch ein mehr oder weniger formalisiertes Ausprobier- und visuelles Beurteilungsverfahren bestimmt wird. Tapia und Thompson (1978) demonstrieren eine solche graphisch-explorative Technik am Beispiel der Bandbreitenwahl für den Kernschätzer der Dichtefunktion. Anhand von Zeichnungen wird entschieden, für welchen Glättungsparameter der Schätzer die wesentlichen Charakteristika des Datensatzes widerspiegelt, dabei aber so glatt wie möglich ist. Failing (1984) gibt an, daß sich beim NN-Schätzer und beim variablen Kernschätzer für k_n die Wahl von $c\sqrt{n}$ mit $1 \leq c \leq 2.5$ bewährt habe.

Bei all diesen subjektiven Methoden ist die Entscheidung für einen bestimmten Wert des Glättungsparameters dem rein intuitiven Empfinden überlassen. Sicherlich liegt darin die Gefahr, daß gleiche Datensätze zu unterschiedlichen Interpretationen Anlaß geben. Andererseits bedeutet gerade diese subjektive Wahl eine Chance für den mit praktischer Erfahrung versehenen Anwender, der sehr wohl in der Lage ist, einen vernünftigen Grad an Glättung festzulegen und gleichzeitig den Besonderheiten des Datensatzes Rechnung zu tragen (vgl. Gefeller und Michels, 1993).

Anhand der Jahresdurchschnittstemperaturen in Tabelle 3.7 sollen die unterschiedlichen Methoden der Klassen- und Bandbreitenwahl vorgestellt und die Resultate verglichen werden:

Beispiel 3.13 Zunächst wird auf Histogramme eingegangen. Mit Hilfe der $\sqrt{n}$-Regel erhält man $\sqrt{n} = \sqrt{42} = 6.48 \approx 6$ Klassen. Die $2\sqrt{n}$-Regel liefert $2\sqrt{n} = 2\sqrt{42} = 12.96 \approx 13$, die $\log_2 n$-Regel $1 + \log_2 n = 1 + (\log_e n)/log_e 2 = 6.39 \approx 6$ und die $\log_{10} n$-Regel $10 \log_{10} n = 16.23 \approx 16$ Klassen. Mit Methoden von Kapitel 4.2 können für diesen Datensatz der Interquartile-range zu IQR $= 1.2$ und die Standardabweichung zu $s = 0.9687$ bestimmt werden. Damit erhält man für die Klassenbreite gemäß Formel (3.11)

$$h_{42}^H = 3.49 s n^{-1/3} = 3.49 \times 0.9687 \times 42^{-1/3} = 0.9725 \approx 1.0$$

3.4. *** REGELN ZUR WAHL VON KLASSEN UND BANDBREITEN

Abbildung 3.28: Histogramme mit unterschiedlicher Anzahl von Klassen bzw. unterschiedlichen Klassenbreiten zu den Jahresdurchschnittstemperaturen von 42 deutschen Städten

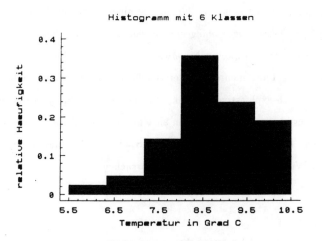
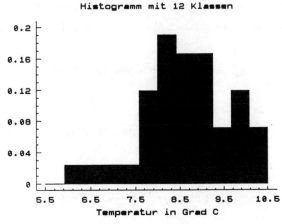
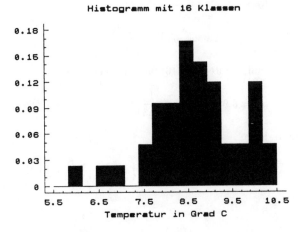

und gemäß Formel (3.12)

$$\tilde{h}_{42}^H = 2\text{IQR}n^{-1/3} = 2 \times 1.2 \times 42^{-1/3} = 0.6904 \approx 0.7.$$

Abbildung 3.28 enthält Histogramme mit 6, 12 und 16 Klassen sowie mit den Klassenbreiten 0.7 (7 Klassen) und 1.0 (5 Klassen). Wählt man weniger als sieben Klassen, so entsteht das Bild einer eingipfligen Verteilung, wohingegen bei sieben und mehr Klassen neben dem ersten Gipfel bei etwas über $8°C$ ein zweiter bei etwa $10°C$ erscheint. Neben der Anwendung von Faustregeln sollten die Plots mehrerer unterschiedlicher Klassenwahlen miteinander verglichen werden (graphisch-explorative Technik). Ist der zweite Gipfel tatsächlich sachlogisch interpretierbar, so erscheinen uns 12 Klassen als eine sinnvolle Wahl. In diesem Beispiel sind es neben Stuttgart, Trier und Frankfurt/Main die Städte im Rheintal, die mit warmen Sommern und milden Wintern den zweiten Gipfel verursachen. ⋈

Beispiel 3.14 Wie in Beispiel 3.14 für Histogramme sollen nun unterschiedliche Regeln zur Wahl der Bandbreite von Kernschätzern diskutiert werden. Die Faustregel (3.14) ergibt für den Rechteckskern

$$h_{42}^K = 1.351[\frac{8}{3}\sqrt{\pi}]^{1/5} 0.9687 \, 42^{-1/5} = 0.845$$

und für den Bisquare-Kern

$$h_{42}^K = 2.036[\frac{8}{3}\sqrt{\pi}]^{1/5} 0.9687 \, 42^{-1/5} = 1.274.$$

Anwendung von (3.15) liefert für den Rechteckskern

$$\tilde{h}_n^K = 1.351[\frac{8}{3}\sqrt{\pi}]^{1/5} \frac{1.2}{1.34} 42^{-1/5} = 0.782$$

und für den Bisquare-Kern

$$\tilde{h}_n^K = 2.036[\frac{8}{3}\sqrt{\pi}]^{1/5} \frac{1.2}{1.34} 42^{-1/5} = 1.178.$$

Schließlich erhält man mit der Regel (3.16) für den Rechteckkern

$$\hat{h}_n^K = 0.9 \min\{0.9687, \frac{1.2}{1.34}\} 42^{-1/5} \frac{1.351}{0.776} = 0.664$$

und für den Bisquare-Kern

$$\hat{h}_n^K = 0.9 \min\{0.9687, \frac{1.2}{1.34}\} 42^{-1/5} \frac{2.036}{0.776} = 1.001.$$

3.4. *** REGELN ZUR WAHL VON KLASSEN UND BANDBREITEN

Abbildung 3.29: Kernschätzer mit unterschiedlichen Bandbreiten zu den Jahresdurchschnittstemperaturen von 42 deutschen Städten

Rechteckskern
Bandbreiten: 0,5   0,7   1,0

Bisquare-Kern
Bandbreiten: 0,7   1,0   1,2

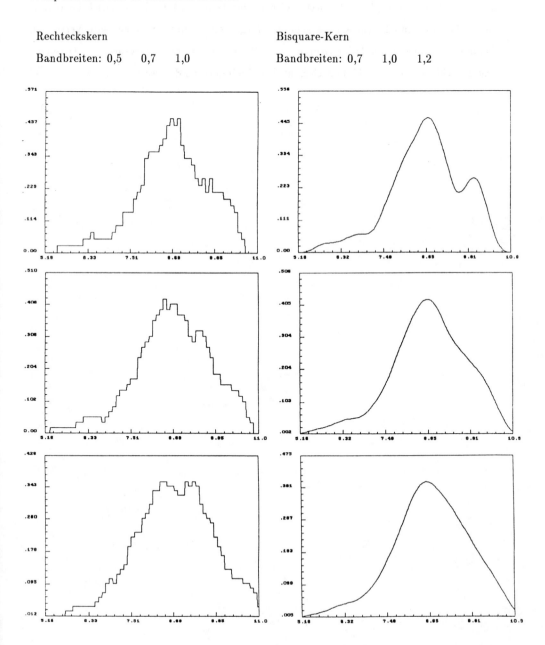

In Abbildung 3.29 sind Kerndichteschätzer unter Verwendung des Rechtecks- und des Bisquare-Kernes dargestellt. Beim Rechteckkern wurden die Bandbreiten 0.5, 0.7 und 1.0, beim Bisquare-Kern die Bandbreiten 0.7, 1.0 und 1.2 gewählt. Insbesondere bei der Verwendung des Bisquare-Kernes erkennt man, wie durch zunehmende Bandbreiten die Detailinformation des zweiten Gipfels immer mehr "verschluckt" wird. Hier wäre also die Bandbreite 0.7 eine geeignete Wahl, die den zweigipfeligen Charakter der Verteilung widerspiegelt, aber dennoch genügend glatt ist. Der Bereich unter $7°C$ wird von Gebirgsorten wie Garmisch Partenkirchen, Obersdorf und Berchtesgaden geprägt. Insgesamt kommt die dargestellte Verteilung also durch eine Mischung dreier Gruppen von Städten zustande: Gebirgsorte, die Orte entlang der Rheinschiene und klimatisch ähnlicher Flußtäler und die restlichen Orte. ⋈

Kapitel 4

Maßzahlen univariater Verteilungen

Das *Urmaterial* ist oft sehr umfangreich, und auch die Darstellung durch Tabellen führt im allgemeinen nicht zu einer genügenden Zusammenfassung. Eine wesentliche Technik zur Charakterisierung von Datensätzen ist deren Reduktion auf einige wenige Kenngrößen (Parameter), die in komprimierter Form die wesentlichen Eigenarten der Daten widerspiegeln. Dazu dienen Maßzahlen

- der *Lage*,
- der *Streuung*,
- der *Schiefe* und der *Wölbung* sowie
- der *Konzentration*,

die im folgenden vorgestellt werden.

4.1 Lagemaße

Lageparameter geben Auskunft über das Zentrum (die Lage) der Häufigkeitsverteilung. Im folgenden werden die wichtigsten Lagemaße behandelt. Eine Lageparameter T eines univariaten Datensatzes $\mathbf{x} = (x_1, \ldots, x_n)'$ ordnet $\mathbf{x}$ eine einzige reelle Zahl $T(\mathbf{x})$ zu. Eine wesentliche Forderung an den Lageparameter der Verteilung eines metrischen Merkmals ist die sogenannte *Translationsäquivarianz*: Ist $y_i = a + bx_i$, $i = 1, \ldots, n$, $a, b \in \mathbb{R}$, eine *Lineartransformation* der Daten und $\mathbf{y} = (y_1, \ldots, y_n)'$, so soll $T(\mathbf{y}) = a + bT(\mathbf{x})$ gelten. Werden bei einer Einkommensverteilung etwa alle Einkommen um 5% und zusätzlich um einen fixen Betrag von $a = 100\ DM$ erhöht, so ergeben sich die neuen Einkommen y_i aus den bisherigen Einkommen x_i natürlich durch die Beziehung $y_i = 100 + 1.05 x_i$. Translationsäquivarianz bedeutet dann, daß sich auch der Lageparameter der neuen Einkommen in gleicher Weise transformiert, d.h. $T(\mathbf{y}) = 100 + 1.05 T(\mathbf{x})$.

Der Modus

- Bei diskreten (ungruppierten) Daten ist der *Modus (häufigster Wert, Modalwert)* $\bar{x}_M$ die am häufigsten auftretende Merkmalsausprägung, d.h. $\bar{x}_M = a_j$ mit $n_j = \max(n_1, \ldots, n_k)$.

- Der Modus $\bar{x}_M$ der Verteilung eines stetigen Merkmals ist als Lösung von

$$\sup_{x \in \mathbb{R}} (f(x))$$

definiert. Diese Definition ist auch auf Kerndichteschätzer zu übertragen. Es kann jedoch vorkommen (etwa beim unstetigen Rechteckkern), daß es sehr viele Lösungen gibt. Ist die Menge der Lösungen ein Intervall, so wird als Modus der Mittelpunkt dieses Intervalls genommen. In anderen Fällen ist die Angabe eines einzigen Modalwertes nicht sinnvoll.

- Bei gruppierten Daten ist $\bar{x}_M$ die Gruppenmitte der Gruppe (Klasse) mit der höchsten Häufigkeitsdichte f_n^H, d.h.

$$\bar{x}_M = \frac{u_{j-1} + u_j}{2} \quad \text{mit} \quad \frac{r_j}{b_j} = \max(\frac{r_1}{b_1}, \ldots, \frac{r_k}{b_k}).$$

Somit ist die Verwendung des Modus bei jeder Art der Skalierung möglich. Jedoch ist die Angabe des Modalwertes nur sinnvoll, wenn er eindeutig bestimmt ist und *unimodale* (eingipflige) Verteilungen charakterisiert. Der Modus ist — wie unmittelbar ersichtlich — *translationsäquivariant*. Auch die im folgenden behandelten Lagemaße können im allgemeinen nur dann sinnvoll interpretiert werden, wenn die Häufigkeitsverteilungen unimodal sind. Bei mehrgipfligen Verteilungen (insbesondere bei U-förmigen Verteilungen) beschreiben sie einen Datensatz nur unzureichend.

4.1. LAGEMAßE

Beispiel 4.1 Grund- und Hauptschulen bilden den Modus des nominal skalierten Merkmals "absolvierte Schulausbildung" in 3.1 (vgl. Abbildung 3.3 und Tabelle 3.2). Legt man den in Abbildung 3.19 dargestellten Bisquare-Kerndichteschätzer zu grunde, so befindet sich der Modus der mittleren jährliche Durchschnittstemperatuten (vgl. Tabelle 3.7) bei etwa $8.65°\,C$. Da es sich hierbei um ein bimodole (d.h. zweigipflige) Verteilung handelt, ist es sinnvoll auch die Lage des zweiten Gipfels anzugeben, der bei etwa $10°\,C$ liegt. Geht man von dem in Abbildung 3.28 aufgeführten Histogramm mit Klassenbreite 0.7 (d.h. 7 Klassen) aus, so weist die fünfte Klasse mit den Klassengrenzen 8.4 und 9.1 die größte Histogrammhöhe auf, so daß der Modus durch $(8.4°\,C + 9.1°\,C)/2 = 8.75°\,C$ definiert ist. Auch hier sollte man nicht auf die Angabe der Lage des kleineren Gipfels bei $10.15°\,C$ verzichten. An dieser Stelle sei bemerkt, daß die Angaben des Modus mit Hilfe von Histogrammen und Kernschätzern natürlich von der Klassenwahl bzw. der Bandbreitenwahl abhängen. ⋈

Das arithmetische Mittel

Der wohl am häufigsten verwendete Lageparameter ist das *arithmetische Mittel (Mittelwert, Durchschnitt)* $\bar{x}$, das nur für metrisch skalierte Merkmale verwendet werden kann. Bei Originaldaten ist das arithmetische Mittel

$$\bar{x} = \frac{1}{n}\sum_{j=1}^{n} x_j$$

als Durchschnittswert aller Beobachtungen definiert. Sind die Daten bereits nach Gruppen sortiert worden und ist x_{ij} die j-te Beobachtung in der i-ten Gruppe, dann errechnet man mit dem Gruppenmittelwert $\bar{x}_i$ der i-ten Gruppe,

$$x_i = \frac{1}{n_i}\sum_{j=1}^{n_i} x_{ij},$$

den Gesamtmittelwert der Verteilung $\bar{x}$ als *gewogenes arithmetisches Mittel* der Gruppenmittelwerte $\bar{x}_i$,

$$\bar{x} = \sum_{i=1}^{k} r_i \bar{x}_i$$

mit den relativen Häufigkeiten $r_i = n_i/n$ als Gewichten.

Allgemein heißt ein Ausdruck der Art

$$\bar{x}_w = \sum_{i=1}^{n} w_i x_i$$

ein gewogenes arithmetisches Mittel, wenn die Zahlen w_i, $i = 1, \ldots, n$, das Gewichtungssystem, die Bedingungen

$$w_i \geq 0 \quad \text{und} \quad \sum_{i=1}^{n} w_i = 1$$

erfüllen. Gewogene arithmetische Mittel werden beispielsweise verwendet bei der Berechnung von Indizes.

Liegen die Daten nur in Form einer Tabelle (d.h. bereits gruppiert) vor, dann sind im allgemeinen auch die Klassenmittelwerte $\bar{x}_i$ nicht bekannt. In diesen Fällen ist es üblich, sie durch die Klassenmitten $a_i = (u_{i-1} + u_i)/2$ als Näherungswert zu ersetzen und $\bar{x}$ wie folgt zu berechnen:

$$\bar{x} = \frac{1}{n} \sum_{i=1}^{k} n_i a_i.$$

Dies führt bei offenen Randklassen ("kleiner u_1" oder "größer oder gleich u_{k-1}") natürlich zu Problemen (siehe Beispiel 3.5). Häufig ist man auf mehr oder weniger grobe Abschätzungen angewiesen. Die obige Formel gilt bei diskreten Merkmalen mit Ausprägungen $a_1, a_2, \ldots, a_k$ entsprechend.

Das arithmetische Mittel hat die folgenden Eigenschaften:

(i) $\bar{x}$ gibt den *Schwerpunkt* einer Verteilung an: Stellt man sich vor, an jedem Datenpunkt x_i auf der reellen Achse sei die Masse $1/n$ (bzw. an jeder Ausprägung a_i die Masse n_i/n) aufgehängt, so wäre $\bar{x}$ die Stelle, an der man die Achse unterstützen müßte, damit sie in waagerechter Stellung verbliebe.

(ii) Die Abweichungen vom arithmetischen Mittel addieren sich zu Null auf, d.h.

$$\sum_{j=1}^{n}(x_j - \bar{x}) = 0 \text{ bzw. } \sum_{i=1}^{k}(a_i - \bar{x})n_i = 0.$$

(iii) $\bar{x}$ liegt "nahe" bei den Daten: Wählt man als Abstandsmaß die mittleren quadrierten Abweichungen, so erfüllt $\bar{x}$ sogar die *Kleinstquadrateeigenschaft*, d.h. $\bar{x}$ ist Lösung von $\min_{c \in \mathbb{R}} \{ \sum_{j=1}^{n}(x_j - c)^2 \}$. Dies kann durch Nullsetzen der Ableitung (nach c) der Summe der Abweichungsquadrate leicht nachgerechnet werden.

(iv) $\bar{x}$ ist *translationsäquivariant* (d.h. für $y_i = a + bx_i$, $i = 1, \ldots, n$ gilt $\bar{y} = a + b\bar{x}$), wie ebenfalls auf sehr einfache Weise nachgewiesen werden kann.

4.1. LAGEMAßE

(v) Das arithmetische Mittel ist *ausreißeranfällig* (d.h. nicht *robust*). Ein einziger vom Rest der Daten weit abweichender Wert, kann $\bar{x}$ so beeinflußen, daß seine Lage wesentlich verändert wird. Wegen der Kleinstquadrateeigenschaft (vgl. (iii)) üben weit entfernt liegende Ausreißer einen großen Einfluß auf das arithmetische Mittel aus, denn die quadrierten Abweichungen sind für diesen Lageparameter so klein wie möglich. Daher wird $\bar{x}$ von einer ungewöhnlich großen oder einer ungewöhnlich kleinen Beobachtung stark angezogen (Hebelwirkung).

Eigenschaft (iv) kann zur Erleichterung der Berechnung des arithmetischen Mittels bei gruppierten Daten ausgenutzt werden: Bei gleichen Gruppenbreiten $b = b_1 = b_2 = \cdots = b_k$ und Gruppenmitten a_i kann die sogenannte *Hilfspunktmethode* angewandt werden. Dazu setze man

$x_0 :=$ Gruppenmitte der (einer) mittleren Gruppe und
$y_i := (a_i - x_0)/b$, $i = 1, \ldots, k$,

und bestimme $\bar{y} = \frac{1}{n} \sum_{i=1}^{k} n_i y_i$. Letzteres ist sehr einfach, da die Werte y_i ganze Zahlen $(0, \pm 1, \pm 2, \ldots)$ sind. Schließlich erhält man das arithmetische Mittel der ursprünglichen Daten aus $\bar{x} = x_0 + b\bar{y}$.

Beispiel 4.2 Eine Sägemaschine soll eine Latte mit einer Länge von 5m automatisch in 5 Latten der Länge 1m zersägen. Beim Nachmessen der 5 Latten ergeben sich die folgenden Messungen (in cm):

99.95   100.15   99.90   100.05   99.05

Als arithmetisches Mittel dieser Abweichungen ergibt sich

$$\bar{x} = \frac{1}{5}(99.95 + 100.15 + 99.90 + 100.05 + 99.05) = 99.82.$$

Diese Maßzahl weist als darauf hin, daß die Latten im Schnitt knapp 2mm zu kurz sind. Inwiefern dies etwas über den Justierungszustand der Maschine aussagt, wird weiter unten diskutiert. ⋈

Tabelle 4.1: Arbeitstabelle zur Berechnung des arithmetischen Mittels und der Varianz des Milchkuhbestandes in den landwirtschaftlichen Betrieben des früheren Bundesgebietes, 1989

i	Milchkuhbest. von ... bis ...	Klasse $[u_{i-1}, u_i)$	Klassenmitte $a_i = (u_i + u_{i-1})/2$	abs. Hfgk. n_i	$a_i n_i$	$a_i^2 n_i$
1	1–4	[0.5, 4.5)	2.5	48 035	120 087.5	300 219
2	5–10	[4.5, 10.5)	7.5	77 811	583 582.5	4 376 869
3	11–19	[10.5, 19.5)	15	78 585	1 178 775	17 681 625
4	20–39	[19.5, 39.5)	29.5	77 332	2 281 294	67 298 173
5	40 und mehr	[39.5, 64.5)	52	20 445	1 063 140	55 283 280
$\sum$				302 208	5 226 879	144 940 166

Beispiel 4.3 Hier soll nun der mittlere Bestand an Milchkühen pro landwirtschaftlicher Betrieb aus den klassierten Daten der Tabelle 3.5 ermittelt werden. Zur Berechnung unterschiedlicher Parameter dient die Arbeitstabelle 4.1. (Die letzte Spalte wird zur weiter hinten (S.104) erfolgenden Berechnung der Varianz benötigt.) Damit erhält man als mittlere Zahl der Milchkühe

$$\bar{x} = \frac{1}{n}\sum_{i=1}^{k} n_i a_i = \frac{5\ 226\ 879}{302\ 208} \approx 17.3$$

Als genaue Anzahl der Milchkühe ist im Statistischen Jahrbuch 1991 für dieses Jahr 4 997 600 angegeben, so daß sich als mittlere Zahl der Kühe pro Betrieb $\bar{x} = 16.54$ ergibt. Der Fehler, der sich aus der Informationreduktion durch obige Klasseneinteilung ergibt, beträgt also ca. 0.8. ⋈

Die Ermittlung von Indizes

Sollen die Werte einer Zeitreihe $x_0, x_1, \ldots, x_t, \ldots$ in Prozentpunkten des Zeitreihenwertes x_0 angegeben werden, so erhält man sogenannte *einfache Indizes* $(x_t/x_0) \times 100\%$ als Meßzahlen des zeitlichen Vergleiches der Zeitreihe zur *Berichtsperiode t* mit dem Wert zur *Basisperiode* 0. Ein Beispiel für einen einfachen Index ist der sogenannte *Wertindex (Umsatzindex)*, der den Wert eines *Warenbündels (Warenkorbes)* zur Berichtsperiode mit seinem Wert zur Basisperiode vergleicht. Erhebt man für einen Warenkorb, bestehend aus den n Gütermengen $q_{s1}, \ldots, q_{sn}$, zu den Zeitpunkten $s \in \{0, t\}$ die Preise $p_{s1}, \ldots, p_{sn}$, so ist der Wertindex über

$$W_{0t} := \frac{\sum_{i=1}^{n} p_{ti} q_{ti}}{\sum_{i=1}^{n} p_{0i} q_{0i}}$$

4.1. LAGEMAßE

definiert.

Ein *zusammengesetzter Index (eigentlicher Index)* hat die allgemeine Form

$$I_{0t} = \frac{\sum_1^n \alpha_i x_{ti}}{\sum_1^n \alpha_i x_{0i}}.$$

Setzt man

$$w_i = \frac{\alpha_i}{\sum_1^n \alpha_i},$$

so ist er als Quotient zweier gewogener arithmetischer Mittel

$$I_{0t} = \frac{\sum_1^n w_i x_{ti}}{\sum_1^n w_i x_{0i}} \qquad (4.1)$$

zu interpretieren, wobei im Zähler Daten aus der Berichtsperiode und im Nenner Daten aus der Basisperiode einfließen. Zur Konstruktion von *Preisindizes* für zeitliche Preisvergleiche wird ein konstanter Warenkorb unterstellt sowie $x_{ti} = p_{ti}$ und $x_{0i} = p_{0i}$ in (4.1) eingesetzt. Setzt man $\alpha_i = q_{0i}$, so erhält man den *Preisindex nach Laspeyres*

$$P_{0t}^L = \frac{\sum p_{ti} q_{0i}}{\sum p_{0i} q_{0i}}.$$

Die Wahl von $\alpha_i = q_{ti}$ führt zum *Preisindex nach Paasche*

$$P_{0t}^P = \frac{\sum p_{ti} q_{ti}}{\sum p_{0i} q_{ti}},$$

dem also der aktuelle Warenkorb zugrunde liegt. Vertauscht man bei diesen Setzungen jeweils Preise und Mengen, so erhält man entsprechende *Mengenindizes*, die bei konstantem Preisschema Aufschluß über Mengenveränderungen geben. Durch die einfache Rechnung

$$P_{0t}^L = \frac{\sum p_{ti} q_{0i}}{\sum p_{0i} q_{0i}} = \frac{\sum \frac{p_{ti}}{p_{0i}} p_{0i} q_{0i}}{\sum p_{0i} q_{0i}} = \sum_1^n w_i \frac{p_{ti}}{p_{0i}}$$

erkennt man, daß sich der Preisindex nach Laspeyres als gewogenes arithmetisches Mittel der einfachen Indizes (Preismeßzahlen) p_{ti}/p_{0i} darstellen läßt, wobei die Gewichte durch die Umsatzanteile

$$w_i = \frac{p_{0i} q_{0i}}{\sum_{j=1}^n p_{0j} q_{0j}}, \ i = 1, \ldots, n$$

zur Basisperiode gegeben sind. Diese sogenannte *Wertgewichtsmethode* ist technisch einfach, da nur die einfachen Preisindizes jeweils neu erhoben werden müssen und nur mit den Umsätzen der Basisperiode gewichtet werden. Bei Verschiebungen des Warenkorbes kann es jedoch zu Ungenauigkeiten kommen. Das Statistische Bundesamt vergleicht daher den Index von Laspeyres zur Kontrolle mit dem Index von Paasche, den es auf kleinerer Datenbasis berechnet. Gibt es größere Abweichungen, so wird eine *Umbasierung* durchgeführt, d.h. eine neue Basisperiode gewählt.

Anstelle des zeitlichen Vergleiches der Preise für ein bestimmtes Warenbündel, können auch Preise in zwei Staaten miteinander verglichen werden. Bei diesen sogenannten *Kaufkraftparitäten* werden im allgemeinen anhand des Warenkorbes eines Staates die Preise beider miteinander vergleichen, wobei natürlich der Wechselkurs berücksichtig werden muß.

Das geometrische Mittel

Das *geometrische Mittel*

$$\bar{x}_g = (\prod_{j=1}^{n} x_j)^{\frac{1}{n}} \quad \text{bzw.} \quad \bar{x}_g = (\prod_{i=1}^{k} a_i^{n_i})^{\frac{1}{n}}$$

ist nur für metrisch skalierte Merkmale mit positiven Ausprägungen definiert. Es findet vor allem bei der Mittelung von *Wachstumsfaktoren* Verwendung: Sei $B_0, B_1, \ldots, B_n$ eine Zeitreihe von Bestandsdaten, die zu "äquidistanten" Zeitpunkten erhoben werden. Dann erhält man den Bestand in der Periode i aus dem vorherigen Bestand der Periode $i-1$ aus $B_i = x_i B_{i-1}$ mit $x_i = B_i/B_{i-1}$. x_i nennt man den i-ten *Wachstumsfaktor* und $p_i = \frac{B_i - B_{i-1}}{B_{i-1}} = x_i - 1$ die i-te *Wachstumsrate*. Der Bestand B_n berechnet sich dann wie folgt aus dem Bestand B_0:

$$B_n = B_0 \cdot x_1 \cdot x_2 \cdot \ldots \cdot x_n = B_0 \prod_{j=1}^{n} x_j.$$

Es stellt sich nun die Frage, welcher für alle Perioden konstanter Wachstumsfaktor x zu der gleichen Veränderung von B_0 auf B_n geführt hätte. Aus

$$B_n = B_0(\prod_{j=1}^{n} x_j) = B_0 x^n$$

erhält man dann als Lösung das geometrische Mittel $\bar{x}_g$. Die mittlere Wachstumsrate ist dann durch $\bar{p} = \bar{x}_g - 1$ gegeben.

Das geometrische Mittel hat die folgenden Eigenschaften:

(a) $\log \bar{x}_g = \frac{1}{n} \sum_{j=1}^{n} \log x_j$ bzw. $\log \bar{x}_g = \frac{1}{n} \sum_{i=1}^{k} n_i \log a_i$. (Der Logarithmus des geometrischen Mittels stimmt mit dem arithmetischen Mittel der logarithmierten Daten überein.)

4.1. LAGEMAßE

Tabelle 4.2: Veränderung der Anzahl der Betriebe im Bergbau und im Verarbeitenden Gewerbe Nordrhein-Westfalens von 1980 bis 1991 (Angabe der Veränderung gegenüber dem Vorjahr in %)

Jahr:	1981	1982	1983	1984	1985
Wachstumsrate ($p_i \times 100\%$):	-2.39%	-1.93%	-1.77%	-1.35%	-0.81%
Wachstumsfaktor (x_i):	0.9761	0.9807	0.9823	0.9865	0.9919
Jahr:	1986	1987	1988	1989	1990	1991
Wachstumsrate ($p_i \times 100\%$):	0.32%	0.10%	0.43%	3.87%	4.03%	1.15%
Wachstumsfaktor (x_i):	1.0032	1.0010	1.0043	1.0387	1.0403	1.0115

Quelle: Strukturwandel im westfälischen Ruhrgebiet, 1980-2000, Hrsg. Industrie und Handelskammer zu Dortmund, 1992.

(b) Es gilt stets $\bar{x}_g \leq \bar{x}$ mit " = " dann und nur dann, wenn $x_1 = x_2 = ... = x_n$. Diese Eigenschaft mag neben Unkenntnis ein Erklärungsgrund dafür sein, daß Unternehmen und Politiker zur Mittelung von Wachstumsraten gerne (fälschlicherweise) das arithmetische Mittel benutzen.

Beispiel 4.4 Tabelle 4.2 gibt Wachstumsraten und Wachstumsfaktoren der Anzahl der Betriebe im Bergbau und im Verarbeitenden Gewerbe Nordrhein-Westfalens von 1981 bis 1991 an. Stellt man sich die Frage, um wieviel die Betriebszahl durchschnittlich gewachsen ist, so ist zunächst das geometrische Mittel der Wachstumsfaktoren zu bestimmen. Es ergibt sich zu

$$\bar{x}_g = (\prod_{j=1}^{n} x_j)^{\frac{1}{n}} = (0.9761 \times 0.9807 \times \cdots \times 1.0403 \times 1.0115)^{1/11} = 1.01424^{1/11} = 1.00129.$$

Die Betriebszahl ist demnach pro Jahr durchschnittlich um $(1.00129 - 1) \times 100\% = 0.13\%$ gewachsen. Tatsächlich ist die Anzahl der Betriebe von 11714 im Jahre 1980 auf 10777 im Jahre 1985 gefallen und dann wieder auf 11880 im Jahre 1991 angestiegen. Aus dem Anfangswert 11714 kann man über $11714 \times 1.00129^{11} = 11714 \times 1.0124 = 11880.8$ den Endwert 11880 bis auf Rundungsfehler rückrechnen. Für die durchschnittliche jährliche Abnahme von 1980 bis 1985 errechnet man mit Hilfe des geometrischen Mittel einen Faktor von $\bar{x}_g^1 = 0.9835$ (d.h. eine Abnahme von 1.165% pro Jahr) und für die Zunahme von 1986 bis 1991 einen Faktor von $\bar{x}_g^2 = 1.0164$ (d.h. eine Zunahme von 1.64% pro Jahr). Mit Hilfe eines gewogenen geometrischen Mittels kann aus $\bar{x}_g^1$ und $\bar{x}_g^2$ das nun schon bekannte Gesamtmittel errechnet werden:

$$\bar{x}_g = (\bar{x}_g^1)^{5/11} \times (\bar{x}_g^2)^{6/11} = 0.9835^{5/11} \times 1.0164^{6/11} = 1.0013.$$

Allgemein eignen sich gewogene geometrische Mittel zur Mittelung von Wachstumsfaktoren, wenn diese sich auf nicht äquidistante Zeiträume beziehen. ◻

Das harmonische Mittel

Auch das harmonische Mittel $\bar{x}_h$ kann nur auf ganz bestimmte Situationen bei metrischen Daten mit positiven Ausprägungen angewandt werden und ist folgendermaßen definiert:

$$\bar{x}_h = \frac{n}{\sum_{j=1}^n \frac{1}{x_j}} \quad \text{bzw.} \quad \bar{x}_h = \frac{n}{\sum_{i=1}^k \frac{n_i}{a_i}} = \frac{1}{\sum_{i=1}^k \frac{r_i}{a_i}}.$$

Sinnvolle Anwendungsbeispiele sind

- die Ermittlung von Geschwindigkeiten, die auf vorgegebenen Wegstrecken gemessen wurden, und

- die Ermittlung von Preisen, die sich auf vorgegebene Ausgabensummen oder Umsätze beziehen.

Das harmonische Mittel bestitzt die folgenden Eigenschaften:

(a)
$$\frac{1}{\bar{x}_h} = \frac{1}{n}\sum_{j=1}^n \frac{1}{x_j} \quad \text{bzw.} \quad \frac{1}{\bar{x}_h} = \frac{1}{n}\sum_{i=1}^n n_i \frac{1}{a_i} = \sum_{i=1}^k \frac{r_i}{a_i}$$

(b) Für positive x_i gilt stets $\bar{x}_h \leq \bar{x}_g \leq \bar{x}$ mit " $=$ " dann und nur dann, wenn $x_1 = x_2 = \ldots = x_n$.

Beispiel 4.5 Ein Pkw fährt von Konstanz (KN) über Stockach (STO) nach Lindau (LI). Die ungefähren Entfernungen dieser Orte, die gefahrenen Zeiten und Geschwindigkeiten sind in

4.1. LAGEMAßE

Tabelle 4.3: Entfernungen, Geschwindigkeiten und Fahrtzeiten bei einer Fahrt von Konstanz nach Stockach und Lindau

Strecke	km	km/h	h	min
KN - STO	40	60	2/3	40
STO - LI	60	40	3/2	90
KN - LI	100	?	13/6	130

Tabelle 4.3 festgehalten. Die naive Berechnung $\bar{x} = \frac{1}{n}\sum_{i=1}^{2} a_i n_i = \frac{1}{100}(40 \cdot 60 + 60 \cdot 40) = 48\frac{km}{h}$ ist falsch! Die Gesamtdurchschnittsgeschwindigkeit beträgt

$$46.15\frac{km}{h} = \frac{100}{13/6} = \frac{100}{40 \cdot \frac{1}{60} + 60 \cdot \frac{1}{40}} = \frac{n}{\sum n_i/a_i}$$

und ist somit kleiner als 48 km/h. Sie ist allgemein als das harmonische Mittel der Einzelgeschwindigkeiten gewichtet mit den Fahrstrecken zu berechnen. ⋈

Tabelle 4.4: Preise, Mengen und Umsätze

Sorten	1	2	...	k
Preise	p_1	p_2	...	p_k
Mengen	q_1	q_2	...	q_k
Umsätze	$p_1 q_1$	$p_2 q_2$	...	$p_k q_k$

Beispiel 4.6 Aus den Angaben zu den Preisen und den Umsätzen von k verschiedenen Produkten soll der durchschnittliche Preis der verkauften Waren ermittelt werden (Angaben in Tabelle 4.4). Beobachtet werden nur die Umsätze und die Preise, nicht die Mengen. Der Durchschnittspreis bestimmt sich dann über

$$\bar{p} = \frac{\sum_{i=1}^{k} p_i q_i}{\sum_{i=1}^{k} q_i} = \frac{\sum_{i=1}^{k} p_i q_i}{\sum_{i=1}^{k} \frac{p_i q_i}{p_i}} = \frac{n}{\sum_{i=1}^{k} \frac{n_i}{a_i}}$$

mit $n_i := p_i q_i$, $n := \sum_{i=1}^{k} p_i q_i$ und $a_i := p_i$. Er ist also das harmonische Mittel der Einzelpreise, gewichtet mit den Umsätzen. Natürlich sollten nur vergleichbare Produkte in die Betrachtung einbezogen werden und die q_i für gleiche Mengeneinheiten (Stückzahlen, kg, etc.) stehen. ⋈

Ordnungsstatistiken und Quantile

Viele Parameter können nur auf der Basis des geordneten Datensatzes bestimmt werden. Ordnet man die n ordinal oder metrisch skalierten Daten der Größe nach, so daß

$$x_{(1)} \leq x_{(2)} \leq \ldots \leq x_{(n)},$$

dann heißt die i-te größte Beobachtung $x_{(i)}$ *i-te Ordnungsstatistik*. Die Ordnungsnummer der Beobachtung $x_j, j = 1, \ldots, n$, in der obigen Anordnung heißt der *Rang* von x_j und wird mit $R_j := R(x_j)$ abgekürzt. Er ist beim Auftreten gleicher Merkmalsausprägungen (*Bindungen*) nicht eindeutig bestimmt. Der Begriff der *Tiefe* wurde schon in Abschnitt 3.3 erklärt und soll hier noch einmal kurz präzisiert werden. Die Tiefe der i-ten Ordnungsstatistik sagt aus, wie weit weg (in Termen der Rangdifferenzen) $x_{(i)}$ vom nächsten Rand des Beobachtungsbereiches liegt, und ist über $d(x_{(i)}) := \min(i, n - i + 1)$ definiert. Da diese Begriffe für das weitere Verständnis unerläßlich sind, sollen sie durch ein Beispiel verdeutlicht werden.

Beispiel 4.7 Nehmen wir als Datensatz die erste Zeile von den Überlebenszeiten nach einer Chemotherapiebehandlung von Stablein, Carter und Novak (1981) (vgl. Seite 64). Dort ist:

$x_1 = 524 \quad x_2 = 1271 \quad x_3 = 216 \quad x_4 = 250 \quad x_5 = 358 \quad x_6 = 1397 \quad x_7 = 301.$

Man erhält daraus:

$x_{(1)} = 216 \quad x_{(2)} = 250 \quad x_{(3)} = 301 \quad x_{(4)} = 358 \quad x_{(5)} = 524 \quad x_{(6)} = 1271 \quad x_{(7)} = 1397$

$R_1 = 5 \quad R_2 = 6 \quad R_3 = 1 \quad R_4 = 2 \quad R_5 = 4 \quad R_6 = 7 \quad R_7 = 3$

$d(x_{(1)}) = 1 \quad d(x_{(2)}) = 2 \quad d(x_{(3)}) = 3 \quad d(x_{(4)}) = 4 \quad d(x_{(5)}) = 3 \quad d(x_{(6)}) = 2 \quad d(x_{(7)}) = 1$

⋈

Für $0 < \alpha < 1$ heißt jede Zahl $\tilde{x}_\alpha$ mit der Eigenschaft, daß ein Anteil von mindestens α der Daten nicht größer ist als $\tilde{x}_\alpha$ und ein Anteil von mindestens $1 - \alpha$ der Daten nicht kleiner ist als $\tilde{x}_\alpha$, ein *(empirisches) α-Quantil* der Daten. Das α-Quantil trennt den Datensatz also in zwei Teile, wobei links von $\tilde{x}_\alpha$ ein Anteil von $\alpha \cdot 100\%$ und rechts davon $(1 - \alpha) \cdot 100\%$ der Daten liegen. Ist $n\alpha$ ganzzahlig, dann genügt jeder Wert in dem Intervall $[x_{(n\alpha)}, x_{(n\alpha+1)}]$ der obigen Definition. Deshalb legt man für praktische Berechnungen

4.1. LAGEMAßE

Abbildung 4.1: Berechnung von Quantilen bei gruppierten Daten

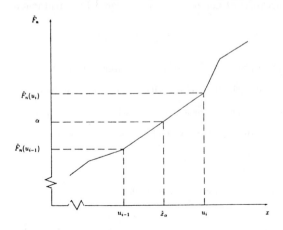

$$\tilde{x}_\alpha := \begin{cases} x_{([n\alpha]+1)}, & \text{falls } n\alpha \text{ nicht ganzzahlig}^\dagger \\ (x_{(n\alpha)} + x_{(n\alpha+1)})/2, & \text{falls } n\alpha \text{ ganzzahlig.} \end{cases}$$

fest. Bei gruppierten Daten wird als α-Quantil derjenige Wert gewählt, bei dem das Summenpolygon $\tilde{F}_n$ den Wert α annimmt (d.h. $\tilde{F}_n(\tilde{x}_\alpha) = \alpha$). Zur Berechnung des α-Quantils muß in diesem Falle zunächst die Klasse, in der es liegt, bestimmt werden (*Einfallsklasse*). $\tilde{x}_\alpha$ fällt in die i-te Klasse, wenn

$$\sum_{j=1}^{i-1} r_j \leq \alpha < \sum_{j=1}^{i} r_j$$

gilt. Das Summenpolygon $\tilde{F}_n$ ist in der i-ten Klasse durch $\tilde{F}_n(x) = \tilde{F}_n(u_{i-1}) + r_i \frac{x - u_{i-1}}{b_i}$ definiert (vgl. (3.3)). Aus der Bestimmungsgleichung $\tilde{F}_n(\tilde{x}_\alpha) = \alpha$ gewinnt man dann

$$\frac{\tilde{x}_\alpha - u_{i-1}}{b_i} = \frac{\alpha - \tilde{F}_n(u_{i-1})}{r_i}$$

oder

$$\tilde{x}_\alpha = u_{i-1} + \frac{b_i}{n_i}(n\alpha - \sum_{j=1}^{i-1} n_j) = u_{i-1} + \frac{b_i}{r_i}(\alpha - \sum_{j=1}^{i-1} r_j). \tag{4.2}$$

Die Berechnung von $\tilde{x}_\alpha$ wird durch die Abbildung 4.1 veranschaulicht.

Der wichtigste Lageparameter aus der Gruppe der Quantile ist der *Median*:

$$M := \tilde{x} := \tilde{x}_{1/2}.$$

[†]Für eine reelle Zahl x ist [x] die größte ganze Zahl, die kleiner oder gleich x ist.

Für ungerades n entspricht der Median also der mittleren Beobachtung, und für gerades n ist er gerade der Durchschnitt aus den beiden mittleren Beobachtungen. Ihm wird die *Tiefe*

$$d(M) = (n+1)/2$$

zugeordnet. Ist n ungerade, so ist dies die gewöhnliche Definition der Tiefe. Ist n gerade, so wird dem Median als arithmetisches Mittel der mittleren beiden Beobachtungen deren mittlere Tiefe zugeordnet. Diese Vorgehensweise wird generell verwendet, wenn einem Mittel von zwei benachbarten Beobachtungen Tiefen zugeordnet werden sollen (vgl. Berechnung der Hinges, Eighths etc. weiter unten).

Darüber hinaus besitzt der Median die folgenden Eigenschaften:

(a) Für $y_j = ax_j + b$, $j = 1, \ldots, n$ gilt $\tilde{y} = a \cdot \tilde{x} + b$. Neben dieser Translationsäquivarianz gilt sogar für jede beliebige monotone Transformation $y_i = H(x_i)$ der Beobachtungen zumindest approximativ die Beziehung

$$\tilde{y} = H(\tilde{x}).$$

(H monoton heißt aus $z_1 \leq z_2$ folgt $H(z_1) \leq H(z_2)$.) Für ungerade n stimmt diese Gleichung exakt, andernfalls ist sie näherungsweise gültig.

(b) Auch der Median liegt den Daten "nahe" — insbesondere dann, wenn als Abstandsmaß die mittlere absolute Abweichung von den Daten gewählt wird: $\tilde{x}$ löst das Minimumproblem

$$\min_{c \in \mathbb{R}} \sum_{j=1}^{n} |x_j - c|,$$

d.h. es gilt

$$\sum_{j=1}^{n} |x_j - \tilde{x}| \leq \sum_{j=1}^{n} |x_j - c|$$

für alle $c \in \mathbb{R}$.

Entsprechende Aussagen gelten auch allgemein für α- Quantile:

(a') Für eine monotone Transformation H gilt

$$\tilde{y}_\alpha = H(\tilde{x}_\alpha), \text{ falls } n\alpha \notin \mathbb{N}$$

$$\tilde{y}_\alpha \approx T(\tilde{x}_\alpha), \text{ falls } n\alpha \in \mathbb{N}$$

4.1. LAGEMAßE

(b') $\tilde{x}_\alpha$ ist Lösung des Minimierungsproblems

$$\min_{c\in\mathbb{R}}[\alpha \sum_{x_j\leq c} | x_j - c | + (1-\alpha) \sum_{x_j\geq c} | x_j - c |].$$

Im Vergleich zum arithmetischen Mittel besitzt der Median ein breiteres Anwendungsspektrum, denn er kann schon bei ordinal skalierten Daten verwendet werden. Jedoch auch bei metrisch skalierten Merkmalen weist er gegenüber dem arithmetischen Mittel folgende Vorteile auf:

(1) Er lässt sich mitunter anschaulicher interpretieren, denn er teilt die Daten in zwei gleichgroße Hälften.

(2) $\tilde{x}$ ist — bei ungeradem n — eine tatsächlich vorkommende Merkmalsausprägung.

(3) Der Median ist resistent gegenüber Ausreißern. Nach (b) minimiert er die Summe der absoluten Abweichungen, so daß er weniger von Ausreißern angezogen wird als das arithmetische Mittel, das die Summe der quadrierten Abweichungen minimiert (vgl. (iii) auf Seite 88).

Unter "idealen" Modellvoraussetzungen führen auf dem arithmetischen Mittel basierende Methoden zu "genaueren Schätzungen" für die zugrundeliegenden Parameter der Grundgesamtheit, wenn die vorliegenden Daten als Stichprobe einer größeren Grundgesamtheit interpretiert werden. Diese idealen Voraussetzungen sind in der Praxis aber selten gegeben oder nachprüfbar. Eine weitergehende Diskussion dieses Vergleichs zwischen arithmetischem Mittel und Median erfordert aber Kenntnisse der mathematischen Statistik, die nicht zum Themengebiet dieses Buches gehören.

Weitere wichtige Quantile sind für $\alpha = 1/4$ bzw. $\alpha = 3/4$ das *untere Quartil* $Q_1 := \tilde{x}_{1/4}$ und das *obere Quartil* $Q_3 := \tilde{x}_{3/4}$. Gelegentlich werden auch *Dezile* ($\alpha = 0.1, 0.2, \ldots, 0.9$) und *Centile* ($\alpha = 0.01, 0.02, \ldots, 0.98, 0.99$) verwendet.

Beispiel 4.8 Zur Berechnung des Medians der in Beispiel 4.2 angegebenen Daten ordnet man diese zunächst nach Größe und erhält als Median die drittgrößte Beobachtung

$$\tilde{x}_{0.5} = x_{(3)} = 99.95.$$

Beispiel 4.9 Für den Datensatz zum Milchkuhbstand in landwirtschaftlichen Betrieben sollen nun der Median und die 0.25- und 0.75-Quantile bestimmt werden. Die Daten dazu findet man in Tabelle 3.5. Der Vergleich der α-Werte 0.5, 0.25 und 0.75 mit den kumulierten relativen Häufigkeiten in der siebten Spalte dieser Tabelle ergibt, daß $\tilde{x}_{0.25}$ in der zweiten, $\tilde{x}_{0.5}$ in der dritten und $\tilde{x}_{0.75}$ in der vierten Klasse liegt. Formel (4.2) liefert somit

$$\tilde{x}_{0.25} = u_1 + \frac{b_2}{r_2}(\alpha - \sum_{j=1}^{1} r_j) = 4.5 + \frac{6}{0.257}(0.25 - 0.159) = 6.625,$$

$$\tilde{x}_{0.5} = u_2 + \frac{b_3}{r_3}(\alpha - \sum_{j=1}^{2} r_j) = 10.5 + \frac{9}{0.260}(0.5 - 0.416) = 13.408$$

und

$$\tilde{x}_{0.75} = u_3 + \frac{b_4}{r_4}(\alpha - \sum_{j=1}^{3} r_j) = 19.5 + \frac{20}{0.256}(0.75 - 0.676) = 25.281.$$

Es gibt also genauso viele Betriebe mit höchstens 13 Kühen wie es Betriebe mit mindestens 14 Kühen gibt. Jeweils etwas mehr als 25% der Betriebe besitzen weniger als 7 und mehr als 25 Kühe. Gut die Hälfte aller Betriebe halten mehr als 6 und weniger als 26 Kühe. ⋈

Zur Erhöhung der Resistenz gegenüber Extremwerten werden ferner folgende *Linearkombinationen von Ordnungsstatistiken* benutzt:

- Das α-getrimmte Mittel $\bar{x}_\alpha = \frac{1}{n-2q} \sum_{j=q+1}^{n-q} x_{(j)}$ mit $q = [n\alpha]$ ($\alpha < 1/2$) entspricht dem arithmetischen Mittel des um $\alpha \cdot 100\%$ der größten und um $\alpha \cdot 100\%$ der kleinsten Werte gestutzten Datensatzes. Beispielsweise ist dieser Lageparameter sinnvoll, wenn es um die Bewertung von sportliche Darbietungen (z.B. Eistanz), des Geschmacks oder Duftes von Genußmitteln oder von Prüfungsleistungen geht. Läßt man bei zehn Gutachtern das beste und das schlechteste Urteil weg und mittelt die restlichen, so entspricht dies einem 0.1-getrimmten Mittel.

- Das α-winsorisierte Mittel $\bar{x}_{w,\alpha} = \frac{1}{n}[\sum_{j=q+1}^{n-q} x_{(j)} + q(x_{(q+1)} + x_{(n-q)})]$ ist das arithmetische Mittel in einem folgendermaßen manipulierten Datensatz: $\alpha \cdot 100\%$ der kleinsten Beobachtungen werden auf den nächst größeren Wert unter den anderen Daten gesetzt; $\alpha \cdot 100\%$ der größten Daten werden auf den nächst kleineren Wert unter den anderen Daten gesetzt.

4.1. LAGEMAßE

- Der Trimean $\tilde{x}_T = \frac{1}{4}Q_1 + \frac{1}{2}M + \frac{1}{4}Q_3$ wird aus den Quartilen und dem Median gebildet.

Beispiel 4.10 Wiederum werden die 5 Messungen der Latten aus Beispiel 4.2 (vgl. auch Beispiel 4.8) benutzt. Für das 0.2-getrimmte Mittel erhält man mit $q = [n\alpha] = [5 \times 0.2] = 1$

$$\bar{x}_{0.2} = \frac{1}{3}\sum_{j=2}^{4} x_{(j)} = (99.90 + 99.95 + 100.05)/3 = 99.967,$$

und für das 0.2-winsorisierte Mittel ergibt sich

$$\bar{x}_{w,0.2} = \frac{1}{5}[\sum_{j=2}^{4} x_{(j)} + 1 \times (x_{(2)} + x_{(4)})] = (99.90 + 99.95 + 100.05 + 1 \times (99.90 + 100.05))/5 = 99.97.$$

Wegen $5 \times 0.25 = 1.25$ und $5 \times 0.75 = 3.75$ berechnen sich unteres und oberes Quartil zu

$$Q_1 = \tilde{x}_{0.25} = x_{([1.25]+1)} = x_{(2)} = 99.90$$

bzw.

$$Q_3 = \tilde{x}_{0.75} = x_{([3.75]+1)} = x_{(4)} = 100.05,$$

so daß sich unter Verwendung von Beispiel 4.8 für den Trimean

$$\tilde{x}_T = 0.25 \times 99.90 + 0.5 \times 99.95 + 0.25 \times 100.05 = 99.963$$

ergibt. Wie beim Median erkennt man anhand der hier betrachteten resistenten Lageparameter, daß die Sägemaschine bis auf eine verschwindend geringe Ungenauigkeit (zwischen 0.3mm und 0.5mm) richtig justiert ist. Das arithmetische Mittel weist jedoch eine mittlere Differenz von -1.8mm zum Sollmaß aus. Diese wird von der ungewöhnlich kurzen letzten Latte verursacht. Daß die letzte Latte zu kurz ist, ist jedoch nicht zufällig: Durch eine Schnittbreite von ca. 2mm kommt es dazu, daß die letzte Latte systematisch zu kurz gerät. Das arithmetische Mittel beschreibt daher nur unzureichend den Justagezustand der Maschine. Durch den großen Einfluß des Ausreißers 99.05 wird (möglicherweise unbemerkt) die Maschinengenauigkeit falsch eingeschätzt und in die falsche Richtung nachjustiert. Die resistenten Lagemaße hingegen beruhen auf der Mehrzahl der Daten und reduzieren den Einfluß des Ausreißers, wodurch sie ihn deutlicher erkennen lassen. Sie weisen darauf hin, daß die Maschine richtig justiert, die letzte Latte aber deutlich zu kurz ist. ◳

Letter-Values, Midsummaries und Pentagramme

In der explorativen Datenanalyse (EDA) spielt der Median eine zentrale Rolle. Daneben werden sogenannte *Letter-Values (Buchstabenwerte)* zur Analyse herangezogen. Mit Hilfe ihrer *Tiefe* werden für die Beschreibung des Datensatzes informative Beobachtungen festgelegt. Man beachte, daß durch die Tiefe des Medians $d(M) = (n+1)/2$ ein Wert bestimmt ist, daß durch geringere Tiefen jedoch stets zwei Beobachtungen (ein unterer Wert und ein oberer Wert mit derselben Tiefe) festgelegt werden. Unter Verwendung der Tiefen können rekursiv die folgenden Größen definiert werden:

- der Median mit der Tiefe $d(M) = (n+1)/2$,

- die *Hinges (Fourths, Angelpunkte)* H_u, H_o mit der Tiefe $d(H) = ([d(M)] + 1)/2$

- die *Eighths (Achtel)* E_u, E_o mit der Tiefe $d(E) = ([d(H)] + 1)/2$,

- die *Sixteenths (Sechzehntel)* D_u, D_o mit der Tiefe $d(D) = ([d(E)] + 1)/2$,

- die *Thirtyseconds (Zweiunddreißigstel)* C_u, C_o mit der Tiefe $d(C) = ([d(D)] + 1)/2$,

...

- die *Extremes, (Extremwerte)* mit der Tiefe 1.

Weitere Letter-Values können in der gleichen Weise berechnet werden. Sie werden mit den Buchstaben C, B, A, Z, Y, X, W, V usw. abgekürzt. Ist $d(M), d(H), d(E), \ldots$ ganzzahlig, so sind die zugehörigen *Letter-Values* durch die entsprechenden Ordnungsstatistiken gegeben, d.h. $M = x_{(d(M))}$, $H_u = x_{(d(H))}$, $H_o = x_{(n+1-d(H))}$, $E_u = x_{(d(E))}$, $E_o = x_{(n+1-d(E))}$. Im anderen Fall verwendet man Durchschnitte aus den beiden benachbarten Ordnungsstatistiken. Die Hinges, Eighths, ... stimmen im allgemeinen nicht genau mit den entsprechenden Quantilen $\tilde{x}_{1/4}, \tilde{x}_{3/4}, \tilde{x}_{1/8}, \tilde{x}_{7/8} \ldots$ überein.

Aus den Letter-Values können leicht auch Parameter für das Zentrum der Verteilung konstruiert werden: So definiert man die *Midhinge*

$$\mathrm{mid}(H) := (H_u + H_o)/2,$$

die *Mideighth*

$$\mathrm{mid}(E) := (E_u + E_o)/2,$$

4.1. LAGEMAßE

die *Midsixteenth*

$$\text{mid}(D) := (D_u + D_o)/2,$$

und so weiter bis zu den *Midextremes*

$$(x_{(1)} + x_{(n)})/2.$$

Die obigen Größen werden als *Midsummaries* bezeichnet.

Eine einfache Zusammenfassung der Charakteristika eines Datensatzes liefert das *Pentagramm (5 number summary)*, dessen Schema in Abbildung 4.2 dargestellt ist.

Beispiel 4.11 Für den Datensatz der Überlebenszeiten aus Stablein, Carter und Novak (vgl. Seite 64) hat das Pentagramm die ebenfalls in dieser Abbildung angegeben Gestalt. Zur Berechnung der eingehenden Letter-Values bedient man sich des geordneten Datensatzes:

1	48	63	105	129	182	216	250	262	301
301	342	354	356	358	380	383	383	388	394
408	460	489	499	524	535	562	675	676	748
778	786	797	955	968	1245	1271	1397		

Der Median hat die Tiefe $d(M) = (n+1)/2 = 39/2 = 19.5$. Er ist also das arithmetische Mittel aus den Beobachtungen mit Rang 19 und 20, d.h. $M = (x_{(18)} + x_{(19)})/2 = (388 + 394)/2 = 391$. Die Tiefe der Hinges bestimmt sich zu $d(H) = ([d(M)] + 1)/2 = ([19.5] + 1)/2 = (19+1)/2 = 10$. Die Hinges sind also die Beobachtungen mit Rang 10 und $38 - 10 + 1 = 29$, d.h. $H_u = x_{(10)} = 301$ und $H_o = x_{(29)} = 676$. Die Tiefe der Eighths beträgt $d(E) = ([d(H)] + 1)/2 = (10+1)/2 = 5.5$, so daß sich die Eights zu $E_u = (x_{(5)} + x_{(6)})/2 = (129+182)/2 = 155.5$ und $E_o = (x_{(33)} + x_{(34)})/2 = (797+955)/2 = 876$ ergeben. Analog können Sixteenths, Thirtyseconds etc. bestimmt werden. Die Extremes sind natürlich durch $x_{(1)} = 1$ und $x_{(n)} = 1397$ gegeben. In vielen Fällen empfielt es sich, an die Einträge im Pentagramm Codierungen für die Untersuchungseinheiten, an denen die eingetragenen Daten gemessen wurden, zu notieren. In diesem Falle wurden die Nummern der Patienten aufgeführt, die in der Reihenfolge, wie sie auf Seite 64 aufgeschrieben sind, durchnummeriert seien. Dies ist insbesondere für die Extremwerte von Interesse, die so schnell kontrolliert oder diskutiert werden können. ⋈

Abbildung 4.2: Pentagramme

Schema eines Pentagramms:

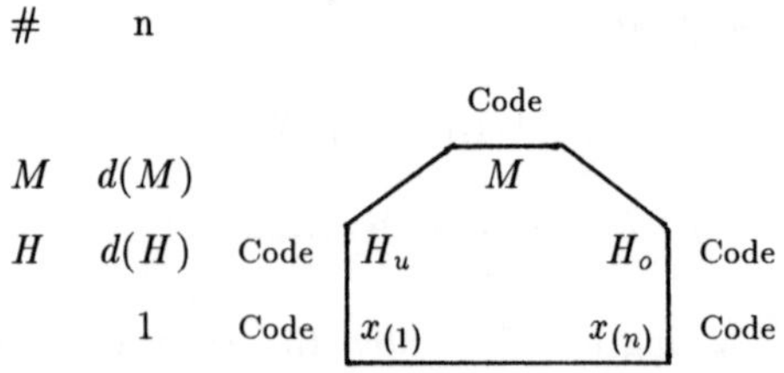

#	n				
			Code		
M	d(M)		M		
H	d(H)	Code	H_u	H_o	Code
	1	Code	$x_{(1)}$	$x_{(n)}$	Code

Beispiel eines Pentagramms (Überlebenszeiten nach einer Chemotherapie):

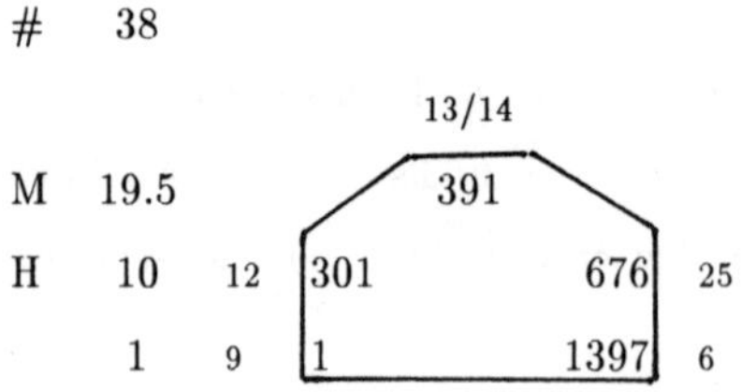

#	38				
			13/14		
M	19.5		391		
H	10	12	301	676	25
	1	9	1	1397	6

4.2 Streuungsmaße

Die bloße Angabe eines Lageparameters beschreibt einen Datensatz nur unzureichend. Sie liefert zwar das Zentrum der Verteilung, gibt aber keine Auskunft darüber, wie weit die Beobachtungen streuen. *Streuungsparameter* (Skalenparameter, Skalenmaße) dienen zur Charakterisierung der Abstände zwischen den Daten. Zu einem Lagemaß sollte bei metrischen Merkmalen stets auch ein Streuungsmaß angegeben werden, um die "Breite" der Verteilung zu charakterisieren. Ein Streuungsmaß sollte stets größer (oder in entarteten Fällen gleich) Null sein. Wünschenswerte Eigenschaften eines Streuungsmaßes S für ein metrisch skaliertes Merkmal sind die *Verschiebungsinvarianz* und die *Skalenäquivarianz*. Für eine wie auf Seite 86 definierte Lineartransformation $\mathbf{y} = a + x b$ der Daten $\mathbf{x}$ bedeutet dies die Forderung

$$S(\mathbf{y}) = |a| S(\mathbf{x}). \tag{4.3}$$

Streuungsmaße werden auch als *Skalenparameter* bezeichnet. Alle im folgenden vorgestellten Streuungsparameter besitzen die Eigenschaft (4.3). Die Streuung der im vorigen Abschnitt beschriebenen transformierten Einkommensverteilung sollte also das 1.05-fache der ursprünglichen Streuung betragen (Skalenäquivarianz). Die Erhöhung aller Einkommen um 100 DM soll dagegen keinen Einfluß auf den Streuungsparameter haben (Verschiebungsinvarianz).

Die Spannweite

Die *Spannweite (range)* eines metrisch skalierten Merkmals gibt die Breite des Datenbereiches an. Sie ist also über

$$Sp := x_{(n)} - x_{(1)}$$

definiert. Da sie lediglich von den Extremwerten bestimmt ist, kann sie nur als Angabe des Datenbereiches interpretiert werden und ist insbesondere beim Vorliegen von Ausreißern wenig aussagefähig.

Beispiel 4.12 Die Spannweite der Daten aus Beispiel 4.2 beträgt

$$Sp = x_{(5)} - x_{(1)} = 100.15 - 99.05 = 1.1.$$

Sie wird natürlich sehr von dem Ausreißer 99.05 beeinflußt. ⋈

Quantilsabstände

Besser geeignet als die Spannweite sind die Quantilsabstände

$$\tilde{x}_{1-\alpha} - \tilde{x}_\alpha \text{ für } 0 < \alpha < 1/2.$$

Sie geben die Breite des mittleren Datenbereiches an, der $(1 - 2\alpha) \cdot 100\%$ der Beobachtungen überdeckt.

Ein beliebter Vertreter dieser Klasse ist der *Quartilsabstand (Inter-quartile range, IQR)*

$$d_Q := Q_3 - Q_1 = \tilde{x}_{\frac{3}{4}} - \tilde{x}_{\frac{1}{4}}.$$

Er gibt die Breite des Bereiches zwischen dem unteren und dem oberen Quartil an. In diesem Bereich liegen etwa die Hälfte der Beobachtungen. Der Quartilsabstand ist resistent gegenüber Ausreißern.

Beispiel 4.13 Für den Datensatz zum Milchkuhbstand in landwirtschaftlichen Betrieben wurden in Beispiel 4.9 der Median und die Quartile bestimmt. Aus den Quartilen berechnet man den Quartilsabstand

$$d_Q := Q_3 - Q_1 = 25.281 - 6.625 = 18.656.$$

⋈

H-spread und E-spread

Ähnlich wie die Quantile sind die in der EDA beliebten Spreads aufgebaut. Die *H-spread* (Hinge-spread) bzw. die *E-spread* (Eighth-spread) sind über

$$d_H := H_o - H_u \text{ bzw. } d_E := E_o - E_u$$

definiert. In analoger Weise können natürlich auf der Basis weiterer Letter-Values weitere *Letter-spreads* (d_D, d_C, d_B, d_A, d_Z, usw.) definiert werden. Diese Streuungsmaße werden in der EDA gegenüber den Quantilsabständen bevorzugt. d_H und d_E sind resistent gegenüber Ausreißern. Auf der Hinge-spread d_H beruht auch die folgende Methode zum Erkennen von Ausreißern, die dann gesondert ausgewiesen werden. Beobachtungen, die außerhalb der inneren Zäune (*inner fences*) $H_u - 1.5 d_H$ bzw. $H_o + 1.5 d_H$ liegen, werden als *Außenpunkte* (outside), solche, die außerhalb der äußeren Zäune (*outer fences*) $H_u - 3.0 d_H$ bzw. $H_o + 3.0 d_H$ liegen, werden als *Fernpunkte* (far outside) bezeichnet. Bei Vorliegen einer Normalverteilung (vgl. (3.10)) und bei sehr großen Stichproben entspricht dem Intervall $[H_u - 1.5 d_H, H_o + 1.5 d_H]$ das Intervall $[\mu - 2.698\theta, \mu + 2.698\theta]$ (Hoaglin, Mosteller und Tukey, 1983). Wie aus Tabellen der Normalverteilung abgelesen werden kann, haben bei normalverteilten Daten Außen- und Fernpunkte eine Wahrscheinlichkeit von 0.00698. Diese Aussage gilt nur für sehr große Stichprobenumfänge und muß für kleine und mittlere n korrigiert werden. In diesem Fall liegt der Anteil der Außen- und Fernpunkte bei normalverteilten Daten bei etwa $0.00698 + \frac{2}{5n}$, $n \geq 5$, wie Simulationsstudien von Hoaglin, Mosteller und Tukey gezeigt haben. Die durchschnittliche Anzahl von Ausreißern in normalverteilten Daten beträgt somit $0.00698n + 0.4$.

Wie im Abschnitt 3.3 schon angekündigt, können die Zäune auch verwendet werden, um in einer Stamm-Blätter-Darstellung sog. LO- und HI-Werte (low bzw. high) besonders zu charakterisieren. Werte außerhalb der inneren Zäune werden diesen Kategorien zugeordnet und gesondert ausgewiesen (outside values). Noch mehr Information kann in Stamm-Blatt-Darstellungen verarbeitet werden, wenn man Werte außerhalb der inneren aber innerhalb der äußeren Zäune (outside values) mit Kleinbuchstaben — also durch hi und lo — und Werte außerhalb der äußeren Zäune mit Großbuchstaben — also durch HI und LO — kennzeichnet. Diese Vorgehensweise wurde in Beispiel 3.12 bzw. in Abbildung 3.25 gewählt.

Einen zusammenfassenden Überblick zur Beurteilung einer Verteilung bietet das *Letter Value*

Tabelle 4.5: Letter Value Display

$n = qqq$		Lower		Upper	Mid	Spread
M	$d(M)$		xxx		xxx	
H	$d(H)$	yyy		zzz	uuu	vvv
E	$d(E)$	www		rrr	sss	ttt

Tabelle 4.6: Letter Value Display am Beispiel der Überlebenszeiten von Krebspatienten

$n = 26$		Lower		Upper	Mid	Spread
M	19.5		391		391	
H	10	301		676	488.5	375
E	5.5	155.5		876	515.75	720.5

Display, das allgemein die in Tabelle 4.5 dargestellte Form besitzt. Im Beispiel der Überlebenszeiten von Krebspatienten ergibt sich daraus die in Tabelle 4.6 angegebene Darstellung.

Mittlere absolute Abweichung (vom Median)

Da ein Streuungsmaß angeben soll, wie sehr die Beobachtungen vom Lagezentrum abweichen, ist es naheliegend, die "mittlere" Entfernung der Daten vom Lageparameter als Streuungsmaß zu wählen. Mißt man die Entfernung durch die absoluten Abweichungen vom Median, so erhält man

$$d_{\tilde{x}} := \frac{1}{n} \sum_{j=1}^{n} \mid x_j - \tilde{x}_{0.5} \mid \text{ bzw. } d_{\tilde{x}} := \frac{1}{n} \sum_{i=1}^{k} \mid a_i - \tilde{x}_{0.5} \mid n_i.$$

Es sollte nicht das arithmetische Mittel $\bar{x}$ anstelle des Medians als Bezugspunkt für die mittlere absolute Abweichung gewählt werden — wie dies zum Teil in der Literatur zu finden ist. Die obige Definition erhält ihre Berechtigung aus der Minimierungseigenschaft des Medians (vgl. (b) auf Seite 98). $d_{\tilde{x}}$ ist **kein** resistentes Streuungsmaß, jedoch ist $d_{\tilde{x}}$ weniger ausreißerempfindlich als die im Anschluß behandelte Varianz und die Standardabweichung.

Beispiel 4.14 Im Beispiel 4.8 ist der Median der Lattenlängen durch $\tilde{x}_{0.5} = 99.95$ gegeben. Somit betragen die absoluten Abweichungen vom Median

0.0   0.2   0.05   0.1   0.9

und die mittlere absolute Abweichung ist

$$d_{\tilde{x}} = \frac{1}{5}\sum_{j=1}^{5} \mid x_j - \tilde{x}_{0.5} \mid = (0.0 + 0.2 + 0.05 + 0.1 + 0.9)/5 = 0.25.$$

⋈

Die Varianz und die Standardabweichung

Ein Maß für die mittlere Distanz von einem Lagezentrum ist die *Varianz*, die in der Form

$$\sigma^2 = \frac{1}{n}\sum_{j=1}^{n}(x_j - \bar{x})^2 \text{ bzw.}$$

$$\sigma^2 = \frac{1}{n}\sum_{i=1}^{k}(a_i - \bar{x})^2 n_i \quad (-\frac{b^2}{12})$$

definiert ist und der mittleren quadratischen Abweichung vom arithmetischen Mittel entspricht (vgl. auch die Minimierungseigenschaft des arithmetischen Mittels (iii) auf Seite 88). Bei gruppierten stetigen Daten und gleicher Gruppenbreite $b = b_1 = \ldots = b_k$ nimmt man die *Sheppardsche Korrektur* vor, indem man $b^2/12$ abzieht. Damit soll eine durch die Klassenbildung bedingte Verzerrung von σ^2 kompensiert werden. (Bei symmetrischen eingipfligen Verteilungen ist diese Verzerrung gerade gleich $b^2/12$). Die Varianz besitzt in Normalverteilungsmodellen eine Reihe günstige, wahrscheinlichkeitstheoretisch begründete Eigenschaften, die aber schon bei kleineren Abweichungen von der Normalverteilung sämtlich verloren gehen.

Da die Daten in die Varianzformel quadriert eingehen, unterscheidet sich die Dimension und Größenordnung der Varianz von derjenigen der Beobachtungen. Um dies zu vermeiden, wird zumeist mit Hilfe der *Standardabweichung*

$$\sigma := +\sqrt{\sigma^2}.$$

argumentiert. Bei Zufallsstichproben verwendet man anstelle von σ^2 die *Stichprobenvarianz*

$$s^2 = \frac{1}{n-1}\sum_{j=1}^{n}(x_j - \bar{x})^2 \text{ bzw. } s^2 = \frac{1}{n-1}\sum_{i=1}^{k}(a_i - \bar{x})^2 n_i,$$

4.2. STREUUNGSMAßE

d.h es wird durch n-1 statt durch n dividiert. (Es ist $s^2 = \frac{n}{n-1}\sigma^2$.) Diese Bestimmungsformel führt wiederum in Normalverteilungsmodellen zu günstigen theoretischen Eigenschaften ("erwartungstreue Schätzung").

Ferner gelten für die Varianz σ^2 bzw. die Standardabweichung $\sqrt{\sigma}$ die folgenden Resultate:

(a) Ergibt sich **y** als Lineartransformation der Daten **x** (vgl. Seite 86), so gilt

$$\sigma_y^2 = a^2 \sigma_x^2 \quad \text{bzw.}, \quad \sigma_y = |a| \, \sigma_x$$
$$s_y^2 = a^2 s_x^2 \quad \text{bzw.} \quad s_y = |a| \, s_x \quad .$$

(b) Zur einfacheren Berechnung der Varianz ist der sog. *Verschiebungssatz*

$$\sigma^2 = \frac{1}{n}\sum_{j=1}^{n} x_j^2 - \bar{x}^2 \quad \text{bzw.} \quad \sigma^2 = \frac{1}{n}\sum_{i=1}^{k} a_i^2 n_i - \bar{x}^2$$

von Nutzen. Für s^2 erhält man also

$$s^2 = \frac{1}{n-1}\sum_{j=1}^{n} x_j^2 - \frac{n}{n-1}\bar{x}^2$$

(c) Die Daten $x_1, \ldots, x_n$ seien etwa nach einem zweiten, ordinalen oder nominalen Merkmal in k Klassen aufgeteilt worden. Danach sei x_{ij} die j-te Beobachtung in der i-ten Klasse. Mit den Klassenhäufigkeiten n_i bzw. den relativen Häufigkeiten $r_i = n_i/n$, den Klassenmittelwerten $\bar{x}_i = n_i^{-1}\sum_{j=1}^{n_i} x_{ij}$ und den internen Klassenvarianzen $\sigma_i^2 = n_i^{-1}\sum_{j=1}^{n_i}(x_{ij} - \bar{x}_i)^2$, $i = 1, \ldots, k$, gilt die folgende *Streuungszerlegung*

$$\sigma^2 = n^{-1}\sum_{l=1}^{n}(x_l - \bar{x})^2 = \sum_{i=1}^{k} r_i \sigma_i^2 + \sum_{i=1}^{k} r_i (\bar{x}_i - \bar{x})^2 = \sigma_I^2 + \sigma_Z^2.$$

Der erste Term auf der rechten Seite gibt die durchschnittliche Streuung innerhalb der Klassen an, der zweite ist ein Maß für die Streuung zwischen den Klassen.

(d) Varianz und Standardabweichung werden von Ausreißern stark beeinflußt.

(e) Bei Vorliegen einer Normalverteilung lassen sich die Intervalle $[\bar{x}-t\cdot s, \bar{x}+t\cdot s]$ anschaulich interpretieren: Das Intervall

$[\bar{x} - s, \bar{x} + s]$ enthält etwa 68% der Daten,

$[\bar{x} - 2s, \bar{x} + 2s]$ enthält etwa 95% der Daten,

$[\bar{x} - 3s, \bar{x} + 3s]$ enthält mehr als 99% der Daten.

(f) s^2 ist bei normalverteilten Daten, die bestmögliche "Schätzung" des Parameters θ^2 der Normalverteilung (vgl. (3.10)).

Die Eigenschaften (a) und (b) werden bei der sogenannten *Hilfspunktmethode* zur vereinfachten Berechnung von σ^2 (bzw. s^2) benutzt. Wie bei der Hilfspunktmethode zur Berechnung des arithmetischen Mittels (siehe Seite 89) setzt man bei konstanten Klassenbreiten $y_i = (a_i - x_0)/b$, $i = 1, \ldots, k$, und berechnet

$$\sigma_x^2 = b^2 \sigma_y^2 \text{ mit } \sigma_y^2 = \frac{1}{n} \sum_{i=1}^{k} y_i^2 n_i - \bar{y}^2.$$

Beispiel 4.15 Für die Lattenlängen aus Beispiel 4.2 gilt $\sum x_i^2 = 49\,820.94$ und $\bar{x} = 99.82$, so daß man mit Hilfe des Verschiebungssatzes (b) die Varianz bestimmen kann:

$$\sigma^2 = \frac{1}{5} \sum_{j=1}^{5} x_j^2 - \bar{x}^2 = (49\,820.94/5) - 99.82^2 = 0.1556,$$

bzw.

$$s^2 = \frac{1}{4} \sum_{j=1}^{5} x_j^2 - \frac{5}{4} \bar{x}^2 = (49\,820.94/4) - 1.25 \times 99.82^2 = 0.1945.$$

Als Standardabweichungen ergeben sich somit $\sigma = 0.3945$ bzw. $s = 0.4410$. ◠

Beispiel 4.16 Für den Fall gruppierter Daten wird nun die Varianz und die Standardabweichung des Milchkuhbestandes in landwirtschaftlichen Betrieben berechnet. In der Arbeitstabelle 4.1, S. 90, ist in der letzten Spalte unten bereits $\sum a_i n_i = 144\,940\,166$ und in Beispiel 4.3 $\bar{x} = 17.3$ angegeben. Aus dem Verschiebungssatz (b) erhält man dann

$$\sigma^2 = \frac{1}{302\,208} \sum_{i=1}^{5} a_i^2 n_i - \bar{x}^2 = \frac{144\,940\,166}{302\,208} - 17.3^2 = 180.314$$

und für die Standardabweichung ergibt sich $\sigma = 13.428$. ◠

Die absolute Abweichung vom Median MAD (Median Absolute Deviation)

Bei der oben vorgestellten mittleren absolute Abweichung vom Median $d_{\tilde{x}}$ wird das arithmetische Mittel der Distanzen $|x_i - \tilde{x}|$ gebildet. Diese Größe ist jedoch nicht resistent gegenüber

4.2. STREUUNGSMAßE

Ausreißern. Verwendet man anstelle des arithmetischen Mittels den Median, so kommt man zu dem in der robusten Statistik sehr beliebten *Median der absoluten Abweichungen vom Median (MAD)*, der wie folgt definiert ist:

$$\text{MAD} := d_w := med\{|\, x_j - \tilde{x}\,|,\, j=1,\ldots,n\}.$$

In Arbeiten der schließenden Statistik wird auch der Begriff "wahrscheinlichste Abweichung" verwendet.

Beispiel 4.17 In Beispiel 4.14 sind die absoluten Abweichungen vom Median der Lattenlängen aus Beispiel 4.2 angegeben. Anstelle des arithmetischen Mittels dieser Wertes wird beim MAD deren Median gebildet. Man ordnet also die absoluten Abweichungen nach der Größe

0.0   0.05   0.1   0.2   0.9

und erhält als Median MAD = 0.1.   ◻

Bei der Standardabweichung, der mittleren absoluten Abweichung und beim Median der absoluten Abweichungen vom Median MAD werden die Abstände der einzelnen Beobachtungen von einem mittleren Wert betrachtet. Dabei werden positive und negative Abweichungen gleich behandelt. Diese drei Skalenparameter entsprechen somit der Angabe eines symmetrischen Intervalls um einen mittleren Wert. Dies ist bei einer in etwa symmetrischen Verteilung der Daten durchaus adäquat, erscheint jedoch bei asymmetrischen Verteilungen als in keiner Weise natürlich. Beim Quartilsabstand und bei den Spreads taucht dieses Problem der symmetrischen Betrachtungsweise nicht auf, ebenso wie bei der bereits 1912 von Gini vorgeschlagenen Differenz

$$d_G = \frac{1}{n^2} \sum_{i=1}^{n} \sum_{j=1}^{n} |x_i - x_j|$$

zwischen allen Paaren von Beobachtungen.

d_G läßt sich auch schreiben in der Form

$$d = \frac{2}{n^2} \sum_{i=1}^{n-1} i(n-i)[x_{(i+1)} - x_{(i)}]$$

oder

$$d = \frac{1}{n^2} \sum_{i=1}^{n} [2R_i - (n+1)]x_i = \frac{2}{n^2} \sum_{i=1}^{n} R_i x_i - \bar{x} - \bar{x}/n,$$

wobei $x_{(j)}$ die j-te Ordnungsstatistik (die j-te größte Beobachtung) und R_i der ebenfalls im vorigen Abschnitt eingeführte Rang der Beobachtung x_i ist.

Ebenso wie die mittlere absolute Abweichung $d_{\bar{x}}$ ist d_G nicht resistent gegenüber Ausreißern. Von Rousseeuw und Croux (1991) werden deshalb zwei robuste Varianten von d_G vorgeschlagen. Bei der ersten werden gegenüber Ginis Vorschlag die Mittelwerte durch Mediane ersetzt:

$$d_S = med_i\{med_j|x_i - x_j|\}.$$

d_S verwendet keinen Lageparameter und kann als typischer Abstand zwischen zwei Datenpunkten - auch bei asymmetrischen Verteilungen - interpretiert werden.

Die zweite Variante beruht auf der Ordnung aller $\binom{n}{2}$ Paare von Differenzen $d_{ij} = |x_i - x_j|$, $i < j$. Der Median dieser Differenzen,

$$d_m = med|x_i - x_j|, \quad i < j$$

kann ca. 29% Ausreißer "verkraften", während das untere Quartil, definiert durch

$$d_q = (|x_i - x_j|, \quad i < j)_{(q)} \quad \text{mit} \quad q = \binom{[n/2]+1}{2}$$

näherungsweise bis zu 50% "schlechte" Daten "verkraften" kann.

Der Unterschied zwischen d_S und d_m besteht darin, daß bei d_S getrennte Mediane über i und j ermittelt werden, während d_m den Median über alle $\binom{n}{2}$ Datenpaare verwendet.

Von den theoretischen Vorzügen her sind d_S und d_q vergleichbar, die Ermittlung von d_q erfordert jedoch einen höheren Rechenaufwand.

Vergleich unterschiedlicher Streuungsmaße

Betrachtet man die unterschiedlichen Streuungsmaße, so fällt auf, daß sie, auf ein und den selben Datensatz angewandt, alle etwas unterschiedliches messen. Von Interesse wären also Umrechnungsfaktoren zum Vergleich unterschiedlicher Streuungsmaße untereinander. Beim Vorliegen einer Normalverteilung ist s das "adäquate" Maß für die Streuung und es ist wegen der Eigenschaft (f) auf Seite 110 gut zu interpretieren. Die meisten der anderen Verfahren wurden wegen der Schwächen von s bei Abweichungen von der Normalverteilungsannahme entwickelt. Geeignet umgerechnet führen sie aber auch bei ungefähr normalverteilten Daten zu sinnvollen "Näherungen" für θ. In der Dichte (3.10) der Normalverteilung gibt μ den Symmetriepunkt und θ den Abstand der beiden Wendepunkte vom Symmetriepunkt an. Die

Tabelle 4.7: Umrechnungsfaktoren zur Adjustierung resistenter Streuungsmaße bei normalverteilten Daten

Streuungsmaß	Umrechnungsfaktor
d_H	1.349
d_E	2.301
d_D	3.068
d_C	3.725
d_B	4.308
d_A	4.835
d_Z	5.320
d_Y	5.771
d_X	6.195
d_W	6.594
d_S	0.8385
d_q	0.4500
d_m	0.9539
MAD	0.6745

Tabelle 4.8: Erweiterter Letter Value Display der Ölfelddaten

$n = 26$	Lower		Upper	Mid	Spread
M	29.5	41.5		41.5	
H	15	17.0	114.0	65.5	97.0
E	8	8.8	215.0	111.9	206.2
D	4.5	8.45	452.5	230.475	444.05

Letter-spreads ergeben sich als Vielfaches der Standardabweichung θ. Die Umrechnungsfaktoren hierzu enthält Tabelle 4.7.

Man erhält demnach eine sinnvolle Näherung für θ, indem man die Umrechnungsformel

$$\frac{\text{Letter-spread}}{\text{Umrechnungsfaktor}}$$

verwendet. Die so berechneten Streuungsparameter werden als *Pseudosigmas* bezeichnet und können ähnlich wie θ, σ oder s interpretiert werden (vgl. (f) auf Seite 110). Vor allen ermöglichen sie den Vergleich der unterschiedlichen Streuungsmaße. Tabelle 4.7 enthält auch den etwas schwieriger zu berechnenden Umrechnungsfaktor für den MAD.

Beispiel 4.18 Die Berechnung der Pseudosigmas soll anhand der Ölfelddaten aus Beipiel 3.12 (vgl. Tabelle 3.13) demonstriert werden. Für sie kann das in Tabelle 4.8 wiedergegebene erweiterte Lettervalue-Display erstellt werden, woraus sich die Pseudosigmas direkt bestimmen lassen: Auf der Grundlage der H-, E-, bzw. D-spread erhält man als Pseudosigmas $97.0/1.349 = 71.905$, $206.2/2.301 = 89.613$ bzw. $444.05/3.068 = 144.736$. Die ausreißeranfällige Standardabweichung beträgt für diese Daten $s = 217.676$. ⋈

Dimensionslose Streuungsmaße

Zum Vergleich der Streuungen unterschiedlicher Verteilungen eignen sich dimensionslose Streuungsmaße. Mißt man bei einem Lageparameter von 10000 eine Varianz von 10, so würde man diese als recht gering bezeichnen. Liegt das Lagezentrum der Verteilung jedoch bei 10, so wäre eine Varianz von 10 relativ groß. Vor diesem Hintergrund erweist es sich als nützlich,

4.2. STREUUNGSMAßE

wenn man die Streuungsparameter zu den Lageparametern in Beziehung setzt. Haben alle x_j dasselbe Vorzeichen (ohne Einschränkung der Allgemeinheit seien hier $x_j \geq 0, j = 1, \ldots, n$), so eignet sich dazu der *Variationskoeffizient*

$$V := \frac{\sigma}{\bar{x}} \quad (\frac{s}{\bar{x}}).$$

Da Zähler und Nenner des Variationkoeffizienten ausreißeranfällig sind, ist natürlich auch V nicht robust. Resistentere dimensionslose Streuungsmaße sind hingegen durch den *Quartilsdispersionskoeffizienten*

$$\text{QDK} = \frac{Q_3 - Q_1}{Q_3 + Q_1}$$

oder durch die in der EDA bevorzugten Maße

$$\frac{d_H}{M} = \frac{H_o - H_u}{M} \quad \text{bzw.} \quad \frac{d_E}{M} = \frac{E_o - E_u}{M}$$

gegeben.

Beispiel 4.19 In den Beipielen 4.2, 4.10, 4.14 und 4.15 wurden für die Lattenlängen bereits diverse Streuungsmaße berechnet. Natürlich ist eine Standardabweichung von beipielsweise 0.3945 d.h. von etwa vier mm nicht sehr viel, wenn die mittlere Länge bei einem Meter liegt. Die Maschine wäre jedoch unzureichend genau, wenn diese Streuung bei Werkstücken von 5cm Länge beobachtet würde. Eine Betrachtung des Variationskoeffizienten ermöglicht den Vergleich von Streuungen bei unterschiedlichen Lageparametern (mittleren Lattenlängen). Für den Variationskoeffizienten erhält man damit

$$V = \frac{0.3945}{99.82} = 0.004,$$

wohingegen sich für den Quartilsdispersionskoeffizienten

$$QDK = \frac{100.05 - 99.9}{99.95} = 0.0015.$$

Der Variationskoeffizient von 0.004 sagt aus, daß die Streuung 0.4 % der mittleren Lattenlänge beträgt. Wiederum erkennt man, daß der Ausreißer den Variationskoeffizienten stark vergrößert, wohingegen der Quartilsdispersionskoeffizient von ihm unbeeinflußt bleibt.

◪

4.3 Schiefe und Wölbung

Neben der Lage und der Streuung eines Datensatzes spielen insbesondere die *Formparameter*, die in diesem Abschnitt vorgestellt werden, eine wichtige Rolle. Zunächst werden *Schiefeparameter* behandelt. Sie weisen auf Abweichungen der untersuchten Häufigkeitsverteilung von einer symmetrischen Verteilung hin. Symmetrische Verteilungen besitzen links und rechts vom Lageparameter dieselben Häufigkeitsstruktur. In Abbildung 4.3 sind Histogramme von drei Verteilungen mit unterschiedlicher Schiefe dargestellt. Das Histogramm (a) veranschaulicht die symmetrische Häufigkeitsverteilung der Gesamtpunktzahlen im Abitur, die in einer Stichprobenerhebung von 215 Studenten der Universität Konstanz erfaßt wurden. Vergleiche dazu auch Tabelle 3.12 und Beispiel 3.11. Die Häufigkeitsdichte einer rechtsschiefen (linksschiefen) Verteilungen steigt links steil an (fällt rechts steil ab). Daher werden mitunter die Begriffe linkssteil (rechtssteil) statt rechtsschief (linksschief) verwendet. Als Beispiel für eine rechtsschiefe bzw. linksschiefe Verteilung sind in Abbildung 4.3 (b) die Milchkuhbestände in landwirtschaftlichen Betrieben (vgl. Tabelle 3.5 und Beispiel 3.5) bzw. in (c) die mittleren Januartemperaturen (vgl. Tabelle 3.7) dargestellt.

Ein einfaches Kriterium zur Beurteilung der Schiefe kann durch den Vergleich unterschiedlicher Lageparameter gewonnen werden. Bei einer exakt symmetrischen Verteilung fallen der *Modus* $\bar{x}_M$, der *Median* $M($ bzw. $\tilde{x})$, das *arithmetische Mittel* $\bar{x}$, alle *Quantilsmittel* $(\tilde{x}_{1-\alpha} + \tilde{x}_\alpha)/2$, $0 < \alpha < 1/2$, und die *Midsummaries* mid(H), mid(E) auf ein und den selben Wert. Stimmen diese Werte nicht überein, so ist dies ein Anzeichen dafür, daß die untersuchten Daten eine schiefe Häufigkeitsverteilung besitzen. Rechtsschiefe Verteilungen sind bei Merkmalen mit positiven Ausprägungen häufig anzutreffen und dadurch ausgezeichnet, daß die meisten Realisationen auf kleine und mittlere Werte fallen, wohingegen große Ausprägungen relativ selten vorkommen. Als typisches Beispiel sind Einkommensverteilungen zu nennen. Das Gros der Einkommen liegt im unteren und mittleren Bereich, und es gibt nur wenige Großeinkommen. Die Hälfte der Einkommensbezieher verdienen weniger als das Medianeinkommen. Letzters ist kleiner als das Durchschnittseinkommen, das von den wenigen Großverdienern überproportional beeinflußt wird (Hebelwirkung). Im Falle rechtsschiefer Verteilungen liegt die untere Hinge näher am Median als die obere, die untere Eighth näher an der unteren Hinge als E_o an H_o, so daß die Midsummaries in diesem Falle wachsen. Bei den in der Praxis seltener anzutreffenden linksschiefen Verteilungen liegen diese Lageparameter

4.3. SCHIEFE UND WÖLBUNG

Abbildung 4.3: Symmetrische (a), rechtsschiefe (b), linksschiefe Verteilung (c)

(a) Abiturgesamtpunktzahlen als Beispiel für eine symmetrische Verteilung

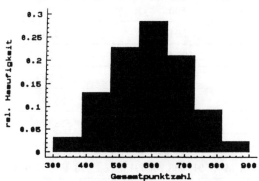

(b) Milchkuhbestände landwirtschaftlicher Betriebe als Beispiel für eine rechtschiefe Verteilung

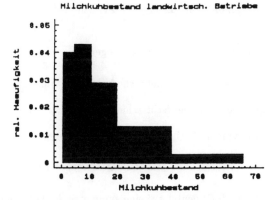

(c) Langjährige Mittelwerte der Januartemperaturen in 42 deutschen Städten als Beispiel für eine linksschiefe Verteilung

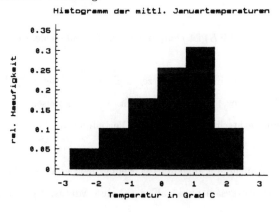

Tabelle 4.9: Kenngrößen zur Schiefeberechnung

Kenngröße	Abiturgesamtnoten (a)	Milchkuhbestände (b)	Januartemperaturen (c)
Modus $\bar{x}_M$	600	7.5	1.175
Median $\tilde{x}_{0.5}$ (M)	594	13.408	0.25
arithm. Mittel $\bar{x}$	590.32	17.3	0.026
unteres Quartil $\tilde{x}_{0.25}$	521	6.625	-0.8
oberes Quartil $\tilde{x}_{0.75}$	662	25.281	1.0
Quartilsabstand d_Q	141	18.656	1.8
Standardabweichung σ	108.72	13.428	1.384
midsummaries	594; 591; 583.25; 591.5	13.408; 15.953	0.25; 0.1; 0.0; -0.425

gerade in umgekehrter Größenordnung. Es ergeben sich somit die folgenden *Lageregeln*:

(I) Zur Beurteilung werden $\bar{x}$, $\tilde{x}$ und $\bar{x}_M$ herangezogen:

   (i) $\bar{x}_M = \tilde{x} = \bar{x}$ weist auf eine symmetrische Verteilung hin.

   (ii) $\bar{x}_M < \tilde{x} < \bar{x}$ ist Indiz für eine rechtsschiefe Verteilung.

   (iii) $\bar{x}_M > \tilde{x} > \bar{x}$ ist typisch für eine linksschiefe Verteilung.

(II) In der EDA werden stattdessen die Midsummaries verwendet:

   (i) $M = \text{mid}(H) = \text{mid}(E)$ deutet auf eine symmetrische Verteilung hin.

   (ii) Aus $M < \text{mid}(H) < \text{mid}(E)$ kann auf einen rechtsschiefen Datensatz geschlossen werden.

   (iii) $M > \text{mid}(H) > \text{mid}(E)$ ist charakteristisch für linksschiefe Datensätze.

Zur Beurteilung der Schiefe eines Datensatzes können auch weitere Midsummaries (etwa mid(D), mid(C), mid(B) usw.) verwendet werden. Generell weisen aufsteigende (fallende) Midsummaries auf eine rechtsschiefe (linksschiefe) Verteilung hin.

Beispiel 4.20 Die in Tabelle 4.9 aufgeführten Kenngrößen erlauben eine erste Beurteilung der Schiefe: Für die Abiturgesamtpunktzahlen (a) sind Modus, Median und arithmetsches

4.3. SCHIEFE UND WÖLBUNG

Mittel ungefähr gleich, welches eine symmetrische Verteilung anzeigt. Die steigende bzw. fallende Anordnung dieser Lageparameter bei Verteilung (b) bzw. (c) weisen auf eine rechtsschiefe bzw. linksschiefe Verteilung hin. Zu den gleichen Schlüssen kommt man, wenn man die Anordnung der in der letzten Zeile von Tabelle 4.9 angegebenen midsummaries als Lageregel verwendet. Sie sind für die Verteilung (a) nahezu konstant, für die Verteilung (b) wachsend und für Verteilung (c) fallend. ⋈

An dieser Stelle sollte auch das Auge dafür geschärft werden, daß unterschiedliche Werte von Lageparametern bei schiefen Verteilungen (wie eben zum Beispiel Einkommensverteilungen) von gewieften Praktikern zur Unterstützung der jeweils eigenen Argumentation ge(miß-)braucht werden können. Je nach Standpunkt wird etwa mit dem Modus, dem Median oder dem arithmetischen Mittel argumentiert.

Neben den Lageregeln benutzt man auch Kennzahlen zur Beurteilung der Schiefe. Ein mit Quantilen arbeitendes Maß der Schiefe ist der α-*Quantilskoeffizient der Schiefe*

$$QS_\alpha = \frac{(\tilde{x}_{1-\alpha} - \tilde{x}) - (\tilde{x} - \tilde{x}_\alpha)}{\tilde{x}_{1-\alpha} - \tilde{x}_\alpha} \quad \text{für } 0 < \alpha < 1/2 \quad \text{und } \tilde{x}_\alpha \neq \tilde{x}_{1-\alpha}.$$

Dieser beruht auf den Entfernungen des α- und des $(1-\alpha)$-Quantils zum Median. Bei rechtsschiefen (linksschiefen) Verteilungen liegt das untere Quantil näher am (weiter weg vom) Median als das obere, derart daß QS_α einen positiven (negativen) Wert annimmt:

$$\left.\begin{array}{ll} QS_\alpha = 0 & \text{bei symmetrischer} \\ QS_\alpha > 0 & \text{bei rechtsschiefer} \\ QS_\alpha < 0 & \text{bei linksschiefer} \end{array}\right\} \text{Verteilung.}$$

Es gilt stets $-1 \leq QS_\alpha \leq +1$ und

$$\begin{array}{ll} QS_\alpha = +1 & \text{genau dann, wenn } \tilde{x}_\alpha = \tilde{x} \\ QS_\alpha = -1 & \text{genau dann, wenn } \tilde{x}_{1-\alpha} = \tilde{x}. \end{array}$$

Besonders beliebt ist der Quartilskoeffizient der Schiefe $QS_{1/4}$.

Von Karl Pearson wurden folgende Schiefemaße vorgeschlagen, die beide über die Lageregel (I) motiviert werden können: Der *erster Pearsonsche Schiefekoeffizient*

$$\mathrm{SK}_1 := \frac{\bar{x} - \bar{x}_M}{\sigma}$$

verwendet den Abstand des arithmetischen Mittels vom Modus, und beim *zweiten Pearsonschen Schiefekoeffizient*

$$\mathrm{SK}_2 := \frac{3(\bar{x} - \tilde{x})}{\sigma}$$

wird die Differenz zwischen arithmetischem Mittel und Median verwendet. Dieser findet Verwendung, wenn der Modus nicht verfügbar oder seine Angabe nicht sinnvoll ist. Der Faktor 3 wird dadurch motiviert, daß bei schiefen, eingipfligen Verteilungen häufig $\bar{x} - \bar{x}_m \approx 3(\bar{x} - \tilde{x})$ mit guter Näherung gilt.

Beispiel 4.21 Tabelle 4.9 enthält die zur Berechnung der oben eingeführten Schiefekoeffizienten notwendigen Angaben. Die Superskripte a, b und c der Koefizienten entsprechen den in gleicher Weise markierten Verteilungen in Tabelle 4.9. Die Quartilskoeffizienten der Schiefe $QS_{0.25}$ sind durch

$$QS_{0.25}^a = \frac{(662 - 594) - (594 - 521)}{141} = -0.035,$$

$$QS_{0.25}^b = \frac{(25.281 - 13.408) - (13.408 - 6.625)}{18.656} = 0.273 \text{ und}$$

$$QS_{0.25}^c = \frac{(1.0 - 0.25) - (0.25 - (-0.8))}{1.8} = -0.167$$

gegeben. Wiederum wird Verteilung (a) als näherungsweise symmetrisch, Verteilung (b) als rechts- und Verteilung (c) als linksschief ausgewiesen. Für die Schiefekoeffizienten SK_1 und SK_2 von Pearson ergibt sich

$$SK_1^a = \frac{590.32 - 600}{108.72} = -0.089 \text{ und } SK_2^a = \frac{3(590.32 - 594)}{108.72} = -0.102,$$

$$SK_1^b = \frac{17.3 - 7.5}{13.428} = 0.730 \text{ und } SK_2^b = \frac{3(17.3 - 13.408)}{13.428} = 0.870,$$

bzw.

$$SK_1^c = \frac{0.026 - 1.175}{1.8} = -0.638 \text{ und } SK_2^c = \frac{3(0.026 - 0.25)}{1.8} = -0.378.$$

⋈

Zur Definition weiterer Maßzahlen wird der Begriff der *empirischen Momente* eingeführt. Im folgenden seien mit

$$m_r := \frac{1}{n} \sum_{j=1}^{n} (x_j - \bar{x})^r \text{ bzw. } m_r := \frac{1}{n} \sum_{i=1}^{k} (a_i - \bar{x})^r n_i \quad r = 1, 2, \ldots$$

4.3. SCHIEFE UND WÖLBUNG

die *empirischen r-ten zentralen Momente* bezeichnet. Insbesondere ist $m_1 = 0$ und $m_2 = \sigma^2$. Bei symmetrischen Verteilungen gilt $m_r = 0$ für ungerade r. R.A. Fisher schlug zur Beurteilung der Schiefe den *Fisherschen Momentenkoeffizienten*

$$\gamma_1 := m_3/\sigma^3$$

vor. Dadurch, daß die Abstände der Daten zum arithmetischen Mittel in die dritte Potenz erhoben werden, bleiben die Vorzeichen erhalten und es überwiegen von der Größe her bei rechtsschiefen (linksschiefen) Verteilungen die positiven (negativen) Abweichungen von $\bar{x}$ (in die dritte Potenz erhoben), so daß γ_1 einen positiven (negativen) Wert annimmt.

Eine geeignete Möglichkeit zur Beschreibung der Schiefe eines Datensatzes ist durch das *Symmetriediagramm* gegeben. Es beruht auf der Tatsache, daß bei symmetrischen Verteilungen die Abstände der Quantile $\tilde{x}_\alpha$ und $\tilde{x}_{1-\alpha}$ gleich weit vom Median $\tilde{x}_{1/2}$ entfernt sind. Eine Möglichkeit besteht nun darin, für ausgewählte $\alpha < 1/2$ die Werte $\tilde{x}_{1-\alpha} - \tilde{x}$ gegen $\tilde{x} - \tilde{x}_\alpha$ abzutragen. Bei symmetrischen Verteilungen sollten die Punkte des daraus resultierenden Plots um die Winkelhalbierende streuen. Liegen die Punkte oberhalb (unterhalb) der Winkelhalbierenden, so weist dies auf eine rechtsschiefe (linksschiefe) Verteilung hin. Wählt man als Quantile die Ordnungsstatistiken selbst ($\tilde{x}_{i/n} \approx x_{(i)}$), so erhält man durch den Plot von $x_{(n-i+1)} - \tilde{x}$ gegen $\tilde{x} - \tilde{x}_{(i)}$ ein einfach zu bestimmendes *Symmetrie-Diagramm*.

Beispiel 4.22 In Abbildung 4.4 sind Symmetriediagramme der mittleren Januartemperaturen (vgl. Tabelle 3.7 und Abbildung 4.3 (c)) und der Gesamtpunktzahlen im Abitur (vgl. Tabelle 3.12 und Abbildung 4.3 (a)) dargestellt. Erwartungsgemäß liegt das Symmetriediagramm (a) der Januartemperaturen im wesentlichen unterhalb der Winkelhalbierenden und weist auf eine linksschiefe Verteilung hin. Die Punktwolke des Symmetriediagramms (b) der Gesamtpunktzahlen weicht nur unwesentlich von der Winkelhalbierenden ab, welches dafür spricht, daß die Gesamtpunktzahlen einer symmetrischen Verteilung genügen. ⋈

Ein weiterer Formparameter univariater unimodaler Häufigkeitsverteilungen ist die *Wölbung (Kurtosis)*, die angibt, ob bei gleicher Streuung der zentrale und die Randbereiche der Verteilung stärker oder schwächer besetzt sind als bei der Normalverteilung (3.10). Sie quantifiziert also, wie die Daten auf das Zentrum und die Außenbereiche des Datenbereiches verteilt sind.

Abbildung 4.4: Symmetriediagramme

(a) Langjährige Mittelwerte der Januartemperaturen in 42 deutschen Städten

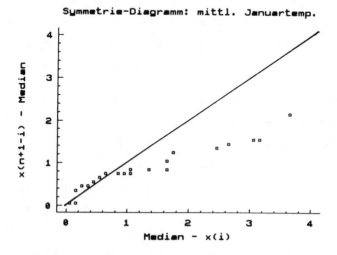

(b) Gesamtpunktzahlen im Abitur der 215 gezogenen Studenten

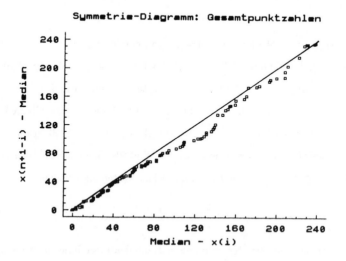

4.3. SCHIEFE UND WÖLBUNG

Tabelle 4.10: Tabelle zur Berechnung von Fisher's Schiefe- und Wölbungskoeffizienten γ_1, γ_2

i	Klasse	Klassenmitte a_i	abs. Hfgk. n_i	$(a_i - \bar{x})^3 n_i$ (in Tsd.)	$(a_i - \bar{x})^4 n_i$ (in Tsd.)
1	[0.5,4.5)	2.5	48 035	-155 719.47	2 304 648
2	[4.5,10.5)	7.5	77 811	-73 235.09	717 704
3	[10.5,19.5)	15	78 585	-956.14	2 199
4	[19.5,39.5)	29.5	77 332	140 423.15	1 713 163
5	[39.5,64.5)	52	20 445	854 231.35	29 641 835
			n= 302 208	$\sum$ 764 743.80	$\sum$ 34 379 549

Zur Beurteilung der *Kurtosis* schlug *Fisher* das Wölbungsmaß

$$\gamma_2 := m_4/\sigma^4 - 3$$

vor. Man spricht von einer

- *leptokurtischen (spitzen)* Verteilung, falls die Wölbung positiv ist,

- *mesokurtischen* Verteilung, falls die Wölbung Null ist, und

- *platykurtischen (abgeplatteten)* Verteilung, falls die Wölbung negativ ist.

Bei einer Normalverteilung ist das theoretische vierte Moment gleich $3\theta^4$ und das theoretische zweite Moment θ^2, derart, daß der theoretische Wert für γ_2 sich zu Null ergibt. Daher ist γ_2 als ein Vergleich zur Wölbung der Normalverteilung anzusehen. Die Momentenkoeffizienten γ_1, γ_2 von Fisher und die Schiefeparameter SK_1 und SK_2 von Pearson sind natürlich sehr ausreißeranfällig. Insbesondere gilt dies für die Momentenkoeffizienten, in die ja dritte und vierte Potenzen der Abweichungen vom arithmetischen Mittel eingehen. Deshalb sind in der neueren Literatur auch eine Reihe weiterer Maßzahlen zur Beurteilung von Schiefe und Wölbung ("Peakedness"Peakedness) vorgeschlagen worden, auf die hier aber nicht näher eingegangen werden soll. [1]

Beispiel 4.23 Zur Berechnung der Fisher'schen Momentenkoeffizienten der Schiefe und Wölbung für die Verteilung der Milchkühe auf landwirtschaftliche Betriebe ist die Arbeitstabelle

---
[1] Der interessierte Leser sei auf Büning (1985,1991) verwiesen.

4.10 angelegt worden. Die Werte für das aritmetische Mittel $\bar{x} = 17.3$ und für die Standardabweichung $\sigma = 13.428$ sind in Tabelle 4.9 angegeben. Somit erhält man für den Schiefekoeffizienten

$$\gamma_1 := m_3/\sigma^3 = \{\frac{1}{302\,208} \sum_{i=1}^{5}(a_i - \bar{x})^3 n_i\}/\sigma^3 = \frac{1000 \times 764\,743.8}{302\,208 \times 13.428^3} = 1.045$$

und für den Wölbungskoeffizienten

$$\gamma_2 := m_4/\sigma^4 - 3 = \{\frac{1}{302\,208} \sum_{i=1}^{5}(a_i - \bar{x})^4 n_i\}/\sigma^4 - 3 = \frac{1000 \times 34\,379\,549}{302\,208 \times 13.428^4} - 3 == 0.499.$$

Die vorliegende Verteilung wird also als deutlich rechtschief und leptokurtisch ausgewiesen.

Für die Gesamtnoten (vgl. Tabelle 3.12 und Abbildung 4.3 (a)) liest man arithmetisches Mittel und Standardabweichung aus Tabelle 4.9 ab und erhält als empirische dritte und vierte zentrale Momente

$$m_3 = \frac{1}{215}\sum_{i=1}^{215}(x_i-\bar{x})^3 = \frac{1}{215}\{(357-590.72)^3+(558-590.72)^3+\cdots+(770-590.72)^3\} = -2\,657.9$$

und

$$m_4 = \frac{1}{215}\sum_{i=1}^{215}(x_i-\bar{x})^4 = \frac{1}{215}\{(357-590.72)^4+(558-590.72)^4+\cdots+(770-590.72)^4\} = 353\,301\,248.$$

Daraus berechnet man

$$\gamma_1 := m_3/\sigma^3 = \frac{-2\,657.9}{108.72^3} = -0.002 \text{ und}$$

$$\gamma_2 := m_4/\sigma^4 - 3 = \frac{353\,301\,248}{108.72^4} - 3 = -0.471.$$

Die Fischer'schen Momentenkoeffizienten weisen auf eine symmetrische und platykurtische Verteilung hin.

Die empirischen dritten und vierten zentralen Momente der mittleren Januartemperaturen (vgl. Tabelle 3.7 und Abbildung 4.3 (c)) ergeben sich zu

$$m_3 = \frac{1}{42}\sum_{i=1}^{42}(x_i - \bar{x})^3 = \frac{1}{42}\{(0.6 - 0.026)^3 + (0.0 - 0.026)^3 + \cdots + (0.3 - 0.026)^3\} = -1.858$$

und

$$m_4 = \frac{1}{42}\sum_{i=1}^{42}(x_i - \bar{x})^4 = \frac{1}{42}\{(0.6 - 0.026)^4 + (0.0 - 0.026)^4 + \cdots + (0.3 - 0.026)^4\} = 10.305,$$

4.3. SCHIEFE UND WÖLBUNG

so daß die Momentenkoeffizienten für Schiefe und Wölbung bestimmt werden können:

$$\gamma_1 := m_3/\sigma^3 = \frac{-1.858}{1.384^3} = -0.701 \text{ und}$$

$$\gamma_2 := m_4/\sigma^4 - 3 = \frac{10.305}{1.384^4} - 3 = -0.191.$$

Dies charakterisiert die Verteilung der mittleren Januartemperaturen als linksschief und schwach platykurtisch. ⋈

Eine in der EDA bevorzugte Alternative zur Überprüfung, ob die vorliegenden Daten einer Normalverteilung entstammen, verwendet die auf Seite 114 eingeführten *Pseudosigmas*. Unterliegen sie einem Trend, so spricht dies gegen die Annahme einer Normalverteilung. Wachsende Pseudosigmas weisen auf *platykurtische*, fallende auf *leptokurtische* Verteilungen hin.

Beispiel 4.24 Die Gesamtpunktzahlen (vgl. Tabelle 3.12 und Abbildung 4.3 (a)) besitzen die fogenden Letter-spreads: $d_H = 140$, $d_E = 253.5$, $d_D = 353$, $d_C = 408.5$ und $d_B = 462$. Daraus berechnet man unter Verwendung der Tabelle 4.7 die Pseudosigmas $d_H/1.349 = 103.78$, $d_E/2.301 = 110.17$, $d_D/3.068 = 115.06$, $d_C/3.725 = 109.66$ und $d_B/4.308 = 107.24$. Im mittleren Bereich der Verteilung ergeben sich also wachsende Pseudosigmas, was auf eine platykurtische Verteilung hinweist. Dieser Trend wird in den Außenbereichen unterbrochen. Dies resultiert aus der Tatsache, daß die Gesamtpunktzahlen im Abitur stets zwischen 300 und 900 liegen. So kann diese Verteilung nicht mehr Masse in den Außenbereichen besitzen als die Normalverteilung, bei der prinzipiell beliebig große und beliebig kleine reelle Zahlen angenommen werden können. ⋈

Zum Vergleich zweier Verteilungen x_i, $i = 1, \ldots, n$, und y_i, $i = 1, \ldots, m$, eignen sich auch *Quantil-Quantil-Diagramme (QQ-Diagramme)*. Dabei trägt man ausgewählte Quantile der beiden Verteilungen gegeneinander ab (vgl. auch Symmetrie-Diagramme). Im Falle $m = n$ stimmen die Quantile in etwa mit den Daten überein, so daß nur die Ordnungsstatistiken $y_{(i)}$ gegen $x_{(i)}$ abgetragen werden müssen. Im Falle $n < m$ bestimme man die Quantile $\tilde{y}_\alpha$ für $\alpha = i/n$, $i = 1, \ldots, n$, des größeren Datensatzes und trage diese gegen die $x_{(i)}$ ab.

Abbildung 4.5: QQ-Plots

(a) Gesamtpunktzahlen im Abitur der 215 gezogenen Studenten

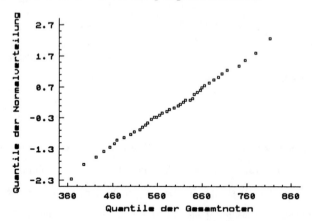

(b) Langjährige Mittelwerte der Januartemperaturen in 42 deutschen Städten

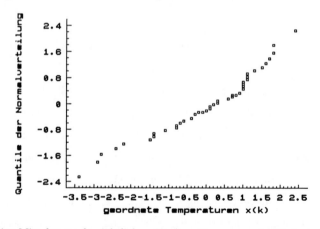

(c) Langjährige Mittelwerte der jährlichen Niederschlagsmenge in 42 deutschen Städten

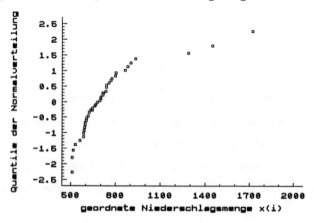

4.3. SCHIEFE UND WÖLBUNG

Tabelle 4.11: Quantile der Normalverteilung und Ordnungsstatistiken $x_{(k)}$ der mittleren Januartemperaturen

k	$\frac{k-0.5}{42}$	$F^{-1}(\frac{k-0.5}{n})$	$x_{(k)}$	k	$\frac{k-0.5}{42}$	$F^{-1}(\frac{k-0.5}{n})$	$x_{(k)}$	k	$\frac{k-0.5}{42}$	$F^{-1}(\frac{k-0.5}{n})$	$x_{(k)}$
1	0.0119	-2.2604	-3.4	15	0.3452	-0.3345	-0.3	29	0.3214	0.4638	1.0
2	0.0357	-1.8029	-2.9	16	0.3690	-0.2718	-0.2	30	0.2976	0.5313	1.0
3	0.0595	-1.5590	-2.8	17	0.3929	-0.2718	-0.1	31	0.2738	0.6014	1.0
4	0.0833	-1.3832	-2.4	18	0.4167	-0.2103	0.0	32	0.2500	0.6745	1.0
5	0.1071	-1.2421	-2.2	19	0.4405	-0.1497	0.1	33	0.2262	0.7514	1.1
6	0.1310	-1.1217	-1.5	20	0.4643	-0.0896	0.1	34	0.2024	0.8331	1.1
7	0.1548	-1.0161	-1.4	21	0.4881	-0.0283	0.2	35	0.1786	0.9207	1.1
8	0.1786	-0.9207	-1.4	22	0.4881	0.0283	0.3	36	0.1548	1.0161	1.3
9	0.2024	-0.8331	-1.1	23	0.4643	0.0896	0.3	37	0.1310	1.1217	1.5
10	0.2262	-0.7514	-0.8	24	0.4405	0.1497	0.6	38	0.1071	1.2421	1.6
11	0.2500	-0.6745	-0.8	25	0.4167	0.2103	0.7	39	0.0833	1.3832	1.7
12	0.2738	-0.6014	-0.7	26	0.3929	0.2718	0.7	40	0.0595	1.5590	1.8
13	0.2976	-0.5313	-0.6	27	0.3690	0.2718	0.8	41	0.0357	1.8029	1.8
14	0.3214	-0.4638	-0.4	28	0.3452	0.3345	0.9	42	0.0119	2.2604	2.4

Um die Daten mit einer theoretischen Verteilung, etwa mit der Verteilungsfunktion F, zu vergleichen, verwendet man ebenfalls QQ-Plots (*Wahrscheinlichkeitsnetze, Quantilsnetze*). Dazu werden die theoretischen Quantile $F^{-1}(\frac{k-0.5}{n})$ gegen die Ordnungsstatistiken $x_{(k)}$ der Daten abgetragen. Bei der Normalverteilung etwa ist $F(x) = \int_{-\infty}^{x} \varphi(t)dt$ (mit φ aus (3.10)) und die zugeörige Quantilsfunktion F^{-1} aus Tabellen abzulesen oder rechnergestützt zu ermitteln. Bei Übereinstimmung der Verteilungstyps von F_n und F liegen die n Punkte in etwa auf der Winkelhalbierenden. Bei Nichtübereinstimmung läßt sich die Art der Abweichung aus dem Graphen bestimmen. Unterscheiden sich empirische und theoretische Verteilung nur durch den Lageparameter, so verläuft der Graph parallel zur Winkelhalbierenden. Hat die empirische Verteilung größere (kleinere) Varianz, so verläuft die Kurve flacher (steiler) als die Winkelhalbierende. Bestehen lediglich Abweichungen bezüglich der Lage- und Streungsparameter, so bleibt die Form der Geraden jedoch erhalten. Ist die theoretische Verteilung eine Normalverteilung, so entsteht eine S-förmige (umgekehrt S-förmige) Kurve, wenn die Daten einer leptokurtischen (patykurtischen) Verteilung genügen. Ist die theoretische Verteilung symmetrisch, so weisen konkave (konvexe) Kurven auf rechtsschiefe (linksschiefe) Verteilungen der Daten hin. Ferner können Ausreißer in den Daten erkannt werden.

Beispiel 4.25 In Abbildung 4.5 (a) ist ein QQ-Plot der Gesamtpunktzahlen (vgl. Tabelle 3.12 und Abbildung 4.3 (a)) gegen die Normalverteilung dargestellt. Er weist nicht auf wesentliche Abweichungen von der Normalverteilung hin. Abbildung 4.5 (b) gibt den QQ-Plot der mittleren Januartemperaturen wieder (vgl. Tabelle 3.7 und Abbildung 4.3 (c)). Die dazu notwendigen Daten sind in der Wertetabelle 4.11 aufgeführt. Man erkennt, daß die 5 kleinsten Werte (Temperaturen in Oberstdorf, Garmisch-Partenkirchen, Berchtesgaden, Regensburg und München) und der größte Wert (Temperatur in Köln) etwas von der Mehrzahl der Daten abweichen. Die restliche Punktwolke weist eine konvexe Gestalt auf und deutet somit den linksschiefen Charakter der Verteilung an. Schließlich sind die mittleren jährlichen Niederschlagsmengen (vgl. Tabelle 3.7) zu einem QQ-Plot verarbeitet worden. Dieser ist in Abbildung 4.5 (c) wiedergegeben. Man erkennt drei Ausreißer mit besonders hohen Niederschlagsmengen (Garmisch-Partenkirchen, Berchtesgaden, Oberstdorf). Der konkave Verlauf der restlichen Daten ist ein Indikator für eine rechtsschiefe Verteilung. ⋈

4.4 Box-Plots

Um das Verhalten eines Datensatzes zusammenzufassen, braucht man ein klares Bild darüber, wo die Mitte liegt, wie weit ausgestreckt der mittlere Bereich ist, und wie sich die Schwänze zu diesem mittleren Bereich verhalten. Für mögliche Äbirrungen" (*strays*) an den Enden soll das Auge Auge geschärft werden, da diese oft Hinweise auf (möglicherweise interessante) Besonderheiten geben.

Manche Datensätze enthalten *Ausreißer*, also Werte die so niedrig oder so hoch sind, daß sie neben dem Rest des Datensatzes zu stehen scheinen. Ursachen dafür können Meßfehler, Falschangaben, Übertragungsfehler etc. sein. Solche Fehler sollen entdeckt und, falls möglich, korrigiert werden. Ist eine Korrektur nicht möglich, so werden diese fehlerhaften Daten möglicherweise von der weiteren Analyse ausgeschloßen. Jedoch sind nicht alle Ausreißer Fehler. Manche reflektieren einfach ungewöhnliche Umstände. Ihnen besondere Aufmerksamkeit zu widmen, kann zu wertvollen Informationen führen. Ein Mittel zur graphischen Analyse des geschilderten Sachverhaltes liefert der *Box-Plot*. Er eignet sich auch zum Vergleich mehrerer Datensätze.

Einfacher Box-Plot (skeletal box-plot)

Box-Plots können prinzipiell horizontal oder vertikal angeordnet werden. Der Kern eines jedes Box-Plots besteht aus einer Skala und einem rechteckigen Kasten (einer 'Box'), der von der unteren *Hinge* H_u bis zur oberen H_o reicht und in der Höhe des Medians durch einen Querstrich unterteilt wird. Diese Box gibt Aufschluß über das Verhalten des mittleren Datenteils. Beim *einfachen Box-Plot* wird, von der Mitte des Kastens von den Angelpunkten ausgehend, eine durchgezogenen Linie (*whiskers*, Barthaare) bis zu der Höhe der beiden Extremwerte gezogen, deren Lage ebenfalls durch einen Querstrich gekennzeichnet wird. Neben der so entstandenen Graphik wurde auf einer parallelen Linie die Meßskala abgetragen. Ein einfacher Box-Plot stellt somit nichts anderes als eine graphische Veranschaulichung des *Pentagramms* dar.

Tabelle 4.12: Umsätze (in Mio. ECU), Beschäftigtenzahlen und Rangnummern der 50 umsatzstärksten Betriebe in der Bundersrepublik Deutschland (Daten für 1990)

Deutschland							
Rangnr.	Umsatz	Employees	Firma	Rangnr.	Umsatz	Employees	Firma
3	37042	368226	Daimler-Benz	82	7447	5817	RWE - DEA
5	31689	257561	Volkswagen	87	7146	64236	Krupp
8	29640	365000	Siemens	96	6619	17295	VEBA Oel
12	23860	92091	VEBA	101	6339	18825	Stinnes
14	23089	136990	BASF	103	6330	51942	Lufthansa
15	22255	169265	Hoechst	105	6239	17723	Thyssen Handel
17	20995	169516	Bayer	106	6239	2626	ESSO
22	19344	78162	RWE	107	6175	20990	Haniel
29	17209	86100	Metro	111	6052	43702	Bertelsmann
30	16607	133824	Thyssen	112	6008	31055	IBM Dtl.
36	13419	165732	Bosch	113	6000	60673	Karstadt Konzern
39	12857	62445	BMW	115	5937	76223	AEG
51	10827	125785	Mannesmann	116	5923	35595	Audi
54	10013	103594	Ruhrkohle	122	5818	50	Tankdienstges.
57	9759	24124	Metallgesellschaft	126	5643	36964	Henkel
62	9332	49530	Ford	128	5558	53631	CO OP
63	9213	5000	Aldi	133	5468	44800	Kaufhof
65	8467	52325	Opel	139	5228	3310	Deutsche Shell
66	8394	877	Norddt.Gen.Bet.AG	140	5215	38247	Salzgitter
67	8269	62048	MAN	142	5178	44500	Hoesch
73	7931	63096	PREUSSAG	166	4777	1038	ARAL
75	7904	49647	REWE	169	4692	50	Thyssen Schulte
77	7758	35	Aldi Einkauf	176	4602	32268	Thyssen Stahl
80	7468	246635	Deutsche Bundesbahn	185	4372	55140	Karstadt AG

4.4. BOX-PLOTS

Tabelle 4.13: Umsätze (in Mio. ECU) und Rangnummern der 20 umsatzstärksten Betriebe in den Niederlanden (Daten für 1990)

Niederlande					
Rangnr.	Umsatz	Firma	Rangnr.	Umsatz	Firma
1	69433	Royal Dutch	171	4638	DSM Ind.
9	28452	Unilever	184	4385	ASB
11	24640	Philips	190	4258	Vendex
43	12521	Alcatel	211	3880	Rijsdijk
70	8067	AKZO	212	3880	Hoogovens
83	7352	Verhoeff	267	3367	Heineken
83	7352	Kon. Ahold	268	3358	BP Nederl.
123	5786	SHV Holdings	296	2971	DOW Benelux
124	5780	Nederl. Gasunie	302	2908	Digital Equipment Int.
144	5137	BP Nederl. Hold.	348	2587	Gerlach

Tabelle 4.14: Umsätze (in Mio. ECU) und Rangnummern der 20 umsatzstärksten Betriebe in Großbritannien (Daten für 1990)

Großbritannien					
Rangnr.	Umsatz	Firma	Rangnr.	Umsatz	Firma
2	41684	Brit. Petroleum	68	8266	General Electric
6	30426	BAT Ind.	56	9841	Hanson PLC
7	30264	Unilever Plc	72	7958	Sainsbury
16	22172	Phibro-Salomon	74	7930	British Aerospace
24	18522	ICI	76	7886	Marks & Spencer
6	17318	Brit. Telecom	88	7066	Shell UK
37	13075	Grand Met	90	6899	British Steel
42	12565	Cent. Electr. Gen.	91	6689	Dalgety
49	11226	British Gas	94	6653	Allied Lyons
55	9879	BTR Plc	95	6634	Tesco

Tabelle 4.15: Umsätze (in Mio. ECU) und Rangnummern der 20 umsatzstärksten Betriebe in Italien (Daten für 1990)

Italien					
Rangnr.	Umsatz	Firma	Rangnr.	Umsatz	Firma
4	36540	FIAT	102	6339	SNAM
23	18664	AGIP Petroli SPA	104	6321	Olivetti
33	14184	FIAT Auto	145	5134	Interbanca
45	12065	STET	177	4599	IBM Italia
47	11564	Ferruzzi	202	4102	Montedison
50	11119	ENEL	215	3850	ITALSTAT
61	9363	SIP	262	3427	Sviluppo Timone
78	7723	AGIP	265	3383	Ist. Ital. di Cred. Fond.
85	7239	Pirelli	266	3376	Alitalia
93	6654	Ital. Petroli	270	3339	IVECO

Tabelle 4.16: Umsätze (in Mio. ECU) und Rangnummern der 20 umsatzstärksten Betriebe in Frankreich (Daten für 1990)

Frankreich					
Rangnr.	Umsatz	Firma	Rangnr.	Umsatz	Firma
10	25197	Renault	48	11391	Usinor Sacilor
18	20778	Electricite (Comp. gen.)	52	10806	Thomson
19	20147	Electricite de France	53	10666	Carrefour
21	19992	Peugeot	58	9530	Saint Gobain
25	18208	Elf Aquitaine	60	9434	Rhone Poulenc
34	13732	France Telecom	69	8203	Citroen (Autom.)
40	12775	Pechiney	70	8203	Citroen (Ste. commerciale)
41	12650	Peugeot (Autom.)	79	7482	Michelin (Cie gen. des Ets)
44	12304	Eaux (Comp. gen.)	86	7221	Bouygues
46	12027	Total Cie Franc. des Petroles	89	6929	Pechiney intern.

4.4. BOX-PLOTS

Tabelle 4.17: Umsätze (in Mio. ECU) und Rangnummern der 20 umsatzstärksten Betriebe in der Schweiz (Daten für 1990)

Schweiz					
Rangnr.	Umsatz	Firma	Rangnr.	Umsatz	Firma
13	23340	Nestle SA	135	5455	AEG International AG
20	20079	Marc Rich & Co Holding AG	137	5404	Pirelli Soc. Gen.
27	17311	Metro Intern. AG	152	4985	F. Hoffmann-La Roche AG
28	17211	Marc Rich & Co AG	152	4985	Roche AG
31	16368	ABB Asea Brown Boveri Ltd.	161	4876	Andre & Cie AG
32	14911	BBC Brown Boveri AG	163	4852	Schw. Post-, Tel.- u. Tgr.btr. (PTT)
64	8777	Cilag AG	218	3826	Jacob Suchard SA
119	5823	Meynadier AG	222	3786	Dow (Europe) SA
119	5823	Sandoz Holding AG	235	3661	Taloca AG
119	5823	Wander AG	243	3610	Ciba-Geigy AG

Tabelle 4.18: Umsätze (in Mio. ECU) und Rangnummern der 20 umsatzstärksten Betriebe in Österreich (Daten für 1990)

Österreich					
Rangnr.	Umsatz	Firma	Rangnr.	Umsatz	Firma
38	12953	Austria Industries	664	1433	BML Vermoegensverw.
291	3024	Oest.Post-u. Telegraphenverw.	702	1363	EVN Energ.vers. Nied.Oest.
322	2756	Aktiv Handels-G.m.b.H.	791	1201	Wiener Stadtwerke
332	2679	OeMV AG	842	1139	Siemens AG Oester.
383	2349	Konsum Oest. reg. Gen.m.b.H.	858	1109	Voest Alpine Interhandel
456	2011	Porsche Holding OHG	920	1033	Oest. Elektriz.-Wirtsch.-
571	1646	Tiroler Wasserkraftwerke AG	938	1014	Vorarlb. Illwerke
614	1515	Maschinen- u. Anl.bau Holding	945	1004	Hervis Mode-Kaufhaus
638	1460	Voest Alpine Stahl Linz	945	1004	Interspar
647	1446	Austria Tabakwerke	945	1004	Spar Oest. War.-, Hand.-AG

Tabelle 4.19: Umsätze (in Mio. ECU) und Rangnummern der 20 umsatzstärksten Betriebe in Spanien (Daten für 1990)

Spanien					
Rangnr.	Umsatz	Firma	Rangnr.	Umsatz	Firma
127	5616	Telefonica de Esp.	323	2755	Empresa Nacional de Electric.
223	3754	El Corte Ingles	368	2474	IFA Espanola
225	3747	Tabacalera	382	2366	Un. Ib.amer. d. Prom. ind. y comerc.
245	3555	Talleres Gomez	396	2295	Ford Espana
247	3552	Fabr. Aut. Renault de Esp.	397	2291	Ente Publ. radio tele. Esp.
253	3519	Soc. Esp. de Aut., Turismo	406	2252	Hidroelectr. Esp.
255	3491	Repsol Petroleo	412	2208	Cia. Esp. de Petroleos
307	2867	General Motors Esp.	443	2068	Iberduero
309	2844	Bansander de Leasing	466	1975	Hipermercados Pryca
321	2765	Iberia Lineas Aereas de Esp.	522	1781	Citroen Hispania

Tabelle 4.20: Umsätze (in Mio. ECU) und Rangnummern der 20 umsatzstärksten Betriebe in Belgien (Daten für 1990)

Belgien					
Rangnr.	Umsatz	Firma	Rangnr.	Umsatz	Firma
35	13633	Petrofina	489	1885	Energieb. v. H. Scheldeland-Ebes
110	6060	Solvay et Cie	494	1862	Regie des Telegr. et d. Tel.
154	4972	Delhaize - Le Lion	545	1712	Philips
175	4605	Acec-Union Miniere	649	1444	Bekaert
199	4124	Cockerill Sambre	668	1422	Sidmar
205	4025	GB-Inno-BM	724	1322	Agfa-Gevaert
306	2875	Soc. Belge de Gaz et d'Elect.	732	1305	Soc. d. Chemins de Fer
324	2746	Ford AG Fabrieken	738	1301	BP Belgium
336	2670	Esso Inc	758	1261	Volkswagen Bruxelles
488	1888	Comp. d. Wagons-Lits, Tourisme	765	1259	Volvo Europa Car

Tabelle 4.21: Umsätze (in Mio. ECU) und Rangnummern der 10 umsatzstärksten Betriebe in Luxemburg (Daten für 1990)

Luxemburg					
Rangnr.	Umsatz	Firma	Rangnr.	Umsatz	Firma
182	4435	Arbed	5497	167	Du Pont de Nemours Lux.
2853	329	Goodyear	7575	120	Comp. des Mines et Metaux
4094	227	Soc. Anon. des Minerais	8683	104	Eurofloor
4801	191	Met.urgie, Miniere de R. Athus	8689	104	Galv. SARL
5137	179	Comp. Grand-Ducale d'Electr.	9003	100	Cedipro

Tabelle 4.22: Umsätze (in Mio. ECU) und Rangnummern der 20 umsatzstärksten Betriebe in Dänemark (Daten für 1990)

Dänemark					
Rangnr.	Umsatz	Firma	Rangnr.	Umsatz	Firma
224	3754	Scand. Airlines System	1134	849	Landbr. Govvares. AMBA
334	2672	Fallesforen. for Dan. Brugsforen.	1283	758	IBM Danmark
404	2259	Det Ostasiatiske Kompagni	1328	732	Dansk Shell
659	1437	MD Foods Amba Dansk Mej.cent.	1332	730	Korn-OG Foderstof Komp.
739	1301	Carlsberg	1522	626	Kjobenh. Telefon
793	1196	FLS Industries	1530	620	Monberg & Thorsen Holding
930	1018	Skand. Holdings A/S	1570	606	Kuwait Petroleum (Dan.)
1050	917	Superfos	1613	590	Sophus Berendsen
1101	872	Danfoss A/S	1632	584	Dagrofa A/S
1127	857	Tulip Slagterierne AMBA	1660	571	D F N Olie

Tabelle 4.23: Umsätze (in Mio. ECU) und Rangnummern der 20 umsatzstärksten Betriebe in Portugal (Daten für 1990)

Portugal					
Rangnr.	Umsatz	Firma	Rangnr.	Umsatz	Firma
438	2086	Petroleos de Port. (Petrogal)	2697	348	Siderurgia Nac.E.P.
621	1507	Electricidade de Port. EDP.	3112	300	Quimigal - Quimica de Port.
1437	675	Renault Port. Soc. Ind. e comerc.	3346	278	General Motors de Port.
1474	651	Transportes Aereos Port.	3347	278	Neste Polimeros
1525	624	Correios e Telecomunic. de Port.	3355	277	Ford Lusitana
1677	565	Tabaqueiro-Empresa Ind.	3380	276	Renault Comerc. de Autom.
1890	499	Shell Port.	3445	271	Caetano Met.urg., Veic., Tr.
2205	429	Port.-Empr. de celul., pap. Port.	3807	244	Tel. Lisboa, Porto
2369	397	Mobil Oil Port.	3814	243	B.P. Port.
2373	396	Empr. Publ. de Abast. de Cereais	3871	240	Supa-Comp. Port. Supermerc.

Tabelle 4.24: Umsätze (in Mio. ECU) und Rangnummern der 20 umsatzstärksten Betriebe in Irland (Daten für 1990)

Irland					
Rangnr.	Umsatz	Firma	Rangnr.	Umsatz	Firma
520	1782	Jefferson Smurfit Group	1362	715	Guinness Ireland
767	1254	Digital Equipment Int. BV	1362	715	Power Supermarkets
799	1188	CRH PLC	1526	624	Wang Laboratories Irel. B.V.
805	1176	Goodman Int.	1630	585	Apple Computer
821	1160	An Bord Binne Co-oper.	1701	559	A. Guinness Son & Co (Dublin)
874	1092	Dunnes Stores Ireland CO	1749	544	AER Lingues PLC
874	1092	Dunnes Stores LTD	1765	536	Fyffes PLC
965	982	Electricity Supply Board	1808	524	Avonmore Foods PLC
1195	807	Bord Telecom Eireann	1814	523	GPA Group PLC
1336	727	Kerry Group PLC	2089	455	Atlantic Industries LTD

Datenquelle: DUNS Europa, 1991, III, 45 000 führende Unternehmen in Europa, Top 10 000 Companies ranked by sales in ECU (millions), S. 1-266.

4.4. BOX-PLOTS

Beispiel 4.26 Die Tabellen 4.12 bis 4.24 enthalten für die 50 umsatzstärksten deutschen Unternehmen Umsatz- und Beschäftigtenzahlen und für weitere 12 europäische Staaten die Umsätze der 20 umsatzstärksten Unternehmen. (Für Luxemburg sind lediglich 10 Unternehmen unter den 10 000 größten in Europa, die die Auswahlgrundgesamtheit bildeten.) Außerdem ist der Rang der Unternehmen in der europäischen Anordnung der Umsätze angegeben. Ein erster Ansatz zur vergleichenden Darstellung der 13 länderspezifischen Verteilungen bilden einfache Box-Plots, zu deren Berechnung man lediglich die Daten der Pentagramme verarbeiten muß. (Hierbei wurden auch für die Bundesrepublik Deutschland lediglich die 20 umsatzstärksten Betriebe einbezogen.) Die Pentagramme sind in Abbildung 4.6 und die Box-Plots in Abbildung 4.7 aufgeführt. Dabei ist unbedingt zu beachten, daß wegen der enormen Lage- und Streuungsunterschiede der Verteilungen die Box-Plots für Deutschland, Frankreich, Großbritanien, Italien, die Schweiz, die Niederlande und Spanien und diejenigen der anderen Staaten über getrennten Skalen abgetragen worden sind. Anhand dieser Darstellung erkennt man schon recht gut Lage- und Streuungsunterschiede sowie Schiefeeigenschaften der Verteilungen, die nach der Größe der Mediane angeordnet sind. Die meisten Staaten weisen eine rechtsschiefe Verteilung auf. ⋈

Der (eigentliche, punktierte) Box-Plot

Der einfache Box-Plot gibt wenig Information über das Verhalten des Datensatzes außerhalb des mittleren Blocks und die beiden Striche hängen nur von Extremwerten ab. Zur möglichen Erkennung und Beurteilung von Ausreißern (strays, verirrten Werten) wird beim punktierten Box-Plot der äußere Bereich anders gezeichnet. Die Box selbst bleibt unverändert. Zur Charakterisierung 'äußerer' Meßpunkte dienen die auf Seite 106 eingeführten Zäune (*fences*). Da sie im allgemeinen nicht mit tatsächlichen Meßpunkten zusammenfallen, werden die Zäune selbst nicht gezeichnet. Stattdessen werden zwei sogenannte *Anrainer* (*adjacent values*) ermittelt. Das sind die beiden Meßwerte, die jeweils gerade noch innerhalb der bzw. auf den inneren Zäunen liegen. Von der Box werden Linien auf beiden Seiten bis zu den jeweiligen Anrainern gezogen. Die Außenpunkte (also die Messungen zwischen dem inneren und (einschließlich) dem äußeren Zaun) werden individuell eingezeichnet (etwa durch 'o') und

Abbildung 4.6: Pentagramme für die Großbetriebe in 13 europäischen Staaten

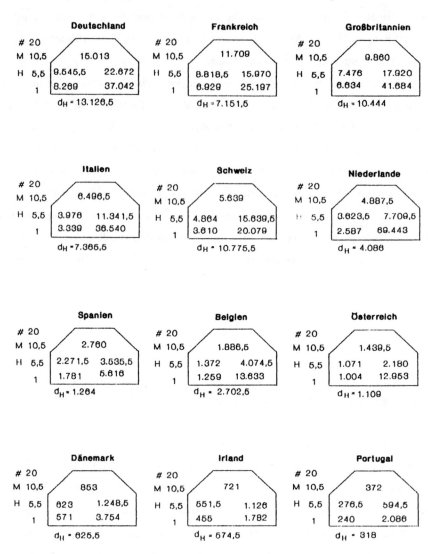
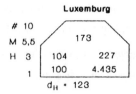

4.4. BOX-PLOTS

Abbildung 4.7: Einfache Box-Plots zum Vergleich der Großbetriebe in 13 europäischen Staaten

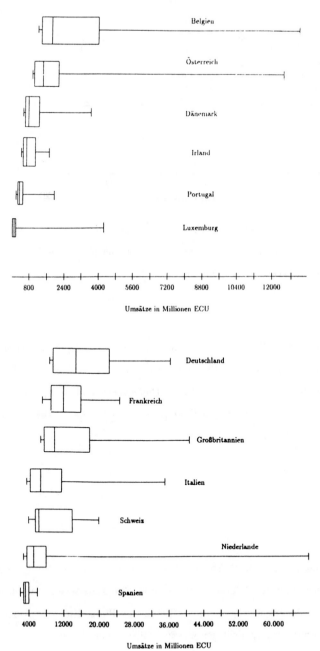

Abbildung 4.8: Punktierte Box-Plots für die Daten zur Ergiebigkeit eines Ölfeldes

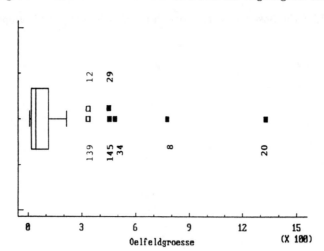

markiert (*labeled*). Die Fernpunkte, die sich außerhalb der äußeren Zäune befinden, werden hervorgehoben angezeigt (etwa durch '•') und besonders (beispielsweise durch Verwendung von Großbuchstaben oder Fettdruck) markiert.

Beispiel 4.27 In Beispiel 3.12 wurde eine Stamm-Blatt-Darstellung der Daten über die Ergiebigkeit eins Ölfeldes (vgl. Tabelle 3.13) konstruiert. Sie ist in Abbildung 3.25 dargestellt. Abbildung 4.8 zeigt den zugehörigen Box-Plot. Die Außen- und Fernpunkte sind gesondert ausgewiesen und mit der zugehörigen Bohrlochnummer markiert. Die Fernpunkte sind zusätzlich durch Fettdruck abgesetzt. ⋈

Beispiel 4.28 In Beispiel 4.26 bzw. Abbildung 4.7 wurden einfachen Box-Plots zur Veranschaulichung der Verteilung der 20 größten Betriebe in 13 europäischen Staaten dargestellt. Abbildung 4.9 enthält die entsprechenden punktierten Box-Plots. Hier sind Ausreißer gesondert markiert und dominieren so nicht den Gesamteindruck der Verteilungen. ⋈

4.4. BOX-PLOTS

Abbildung 4.9: Punktierte Box-Plots zum Vergleich der Großbetriebe in 13 europäischen Staaten

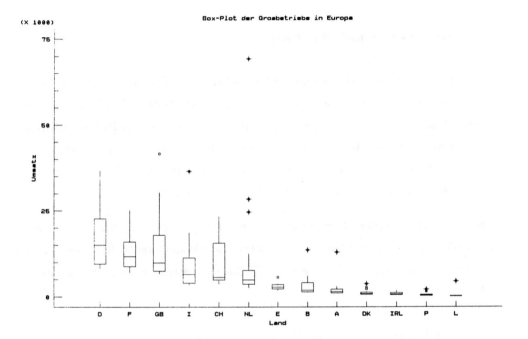

Proportionale Box-Plots

Häufig kann es sich beim Vergleich als nützlich erweisen, auch die Umfänge der unterschiedlichen Datensätze graphisch zum Ausdruck zu bringen. Sind $n_1, \ldots, n_i, \ldots, n_K$ die entsprechenden Erhebungsumfänge, dann sollten die Breiten der Boxen proportional zu $\sqrt{n_i}$ gewählt werden. Vergleiche hierzu auch Abschnitt 3.4.

*** Gekerbte (notched) Box-Plots

Beim graphischen Vergleich wird man auf wesentliche Unterschiede zwischen den den Datensätzen zugrundeliegenden Gesamtheiten schließen, wenn die Boxen 'voneinander entfernt' liegen. In diesem Zusammenhang werden Gedankengänge aus der schließenden Statistik mit herangezogen. Aus der Tatsache, daß sich zwei Boxen nicht überlappen, auf einen 'signifikanten' Unterschied zu schließen, wäre jedoch falsch. Die Angelpunkte (hinges) geben keine Konfidenzgrenzen für den Median an. (Letztere hängen wesentlich von n ab.)

Deshalb werden für solche Überlegungen gekerbte Box-Plots vorgeschlagen. Dabei wird die Box beim Median eingekerbt und nach außen trapezförmig auseinandergehend gezeichnet bis zu den *Kerbengrenzen* Median $\pm 1.58 * d_H/\sqrt{n}$. Diese Vorgehensweise zeichnet sich durch die folgenden Besonderheiten aus:

(1) Im Gegensatz zu den Angelpunkten liegen die Kerbengrenzen symmetrisch zum Median.

(2) Die Kerbengrenzen können sowohl innerhalb als auch außerhalb der Angelpunkte liegen. Im letzteren Fall werden die Linien über die Box hinaus bis zu den Kerbengrenzen weitergezogen.

Gesamtheiten, deren gekerbte Bereiche sich nicht überlappen, werden als wesentlich verschieden angesehen.

Der Faktor 1.58 wird durch Überlegungen der schließenden Statistik gerechtfertigt, auf die hier kurz und in heuristischer Weise eingegangen werden soll:

In der klassischen Statistik benutzt der Test der Hypothese der Gleichheit $\mu_1 = \mu_2$ auf Gleichheit der Mittelwerte μ_1 und μ_2 zweier Normalverteilungen mit Varianzen θ_1^2 und θ_2^2 auf

4.4. BOX-PLOTS

der Teststatistik
$$\frac{\bar{x}_1 - \bar{x}_2}{\sqrt{(\theta_1^2/n_1) + (\theta_2^2/n_2)}},$$
wobei $\bar{x}_i$ und n_i, das arithmetische Mittel bzw. der Stichprobenumfang der i-ten Verteilung ist, i=1,2. Für $\theta_1 = \theta_2$ wird die Hypothese zum 5% - Niveau angenommen, wenn
$$\left|\frac{\bar{x}_1 - \bar{x}_2}{\sqrt{2\sigma_{\bar{x}}^2}}\right| \leq 1.96$$
bzw. wenn
$$|\bar{x}_1 - \bar{x}_2| - 1.96 * \sqrt{2} * S_{\bar{x}} \leq 0.$$
Hier sei $\sigma_{\bar{x}}^2 = \dfrac{s^2}{n_1 + n_2}$ und s^2 die empirische Varianz aller Beobachtungen in beiden Grundgesamtheiten. In analoger Weise sei $\sigma_{\bar{x}_i} = \dfrac{s_i^2}{n}$ mit s_i^2 als empirischer Varianz des i-ten Datensatzes, i= 1,2. Sei etwa $\bar{x}_1 < \bar{x}_2$. Will man die Bandbreite $1.96 * \sqrt{2} * \sigma_{\bar{x}}$ hälftig auf Konfidenzgrenzen um $\bar{x}_1$ und $\bar{x}_2$ aufteilen, so erhält man die beiden Grenzen

$$\bar{x}_1 + \underbrace{\frac{1.96 * \sqrt{2}}{2}}_{1.39}\sigma_{\bar{x}}, \quad \bar{x}_2 + \underbrace{\frac{1.96 * \sqrt{2}}{2}}_{1.39}\sigma_{\bar{x}}.$$

Ist nun aber $\theta_1^2 >> \theta_2^2$ und auch $\sigma_{\bar{x}_1} >> \sigma_{\bar{x}_2}$, so lautet die Teststatistik näherungsweise
$$\frac{\bar{x}_1 - \bar{x}_2}{\sigma_{\bar{x}_1}}$$
und die Hypothese $\mu_1 = \mu_2$ wird angenommen, falls
$$|\bar{x}_1 - \bar{x}_2| - 1.96\,\sigma_{\bar{x}_1} \leq 0.$$

Die beiden obigen Fälle mit den Faktoren 1.39 bzw. 1.96 stellen Extremfälle dar. Einen Kompromiß liefert der Mittelwert aus beiden,
$$(1.39 + 1.96)/2 = 1.7.$$

Beim Box-Plot werden aber nicht die Mittelwerte, sondern die Mediane gezeichnet und anstelle der Standardabweichungen treten die H-spreads d_H. Nun gilt im Falle der Normalverteilung
$$\theta = d_H/1.349$$
und ebenfalls im Fall der Normalverteilung gilt für große n, daß die Varianz des Medians ungefähr dem $\dfrac{\pi}{2}$-fachen der Varianz des arithmetischen Mittels entspricht.
Dies zusammen ergibt für die "Konfidenzgrenzen"
$$Median \pm 1.7 \sqrt{\frac{\pi}{2}} \frac{d_H}{1.349} \frac{1}{\sqrt{n}} = Median \pm 1.58 \frac{d_H}{\sqrt{n}}.$$

Abbildung 4.10: Gekerbte Box-Plots zum Vergleich der Fakultäten der Universität Konstanz anhand der Gesamtpunktzahlen ihrer Studenten

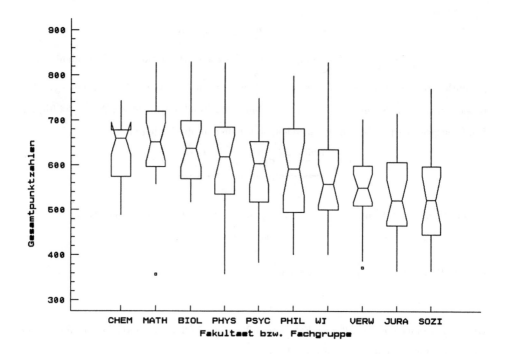

4.4. BOX-PLOTS

Beispiel 4.29 Die fakultätsspezifischen Verteilungen der Gesamtnoten sollen anhand von gekerbten Box-Plots auf unterschiedliche Mediane der Gesamtnoten untersucht werden. Aus der Abbildung 4.10 ist ersichtlich, daß sich beispielsweise die Einkerbungen der Box-Plots der Mathematiker nicht mit denen der Wirtschafts-, der Verwaltungs-, der Rechts- und Sozialwissenschaftler überschneiden. Daraus kann die etwa Aussage abgeleitet werden, daß die Mediane der Gesamtpunktzahlen aller Konstanzer Mathematikstudenten höher sind als diejenigen der Konstanzer Jura-Studenten. Die Wahrscheinlichkeit, daß diese auf der Grundlage zufällig erhobener Daten getroffene Aussage falsch ist, beträgt lediglich 5%. Dagegen kann anhand der Stichprobe nicht geschlossen werden, daß ein solcher Unterschied etwa zwischen den Studenten der Mathematischen und der Philosophischen Fakultät besteht. ⋈

4.5 Konzentration

Bei der Messung der Konzentration geht man von einem *extensiven* (sinnvoll summierbaren) Merkmal mit nicht negativen Ausprägungen aus und fragt, wie sich die Gesamtmerkmalssumme auf die Merkmalsträger aufteilt. Konzentration unterscheidet sich also von Streuung, die darüber Auskunft geben, wie sich die Untersuchungseinheiten auf auf die möglichen Merkmalsausprägungen verteilen. Typischerweise eignen sich Methoden zur Messung und zur Veranschaulichung der Konszentration bei den folgenden Fragestellungen:

(i) Wie verteilen sich Gesamtumsatz oder Beschäftigtenzahl eines Industriezweiges auf die einzelnen Industriebetriebe?

(ii) Wie verteilt sich das Gesamteinkommen (Gesamtvermögen) der Bevölkerung auf die Haushalte?

(iii) Wie verteilt sich die landwirtschaftliche Nutzfläche einer Region auf die einzelnen landwirtschaftlichen Betriebe?

(iv) Wie verteilt sich der Monatsumsatz einer Firma auf die einzelnen Artikel ihres Sortiments?

(v) Wie verteilen sich die Studienabgänger auf die Berufsgruppen (Wirtschaftzweige)?

Zur graphischen Veranschaulichung der Konzentration dient die *Lorenzkurve*. Aus ihr soll ablesbar sein, welcher Anteil an der Merkmalssumme $\sum_{j=1}^{n} x_j$ bzw. $\sum_{i=1}^{k} a_i n_i$ auf einen vorgegebenen Anteil α ($0 \leq \alpha \leq 1$) der Merkmalsträger mit den kleinsten Merkmalsausprägungen entfällt. An den Stellen $u_i = \dfrac{i}{n}$, $0 \leq i \leq n$, ist die *empirische Lorenzkurve* gegeben durch

$$L_n\left(\frac{i}{n}\right) = \begin{cases} 0 & , \ i = 0 \\ \dfrac{\sum_{j=1}^{i} x_{(j)}}{\sum_{j=1}^{n} x_{(j)}} = \dfrac{\frac{1}{n}\sum_{j=1}^{i} x_{(j)}}{\bar{x}} & , \ i = 1, \ldots, n \end{cases}$$

Zwischen den Punkten $u_i = i/n$ $i = 0, \ldots, n$ wird linear interpoliert. Bei gruppierten Daten definiert man entsprechend für

$$u_0 = 0 \ , \ u_i = \sum_{j=1}^{i} r_j \ , \ 1 \leq i \leq k \ \text{ und } \ a_1 < a_2 < \ldots < a_k$$

4.5. KONZENTRATION

$$L_n(u_i) = \begin{cases} 0 & , \ i = 0 \\ \dfrac{\frac{1}{n}\sum_{j=1}^{i} a_j n_j}{\bar{x}} & , \ i = 1, \ldots, k, \end{cases}$$

wobei mit a_i die Klassenmitten bezeichnet werden. Zwischen den Punkten $u_i, L_n(u_i)$ wird wiederum linear interpoliert. In manchen Fällen sind auch die Summen der Merkmalsausprägungen in den j-ten Klasse bekannt und können somit direkt anstelle von $a_j n_j$ eingesetzt werden. Eine Approximation durch die Klassenmitten erübrigt sich dann natürlich.

Die empirische Lorenzkurve hat folgende Eigenschaften:

(a) $L_n(0) = 0$, $L_n(1) = 1$ und L_n ist konvex im Intervall $[0, 1]$.

(b) $L_n(x) \leq x$ und für ein $x \in (0,1)$ gilt $L_n(x) = x$ genau dann, wenn $x_1 = x_2 = \ldots = x_n$ (keine Konzentration)

(c) Die Lorenzkurve für gruppierte Daten liegt stets oberhalb (höchstens auf) der Lorenzkurve für die ungruppierten Daten.

Zum Verständnis der Lorenzkurve und zur Definition eines Konzentrationsmaßes ist es nützlich, die beiden folgenden Grenzfälle zu betrachten.

- Wenn sich die Merkmalssumme gleichmäßig auf die Untersuchungseinheiten verteilt (d.h. $x_{(1)} = x_{(2)} = \cdots = x_{(n)}$), fällt wegen $L_n(i/n) = i/n$ die Lorenzkurve mit der Winkelhalbierenden zusammen. In diesem Fall liegt keine Konzentration vor, und ein geeignetes Konzentrationsmaß sollte den Wert Null annehmen.

- Fällt hingegen einer Untersuchungseinheit die gesamte Merkmalssumme zu, (d.h. $x_{(1)} = x_{(2)} = \cdots = x_{(n-1)} = 0$, $x_{(n)} > 0$), so gilt $L_n(i/n) = 0$, $i = 1, \ldots, n-1$, $L_n(1) = 1$. In diesem Falle extremer Konzentration sollte ein Konzentrationsmaß möglichst groß werden.

Es sind viele Maßzahlen zur Messung der Konzentration vorgeschlagen worden, von denen hier jedoch nur zwei vorgestellt werden. Für Vergleichszwecke kann jedes dimensionslose Streuungsmaß verwendet werden, also etwa der *Variationskoeffizient* $\sigma/\bar{x}$. Je kleiner die Streuung, desto geringer die Konzentration. Im Extremfall $x_1 = x_2 = \ldots = x_n$ ist $\sigma = 0$ (Konzentration Null, sogenannte *Einpunktverteilung*).

Das am häufigsten verwendete Konzentrationsmaß ist das sogenannte *Gini-Maß* (auch: *Lorenzsches Konzentrationsmaß*)

$$G := 2 \cdot \begin{pmatrix} \text{Fläche zwischen der Winkelhalbierenden} \\ \text{und der Lorenzkurve} \end{pmatrix}.$$

G kann Werte zwischen Null (keine Konzentration) und $\frac{n-1}{n}$ (maximale Konzentration) annehmen. Durch den Faktor 2 wird erreicht, daß für große n und maximale Konzentration ein Wert nahe 1 ausgewiesen wird. Ein Maß, das den Wertebereich [0, 1] ganz ausschöpft ist durch das *normierten Ginimaß*

$$G_* = \frac{n}{n-1}G$$

gegeben. Aus der obigen Festlegung folgt

$$G = 2\int_0^1 [x - L_n(x)]dx = 1 - 2\int_0^1 L_n(x)dx.$$

Da die Fläche unter der Verbindungslinie der Punkte $(\frac{i-1}{n}, L_n(\frac{i-1}{n}))$ und $(\frac{i}{n}, L_n(\frac{i}{n}))$ ein Trapez mit Höhe $1/n$, Grundfläche $L_n(\frac{i-1}{n})$ und Deckfläche $L_n(\frac{i}{n})$ ist, ergibt sich

$$\begin{aligned}
2\int_0^1 L_n(x)dx &= 2 \cdot \frac{1}{n}\left[\frac{L(0) + L(\frac{1}{n})}{2} + \frac{L(\frac{1}{n}) + L(\frac{2}{n})}{2} + \cdots + \frac{L(\frac{n-1}{n}) + L(1)}{2}\right] \\
&= \frac{2}{n}\left[\sum_{i=1}^n L(\frac{i}{n}) - \frac{1}{2}\right] \qquad (\text{denn } L(0) = 0 \text{ und } L(1) = 1) \\
&= \frac{2}{n}\left[\frac{1}{n\bar{x}}\sum_{i=1}^n \sum_{j=1}^i (x_{(j)}) - \frac{1}{2}\right] \\
&= \frac{2}{n}\left[\frac{1}{n}\frac{1}{\bar{x}}\sum_{i=1}^n (x_{(i)}(n+1-i)) - \frac{1}{2}\right] \\
&= \frac{1}{n\bar{x}}\left[\sum_{i=1}^n x_{(i)}(2 + \frac{1}{n} - \frac{2i}{n})\right],
\end{aligned}$$

und wegen $1 = \frac{\sum_{i=1}^n x_{(j)}}{n\bar{x}}$ ist

$$\begin{aligned}
G &= 1 - 2\int_0^1 L_n(x)dx \\
&= \frac{1}{\sum_{j=1}^n x_{(j)}} \cdot \sum_{i=1}^n \left(\frac{2i}{n} - \frac{1}{n} - 1\right) x_{(i)}
\end{aligned}$$

oder
$$G = \frac{1}{\sum_{j=1}^n x_{(j)}} \sum_{i=1}^n \left(\frac{2i}{n} - \frac{1}{n}\right) x_{(i)} \quad - 1.$$

4.5. KONZENTRATION

Eine entsprechende Überlegung liefert für gruppierte Daten die Berechnungsformel

$$G = \frac{\sum_{i=1}^{k}(u_{i-1}+u_i)a_{(i)}n_i}{\sum_{j=1}^{k} a_{(j)}n_j} - 1.$$

Aus der vorigen Eigenschaft (c) folgt, daß das Ginimaß für gruppierte Daten nicht größer als für ungruppierte Daten sein kann.

Abschließend werden einige Sonderprobleme der Konzentrationsmessung betrachtet.

(1) Beim zeitlichen Vergleich kann ein Ausscheiden von Merkmalsträgern aus der Gesamtheit (durch Verdrängung) zu einer 'statistischen' Verringerung der Konzentration führen. Man stelle sich die folgende fiktive Situation vor: Zum Zeitpunkt $t = 1$ gebe es 98 'kleine' und 2 sehr 'große' Unternehmen. Dies bedeutet eine hohe Konzentration. Zum Zeitpunkt $t = 2$ sind alle 98 'Kleinen' von den 2 'Großen' aufgekauft. Diese sind hinterher gleichgroß, welches zu einer Konzentration von Null führt. Um solche Fehlschlüße zu vermeiden, sollten ausgeschiedene Merkmalsträger mit Merkmalsausprägung Null weitergeführt werden.

(2) Sehr unterschiedliche Situationen können zum selben Ginimaß führen, wie die in Abbildung 4.11 skizzierte Situation verdeutlicht.

Abbildung 4.11: Zwei konstruierte Lorenzkurven

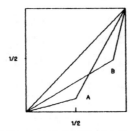

In der Situation A vereinigen 50 % der Merkmalsträger auf sich 13.3 % der Merkmalssumme. Dagegen besitzen in Situation B 13.3 % der Merkmalsträger einen Anteil von 50 % an der Merkmalssumme. Dennoch ergeben sich in beiden Situationen die gleichen Ginimaße ($G_A = G_B$).

Tabelle 4.25: Berechnung der Lorenzkurve und des Ginimaßes für die Verteilung der Hopfenerntemengen auf die deutschen Hopfenanbaugebiete 1979 und 1990

(a) 1979

i	Anbaugebiete	Erntemengen in [t] $x_{(i)}$	$\sum_{j=1}^{i} x_{(j)}$	i/n	Lorenzkurve $L(i/n)$	$\frac{2i-1}{n} x_{(i)}$
1	sonst. Gebiete	1 248	1 248	0.25	0.040	312
2	Spalt	1 344	2 592	0.5	0.084	1 008
3	Tettnang	1 612	4 205	0.75	0.136	2 015
4	Hallerstau	26 674	30 878	1.0	1.0	46 679.5
		30 878				50 014.5

Datenquelle: Statistisches Jahrbuch 1980 für die Bundesrepublik Deutschland, Hrsg.: Statistisches Bundesamt, Kohlhammer Verlag, Stuttgart, Mainz, Seite 147.

(b) 1990

i	Anbaugebiet	Erntemenge in [t] $x_{(i)}$	$\sum_{j=1}^{i} x_{(j)}$	i/n	Lorenzkurve $L(i/n)$	$\frac{2i-1}{n} x_{(i)}$
1	sonst. Gebiete	168	168	0.2	0.006	33.6
2	Spalt	855	1 023	0.4	0.037	513
3	Jura	1 169	2 192	0.6	0.079	1 169
4	Tettnang	1 852	4 044	0.8	0.146	2 592.8
5	Hallestau	23 580	27 624	1.0	1.0	42 444
		27 625				46752.4

Datenquelle: Statistische Jahrbücher 1980 und 1991 für die Bundesrepublik Deutschland, Hrsg.: Statistisches Bundesamt, Kohlhammer Verlag, Stuttgart, Mainz, Seite 147 bzw. Sete 167.

4.5. KONZENTRATION

Abbildung 4.12: Lorenzkurven zur Veranschaulichung der Konzentration der Hopfenerntemenge auf die deutschen Hopfenanbaugebiete

(a) 1979

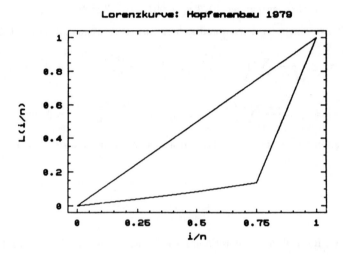

(b) 1990

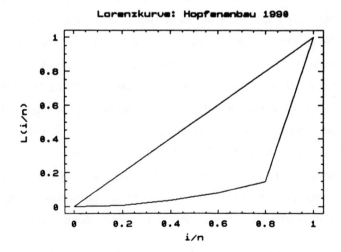

Beispiel 4.30 In den Statistischen Jahrbüchern 1980 und 1991 findet man Angaben zur Verteilung der gesamten bundesdeutschen Hopfenernte auf die wichtigsten Anbaugebiete. Die Tabellen 4.25 (a) und (b) enthalten die zur Berechnung der Lorenzkurve und des Ginimaßes wesentlichen Daten. Zur Lorenzkurve muß jeweils die sechste Spalte gegen die fünfte Spalte abgetragen werden. Die beiden Lorenzkurven sind in Abbildung 4.12 dargestellt. Sie zeugen von einer hohen Konzentration des Hopfenanbaus auf das Gebiet Hallerstau, deren Struktur 1990 sich nicht wesentlich gegenüber 1979 geändert hat. Zur Berechnung der Ginimaße werden die Spaltensummen der dritten und siebten Spalte verwendet. Damit erhält man

$$G_{1979} = \frac{1}{\sum_{j=1}^{4} x_{(j)}} \sum_{i=1}^{4} \left(\frac{2i}{4} - \frac{1}{4} \right) x_{(i)} - 1 = \frac{50\,014.5}{30\,878} - 1 = 0.6197 \text{ und}$$

$$G_{1990} = \frac{1}{\sum_{j=1}^{5} x_{(j)}} \sum_{i=1}^{5} \left(\frac{2i}{5} - \frac{1}{5} \right) x_{(i)} - 1 = \frac{46\,752.4}{27\,624} - 1 = 0.6925.$$

Die Ginimaße weisen wiederum auf ein hohe Konzentration hin, die sich von 1979 bis 1990 etwas erhöht hat. ⋈

Beispiel 4.31 Als Beispiel für die Berechnung von Lorenzkurve und Ginimaß im Falle gruppierter Daten dienen die Milchkuhbestände landwirtschaftlicher Betriebe. Die zum Zeichnen der Lorenzkurven erforderlichen Werte befinden sich jeweils in den Spalten 5 und 6 der Tabellen 4.26. Die zugehörigen Lorenzkurven sind in Abbildung 4.13 wiedergegeben. Berechnet man die Lorenzkurven direkt aus den Daten der Tabellen (a) und (b), so fällt auf, daß sich deren Aussehen nicht sehr unterscheidet. Ein Ablesebeispiel bestätigt dies: Im Jahre 1975 entfielen auf 62.4 % der Betriebe (mit den wenigsten Kühen) 30.2 % der Milchkühe, und im Jahre 1989 besaßen 67.6 % der Betriebe 37.3 % der Milchkühe. Die so dargestellte Konzentration spiegelt jedoch nicht die Entwicklung der landwirtschaftlichen Betriebe in den Jahren 1975 bis 1989 wieder. In dieser Zeit haben fast die Hälfte der Landwirte ihre Milchkühe abgeschafft oder den gesamten Betrieb stillgelegt. Berüchsichtigt man die Differenz der Anzahlen der Betriebe 1989 und 1975 mit der Anzahl von Null Kühen, so entsteht die in Abbildung 4.13 dargestellte Lorenzkurve, die eine erhebliche Vergrößerung der Konzentration aufzeigt.

Zur Berechnung der Ginimaße benögt man die Summen der vierten und siebten Spalten der Tabellen 4.26 und erhält

$$G_{(a)} = \frac{7618510.9}{5394.959} - 1 = 0.412,$$

4.5. KONZENTRATION

Tabelle 4.26: Berechnung der Lorenzkurven und Ginimaße für die Milchkuhhaltung in den landwirtschaftlichen Betrieben des früheren Bundesgebietes

(a) im Jahre 1975

i	Milchkuhbestand von ... bis ...	Anz. Betriebe n_i	Anz. Milchkühe in Tsd "$a_i n_i$"	u_i	$L(u_i)$	$(u_{i-1} + u_i) a_i n_i$
1	1 - 4	187539	478.733	0.328	0.089	157024.4
2	5 - 9	169543	1149.911	0.624	0.302	1094715.2
3	10-14	153402	2056.248	0.892	0.683	3117272.9
4	20-39	56017	1421.610	0.990	0.947	2675470
5	40 und mehr	5645	288.457	1.0	1.0	574029.4
		572146	5394.959			7618510.9

(b) im Jahre 1989 (Die seit 1975 ausgeschiedenen Betriebe finden keine Berücksichtigung)

i	Milchkuhbestand von ... bis ...	Anz. Betriebe n_i	Anz. Milchkühe in Tsd. "$a_i n_i$"	u_i	$L(u_i)$	$(u_{i-1} + u_i) a_i n_i$
1	1–4	48035	124.2	0.159	0.025	19.75
2	5–10	77811	580.4	0.416	0.141	333.73
3	11–19	78585	1157.9	0.676	0.373	1264.43
4	20–39	77332	2066.6	0.932	0.786	3323.09
5	40 und mehr	20445	1068.5	1.0	1.0	2064.34
		302208	4997.6			7005.34

(c) im Jahre 1989 (Die seit 1975 ausgeschiedenen Betriebe werden mit dem Milchkuhbestand "0" berücksichtigt.)

i	Milchkuhbestand von ... bis ...	Anz. Betriebe n_i	Anz. Milchkühe in Tsd. "$a_i n_i$"	u_i	$L(u_i)$	$(u_{i-1} + u_i) a_i n_i$
1	0	"269938"	0.0	0.472	0.0	0.0
2	1–4	48035	124.2	0.556	0.025	127.68
3	5–10	77811	580.4	0.692	0.141	724.34
4	11–19	78585	1157.9	0.829	0.373	1761.17
5	20–39	77332	2066.6	0.964	0.786	3705.41
6	40 und mehr	20445	1068.5	1.0	1.0	2098.53
		572146	4997.6			8417.13

Datenquelle zu (a): Statistisches Bundesamt: Fachserie 3, Land- und Forstwirtschat, Fischerei, Reihe 1 Ausgewählte Zahlen für die Agrarwirtschaft 1976, S. 95 Datenquelle zu (b) und (c): Statistische Jahrbuch 1991 für die Bundesrepublik Deutschland, Hrsg.: Statistisches Bundesamt, Kohlhammer Verlag, Stuttgart, Mainz, Seite 160.

Abbildung 4.13: Lorenzkurven für die Milchkuhhaltung in den landwirtschaftlichen Betrieben des früheren Bundesgebietes

(a) im Jahre 1975

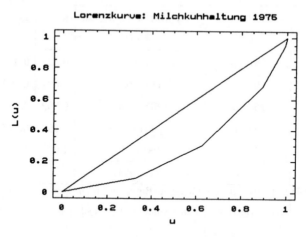

(b) im Jahre 1989 (Die seit 1975 ausgeschiedenen Betriebe finden keine Berücksichtigung)

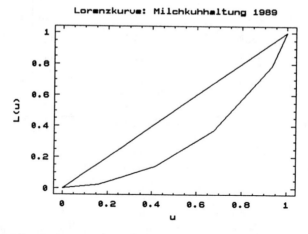

(c) im Jahre 1989 (Die seit 1975 ausgeschiedenen Betriebe werden mit dem Milchkuhbestand "0" berücksichtigt.)

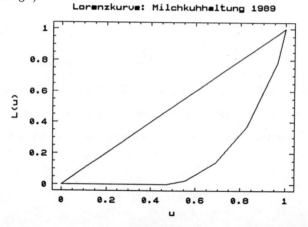

4.5. KONZENTRATION

$$G_{(b)} = \frac{7005.34}{4997.6} - 1 = 0.4017 \text{ und}$$

$$G_{(c)} = \frac{841713}{4997.6} - 1 = 0.6842.$$

Die Ginimaße bestätigen wiederum, daß sich die tatsächliche Konzentrationsänderung nur dann meßbar ist, wenn die ausgeschiedenen Betriebe mit dem Bestand Null weitergeführt werden. ⋈

Kapitel 5

Transformation von Daten

Allgemein ist eine Transformation eine Abbildung

$$T : \mathbb{R} \longrightarrow \mathbb{R},$$
$$x_i \longrightarrow T(x_i).$$

In diesem Sinne ist jede Klassenbildung oder Kategorisierung von Daten eine Transformation.

Es gibt verschiedene Gründe, die es nützlich erscheinen lassen, bei gewissen Datensätzen zur Erhöhung der Information von graphischen Darstellungen und von Buchstabenwerte-Zusammenstellungen, geeignete Transformationen der Beobachtungswerte vorzunehmen. Unterschiedliche Lage– und Skalenniveaus können häufig den Vergleich von Datensätzen erschweren. Ist M ein geeigneter Lageparameter und $S > 0$ ein dazu passender Streuungsparameter, so werden solche Lage- und Skalenunterschiede durch Lineartransformationen der Art

$$y_i = T(x_i) = (x_i - M)/S, \tag{5.1}$$

die man als *Standardisierung* bezeichnet, ausgeglichen.

Solche Lineartransformationen ändern jedoch die Form der Verteilung selbst nicht. Asymmetrische Verteilungen bleiben asymmetrisch, Ausreißer (die etwa auf einer Seite der Verteilung gehäuft auftreten) bleiben Ausreißer. Will man die Form der Verteilungen ändern, so muß nach anderen (nichtlinearen) Möglichkeiten der Transformation gesucht werden. Gründe für die Durchführung einer Transformation können sein:

1. die Erleichterung einer sachbezogenen Interpretation,

2. die Erhöhung der Symmetrie der Verteilung eines Datensatzes,

3. die Stabilisierung der Varianz beim Vergleich mehrerer Datensätze oder

4. die "Linearisierung" von Beziehungen zwischen zwei Datensätzen.

Auf den unter 4. genannten Gesichtspunkt wird später im Kapitel 9.2. eingegangen. Im hier folgenden werden vor allem die unter 1. bis 3. aufgeführten Aspekte behandelt.

5.1 Transformationen zur Erhöhung der Interpretierbarkeit

Datentransformationen führen zu einer anderen Art der Informationsübertragung, die in manchen Fällen leichter oder natürlicher interpretierbar ist. Dies hängt vom jeweiligen Sachverhalt ab und erfordert einschlägige Sachkenntnisse. Hier sollen einige Beispiele erwähnt werden.

1. In den USA werden die Temperaturen in Grad Fahrenheit (F) gemessen. In der Wissenschaft ist man auch dort längst zur Messung in Grad Celsius (C) übergegangen, da dort der Nullpunkt und der 100°C-Punkt eine natürliche Interpretation als Gefrierpunkt bzw. Siedepunkt des Wassers zulassen. Die zugehörige Transformation

$$C = \frac{5}{9}(F - 32)$$

   ist linear.

2. Die Wirtschaftlichkeit eines PKW wird in den angelsächsischen Ländern durch die sogenannte

$$\text{mileage} = \text{miles per gallon}$$

   beurteilt. Will man die amerikanischen Messungen in die bei uns übliche Verbrauchsangabe

$$\text{Vebrauch} = \text{Liter je 100 km}$$

   umrechnen, so führt dies zu einer Transformation

$$y_i = c \frac{1}{x_i}$$

   mit der Konstanten $c = \frac{4.4046}{1.60934} \times 100 \left[\frac{Liter}{Gallon}\right]\left[\frac{Mile}{100km}\right]$.

3. Bei biologischen Populationen, die keinen Nahrungs- oder räumlichen Restriktionen unterliegen, ist häufig die Annahme gerechtfertigt, daß die Veränderung der Population $\frac{\Delta P}{\Delta t}$ in der Zeitspanne Δt bzw. die Ableitung $\frac{dP}{dt}$ proportional zum Bestand P der Population ist, d.h.

$$\frac{\Delta P}{\Delta t} = r \cdot P \quad \text{bzw.} \quad \frac{dP}{dt} = r \cdot P.$$

Aus einem solchen Modell mit konstanter Wachstumsrate r resultiert ein exponentielles Wachstum

$$P_t = P_0 (1 + c)^t \quad \text{bzw.} \quad P_t = P_0 \, e^{ct}.$$

In diesem Fall ergeben die Logarithmen der Populationsbestände P_t eine lineare Funktion der Zeit. Log-Transformationen sind auch bei humanen Populationen und wirtschaftlichen Wachstumsuntersuchungen sehr beliebt.

4. Bei der Säuremessung wird im Labor die Konzentration der freien Wasserstoffionen in einer Lösung ermittelt. Konzentrationen sind Anteilswerte, liegen also zwischen 0 und 1. Je höher die Konzentration x_i, desto saurer die Lösung i. Wegen der besseren Interpretierbarkeit wird jedoch nicht die Messung x der Wasserstoffionenkonzentration, sondern deren negativer dekadischer Logarithmus, der sogenannte pH-Wert (potentio Hydrogenii)

$$pH \;=\; -\log_{10}(x)$$

angegeben. Einem Anteilwert von $x = 10^{-7}$ entspricht also der pH-Wert 7.

Nicht immer liefert eine Datentransformation eine bequeme Interpretation. Dennoch kann eine solche Transformation manchmal nützlich sein. So kann es sinnvoll sein, etwa die Werte $y_i = \frac{-1}{\sqrt{x_i}}$ zu betrachten, obwohl keine physikalische Interpretation damit verbunden ist.

5.2 Potenztransformationen

Eine Art der Transformation zur Änderung der Form einer Verteilung, die sich besonders bei Bestands- oder Zähldaten bewährt hat, ist die sogenannte Potenztransformation. Sie ist für ein Merkmal mit positiven Ausprägungen in der Form

$$T_p(x) := \begin{cases} ax^p + b & , p \neq 0 \\ c \log x + d & , p = 0 \end{cases} \tag{5.2}$$

Tabelle 5.1: Leiter der Potenzen

p	Transformation	Name	Bemerkungen
$\vdots$	$\vdots$	$\vdots$	
3	x^3	kubisch	
2	x^2	Quadrat	
1	x	"Roh"daten	keine Transformation
$\frac{1}{2}$	$\sqrt{x}$	Quadratwurzel	Eine häufig verwendete Transformation
0	$\log x$	Logarithmen	sehr oft verwendet
$-\frac{1}{2}$	$-\frac{1}{\sqrt{x}}$	reziproke Wurzel	Das Minuszeichen erhält die Ordnung der Daten
-1	$-\frac{1}{x}$	reziprok	"
-2	$-\frac{1}{x^2}$	reziproke Quadrate	"
$\vdots$	$\vdots$	$\vdots$	"

definiert, wobei $a, b, c, d \in \mathbb{R}$ und $\text{sign}(a) = \text{sign}(p)$.

Potenztransformationen haben folgende wünschenswerte Eigenschaften:

(1) $T_p'(x) = a \cdot p \cdot x^{p-1} > 0$ für $x > 0$. Wegen $\text{sign}(a) = \text{sign}(p)$ ist T streng monoton wachsend (auf $\mathbb{R}_+$). Damit erhält die Transformation die Ordnung der Daten, d.h.

$$\text{aus } x_i < x_j \text{ folgt } T_p(x_i) < T_p(x_j)$$

(2) Als Folgerung aus (1) werden Buchstabenwerte der Ausgangsdaten mit ganzzahliger Tiefe in dieselben Buchstabenwerte der transformierten Daten überführt, d.h.

$$T(M(x_1, \ldots, x_n)) = M(T(x_1), \ldots, T(x_n))$$
$$T(H(x_1, \ldots, x_n)) = H(T(x_1), \ldots, T(x_n)) \quad \text{etc.}$$

Bei Buchstabenwerten mit gebrochenen Tiefen, die durch Mittelwertbildung aus zwei benachbarten Beobachtungswerten entstehen, trifft diese Aussage natürlich nicht mehr genau zu (es sei denn, es liegt eine Bindung vor).

(3) Die Abbildung $T_p : \mathbb{R}_+ \to \mathbb{R}$ ist stetig, d.h. zwei Punkte, die im Ausgangsdatensatz nahe beieinander liegen, liegen auch im transformierten Datensatz nahe beieinander.

(4) Die Abbildungen T_p sind glatt, d.h. sie besitzen Ableitungen beliebiger Ordnung.

5.2. POTENZTRANSFORMATIONEN

Abbildung 5.1: Potenzfunktionen $\tilde{T}_p$ für einige Werte von p

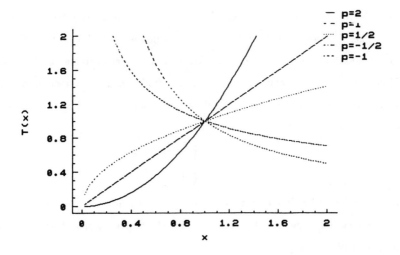

Abbildung 5.2: Potenzfunktionen T_p^* für einige Werte von p

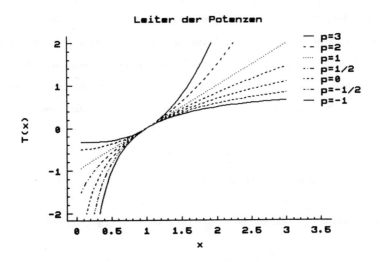

(5) Die Abbildungen T_p sind einfache Funktionen, die leicht zu berechnen sind. Die einfachste Art der Datentransformation erhält man durch die Wahl $a = sign(p)$, $c = 1$ und $b = d = 0$:

$$\tilde{T}_p(x) := \begin{cases} x^p, & p > 0 \\ \log x, & p = 0 \\ -x^p, & p < 0 \end{cases} \quad (5.3)$$

Eine Tabelle dieser Funktionen $\tilde{T}_p$, angeordnet nach fallenden p-Werten, nennt Tukey *Leiter der Potenzen*. (vgl. Tabelle 5.1). Abbildung 5.1 beinhaltet die Graphen von Potenzfunktionen $\tilde{T}_p$ für ausgewählte Werte von p. Betrachtet man die Potenztransformationen als eine Familie mathematischer Funktionen mit verwandten Eigenschaften, dann eignet sich besonders die Parameterwahl $a = \frac{1}{p}$, $b = -\frac{1}{p}$ für $p \neq 0$ und $c = 1$, $d = 0$ für $p = 0$:

$$T_p^*(x) := \begin{cases} \frac{x^p - 1}{p}, & p \neq 0 \\ \ln x, & p = 0 \end{cases} \quad (5.4)$$

Die Transformation $\ln x$ ergibt sich aus $\frac{x^p-1}{p}$ durch den Grenzübergang $p \to 0$ und Anwendung der Regel von de l'Hospital. In Abbildung 5.2 sind Transformationen T_p^* für einige Werte von p dargestellt.

Zu einer von (5.3) und (5.4) abweichenden Wahl der Parameter kommt man beim '*Matching*', auf das in Kapitel 5.5 eingegangen wird.

(6) Alle gemäß (5.2) definierten Funktionen T_p sind konvex für $p \geq 1$ und konkav für $p \leq 1$ für alle $x \in \mathbb{R}$. Es gibt keinen Wendepunkt. Deshalb wird die Verteilung der Ursprungsdaten im Fall $p < 1$ für große Daten x zusammengepreßt und für kleine x auseinandergezogen. Ist $p > 1$, so werden die Daten für große x weiter auseinandergezogen und für kleine x zusammengepreßt. Kompliziertere Formveränderungen sind nicht möglich, wie etwa das Ausstrecken beider Verteilungsschwänze und ein Zusammendrücken des mittleren Bereichs. Eine Transformation, die dies bewerkstelligt, wäre etwa

$$T_{p;m}(x) = (x - m)^p$$

mit $p > 1$ und einem mittleren Wert m.

Die Parameterwahl in (5.4) hat zur Folge, daß für alle $T_p^* \in \{T_p^* | p \in R\}$ gilt

$$T_p^*(1) = 0 \quad \text{und} \quad T_p^{*'}(1) = 1,$$

d.h. alle Funktionen gehen durch den Punkt (1,0) und haben dort die Steigung 1. Man nennt Funktionen mit dieser Eigenschaft *in diesem Punkt angepaßt* (*matched*).

In der Leiter der Potenzen wird eine Transformation als umso stärker bezeichnet, je weiter sie von der Identität $T(x) = x$ entfernt ist, d.h. je grösser $|p-1|$ ist. Dies hat etwas mit der Stärke der Krümmung zu tun. Mathematisch definiert man als Krümmung eines Kreises $K = \frac{1}{Radius}$. Für eine beliebige glatte Kurve nimmt man als Krümmung $K(x)$ an einer Stelle (x,y) den Kehrwert des Radius des größtmöglichen Kreises, der sich an dieser Stelle an die Kurve anschmiegen läßt. Die Ausführung dieses Gedankens führt zu der Krümmungsformel

$$K_f(x) = \frac{|f''(x)|}{[1+(f'(x))^2]^{\frac{3}{2}}}.$$

Für die Funktionen $T_p^*(x)$ ist $T_p^{*'}(x) = x^{p-1}$ und $T_p^{*''}(x) = (p-1)x^{p-2}$, also

$$K_{T_p^*}(x) = \frac{|p-1|x^{p-2}}{[1+x^{2p-2}]^{\frac{3}{2}}}.$$

Speziell für $x = 1$ ist die Krümmung $K(1) = \frac{|p-1|}{2^{\frac{3}{2}}}$, d.h. in (1,0) ist die Krümmung proportional zu $|p-1|$. Vom Standpunkt der Krümmung führen also die Potenzen $\cdots, -2, \frac{-3}{2}, -1, \frac{-1}{2}, 0, \frac{1}{2}, 1, \frac{3}{2}, 2, \cdots$ zu einer äquidistanten Skalierung der Leiter der Potenzen.

Potenztransformationen setzen voraus, daß alle Beobachtungswerte x_i positiv sind. Treten auch negative Werte auf, dann kann dies beseitigt werden, indem eine Konstante zu den Beobachtungen hinzuaddiert wird, bevor die Potenztransformation durchgeführt wird. Jedenfalls sollte in

$$T_{p,m}^* := \begin{cases} \frac{(x+m)^p}{p}, & p \neq 0 \\ \ln(x+m), & p = 0 \end{cases} \quad (5.5)$$

m "klein" sein im Verhältnis zur Größenordnung der meisten Beobachtungen x_i. Die Addition einer solchen Konstanten m kann auch bei Transformationen mit $p \leq 0$ angebracht sein, wenn bei "kleinen" Meßwerten (nahe Null) sonst sehr starke Verstärkungen auftreten würden. Die Formel (5.5) ist in der Literatur als *BOX-COX-Transformation* bekannt.

5.3 Transformationen zur Erhöhung der Symmetrie

Nach Tukey sind symmetrische Verteilungen einfacher zu interpretieren, mitzuteilen und zu vergleichen. Schiefe Verteilungen können zu bewußten oder unbewußten Mißinterpretationen führen. So fallen bekanntlich bei symmetrischen Verteilungen die Lagemaße Modus, Median und arithmetisches Mittel zusammen und stimmen auch mit allen Midsummaries überein. Bei schiefen Verteilungen fallen sie auseinander und können so zu Irreführungen benutzt werden. So wurden beispielsweise für den Milchkuhbestand in landwirtschaftlichen Betrieben mit dem arithmetischen Mittel $\bar{x} = 17.3$, dem Median $\tilde{x}_{0.5} = 13.408$ und dem Modus $\bar{x}_M = 7.5$ drei unterschiedliche Lageparameter berechnet. Die damit verbundenen Aussagen

"Die meisten Betriebe besitzen zwischen 7 und 8 Kühe.",

"Es gibt genauso viele Betriebe, die mehr als 13 Kühe halten wie es solche gibt, die weniger als 14 Kühe besitzen." und

"Die Landwirtschaftsbetriebe besitzten durchschnittlich zwischen 17 und 18 Kühe."

drücken alle etwas anderes aus. Will man nun die Lage zweier solcher Verteilungen vergleichen, kann dies zu durchaus unterschiedlichen Ergebnissen führen, je nach dem, welcher Lageparameter benutzt wird.

Wie in Abschnitt 4.3 behandelt, kommt die Schiefe einer Verteilung durch einen Trend in den Midsummaries der Letter-Values zum Ausdruck. Die Eigenschaft (6) hat zur Folge, daß durch die Anwendung einer Potenztransformation mit $p < 1$ ($p > 1$) auf einen rechtsschiefen (linksschiefen) Datensatz eine Verteilung entsteht, die "symmetrischer" als die der ursprünglichen Daten ist. Inwieweit die Transformation zu mehr Symmetrie geführt hat, kann wiederum anhand der Midsummaries der transformierten Daten festgestellt werden. Um die Art der Transformation festzulegen, genügt es, die Letter-Values zu transformieren, soweit sie eine ganzzahlige Tiefe haben. Bei einer gebrochenen Tiefe transformiert man die beiden benachbarten Werte. Daraus können dann die neuen Midsummaries und Streuungen berechnet werden. In der Praxis werden für p meist nur Werte der Art $x.0$ oder $x.5$ verwendet.

Zur Ermittlung einer geeigneten Potenz p für die Transformation schlagen Hoaglin, Mosteller und Tukey (1982) einen *Transformationsplot* vor, zu dessen Darstellung die Bezeichnung M für den Median und Q_u bzw. Q_o für den unteren bzw. den oberen Wert des Letter-Values Q (Q = H, E, D, $\cdots$) verwendet wird.

5.3. TRANSFORMATIONEN ZUR ERHÖHUNG DER SYMMETRIE

Tabelle 5.2: Plot zur Transformation der Erdöldaten auf Symmetrie

Q	mid(Q)	$\xi = \frac{(Q_u-M)^2+(Q_o-M)^2}{4M}$	$\eta = mid(Q) - M$	η/ξ	Wert für p
M	41.5	0	0	-	-
H	62.5	35.28	24	0.68	0.32
E	111.9	187.78	70.4	0.37	0.63
D	230.5	1024.18	188.98	0.18	0.82

In einem solchen Transformationsplot werden die Punkte (ξ, η) mit den Abszissenwerten

$$\xi = \frac{(Q_u - M)^2 + (Q_o - M)^2}{4M}$$

und den Ordinatenwerten

$$\eta = \frac{Q_u + Q_o}{2} - M = \text{Mid}(Q) - M$$

abgetragen. Ist der resultierende Graph ungefähr linear, dann erhält man die gesuchte Potenz aus

$$p = 1 - \text{Steigung des Transformationsplots}$$

Dieser Ansatz liefert eine gute erste Näherung für eine geeignete Transformation. Die therotische Begründung hierfür wird im Abschnitt 5.6 nachgeliefert.

Bei einer symmetrischen Verteilung gilt $\eta = 0$ für alle Letter-Values, also $0 = \alpha = 1 - p$ d.h. $p = 1$. Die Abzissenwerte ξ sind nichtabnehmend für $Q = H, E, D, \ldots$. Dies bedeutet, daß wachsende Midsummaries zu positiver Steigung $\alpha > 0$ (also zu $p < 1$) führen, und daß abnehmende Midsummaries zu $\alpha < 0$ (also $p > 1$) führen. Zur Ermittlung der Steigung α des Transformationsplots wird eine resistente Linie durch den Ursprung eingezeichnet. Liegen die Werte (ξ, η) nicht auf einer Geraden, dann kommt es bei der Wahl von p darauf an, ob mehr Wert auf Symmetrie im mittleren Datenbereich oder in den Schwänzen gelegt wird.

Beispiel 5.1 Die Verteilung der Daten zur Ergiebigkeit einer Erdölprovinz, die in Tabelle 3.13 aufgeführt sind, ist rechtsschief, wie man anhand des Stem-&-Leaf-Diagramms (vgl. Abbildung 3.25) und anhand des Box-Plots in Abbildung 5.3 (a) ersehen kann. Zur Symmetrisierung rechtschiefer Verteilungen ist wegen (6) eine Transformation mit $p < 1$ geeignet. Eine Möglichkeit besteht nun darin aus der Leiter der Potenzen geeignete Werte (hier $p = 0.5, 0.0, -0.5 \ldots$) auszuwählen und anhand der Midsummaries oder der Box-Plots eine

Abbildung 5.3: Box-Plots der Ergiebigkeit von Erdölfeldern und der transformierten Daten

(a) Box-Plot der Originaldaten

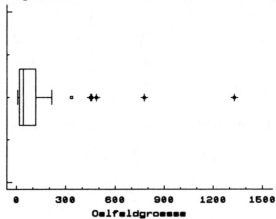

(b) Box-Plot der Quadratwurzeln der Originaldaten

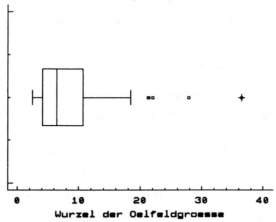

(c) Box-Plot des Logarithmus der Originaldaten

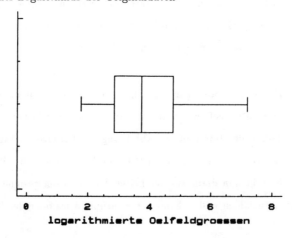

Abbildung 5.4: Transformations-Plot für die Ergiebigkeit von Erdölfeldern

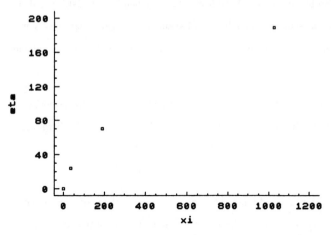

Entscheidung zu treffen. Zum Bestimmen einer geeigneten Tranformation kann jedoch auch der oben vorgeschlagene Transformationsplot verwendet werden. In Tabelle 5.2 sind die Wertepaare (ξ, η), die Midsummaries und Quotienten η/ξ sowie die sich daraus ergebenen Werte für $p = 1 - \eta/\xi$ eingetragen. Der zugehörige Transformationsplot ist in Abbildung 5.4 wiedergegeben. Die in der Tabelle aufgeführten Werten legen eine Transformation mit $p = 0.5$ für den zentralen Bereich bzw. eine logarithmische Transformation für die Außenbereiche nahe. Nach der Wurzeltransformation erhält man die Midsummaries $M = 6.44$, mid(H) $= 7.40$, mid(E) $= 8.81$ und mid(D) $= 12.09$ und nach der logarithmischen Transformation $M = 3.73$, mid(H) $= 3.78$, mid(E) $= 3.77$ und mid(D) $= 4.12$. Die Midsummaries sprechen also für die Wahl einer logarithmischen Transformatin. Dieselben Schlußfolgerungen ergeben sich, wenn man die in Abbildung 5.3 (b) und (c) dargestellten Box-Plots nach den Transformationen $\tilde{T}_{0.5}$ und $\tilde{T}_0$ betrachtet. Somit ist hier eine logarithmische Transformation der Daten sinnvoll. In weitergehenden Erklärungsmodellen (etwa solchen mit zusätzlichen Einflußgrößen) sollte man also eine logarithmische Transformation in Erwägung ziehen. ⋈

5.4 Stabilisierung der Varianz mehrerer Datensätze

Bei Bestands- und Zähldaten nehmen die Streuungen oft mit zunehmenden Lageparametern zu. Sollen die Lageparameter von N Datensätzen miteinander verglichen werden, so wirken sich diese Streuungsunterschiede als störend aus. Dies gilt sowohl für die visuelle Darstellung als auch für Vergleiche, die auf Verfahren der schließenden Statistik beruhen. (So gehen etwa Methoden zur klassischen Einfachklassifikation in der Varianzanalyse von konstanten Varianzen in den einzelnen Klassen aus, und es werden lediglich unterschiedliche Lageparameter unterstellt.)

Es wird nun eine Potenztransformation derart angegeben, daß die transformierten Datensätze in etwa konstante Streuungen haben. Unterstellt man, daß die Streuung (hier die Hinge-Spread d_H) über

$$d_H = d_H(M) = k \cdot M^\alpha. \tag{5.6}$$

von der Lage (hier dem Median M) abhängt, so erhält man den sogenannten *Streuungs-Niveau-Plot* (*spread-versus-level-plot*), in welchen für die Datensätze $1, 2, \ldots, N$ (mit Medianen M_i und H-spreads d_{H_i}) die Abzissen- und Ordinatenwerte

$$\xi_i = \ln M_i, \quad \text{bzw.} \quad \eta_i = \ln d_{H_i}$$

eingetragen werden. Ist α die Neigung einer resistenten Geraden, so erhält man $p = 1 - \alpha$ als Vorschlag für die geeignete Potenz. Die technischen Überlegungen, mit denen diese Vorgehensweise begründet werden kann, sind im Kapitel 5.6 enthalten.

Beispiel 5.2 Ein Vergleich der länderspezifischen Verteilungen der 20 größten Firmen aus 13 europäischen Ländern, die in den Tabellen 4.12 bis 4.24 aufgeführt sind, wird durch die sehr unterschiedlichen Streuungen erheblich erschwert. Wie man anhand der Box-Plots in der Abbildung 4.9 erkennen kann, nimmt die Streuung mit wachsendem Lageparameter zu. In dieser Situation ist eine Potenztransformation der Daten zur Stabilisierung der Varianz sinnvoll. In Abbildung 5.5 ist der Streuungsniveau-Plot dieser Datensätze enthalten, wobei in Bild (b) die Punkte mit einer Länderkennung versehen sind. In das Koordinatensystem (a) ist zusätzlich die Winkelhalbierende eingetragen. Da die Daten durch diese Gerade schon gut angepaßt werden, ist eine geeignete Transformation durch $p = 1 - \alpha = 0$ gegeben. Daß die logarithmische Transformation zu einer Stabilisierung der Varianzen führt, demonstrieren die Box-Plots in Abbildung 5.6. Dadurch, daß nun die Varianzen der länderspezifischen Verteilungen in etwa dieselbe Größenordnung aufweisen, wird der Blick auf die Lageunterschiede gelenkt. Auch hier sind also die logarithmierten Daten besser zu analysieren. ⋈

5.4. STABILISIERUNG DER VARIANZ MEHRERER DATENSÄTZE

Abbildung 5.5: Streuungs-Niveau-Plot für die Umsätze der 20 größten Firmen in 13 europäischen Staaten

(a) mit eingezeichneter Winkelhalbierende

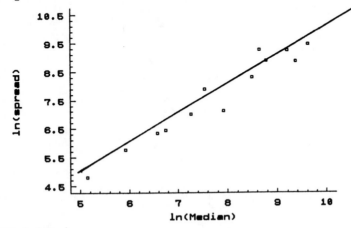

(b) mit Länderkürzeln

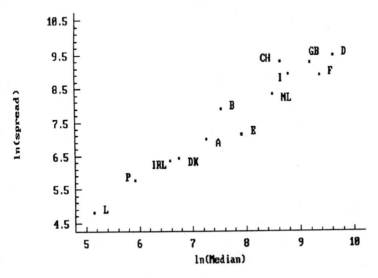

Abbildung 5.6: Box-Plots für die logarithmierten Umsätze der 20 größten Firmen in 13 europäischen Staaten

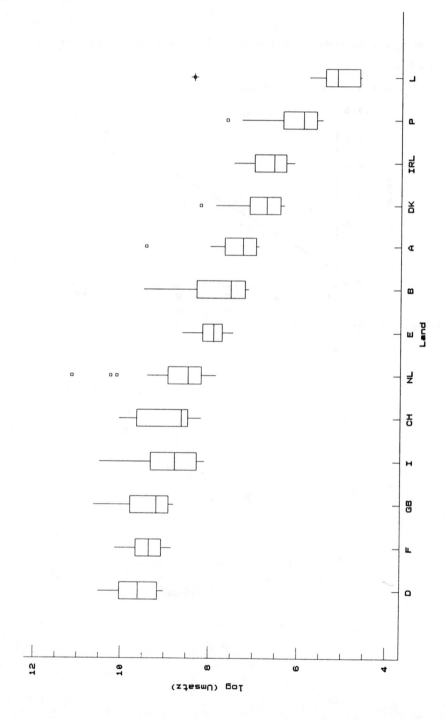

5.5 Angepaßte Transformationen (Matched Transformations)

In (5.2) ist die allgemeine Form der Potenztransformation $T_p(x)$ eingeführt worden. Die spezielle Wahl $a = \frac{1}{p}$ und $b = \frac{-1}{p}$ ($c = 1$, $d = 0$) führte zu der Familie T_p^*. Nach Durchführung der Transformation $\tilde{T}_p(x)$ werden die transformierten Daten im allgemeinen ein gegenüber den Ursprungsdaten sehr verschiedenes Aussehen haben. Im mittleren Datenbereich können die transformierten Daten $y_i = \tilde{T}_p(x_i)$ sehr gut durch eine Lineartransformation der Ausgangsdaten approximiert werden. Die Idee des matching" besteht darin, in der erneuten (Linear-) Transformation

$$z = a\tilde{T}_p(x) + b$$

die Parameter a und b so zu wählen, daß die transformierten Daten z_i, zumindest im mittleren Bereich, den Ausgangsdaten möglichst nahe kommen. Die beiden freien Parameter a und b sollen nun so bestimmt werden, daß dieses Ziel möglichst gut erreicht wird. Man könnte etwa fordern, daß für zwei ausgewählte Punkte x_i und x_j $z_i = x_i$ und $z_j = x_j$ gilt. Dem dürfte jedoch eine Parameterwahl vorzuziehen sein, bei der für *einen* zentralen Punkt x_0

$$z_0 = x_0 \quad \text{und} \quad \frac{dz}{dx} = 1 \text{ für } x = x_0$$

gilt. Damit kommt die Transformation in der Nähe des zentralen Punktes einer Lineartransformation nahe. Mit dieser Überlegung ist

$$\begin{aligned} b &= x_0 - a\tilde{T}_p(x_0) \\ \left.\frac{dz}{dx}\right|_{x=x_0} &= a\tilde{T}_p'(x_0) = 1, \end{aligned}$$

also

$$a = \frac{1}{\tilde{T}_p'(x_0)}$$

und

$$b = x_0 - \frac{\tilde{T}_p(x_0)}{\tilde{T}_p'(x_0)},$$

woraus

$$z = x_0 + \frac{\tilde{T}_p(x) - \tilde{T}_p(x_0)}{\tilde{T}_p'(x_0)}$$

resultiert. Daraus erhält man

$$z = \begin{cases} x_0 + \frac{1}{p}\frac{x^p - x_0^p}{x_0^{p-1}}, & p \neq 0 \\ x_0[1 + \log(\frac{x}{x_0})], & p = 0. \end{cases} \qquad (5.7)$$

Abbildung 5.7: Box-Plots für die Daten zur Ergiebigkeit einer Ölprovinz nach logarithmischer Transformation und Matching

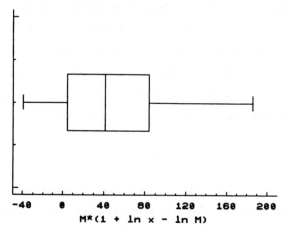

Für x_0 empfiehlt es sich, den Median der Ausgangsdaten zu wählen.

Dieses Matching" kann wie folgt beurteilt werden:

- Der größte Teil der Daten sieht nach der Transformation ähnlich aus wie die Originaldaten. Nur bei extremen Beobachtungen treten wesentliche Veränderungen ein.

- Das Matching betont die durch die Transformation verursachten Änderungen.

- Durch Matching kann die Wirkung verschiedener Transformationen miteinander verglichen werden.

- Zu beachten ist, daß durch die Lineartransformation auch negative Werte auftreten können.

Beispiel 5.3 In Beispiel 5.1 wurden die Verteilung der Daten zur Ergiebigkeit einer Ölprovinz durch eine logarithmische Transformation symmetrisiert. Die transformierten Werte nehmen dann Werte zwischen 2 und 8 an, wohingegen die Mehrzahl der Originaldaten zwischen 0 und 200 liegen. Damit das Gros der transformierten Daten in etwa im gleichen Bereich wie die Originaldaten liegt, empfiehlt sich die hier behandelte Technik des Matching. Man wähle $x_0 = M = 41.5$ und transformiere die Daten entsprechend der Vorschrift 5.7. So erhält man einen Datensatz, dessen Box-Plot in Abbildung 5.7 dargestellt ist. Dieser hat dieselbe Struktur wie der Box-Plot der logarithmierten Daten (vgl. Abbildung 5.3), liegt aber im wesentlichen im Datenbereich der Originaldaten. Ein Nachteil des Matching ist, daß hier auch negative Werte auftreten. ⊠

5.6 *** Herleitungen von Transformationsplots

Transformationsplot zur Symmetrisierung

Nach der Transformation $T_p : (x_1, \ldots, x_n)' \to (x_1^p, \ldots, x_n^p)'$ sind mit guter Näherung Q_u^p, M^p, Q_o^p die transformierten Buchstabenwerte. Ist der transformierte Datensatz symmetrisch, dann gilt

$$Q_o^p - M^p = M^p - Q_u^p$$

oder

$$M^p = \frac{Q_o^p + Q_u^p}{2} = Mid(Q^p). \tag{5.8}$$

Für $p \neq 0$ erhalten wir durch eine Taylorentwicklung von T_p um M bis zum zweiten Glied

$$Q_o^p \approx M^p + pM^{p-1}(Q_o - M) + \frac{p(p-1)}{2}M^{p-2}(Q_o - M)^2$$

bzw.

$$Q_u^p \approx M^p + pM^{p-1}(Q_u - M) + \frac{p(p-1)}{2}M^{p-2}(Q_u - M)^2$$

Einsetzen dieser Relationen in (5.8) ergibt

$$M^p \approx \frac{1}{2}\{2M^p + pM^{p-1}(Q_o + Q_u - 2M) + \frac{p(p-1)}{2}M^{p-2}[(Q_o - M)^2 + (Q_u - M)^2]\}$$

oder

$$M(Q_o + Q_u - 2M) + \frac{p-1}{2}[(Q_o - M)^2 + (Q_u - M)^2] \approx 0,$$

woraus schließlich

$$\frac{Q_o + Q_u}{2} - M \approx (1-p)\frac{(Q_o - M)^2 + (Q_u - M)^2}{4M} \tag{5.9}$$

folgt. Sind die transformierten Werte also symmetrisch, so ist der Transformationsplot eine Gerade mit Steigung $\alpha = 1 - p$. Die geeignete Potenz ergibt sich somit zu $p = 1 - \alpha$.

Streuungsniveau-Plot

Zur Herleitung des Streuungsniveau-Plots betrachtet man die Transformation $Y = T(X)$ und entwickelt T in eine Taylor-Reihe um M:

$$T(x) = T(M) + T'(M)(x - M) + T''(M)\frac{(x - M)^2}{2} + \ldots$$

sei $H_o - M =: \tau_M d_H$, also $M - H_u = [1 - \tau_M]d_H$ mit $0 \leq \tau_m \leq 1$. für $Y = T(X)$ gilt dann

$$\begin{aligned} M_Y &= T(M) \\ H_{Y,o} &= T(H_o) = T((M + \tau_M d_H) \\ H_{Y,u} &= T(H_u) = T(M - (1 - \tau_M)d_H) \end{aligned}$$

und damit

$$\begin{aligned} H_{Y,o} &= T(M) + \tau_M d_H T'(M) + \frac{\tau_M^2 d_H^2}{2}T''(M) + \ldots \\ H_{Y,u} &= T(M) + (1 - \tau_M)d_H T'(M) + \frac{[1 - \tau_M]^2 d_H^2}{2}T''(M) + \ldots \end{aligned}$$

Also ist

$$\begin{aligned} d_{H_Y} &= H_{Y,0} - H_{Y,u} \\ &= d_H T'(M) + \frac{[2\tau_M - 1]d_H^2}{2}T''(M) + \ldots \end{aligned}$$

Der zweite Term wird in der Praxis meist klein sein gegenüber dem ersten, denn $|2\tau_M - 1| \leq 1$ und $T''(M)$ ist als ein Maß für die Krümmung für nicht zu kleine M klein im Verhältnis zu $T'(M)$. Daher wird

$$d_{H_Y} \approx d_H T'(M)$$

gesetzt. Soll die Transformation T die Streuung stabilisieren, dann muß

$$d_{H_Y} = const = d_H(M)T'(M)$$

gelten. Integration dieser Differentialgleichung führt zu

$$T(x) = c\int \frac{1}{d_H(x)}dx.$$

Ist die Abhängigkeit zwischen Streuung und Lage durch (5.6) gegeben, so gilt

$$T(x) = \frac{1}{k}\int x^{-\alpha}dx = \begin{cases} c_1 x^{1-\alpha} + c_2, & \alpha \neq 1 \\ c_3 \ln x + c_4, & \alpha = 1 \end{cases}$$

Damit führt die Potenztransformation mit $p = 1 - \alpha$ zu einer Varianzstabilisierung. Logarithmieren von (5.6) führt zu der Beziehung

$$\ln d_H(M) = \ln k + \alpha \ln M.$$

5.7 Abschließende Bemerkungen

Nach Transformationen werden die Daten erneut analysiert und in einem Box-Plot dargestellt. Dazu brauchen nur die Buchstabenwerte und die Extremwerte transformiert zu werden. Nach Berechnung der neuen Zäune kann es vorkommen, daß Ausreißer im Originaldatensatz im transformierten Datensatz nicht mehr als Ausreißer erscheinen oder auch (seltener), daß neue Ausreißer auftreten. Dieser Effekt tritt etwa nach der Logarithmus-Transformation der Erdöldaten in Beispiel 5.1 auf (vgl. Abbildung 5.3). Erfahrungsgemäß führen Transformationen, die zu einem bestimmten Zweck durchgeführt werden, häufig auch zu einer Verbesserung bezüglich anderer Kriterien (*serendipitious effects of transformation*). Dies kann wie folgt begründet werden. Mit wachsendem Niveau wachsende Streuung und Rechtsschiefe tritt oft bei Bestands- und Zähldaten auf. Die Skalen sind hier durch die Null nach unten beschränkt. Datensätze, die "weit weg" von der Null liegen, sind von dieser Schranke weniger betroffen als solche näher" bei der Null. Deshalb haben letztere eine kleinere Streuung und eine größere Schiefe. Eine Transformation zur Stabilisierung der Streuung führt hier auch zu einer Erhöhung der Symmetrie. Durch die varianzstabilisierende Transformation der Umsatzdaten europäischer Großbetriebe (vgl. Beispiel 5.2) ergeben sich Verteilungen, die weniger schief als die Ausgangsverteilungen sind. Man vergleiche hierzu die Abbildungen 4.9 und 5.6.

Transformation von Daten "lohnt" sich nur, wenn die Spannweite genügend groß ist. Als Daumenregeln werden genannt

$$\frac{x_{\max}}{x_{\min}} \geq 20$$

oder

$$\frac{x_{\max} - \text{natürliche Schranke}}{|x_{\min} - \text{natürliche Schranke}|} \geq 20.$$

Kapitel 6

Graphische Darstellungen multivariater Daten

6.1 Multivariate Häufigkeitsverteilungen

Für die meisten Problemstellungen ist nicht nur die Beschreibung der Häufigkeitsverteilung eines einzelnen Merkmals von Interesse, sondern es stehen Zusammenhänge zwischen den Verteilungen mehrerer Merkmale im Vordergrund. So ist im Beispiel 2.1 der Befragung der Studenten nach den benutzten Beförderungsmittel zur Universität Konstanz etwa der Zusammenhang zwischen Anfahrtzeit mit öffentlichen Verkehrsmitteln und dem vornehmlich gewählten Beförderungsmittel von Interesse. Auch könnte das gewählte Verkehrsmittel von der Semesterzahl und vom Studienfach oder die Zufriedenheit mit den öffentlichen Verkehrsmitteln von deren Anfahrtzeit abhängen. Zur Behandlung solcher *multivariate Daten* betreffender Fragestellungen ist die Untersuchung der gemeinsamen Häufigkeitsverteilung mehrerer Merkmale notwendig.

Die Merkmale $X_1, \ldots, X_p$ werden wie auf Seite 21 im Merkmalsvektor $\mathbf{X} = (X_1, X_2, \ldots X_p)$ zusammengefaßt. Die i-te Zeile der Datenmatrix $\mathcal{X}$ (vgl. (2.1)) enthält die Merkmalsausprägungen für die i-te Untersuchungseinheit. Um unnötige Indizierungen zu vermeiden, werden bei einer geringen Anzahl von interessierenden Merkmalen zumeist unterschiedliche Großbuchstaben vom Ende des Alphabets verwendet, d.h. $\mathbf{X} = (X, Y, Z, U, \ldots)$. Die i-te Zeile der Datenmatrix $\mathcal{X}$ hat dann die Gestalt $(x_i, y_i, z_i, u_i, \ldots)$, $i = 1, \ldots, n$. Im Falle $\mathbf{X} = (X, Y)$

Tabelle 6.1: Allgemeine Kreuztabelle für absolute Häufigkeiten

X \ Y	b_1	b_2	...	b_j	...	b_m	Summe
a_1	n_{11}	n_{21}	...	n_{1j}	...	n_{1m}	$n_{1.}$
a_2	n_{21}	n_{22}	...	n_{2j}	...	n_{2m}	$n_{2.}$
$\vdots$	$\vdots$		...	$\vdots$	...	$\vdots$	$\vdots$
a_i	n_{i1}	n_{i2}	...	n_{ij}	...	n_{im}	$n_{i.}$
$\vdots$	$\vdots$		...	$\vdots$	...	$\vdots$	$\vdots$
a_k	n_{k1}	n_{k2}	...	n_{kj}	...	n_{km}	$n_{k.}$
Summe	$n_{.1}$	$n_{.2}$	...	$n_{.j}$	...	$n_{.m}$	n

spricht man von einem *bivariaten Merkmalsvektor*. Fallen bei diskreten Merkmalen mehrere Messungen auf eine und dieselbe Ausprägung, so werden anstelle der Urlisten $x_1, \ldots, x_n$, $y_1, \ldots, y_n, z_1, \ldots, z_n$ usw. die möglichen Merkmalsausprägungen und die zugehörigen Häufigkeiten notiert:

a_i, $\quad i = 1, \ldots, k$ für das Merkmal X,

b_j, $\quad j = 1, \ldots, m$ für das Merkmal Y und

c_l, $\quad l = 1, \ldots, q$ für das Merkmal Z,

usw. Eine tabellarische Aufbereitung erfordert bei stetigen Merkmalen, eventuell auch bei diskreten, eine *Klassenbildung* in die Merkmalskategorien $i = 1, \ldots, k$, $j = 1, \ldots, m$, und $l = 1, \ldots, q$. In diesem Fall stehen in der Häufigkeitstabelle anstelle der a_i und b_j die Klassengrenzen "von u_{i-1} bis unter u_i" und "von v_{j-1} bis unter v_j". Die Größen a_i und b_j werden dann in der Regel auf die Klassenmitten $(u_{i-1} + u_i)/2$ bzw. $(v_{j-1} + v_j)/2$ gesetzt. Mit $n_{ijl\ldots}$ wird die *absolute Häufigkeit* des Auftretens der Merkmalskombination $(i, j, l, \ldots)$ d.h. $(a_i, b_j, c_l, \ldots)$ und mit $r_{ijl} = n_{ijl}/n$ ihre *relative Häufigkeit* bezeichnet. Bei einem bivariaten Merkmal bzw. im Fall der paarweisen Aufbereitung eines höherdimensionalen Merkmals erhält man als tabellarische Darstellung eine (zweidimensionale) *Kontingenztabelle*. Die allgemeine Struktur einer *bivariaten* Häufigkeits-, Kontingenz- oder Kreuztabelle (auch $k \times m$-*Felder Tafel genannt*) ist in Tabelle 6.1 angegeben. Tabelle 6.2 enthält als Beispiel einer bivariaten Kontingenztafel die Anzahlen der Straftaten gegen die sexuelle Selbstbestimmung im Jahr 1990 nach Deliktart und Ortsgrößenklasse aufgegliedert.

6.1. MULTIVARIATE HÄUFIGKEITSVERTEILUNGEN

Tabelle 6.2: Straftaten gegen die sexuelle Selbstbestimmung: Bekanntgewordene Fälle nach Deliktart und Ortsgrößenklasse aufgegliedert

		Ortsgr.kl. (Y): Anzahlen d. Einwohn. u. lfd. Nr.				
		bis 20 000	20 000 - 100 000	100 000 - 500 000	500 000 und mehr	
lfd. Nr.	Deliktart (X)	1	2	3	4	$\sum$
1	Vergewaltigung	1 227	1 288	1 007	1 534	5 056
2	Sexuelle Nötigung	857	1 112	830	943	3 742
3	Sex. Mißbrauch von Kindern	3 287	3 911	2 765	2 739	12 702
4	Exhibit. u. Erreg. öff. Ärgern.	2 380	3 212	2 203	1 978	9 773
	$\sum$	7 751	9 523	6 805	7 194	31 273

6 319 Fälle konnten keiner speziellen Ortsgrößenklasse zugeordnet werden. Diese werden in den weiteren Untersuchungen ausgeschlossen. Datenquelle: Polizeiliche Kriminalstatistik 1990, Hrsg.: Bundeskriminalamt, Wiesbaden. S. 114

An den Rändern stehen jeweils die Summen, die absoluten *Randhäufigkeiten* der einzelnen Variablen:

$$n_{i.} = n_{i1} + \ldots + n_{im} =: n(X = a_i), \quad i = 1, \ldots, k$$
$$n_{.j} = n_{1j} + \ldots + n_{kj} =: n(Y = b_j), \quad j = 1, \ldots, m$$

Die verschiedenen Häufigkeiten erfüllen

$$\sum_{i=1}^{k}\sum_{j=1}^{m} n_{ij} = \sum_{i=1}^{k} n_{i.} = \sum_{j=1}^{m} n_{.j} = n \quad .$$

Analoge Beziehungen gelten natürlich, wenn in der Häufigkeitstabelle die relativen Häufigkeiten $r_{ij} = n_{ij}/n$ angegeben sind:

$$r_{i.} = r_{i1} + \ldots + r_{im} = n(X = i)/n, \quad i = 1, \ldots, k$$
$$r_{.j} = r_{1j} + \ldots + r_{kj} = n(Y = j)/n \quad j = 1, \ldots, m$$

und

$$\sum_{i=1}^{k}\sum_{j=1}^{m} r_{ij} = \sum_{i=1}^{k} r_{i.} = \sum_{j=1}^{m} r_{.j} = 1.$$

In einer zweidimensionalen $k \times m$-Feldertafel unterscheidet man

(a) Die beiden eindimensionalen *Randverteilungen* von X bzw. von Y:

$$(n_{1.}, n_{2.}, \ldots, n_{k.}) \quad \text{oder} \quad (r_{1.}, r_{2.}, \ldots, r_{k.})$$

Tabelle 6.3: Relative Häufigkeitstabelle der Straftaten gegen die sexuelle Selbstbestimmung: Bekanntgewordene Fälle nach Deliktart und Ortsgrößenklasse aufgegliedert

lfd. Nr.	Deliktart (X)	Ortsgr.kl. (Y): Anzahlen d. Einwohn. u. lfd. Nr.				$\sum$
		bis 20 000	20 000 - 100 000	100 000 - 500 000	500 000 und mehr	
		1	2	3	4	
1	Vergewaltigung	0.039	0.041	0.032	0.049	0.161
2	Sexuelle Nötigung	0.027	0.036	0.027	0.030	0.120
3	Sex. Mißbrauch von Kindern	0.105	0.125	0.088	0.088	0.406
4	Exhibit. u. Erreg. öff. Ärgern.	0.076	0.103	0.070	0.063	0.312
	$\sum$	0.247	0.305	0.217	0.230	1.000

bzw.

$$(n_{.1}, n_{.2}, \ldots, n_{.m}) \quad \text{oder} \quad (r_{.1}, r_{.2}, \ldots, r_{.m})$$

$$\text{wobei} \quad r_{i.} = n_{i.}/n \quad \text{bzw.} \quad r_{.j} = n_{.j}/n.$$

(b) die $k + m$ *bedingten Verteilungen* mit den relativen Häufigkeiten

$$r_{i/j} = n_{ij}/n_{.j} (\text{ für } n_{.j} > 0), \ i = 1, \ldots, k$$

und

$$r_{j/i} = n_{ij}/n_{i.} (\text{ für } n_{i.} > 0), \ j = 1, \ldots, m.$$

Diese geben die relative Häufigkeitsverteilung des Merkmals X für die j-te Ausprägung (Klasse) des Merkmals Y bzw. die relative Häufigkeitsverteilung des Merkmals Y für die i-te Ausprägung (Klasse) des Merkmals X an. Für die bedingten relativen Häufigkeiten ergeben sich natürlich wiederum die Gleichungen

$$\sum_{i=1}^{k} r_{i/j} = 1 \quad \text{für alle} \quad j = 1, \ldots, m \text{ bzw.}$$

$$\sum_{j=1}^{m} r_{j/i} = 1 \quad \text{für alle} \quad i = 1, \ldots, k.$$

(c) Die *gemeinsame Verteilung* von X und Y, gegeben durch die absoluten Häufigkeiten n_{ij} bzw. die relativen Häufigkeiten $r_{ij} = n_{ij}/n$.

Tabelle 6.4: Straftaten gegen die sexuelle Selbstbestimmung: Bedingte Verteilung der Fälle auf die Deliktarten bei gegebener Ortsgrößenklasse

		Ortsgr.kl. (Y): Anzahlen d. Einwohn. u. lfd. Nr.			
		bis 20 000	20 000 - 100 000	100 000 - 500 000	500 000 und mehr
lfd. Nr.	Deliktart (X)	1	2	3	4
1	Vergewaltigung	0.158	0.135	0.148	0.213
2	Sexuelle Nötigung	0.111	0.117	0.122	0.131
3	Sex. Mißbrauch von Kindern	0.424	0.411	0.406	0.381
4	Exhibit. u. Erreg. öff. Ärgern.	0.307	0.337	0.324	0.275
	$\sum$	1.000	1.000	1.000	1.000

Tabelle 6.5: Straftaten gegen die sexuelle Selbstbestimmung: Bedingte Verteilung der Fälle auf die Ortsgrößenklassen bei gegebenen Deliktarten

		Ortsgr.kl. (Y): Anzahlen d. Einwohn. u. lfd. Nr.				
		bis 20 000	20 000 - 100 000	100 000 - 500 000	500 000 und mehr	
lfd. Nr.	Deliktart (X)	1	2	3	4	$\sum$
1	Vergewaltigung	0.243	0.255	0.199	0.303	1.000
2	Sexuelle Nötigung	0.229	0.297	0.222	0.252	1.000
3	Sex. Mißbrauch von Kindern	0.259	0.308	0.218	0.216	1.000
4	Exhibit. u. Erreg. öff. Ärgern.	0.244	0.329	0.225	0.202	1.000

Beispiel 6.1 Zur Erläuterung der Begriffe wird die Häufigkeitsverteilung der Straftaten gegen die sexuelle Selbstbestimmung verwendet. Die absoluten Häufigkeiten n_{ij} und die Randhäufigkeiten $n_{i.}$ bzw. $n_{.j}$ sind in der Tabelle 6.2 eingetragen. Die zugehörigen relativen Häufigkeiten befinden sich in Tabelle 6.3. Beipielsweise berechnet sich die relative Häufigkeit der Vergewaltigungen in der Ortsgrößenklasse [20 000, 100 000) zu $r_{12} = n_{12}/n = $ 1 288/31 273 = 0.041, d.h. 4.1% der aller Straftaten gegen die sexuelle Selbstbestimmung im Jahre 1990 waren Vergewaltigungen, die in Orten mit 20 000 bis 100 000 Einwohnern begangen wurden. Die relative Häufigkeitsverteilung der Straftaten auf die Ortsgrößenklassen (ohne Berücksichtigung der Deliktarten) oder auf die Deliktarten (ohne Berücksichtigung der Ortsgrößenklassen) kann an den Randsummen der Tabelle 6.3 abgelesen werden. Zur Beurteilung der Verteilung der Ortsgrößen sollte man berücksichtigen, daß sich die Gesamtbevölkerung der Bundesrepublik Deutschland zum 31.12.89 (alte Bundesländer) auf die vier Ortsgrößenklassen wie folgt verteilte:

Gemeinden unter 20 000 Einwohner:	40.5 %
Städte von 20 000 bis unter 100 000 Einwohner	25.9 %
Großstädte von 100 000 bis unter 500 000 Einwohner	16.8 %
Großstädte ab 500 000 Einwohner	16.7 %

Also sind die Straftaten in den drei oberen Ortsgrößenklassen überrepräsentiert und in der unteren unterrepräsentiert, gemessen an der Bevölkerungszahl dieser Klassen. An der Randverteilung der Deliktarten liest man ab, daß sexueller Mißbrauch von Kindern mit 40.1 % der Fälle am häufigsten erfaßt wurde. Um die Verteilung der Deliktarten in einer speziellen Ortsgrößenklasse zu untersuchen, eignen sich die bedingten Verteilungen. Tabelle 6.4 enthält die bedingten Verteilungen $r_{i|j} = n_{ij}/n_{.j}$ der Deliktarten innerhalb der Ortsgrößenklassen und Tabelle 6.4 die bedingten Verteilungen $r_{j|i} = n_{ij}/n_{i.}$ auf die Ortsgrößenklassen für die einzelnen Deliktarten. Ein Vergleich der Spalten der Tabelle 6.4 erkennt man, daß die bedingten Verteilungen der Deliktarten bei gegebenen Ortsgrößenklassen keine allzu deutlichen Differenzen zeigen. In allen Ortsgrößen wurde der sexuelle Mißbrauch von Kindern am häufigsten, Erregung öffentlichen Ärgernisses und Exhibitionismus am zweithäufigsten und sexuelle Nötigung am seltensten registriert. Die Betrachtung der Tabelle 6.5 zeigt an, daß alle Deliktarten in der unteren Klasse weniger oft vertreten sind als es dem Anteil dieser

6.1. MULTIVARIATE HÄUFIGKEITSVERTEILUNGEN

Klasse an der Gesamtbevölkerung (40.5%) entspräche. Es können eine Vielzahl weiterer Detailinformationen anhand der bedingten Verteilungen abgelesen werden, so zum Beispiel, daß Vergewaltigungsfälle in den Großstädten am häufigsten vorkommen. ⋈

Werden mehr als zwei diskrete Variablen gleichzeitig betrachtet, so kann die Datenmatrix auf eine mehrdimensionale Kontingenztabelle reduziert werden. Dazu werden die gemeinsamen Häufigkeiten, mit denen die Variablen die Kombinationen der jeweiligen Realisationsmöglichkeiten angenommen haben, ausgewählt und in einer geeigneten Form tabellarisch dargestellt.

Übersichtlich bleibt eine solche Tabelle allerdings nur bis zu einer beschränkten Anzahl von Variablen und Ausprägungen.

Beispiel 6.2 Als Beispiel für eine fünfdimensionale Kontingenztafel wird wiederum die fiktive Studentenbefragung nach den bevorzugten Verkehrsmittel (vgl. Beispiele 2.1 bis 2.4) herangezogen. Zur übersichtlicheren Darstellung werden dabei auch diskrete Merkmale kategorisiert. So werden

- die vielfältigen Studienfächer in die Gruppen Mathematik und Naturwissenschaften (MN), Wirtschafts- und Sozialwissenschaften (WS) und Geisteswissenschaften (G),

- die Semesterzahl in die Klassen ≤ 5 und > 5 Semester,

- die Fahrzeiten in die Kategorien ≤ 30 und > 30 Minuten,

- die Zufriedenheit in die beiden Gruppen "zufrieden" und "unzufrieden".

eingeteilt. Aus Tabelle 6.6 erkennt man unter anderem:

- Die Studenten sind mit den öffentlichen Verkehrsmittel vor allen dann unzufrieden, wenn diese mehr als eine halbe Stunde für den Weg zur Universität benötigen.

- Die Unzufriedenen kommen vorwiegend mit dem Auto zur Universität.

- Die Zufriedenheit mit den öffentlichen Verkehrsmittel hängt nicht von der Semesterzahl oder dem Studienfach ab.

Tabelle 6.6: Beispiel für eine fünfdimensionale Kontingenztafel: Studentenbefragung nach benutzten Verkehrsmittel

benötigte Zeit mit öff. Verkehrs- mittel	Verkehrs- mittel	zufrieden													
		ja						nein							
		Semesterzahl						Semesterzahl							
		≤ 5			> 5				≤ 5			> 5			
		Studienfach			Studienfach			$\sum$	Studienfach			Studienfach			$\sum$
		MN	WS	G	MN	WS	G		MN	WS	G	MN	WS	G	
≤ 30	zu Fuß	3	2	2	2	1	0	10	2	1	2	1	0	2	8
	Bus	11	6	7	8	6	4	42	5	3	2	3	2	3	18
	Auto	4	3	2	4	1	2	16	7	9	7	5	6	7	41
	Fahrrad	7	4	4	5	3	2	25	6	3	4	4	3	3	23
	sonst.	0	0	1	0	0	0	1	0	1	0	0	0	0	1
	$\sum$	26	15	15	19	11	8	94	20	17	15	13	11	15	91
> 30	zu Fuß	0	0	0	0	0	0	0	0	0	1	0	0	0	1
	Bus	3	2	2	2	2	1	12	4	3	4	3	2	2	18
	Auto	6	4	3	4	2	3	22	11	10	6	9	5	8	49
	Fahrrad	0	0	0	0	0	1	1	2	3	2	1	0	1	9
	sonst.	0	1	0	1	0	0	2	0	0	0	0	1	0	1
	$\sum$	9	7	5	7	4	5	37	17	16	13	13	8	11	78

Tabelle 6.7: Beispiel für eine Vierfeldertafel: Studentenbefragung nach benutzten Verkehrsmittel

mit öff. Verkehrsm. benötigte Zeit	zufrieden ja	nein	$\sum$
$\leq$ 30 Min.	94	91	185
> 30 Min.	37	78	115
$\sum$	131	169	300

Anhand dieses Beispiels wird offenkundig, daß aus Gründen der Übersichtlichkeit nicht mehr Variablen oder Ausprägungen in einer Tabelle verarbeitet werden sollten. Die Tatsache, daß für einige Variablen Zeilen- oder Spaltensummen ausgewiesen sind, erleichtert den Vergleich der Verteilungen. Auch können zur übersichtlicheren Darstellung die Randverteilungen ausgewählter Merkmale gesondert ausgewiesen werden. Tabelle 6.7 zeigt eine *Vierfeldertafel* der Merkmale "mit öffentlichen Verkehrsmitteln benötigte Zeit" und "Zufriedenheit".

Für manche Aussagen wäre natürlich hier die Betrachtung relativer Häufigkeiten und bedingter Verteilungen aufschlußreich. ⋈

6.2 Graphische Darstellungen multivariater Daten

Streuungsdiagramm (Punktwolke, Scatterplot)

Bei einem bivariaten, in jeder Komponente metrischen Merkmal (X,Y) eignet sich als Darstellungsart das *Streuungsdiagramm*: Jeder Beobachtung (x_i, y_i) wird ein Punkt in der $X-Y$-Ebene zugeordnet. Weitere Merkmalskomponenten können etwa durch Farbschattierungen, besondere Markierungen (Bsp.: □, △, ○, ◇), Fähnchen etc. optisch veranschaulicht werden.

Aus dem Streuungsdiagramm kann auf das Vorhandensein von Zusammenhängen zwischen X und Y geschlossen werden, die wechselseitiger Art $(X \Leftrightarrow Y)$ oder einseitiger Art $(X \Rightarrow Y)$ sein können.

- Ein linearer Trend rechtfertigt klassische *Korrelations- bzw. Regressionsanalyse* (vgl.

186 KAPITEL 6.   GRAPHISCHE DARSTELLUNGEN MULTIVARIATER DATEN

Abbildung 6.1: Scatterplot: Umsätze versus Beschäftigtenzahlen der umsatzstärksten Großbetriebe in Deutschland im Jahre 1990

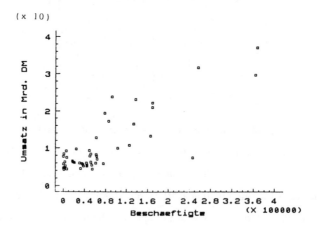

die Abschnitte 7.2, 7.5, 9).

- Bei Nichtlinearität suche man nach einer linearisierenden Potenztransformation (vgl. Abschnitt 9.2) oder nach weiteren Einflußgrößen (erklärenden Merkmalen).

- Zerfällt die Punktwolke in mehrere Teilwolken, so schließt man auf Heterogenität der Gesamtheit und vermutet eine sachlich bedingte Klassenstruktur. Die Klasseneinteilung kann mittels Methoden der *Clusteranalyse* gefunden werden, auf die hier nicht weiter eingegangen wird. Mitunter empfiehlt es sich, die Klassen getrennt zu analysieren.

- Daneben lassen sich *Ausreißer* visuell leicht erkennen.

Beispiel 6.3 Tabelle 4.12 enthält die Umsätze und die Beschäftigtenzahlen der 50 umsatzstärksten deutschen Firmen und Abbildung 6.1 den Scatterplot der Umsätze gegen die Beschäftigtenzahlen. Auf den ersten Blick erkennt man einen positiven Zusammenhang zwischen dem Umsatz und der Beschäftigtenzahl. Genaueren Aufschluß über die Betriebe, die sich hinter den Punkten des Scatterplots verbergen, liefert eine Kennzeichnung der Punkte durch den zugehörigen Firmennamen. Hierbei empfiehlt es sich, aus Übersichtlichkeitsgründen lediglich einige vom Gros der Punkte abweichende Daten besonders zu markieren. Ein Scatterplot mit markierten Ausreißern ist in Abbildung 6.2 wiedergegeben. Die höchsten Umsätze im Jahre 1990 erzielten also Daimler-Benz, Volkswagen und Siemens. Sie weisen auch zu-

6.2. GRAPHISCHE DARSTELLUNGEN MULTIVARIATER DATEN

Abbildung 6.2: Scatterplot mit Markierung ungewöhnlicher Punkte: Umsätze versus Beschäftigtenzahlen der umsatzstärksten Großbetriebe in Deutschland im Jahre 1990

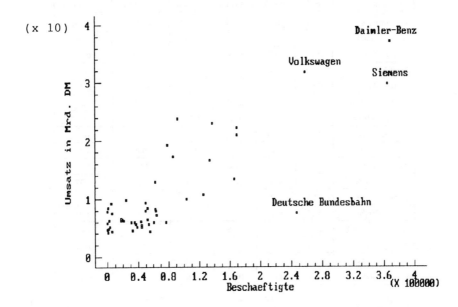

sammen mit der Deutschen Bundesbahn die höchsten Beschäftigtenzahlen auf. Die Deutsche Bundesbahn erwirtschaftet bei hoher Beschäftigtenzahl ungewöhnlich wenig Umsatz. Insofern stellt das zugehörige Wertepaar einen besonders auffälligen, von den anderen Daten abweichenden Ausreißer dar.

Abbildung 5.5 (b) enthält einen Scatterplot, in dem alle Punkte markiert sind.

Scatter-Plot Matrix

Sollen die bivariaten Randverteilungen eines höherdimensionalen Merkmalsvektors mit Dimension $p \geq 3$ dargestellt werden, so eignen sich dazu besonders sogenannte *Scatterplot Matrizen*, in denen alle Kombinationen zweidimensionaler Scatterplots eingetragen und in einem dreieckigen Schema dargestellt werden.

Tabelle 6.8: Durschnittspunktzahlen und Anteile in den Fakultäten

Merkmal	Fakultät					
	Math.	Physik	Chemie	Biologie	Wiwi/Stat.	Rechtswiss.
Gesamtnote	655	612.3	634.6	638.6	576.3	532.4
Note Deutsch	9.5	8.2	8.7	9.9	8.6	9.8
Anteil Deutsch	0.15	0.09	0.14	0.17	0.14	0.35
Note Math.	14.0	12.8	12.1	11.4	10.8	7.8
Anteil Math.	0.85	0.86	0.38	0.35	0.32	0.17
Note Naturwiss.	12.4	12.8	13.5	13.1	10.9	9.7
Anteil Naturwiss.	0.5	0.82	0.9	0.78	0.45	0.3
Note Gesellsch.	9.8	10.0	10.7	10.5	10.4	10.3
Anteil Gesellsch.	0.1	0.09	0.14	0.09	0.6	0.48
Note neue Spr.	8.7	8.4	9.2	11.0	10.7	10.0
Anteil neue Spr.	0.1	0.0	0.19	0.26	0.41	0.57
Note alte Spr.	12.4	7.3	10.5	9.5	10.7	9.3
Anteil alte Spr.	0.05	0.0	0.0	0.04	0.05	0.04
Note musische F.	12.0	10.4	10.5	11.0	9.7	10.1
Note Sport	12.9	11.6	12.4	11.5	10.1	10.7
Note Technik	12.9	13.2	11.8	12.1	9.4	8.4
Frauenanteil	0.26	0.07	0.29	0.5	0.29	0.43

Beispiel 6.4 In Tabelle 6.8 sind die fakultätsspezifischen Durchschnittspunktezahlen und Anteile der Leistungskursteilnehmer für einige Gruppen von Schulfächern sowie der fakultätsspezifische Anteil von Studentinnen aufgeführt. Als Datengrundlage diente eine Stichprobenerhebung aus der Studentenkartei der Universität Konstanz, die 1991/92 mit dem Ziel durchgeführt wurde, Aussagen über den Zusammenhang zwischen Abiturleistungen und Studienfachwahl zu gewinnen. Abbildung 6.3 zeigt eine Scatterplot-Matrix eines Teiles der Daten der Tabelle 6.8. Daraus ist eine Vielzahl von Detailinformationen abzulesen — so beispielsweise:

- Die durchschnittliche Gesamtpunktzahlen sind in denjenigen Fakultäten besonders hoch, in denen Studenten eingeschrieben sind die gut in Mathematik, in naturwissenschaftlichen Fächern und in Sport sind.

- In Fakultäten mit hohem Anteil an Studentinnen sind Studenten/Innen mit überduchschnittlichen Leistungen in Deutsch und schwächeren Leistungen in Mathematik eingeschrieben.

6.2. GRAPHISCHE DARSTELLUNGEN MULTIVARIATER DATEN

Abbildung 6.3: Scatterplot-Matrix von fakultätsspezifischen Durchschnittsnoten und Frauenanteilen

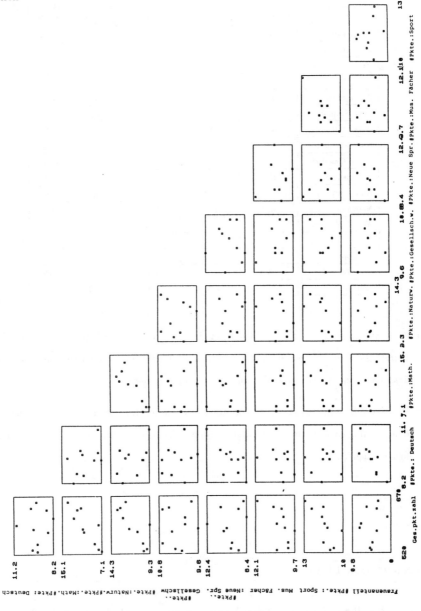

Merkmale von links nach rechts: durchschnittliche Gesamtpunktzahl, Durchschnittspunktzahlen im Fach Deutsch, Mathematik, in naturwissenschaftlichen, gesellschaftswissenschaftlichen, neusprachlichen und musischen Fächern sowie im Fach Sport; **Merkmale von oben nach unten**: Durchschnittspunktzahlen im Fach Deutsch, Mathematik, in naturwissenschaftlichen, gesellschaftswissenschaftlichen, neusprachlichen und musischen Fächern, im Fach Sport sowie Fauenanteil.

Tabelle 6.9: Fortsetzung der Tabelle: Durchschnittsnoten in den Fakultäten

Merkmal	Fakultät				
	Philosophie	Psychologie	Sozialwiss.	Verw.wiss.	Gesamt
Gesamtnote	595.0	584.5	527.4	546.1	590.2
Note Deutsch	11.0	9.7	9.4	9.4	9.4
Anteil Deutsch	0.38	0.15	0.3	0.15	0.2
Note Math.	7.8	11.0	7.1	8.6	10.3
Anteil Math.	0.04	0.35	0.05	0.35	0.37
Note Naturwiss.	9.3	12.0	10.1	10.2	11.4
Anteil Naturwiss.	0.08	0.6	0.5	0.35	0.53
Note Gesellsch.	10.0	9.6	10.1	10.7	10.2
Anteil Gesellsch.	0.33	0.2	0.55	0.6	0.32
Note neue Spr.	12.4	10.4	9.2	9.9	10.0
Anteil neue Spr.	0.8	0.4	0.4	0.4	0.35
Note alte Spr.	13.1	12.1	14.5	0.0	9.9
Anteil alte Spr.	0.21	0.1	0.05	0.0	0.05
Note musische F.	10.8	10.3	10.8	10.1	10.6
Note Sport	11.4	11.2	11.0	11.5	11.4
Note Technik	13.0	11.3	7.9	8.1	10.8
Frauenanteil	0.62	0.65	0.4	0.38	0.39

- In Fakultäten, in denen die Studenten im Schnitt gute Sportnoten haben, sind die Durchschnittsleistungen in den musischen und naturwissenschaftlichen Fächern eher besser und in den neusprachlichen Fächern eher schlechter.

- Positive Zusammenhänge gibt es weiter zwischen den Leistungen in Mathematik und in den Naturwissenschaften und zwischen den Leistungen in Deutsch und den neusprachlichen Fächern.

⋈

Gekreuzte Box-Plots

Gekreuzte Box-Plots dienen zur Darstellung eines bivariaten Merkmals (X, Y). In einem X-Y-Streudiagramm werden die Beobachtungen eingetragen. Die zweidimensionale Box wird ersetzt durch ein Kreuz, dessen Schnittpunkt der Medianpunkt $(Med(X), Med(Y))$ ist. Die Linien werden parallel zu den Achsen bis zu den vier Angelpunkten (H_u^x, H_o^x, H_u^y und H_o^y)

6.2. GRAPHISCHE DARSTELLUNGEN MULTIVARIATER DATEN

Abbildung 6.4: Scatterplot mit gekreuztem Box-Plot: Umsätze versus Beschäftigtenzahlen der umsatzstärksten Großbetriebe in Deutschland im Jahre 1990

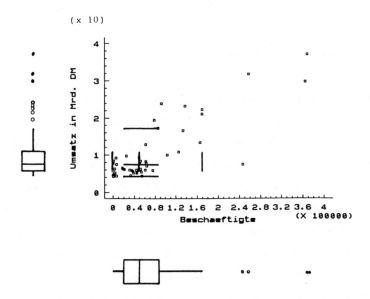

gezogen. Parallel dazu werden mit selber Länge Querstriche bei den vier Anrainern gezogen. Zur Verdeutlichung können außerhalb der Achsen die jeweiligen eindimensionalen Box-Plots eingezeichnet werden. Bivariate Box-Plots dienen auch zur Herausstellung bivariater Außen- und Fernpunkte.

Beispiel 6.5 Abbildung 6.4 enthält eine Scatterplot mit eingezeichnetem gekreuztem Box-Plot. Zunächst wurden die Mediane $M^X = 49\,588.5$ und $M^Y = 7\,457$Mio. berechnet und ein Kreuz durch den Medianpunkt $(49\,588.5, 7\,457$Mio.$)$ eingetragen. Die Enden dieses Kreuzes werden von den Hinges $H_u^X = 17\,723$, $H_o^X = 86\,100$, $H_u^Y = 5\,937$ und $H_o^Y = 10\,827$Mio. bestimmt. Die Anrainer ergeben sich zu $x_{(1)} = 35$, $x_{(46)} = 169\,516$, $y_{(1)} = 4\,372$ und $y_{(41)} = 17\,209$. Sie sind durch parallel zum Kreuz eingezeichnete Linien gekennzeichnet. Außerhalb der Achsen sind die univariaten Box-Plots abgetragen worden. Als Ausreißer in beiden Richtungen werden lediglich die drei Punkte im Nordosten des Plots identifiziert. Sie gehören zu den Firmen Daimler-Benz, Siemens und Volkswagen (vgl. Abbildung 6.2). Fünf weitere Firmen werden als univariate Ausreißer bezüglich der Umsätze ausgewiesen: VEBA, BASF, Hoechst, Bayer und das RWE. Bezüglich der Beschäftigtenzahlen liegt zusätzlich die Deutsche Bundesbahn außerhalb der inneren Zäune. Tatsächlich stellt sie aber den insgesamt auffälligsten Datenpunkt dar, da bei sehr hoher Beschäftigtenzahl ein vergleichsweise sehr geringer Umsatz erzielt wird. ⋈

Glättung (Smoothing) von Scatterplots

Die Originalbeobachtungen (x_i, y_i), $i = 1, \ldots, n$, zeigen des öfteren eine recht große Variabilität auf, derart daß ein etwaiger Trend oder eine deutlicher Zusammenhang nicht ohne weiteres erkennbar ist. Damit die Anschaulichkeit eines Scatterplots erhöht wird, ist es sinnvoll, eine Kurve in die Punktwolke zu legen, die den Zusammenhang zwischen X und Y zusammenfaßt und weniger variiert als die Daten. Dieses *Glätten (Smoothing) von Scatterplots* ermöglicht dem Auge, etwaige Trends und Besonderheiten des untersuchten Zusammenhangs zu erkennen. Methoden dazu werden im neunten Kapitel behandelt. Bei linearen Zusammenhängen eignen sich die *Regressionsverfahren* im Abschnitt 9.1. Eigentlich will man jedoch die Strukturen im Scatterplot erst durch die Glättung herausarbeiten und nicht im voraus eine lineare unterstellen. Sollen die Daten für sich selbst sprechen, so ist es ratsam, zunächst die in Abschnitt 9.3 aufgeführten Techniken anzuwenden, die auf solche Vorabklassifizierungen verzichten.

Zweidimensionale Histogramme, Verteilungsfunktionen und Kerndichteschätzer

Für metrische Merkmale ist das *Histogramm für bivariate Daten* wie folgt definiert:

$$f_n^H(x, y) = \begin{cases} \dfrac{r_{ij}}{(u_i - u_{i-1})(v_j - v_{j-1})} & \text{für} \quad x \in [u_{i-1}, u_i) \\ & \phantom{\text{für}} \quad y \in [v_{j-1}, v_j) \\ 0 & \text{sonst.} \end{cases}$$

In entsprechender Weise kann auch die *bivariate empirische Verteilungsfunktion* und das Summenpolygon definiert werden. In Analogie zum univariaten Fall ist das *bivariate Summenpolygon* für klassierte Daten durch das Doppelintegral $\tilde{F}_n(x, y) = \int_{-\infty}^{x} \int_{-\infty}^{y} \hat{f}_n(u, v) du\, dv$ und die *bivariate empirische Verteilungsfunktion* durch

$$F_n(x, y) = \frac{1}{n} \sum_{t=1}^{n} \mathbf{1}_{\{(-\infty, x], (-\infty, y]\}}(x_k, y_k)$$

Abbildung 6.5: Histogramm für bivariate Daten: Mittlere Temperaturen im Januar und mittlere Temperaturen im Juli in 42 deutschen Städten

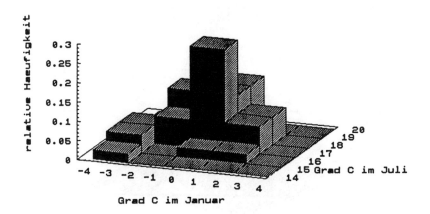

gegeben. Da die Darstellung dieser bivariaten kumulierten Größen aber nicht so anschaulich wie die des Histogramms ist, wird hier nicht näher darauf eingegangen. In Analogie zum bivariaten Histogramm können auch Kerndichteschätzer für bivariate Daten bestimmt werden. Sie erlauben je nach Wahl des (der) Glättungsparameter und der Kernfunktion eine glattere Abbildung der Häufigkeitsdichte.

Beispiel 6.6 Für die in Tabelle 3.7 angegebenen Daten zur langjährigen Durchschnittstemperatur im Januar und Juli ist in Abbildung 6.5 ein bivatiates Histogramm dargestellt. Man erkennt neben den häufigsten Ausprägungen mit Sommertemperaturen zwischen $16.4°C$ und $17.6°C$ und Wintertemperaturen zwischen $-0.8°C$ und $0.8°C$ insbesondere eine Gruppe mit Januartemperaturen von weniger als $-2.4°C$ und niedrigen Julitemperaturen. Nimmt man Tabelle 3.7 zur Hilfe, so wird offenkundig, daß in dieser Gruppe vor allem die Gebirgsorte Garmisch-Partenkirchen, Oberstorf und Berchtesgaden liegen. (Vgl. dazu auch die Beipiele 3.13 und 3.14.) ⋈

Beispiel 6.7 Für die in Tabelle 3.7 aufgeführten langjährigen Durchschnittstemperaturem im Januar und Juli sind auch bivariate Kerndichteschätzer berechnet worden; sie sind in Abbildung 6.6 dargestellt. Wiederum führen unterschiedliche Bandbreiten zu unterschiedlich glatten Funktionsgebirgen. Die Bandbreite $h_n = 1.0$ (Bild (a)) führt zu einer recht zerklüfte-

Abbildung 6.6: Bivariater Kernschätzer mit Bisquare-Kern: Mittlere Temperaturen im Januar und mittlere Temperaturen im Juli in 42 deutschen Städten

(a) Bandbreite $h_n = 1.0$

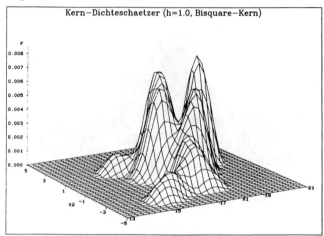

(b) Bandbreite $h_n = 1.5$

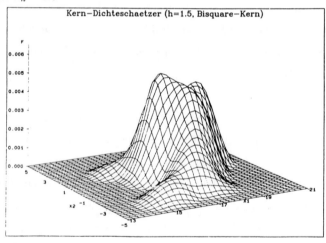

(c) Bandbreite $h_n = 3.0$

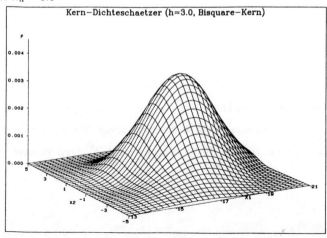

6.2. GRAPHISCHE DARSTELLUNGEN MULTIVARIATER DATEN

ten, wenig glatten Darstellung, in der man zwei deutlich ausgeprägte Gipfel erkennt. Der linke entspricht dem Maximum im bivartiaten Histogramm, der rechte wird von Orten mit milden Wintern und warmen Sommern (wie etwa diejenigen entlang der Rheinschiene und verwandten Klimabedingungen) bestimmt. (Vgl. dazu auch die Beipiele 3.13 und 3.14.) Die Verwendung der Bandbreite $h_n = 1.5$ (Bild (b)) läßt diese beiden Gipfel nach wie vor erkennen, liefert aber glattere Funktionsgebirge. Die Bandbreite $h_n = 3.0$ (Bild (c)) dagegen dürfte zu hoch gewählt sein, denn die interessanten Detailinformationen werden hinweggeglättet. Insgesamt scheint also, $h_n = 1.5$ eine geeignete Bandbreitenwahl zu sein. ⋈

Stamm-Blätter-Darstellungen

Spiegelbildliche Darstellung zweier Verteilungen

Bei homogenen Merkmalen X und Y (Lage und Streuung ungefähr gleich) liefert ein zweiseitiger Stem & Leaf-Plot Information über die Unterschiede in den Randverteilungen (jedoch nicht über etwaige Zusammenhänge). Die beiden Verteilungen werden an ein und demselben Stamm spiegelbildlich gegeneinander aufgetragen. Bei mehr als zwei Verteilungen kann man diese durch abgesetzte Längsstriche nebeneinander abtragen.

Beispiel 6.8 Die Aufenthaltdauern spanischer Gastarbeiter in Tabelle 6.10 wurden nach dem Geschlecht getrennt in eine gepiegelte Stamm-Blätter-Darstellung eingetragen. Die jeweiligen Tiefen sind am rechten und linken Rand aufgelistet. ⋈

Bivariate Verteilungen

Informationen über etwaige Zusammenhänge erhält man, indem man in der Stamm-Blätter-Darstellung für eines der Merkmale die Blätter durch Symbole ersetzt, die die Ausprägungen des anderen Merkmals charakterisieren.

Die Merkmale mögen in der Form (x_i, y_i) vorliegen, dabei sei eine Koordinate quantitativ oder zumindest ordinal, die andere qualitativ. An Stelle des Blattes des quantitativen Merkmals

Abbildung 6.7: Gespiegelte Stamm-Blatt-Darstellung: Aufenthaltsdauern remigrierter spanischer Gastarbeiter in der Bundesrepublik Deutschland

Gespiegeltes Stem-Leaf-Diagramm: rechts: Aufenthaltsdauern spanischer Männer
                                   links: Aufenthaltsdauern spanischer Frauen

		0f	5	1
2	66	0s		1
4	98	0•	8	2
4		1⋆	0	3
4		1t	2233	7
9	55544	1f	4444455	14
13	6666	1s	666677	20
(7)	9999888	1•	899	(3)
12	11100	2⋆	11111	20
7	22	2t	2222333	15
5	55444	2f	4455	8
		2s	6666	4

Ablesebeispiele: 1⋆|0 bedeutet 10 Jahre
                   2f|4 bedeutet 24 Jahre

6.2. GRAPHISCHE DARSTELLUNGEN MULTIVARIATER DATEN

Tabelle 6.10: Aufenthaltsdauern in Jahren von spanischen Remigranten aus der Bundesrepublik

Männer								
16	19	25	16	14	24	21	10	21	13
13	26	15	14	21	14	14	23	22	25
24	14	18	15	8	12	16	23	22	5
23	21	16	12	21	26	22	26	22	17
19	17	26							

Frauen								
19	15	20	14	19	21	6	25	14	16
21	25	24	18	18	6	8	22	20	15
16	19	19	21	9	18	22	24	24	15
16	16								

Die Daten entstammen dem Sozio-ökonomischen Panel des DIW (vergleiche Seite 15), das seit 1984 jährlich erhobene Individualdaten über Gastarbeiter zur Verfügung stellt.

wird die kodierte qualitative Merkmalsausprägung abgetragen.

Beispiel 6.9 In Tabelle 3.12 sind nach Fakultäten geordnet die Gesamtpunktzahlen im Abiturzeugnis von 215 Studenten der Universität Konstanz angegeben. Abbildung 3.24 zeigt eine Stamm-Blätter-Darstellung aller Punktzahlen. Ersetzt man dort die Blätter durch Fakultätskennungen, so erhält man die in Abbildung 6.8 (a) dargestellte Stamm-Blätter-Darstellung für bivariate Daten. Aus ihr können noch keine offenkundigen Besonderheiten der bivariaten Verteilung abgelesen werden. Eine weitere Vergröberung des qualitativen Merkmals Fakultätszugehörigkeit" in die Kategorien "Geisteswissenschaften" und "Mathematik/Naturwissenschaften", wie sie in Abbildung 6.8 (b) dargestellt ist, läßt erkennen, daß geiteswissenschaftlich ausgerichtete Studenten in den oberen Linien und mathematisch-naturwissenschaftlich ausgerichtete in den unteren Linien häufiger vorkommen. ⋈

Liegen zwei quantitative Merkmale vor, so dient wie oben ein Merkmal (X) zur Konstruktion des Stammes. An die Stelle der Blätter x_i tritt die zugehörige Merkmalsausprägung y_i des zweiten Merkmals (Y). Eine andere Möglichkeit besteht darin, die zwei Zahlen (x_i, y_i) in

Abbildung 6.8: Stamm-Blatt-Darstellung für bivariate Daten: Gesamtpunktzahlen im Abitur von 215 Studenten der Universität Konstanz

(a) Anstelle der Blätter sind Fakultätskürzel eingesetzt.

```
      10    3o | MPRSSVYYVV
      24    4* | HWSSPRPSHWRPRH
      43    4o | WRYSPHYVRRSRSRWHHCW
      76    5* | WRHSVYRVSBWHBRBCCYHSSRSPVWVVBWWVR
     (37)   5o | BWCVHYVSMPRWSYVMCBWCVHHPRWMYBRVPMMBCY
     102    6* | BVRHYWRYPPHRPWMMBRPYSBSWSBYCYBHVMHMBH
      65    6o | CPBMBMBCCCWPCYVVCHWPCCMYPCHWHMCRB
      32    7* | VMCYBCRBYMMSHCY
      17    7o | PPHPSWHBBMH
       6    8* | PMMPWB
```
$n = 215$ Einheit = 10

Fakultät (Kennbuchstabe):
Mathematik (M)   Rechtswissenschaften (R)
Physik (P)   Philosophie (H)
Chemie (C)   Psychologie (Y)
Biologie (B)   Verwaltungswiss. (V)
Wirtschaftswissenschaften (W)   Sozialwissenschaften (S)

(b) Anstelle der Blätter sind Kürzel für mathematisch-naturwissenschaftliche bzw. geisteswissenschaftliche Studienausrichtung eingesetzt.

```
      10    3o | NNGGGGGGGG
      24    4* | GGGGNGNGGGGNGG
      43    4o | GGGGNGGGGGGGGGGGGNG
      76    5* | GGGGGGGGGNGGNGNNNGGGGGGNGGGNGGGG
     (37)   5o | NGNGGGGGNNGGGGGNNNGNGGGNGGNGNGGNNNNNG
     102    6* | NGGGGGGGNNGGGNGNNNGNGGNGGGNGNGNGGNGNNG
      65    6o | NNNNNNNNNGNNGGGNGGNNNNGNNGGGNNGN
      32    7* | GNN'GNNGNGNNGGNG
      17    7o | NNGNGGGNNNG
       6    8* | NNNNGN
```
$n = 215$ Einheit = 10

N = Naturwissenschaften: G = Geisteswissenschaften:
    Mathematik (M)   Rechtswissenschaften (R)
    Physik (P)   Philosophie (H)
    Chemie (C)   Psychologie (Y)
    Biologie (B)   Verwaltungswissenschaften (G)
                                          Sozialwissenschaften (S)
                                          Wirtschaftswissenschaften (W)

Klammern zu setzen. Dabei entspricht x_i dem Blattteil von x_i und y_i der Messung der zweiten Variablen.

6.3 Darstellung höherdimensionaler Daten ($p > 2$)

Will man die gemeinsame Verteilung von mehr als zwei Merkmalen darstellen, so sind die bisher vorgestellten Verfahren im allgemeinen nicht zu übertragen. In einem zweidimensionalen Scatterplot kann lediglich die gemeinsame Verteilung von zwei Merkmalen dargestellt werden. Allenfalls können die qualitativen oder in Klassen eingeteilten Ausprägungen weniger weiterer Merkmale, durch unterschiedliche Farben und Symbole gekennzeichnet, einbezogen werden. Zwar kann durch einen dreidimensionalen Scatterplot (3-D) ein weiteres Merkmal verarbeitet werden; die Anschaulichkeit läßt jedoch zu wünschen übrig, denn versteckte Strukturen in den Daten lassen sich im allgemeinen erst durch Rotationen der dreidimensionalen Punktwolke erkennen.

Beispiel 6.10 Abbildung 6.9 zeigt zwei dreidimensionale Scatterplots. Bild (a) veranschaulicht für jede Fakultät die durchschnittliche Gesamtpunktzahl in Abhängigkeit von den Durchschnittspunktezahlen in Mathematik und Deutsch (Daten aus Tabelle 6.8). Bild (b) stellt die dreidimensionale Punktewolke der jährlichen Niederschläge, der Januar- und Julitemperaturen dar. (Daten aus Tabelle 3.7). Hier erkennt man wiederum die drei Gebirgsorte mit hoher Niederschlagsmengen und geringen Temperaturen. ⋈

Mit gewöhnlichen 2- und 3-D-Scatterplots lassen sich demnach allenfalls 3 bis 5 Komponenten des Merkmalsvektors graphisch veranschaulichen. Ein Ausweg besteht nun darin, Projektionen der höherdimensionalen Daten in "interessante" Unterräume darzustellen (etwa mit Hilfe von Projection-Persuit-Verfahren, Huber, 1981, oder der in Abschnitt 7.2 behandelten Hauptkomponentenanalyse). Liegen höherdimensionale Merkmalsvektoren $\mathbf{X} = (X_1, \ldots, X_p)$ mit Messungen $\mathbf{x}_i = (x_{i1}, x_{i2}, \ldots, x_{ip})$, $i = 1, \ldots, n$, an n Untersuchungseinheiten vor, so finden aber auch die folgenden Methoden Verwendung.

Abbildung 6.9: 3-D-Scatterplots:

(a) Fakultätsspezifische durchschnittliche Gesamtpunktezahlen gegen Durchschnittspunktezahlen in Deutsch und Mathematik

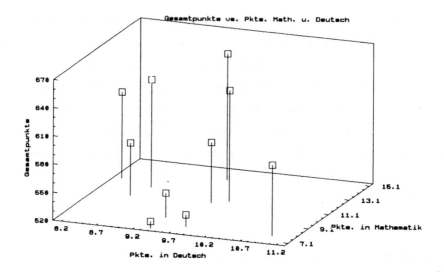

(b) Langjährige Durchschnittswerte zu Niederschlägen, Januar- und Julitemperaturen in 42 deutschen Städten

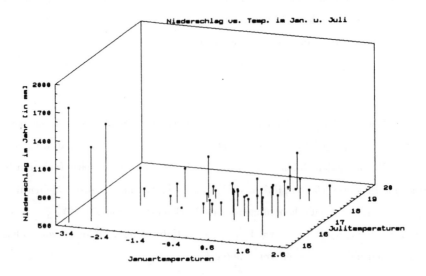

6.3. DARSTELLUNG HÖHERDIMENSIONALER DATEN (P > 2)

Profilkurven

Eine sehr einfache Möglichkeit der Darstellung multivariater Merkmale sind *Profilkurven*. Gibt es erhebliche Differenzen bezüglich der Lage und der Streuung der Merkmalsausprägungen, so empfielt es sich, zunächst eine *Standardisierung* durchzuführen. Hat man die k Ausprägungen x_{ij}, j=1,...,k, an den n Objekten i=1,...,n beobachtet, so verwende man anstelle x_{ij} die standardisierten Größen

$$y_{ij} = \frac{x_{ij} - \bar{x}_{\cdot j}}{\sigma_{\cdot j}}, \qquad (6.1)$$

mit

$$\bar{x}_{\cdot j} = \frac{1}{n}\sum_{i=1}^{n} x_{ij} \text{ und } \sigma_{\cdot j}^2 = \frac{1}{n}\sum_{i=1}^{n}(x_{ij} - \bar{x}_{\cdot j})^2,$$

(vergleiche (5.1). Die Verwendung resistenter Lage- und Streuungsparameter sollte hier ebenfalls in Betracht gezogen werden. Sind alle p Merkmale ordinal oder metrisch skaliert, so wird jedem gegebenenfalls standardisierten Beobachtungsvektor eine Kurve zugeordnet. Für jedes $i = 1, \ldots, n$ wird also eine Verbindungslinie der p Punkte (j, x_{ij}), $j = 1, \ldots, p$, (bzw. (j, y_{ij}), $j = 1, \ldots, p$,) aufgezeichnet. Natürlich bleiben Profilkurven nur bei einer kleinen Anzahl von Beobachtungen anschaulich.

Beispiel 6.11 Der Datensatz der fakultätsspezifischen Abiturleistungen und Fachpräferenzen aus Beispiel 6.4 (vgl. Tabelle 6.8) wird erneut aufgegriffen, um Profilkurven zu bestimmen. Für jedes Objekt (hier für jede Fakultät bzw. Fachgruppe) können diese gezeichnet werden, indem den Merkmalsnummern j=1,..,p, die standardisierten Ausprägungen y_{ij}, j=1,...,p, zugeordnet werden. Die Abbildungen 6.10 bis 6.12 enthalten Profilkurven der Abiturleistungen und Präferenzen der 10 untersuchten Fakultäten bzw. Fachgruppen. Die zugehörige Nummerierung der Merkmale befindet sich in Tabelle 6.11. Die Merkmale Gesamtpunktzahl (11) und Frauenanteil (12) trennen die mathematischen, naturwissenschaftlicehn und technischen Fächer auf der rechtsn Seite von den sprachlichen und gesellschaftlichen Fächer auf der linken Seite. Da die Darstellung aller zehn Profilkurven etwas unübersichtlich ist, wurden jeweils fünf Profilkurven in den Abbildungen 6.11 und 6.12 wiedergegeben. Für jedes Merkmal können nun die fakuiltätsspezifischen Durchschnittsausprägungen miteinander verglichen werden. Auch kann der Verlauf der Profilkurve einer einzelnen Fakultät nachvollzogen werden. So fällt beispielsweise bei einem Vergleich der Abbildungen 6.11 (MPCBW) und 6.12 (RHKSV) auf, daß die mathematisch-naturwissenschaftlichen Fächer vergleichsweise hohe Gesamtpunktzahlen und (von der Fakultät für Biologie abgesehen) einen geringen

Frauenanteil aufweisen, so daß die Kurven von Merkmal 11 nach Merkmal 12 einen Ausschlag nach unten zeigen. Die Profilkurven in Abbildung 6.12 (RHYSV) springen an dieser Stelle gerade nach oben, deuten also eine niedrige Gesamtpunktzahl und einen hohen Frauenanteil an. Besonders auffällig ist auch die Profilkurve für die philosophische Fakultät, deren Studenten bei den Merkmalen 5 bis 10 vergleichsweise gut abschneiden und die Studenten anderer Fakultäten mitunter deutlich dominieren. Schließlich sei erwähnt, daß naturgemäß insbesonderer Mathematiker, Physiker und Chemiker vergleichsweise hohe Ausprägungen im Bereich der Merkmale 13 bis 17 aufweisen. Insgesamt sind die fakultätsspezifischen Noten- und Präferenzprofile aber so unterschiedlich, daß keine allzu deutliche Gruppierungen oder Profilkurven zu erkennen sind. ⊠

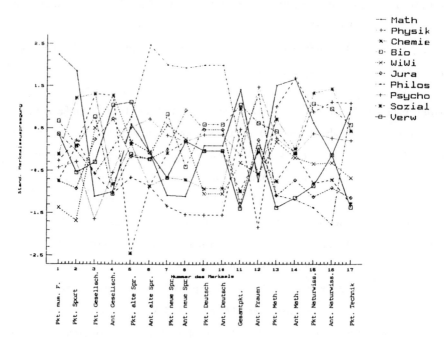

Abbildung 6.10: Profilkurven für 10 Fakultäten

Orthogonalreihen (nach D. Andrews)

Wie bei Profilkurven entspricht auch bei den von *Andrews* vorgeschlagenen *Orthogonalreihen* jeder Beobachtung eine Kurve. Hier werden jedoch anstelle der Polygonzüge glatte Sinus- und Cosinus-Funktionen zur Darstellung der mehrdimensionalen Merkmalsausprägungen ver-

6.3. DARSTELLUNG HÖHERDIMENSIONALER DATEN (P > 2)

Tabelle 6.11: Zuordnung der Merkmale zu Gesichtszügen, Numerierung der Merkmale für Profilkurven und Andrews' waves

Nr.	Gesichtszug	Merkmal	Nr. für Profilkurven und Andrews'waves
1	Größe der Augen	Anteil Deutsch	10
2	Größe der Pupillen	Punktzahl Deutsch	9
3	Position der Pupillen	——	–
4	Winkel der Augen	Punktzahl Technik	17
5	horizontale Position der Augen	Punktzahl neue Sprachen	7
6	vertikale Position der Augen	Punktzahl alte Sprachen	5
7	Krümmung der Augenbrauen	Anteil Naturwissenschaften	16
8	Intensität der Augenbrauen	Punktzahl Naturwissenschaften	15
9	horizontale Position der Augenbrauen	Anteil neue Sprachen	8
10	vertikale Position der Augenbrauen	Anteil alte Sprachen	6
11	obere Haarlinie	Frauenanteil	12
12	untere Haarlinie	Anteil Gesellschaftswissenschaften	4
13	Gesichtsfülle	Gesamtpunkte	11
14	Intensität der Haarschattierung	Punktzahl musische Fächer	1
15	Winkel der Haarschattierung	Punktzahl Gesellschaftswissenschaften	3
16	Breite der Nase	Punktzahl Sport	2
17	Größe des Mundes	Anteil Mathematik	14
18	Krümmung des Mundes	Punktzahl Mathematik	13

Abbildung 6.11: Profilkurven für Fakultäten Mathematik (M), Physik (P), Chemie (C), Biologie (B), Wirtschaftswiss. (W)

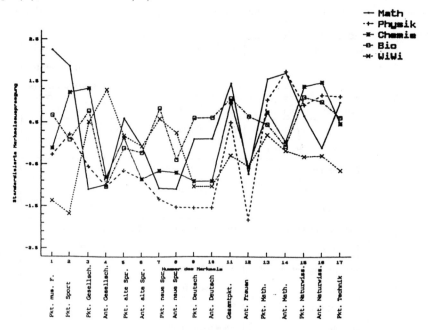

Abbildung 6.12: Profilkurven für Fakultäten Rechtswiss. (R), Philosophie (H), Psychologie (Y), Sozialwiss. (S), Verw.wiss. (V)

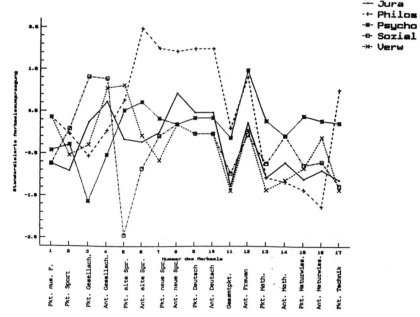

6.3. DARSTELLUNG HÖHERDIMENSIONALER DATEN (P > 2)

wendet. Für die i-te Untersuchungseinheit wird die Wellenfunktion

$$\varphi_i(t) = x_{i1}\frac{1}{\sqrt{2}} + x_{i2}\sin t + x_{i3}\cos t + x_{i4}\sin 2t + \ldots$$

gezeichnet. Andrews' waves eignen sich im allgemeinen eher zur Identifikation und zur Diskriminierung von Objektgruppen. Auch hier ist in der Regel eine Standardisierung (vgl. (5.1) und (6.1)) sinnvoll.

Beispiel 6.12 Wiederum soll der Datensatz der fakultätsspezifischen Abiturleistungen und -präferenzen aus Beispiel 6.4 (vgl. Tabelle 6.8) untersucht werden. Abbildung 6.13 enthält für jede Fakultät (oder Fachgruppe) eine Andrews' wave der Form

$$\begin{aligned} f(t) = & \frac{1}{\sqrt{2}}y_{12} + y_{11}\sin t + y_{13}\cos t + y_{15}\sin(2t) \\ & + y_3\cos(2t) + y_9\sin(3t) + y_7\cos(3t) + y_6\sin(4t), \end{aligned}$$

wobei die Indizes der in Tabelle 6.11 aufgeführten Nummern entsprechen. Dabei wurden hochkorrelierte Merkmale in unmittelbarer Nachbarschaft gruppiert und stark diskriminierende Merkmale den extremen Frequenzen zugeordnet. In Abbildung 6.13 sind die mathematischen und naturwissenschaftlichen Fakultäten durch durchgezogene und die anderen durch gepunktete Linien gziechnet. Dennoch ergeben sich auch hierbei keine allzu deutlich diskriminierenden Kurven. Wiederum sind die Fakultätsprofile auch innerhalb der beiden Gruppen zu heterogen, als daß sich zwei einheitliche Strukturen herauskristallisieren ließen. Daß es mit Hilfe von Andrews' waves aber durchaus möglich ist, Gruppen unterschiedlicher Objekte zu erkennen, zeigen Embrechts und Herzog (1991), indem sie diese graphische Methode unter anderem auf R.A. Fisher's (1963) berühmten Irisblüten-Datensatz anwenden. Tatsächlich lassen sich anhand der Andrews' waves, die auf der Basis der Messungen an den Blüten von drei Irissorten bestimmt wurden, die drei untersuchten Sorten gut diskriminieren. ⋈

Flury-Riedwyl Gesichter

Bei Flury-Riedwyl Gesichtern wird jedes Objekt durch ein typisches Gesicht dargestellt, in dem die Merkmale bestimmten Gesichtsteilen zugeordnet sind, welche entsprechend der

206 KAPITEL 6. GRAPHISCHE DARSTELLUNGEN MULTIVARIATER DATEN

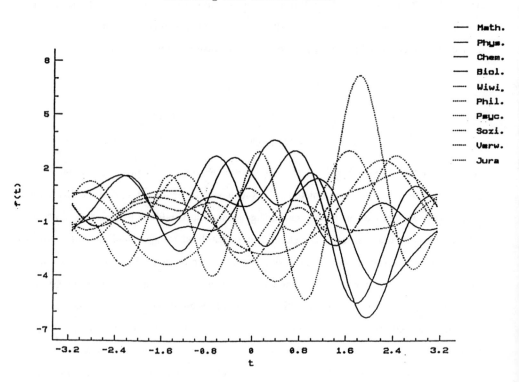

Abbildung 6.13: Andrews' waves

6.3. DARSTELLUNG HÖHERDIMENSIONALER DATEN (P > 2)

Ausprägung der Merkmale variieren. Die Repräsentation von Objekten durch Gesichter, deren Züge die Merkmalsausprägungen widerspiegeln, wurde erstmals von Chernoff (1971, 1973) vorgeschlagen. Flury und Riedwyl (1981) kritiesieren diese sogenannten Chernofffaces, da es nicht möglich ist, die Gesichtsteile unabhängig voneinander zu variieren und entwickeln ihrerseits Darstellungen, die diesen Nachteil nicht aufweisen. Mit Hilfe von Flury-Riedwyl-Gesichtern können bis zu 36 Merkmale (18 je Gesichtshälfte) dargestellt werden. Die entsprechenden Gesichtsteile sind in Tabelle 6.11 aufgeführt.

Beispiel 6.13 Wie in den letzten beiden Beispielen werden Flury-Riedwyl Gesichter für den Datensatz der fakultätsspezifischen Abiturleistungen und -präferenzen aus Beispiel 6.4 (vgl. Tabelle 6.8) erstellt.[1] Die Ausprägungen (Durchschnittspunkte und Anteile) werden in Zahlen zwischen Null und Eins umgerechnet, welche die Variation des Gesichtsteils steuern. Die Gesichter, in denen alle Variablen auf Null bzw. Eins gesetzt sind, sind in Abbildung 6.15 wiedergegeben. Für die Punktzahlen wird die maximale (x_{max}) und minimale (x_{min}) Punktzahl aller 215 Studenten in der jeweiligen Fächergruppe gebildet und der den Gesichtszug steuernde Parameter über

$$\frac{\text{fakultätsspezifische Durchschnittspunktzahl} - x_{min}}{x_{max} - x_{min}}$$

berechnet. Für die Anteile wird Minimum und Maximum aus den fakultätsspezifischen Anteilen bestimmt und analog zu oben verfahren. Die Flury-Riedwyl-Gesichter sind in Abbildung 6.14 dargestellt.

Es wurde versucht, stark differenzierende oder wichtige Merkmale mit wesentlichen Gesichtszügen zu verbinden. Die Anteile der Studenten, die ein Fach als Leistungskurs wählten und die Durchschnittspunktzahlen in diesem Fach werden in der Regel zwei unterschiedlichen Details desselben Gesichtsteils zugewiesen. So repräsentieren etwa Krümmung und Größe des Mundes die durchschnittliche Punktzahl und den Leistungskursanteil im Fach Mathematik, die Größe der Pupillen und der Augen die durchschnittliche Punktzahl und den Leistungskursanteil im Fach Deutsch. Man erkennt eine deutliche Differenzierung der Fakultätsgesichter bezüglich dieser Merkmale. Mathematiker und Physiker haben dick ausgeprägte Lippen und lächeln. Da sie Deutsch nur selten als Leistungskurs gewählt haben, besitzen sie kleine schlitzförmige Augen, obwohl auch sie keine schlechten Deutschnoten erzielten. Insbesondere die Physiker zeichnen sich durch fehlende Haarpracht aus. Sie haben

---

[1] Die Autoren danken Herrn Prof. Dr. H. Riedwyl, Bern, für die Überlassung des Computer-Programms.

Abbildung 6.14: Fakultätsspezifische Flury-Riedwyl-Gesichter

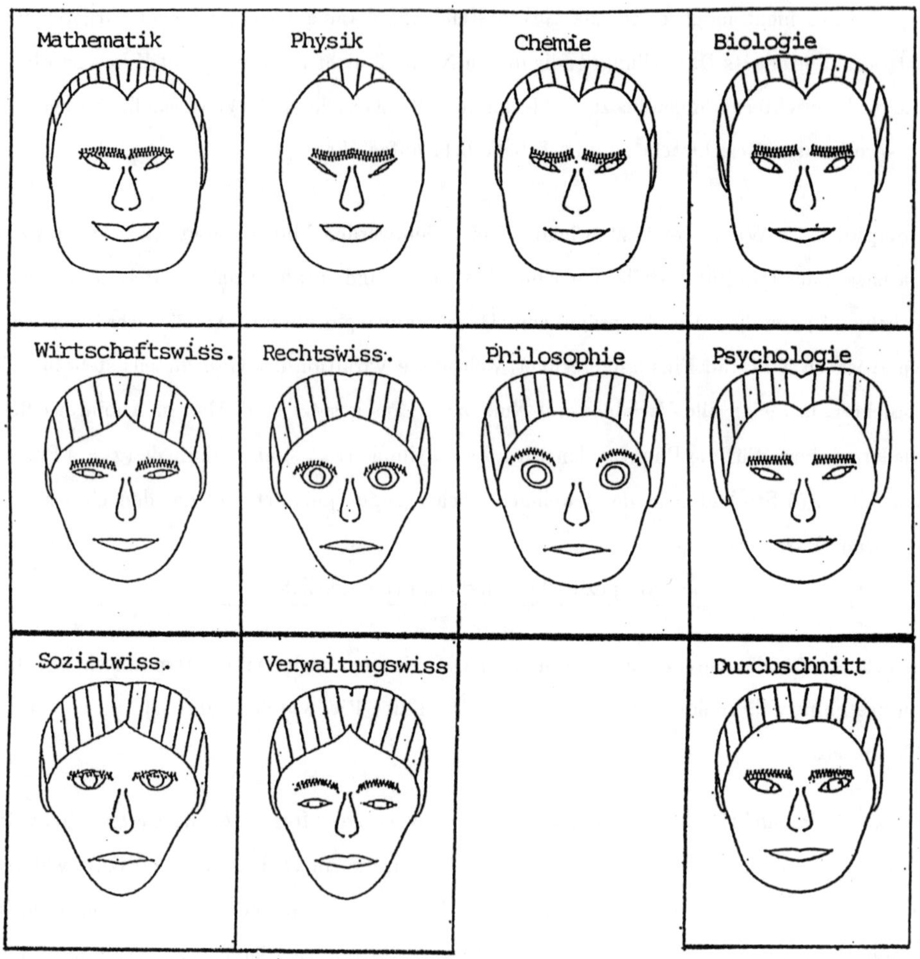

Abbildung 6.15: Gegenüberstellung der extremen und durchschnittlichen Ausprägungen einzelner Gesichtszüge der Flury-Riedwyl-Gesichter

weder Präferenzen für gesellschaftswissenschaftliche Leistungskurse (untere Haarlinie), noch gibt es viele Frauen in ihren Reihen (obere Haarlinie). Einen ganz anderen Eindruck vermitteln die Geisteswissenschafter. Vor allem die Juristen und Philosophen zeichnen sich durch fehlende Neigung und geringe Punktzahlen in Mathematik (Breite und Krümmung des Mundes) und Präferenzen für das Leistungsfach Deutsch (große, weit aufgerissene Augen) aus. Der üppige Haarwuchs weißt auf einen hohen Frauenanteil und auf eine Vorliebe für gesellschaftswissenschaftliche Leistungskurse hin. In analoger Weise können die anderen Gesichtszüge und die Gesichter anderer Fakultäten interpretiert werden. Sehr aufschlußreich sind hierbei auch die Gesamtpunktzahlen, die durch die Gesichtsfülle repräsentiert werden. Diese und andere Detailinterpretationen mögen jedoch dem Leser überlassen bleiben. Dabei erweist sich ein Vergleich mit den in Abbildung 6.15 dargestellten extremen Gesichtern (jede Ausprägung nimmt ihr Minimum bzw. ihr Maximum an) und dem Durchschnittsgesicht, das den Durchschnittsausprägungen aller erhobenen Studenten entspricht, als hilfreich. ⋈

Sternen-Plots (Star-Symbol-Plots)

Anstelle eines Gesichts wird in *Sternen-Plots (Star-Symbol-Plots)* (vgl. Chambers, Cleveland, Kleiner und Tukey, 1983) für jeden Beobachtungsvektor ein "Stern" gezeichnet. Jeder Stern besteht aus mehreren Strahlen, die von einem zentralen Punkt ausgehen und den Wert einer Variablen repräsentieren. Die erste Variable wird durch einen Strahl in Westrichtung dargestellt, und die weiteren folgen nacheinander entgegen der Uhrzeigerrichtung, wobei der Winkel zwischen benachbarten Strahlen konstant (also gleich $360°/p$) ist. Der kürzeste Strahl in einer Richtung stellt die kleinste Ausprägung der zugehörigen Variablen unter allen Objekten, der längste Strahl die größte Ausprägung dar. Die Enden der Strahlen werden durch Linien verbunden, so daß insgesamt für jede Beobachtung ein Polygon entsteht. Der kleinste und der größte Wert unter allen Daten bestimmen die Längen des kürzesten und des längsten Strahles überhaupt. Daher sollten auch hier die standardisierten Daten verwendet werden. Sternenplots haben gegenüber Flury-Riedwyl Gesichtern den Vorteil, daß ihr Aussehen nicht wesentlich von der Zuordnung der Merkmale abhängt.

Beispiel 6.14 Für dieselben Merkmale, die zur Berechnung der Andrew's waves (vgl. Beispiel 6.13) verwendet wurden, sind für alle 10 Fakultäten (bzw. Fachgruppen) der Universität Konstanz Sternen-Plots berechnet und in Abbildung 6.16 eingezeichnet worden. Die Daten sind vorher standardisiert worden. Die Merkmalszuordnungen findet man in Abbildung 6.17. Mit ihrer Hilfe ist es leicht möglich, die Fakultäten bezüglich der Abiturleistungsprofile ihrer Studenten zu vergleichen. Im Norden- und Nordosten sind die Punktezahlen in den mathematisch-naturwissenschaftlichen Fächer angeordnet. Hier weisen Mathematik-, Physik-, Chemie- und Biologiestudenten die längsten Strahlen auf. Dagegen punkteten Studenten der Verwaltungs- und Wirtschaftswissenschaften eher in gesellschaftswissenschaftlichen Fächern, welches sich durch einen langen Strahl in Ostrichtung ausdrückt. Weitere Interpretationen bleiben auch hier dem Leser überlassen. ⋈

Sonnenstrahl-Plots (Sun-Ray Plots)

Sonnenstrahl-Plots (Sun-Ray Plots) (vgl. auch hier Chambers, Cleveland, Kleiner und Tukey, 1983) bestehen wie Sternen-Plots aus p Strahlen, die von einem zentralen Punkt ausgehen

6.3. DARSTELLUNG HÖHERDIMENSIONALER DATEN (P > 2)

Abbildung 6.16: Sternen-Plot von fakultätsspezifischen Abiturleistungen und dem Anteil von Studentinnen für 10 Fakultäten der Universität Konstanz

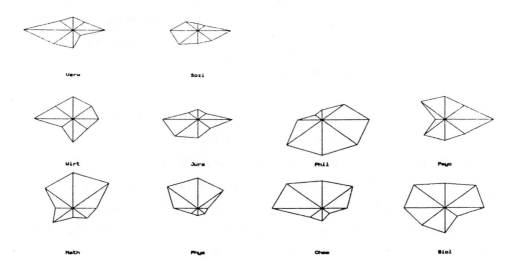

Abbildung 6.17: Merkmalszuordnungen für Sternen- und Sonnenstrahl-Plot

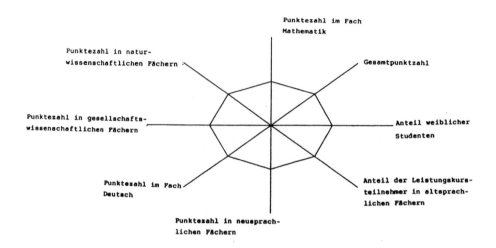

und die Ausprägungen der Variablen repräsentieren. Dabei entspricht der Mittelpunkt eines jeden Strahls dem arithmetischen Mittel und dessen Länge dem γ-fachen der doppelten Standardabweichung der Beobachtungen der zugehörigen Variablen. (In aller Regel liefern hier Werte von $\gamma = 2$ oder von $\gamma = 3$ befriedigende Resultate.) Die Datenwerte werden auf den Strahlen markiert und wiederum durch einen Polygonzug verbunden. Mit Hilfe von Sonnenstrahl-Plots kann also von jedem Objekt ausgesagt werden, in welchen Variablen es höhere oder geringer Werte aufweist als der Durchschnitt.

Beispiel 6.15 Anstelle der im Beispiel 6.14 behandelten Sternen-Plots sind mit Hilfe der gleichen Daten Sonnenstrahl-Plots berechnet und in in Abbildung 6.18 dargestellt worden. Die Variablenzuordnung stimmt mit derjenigen der Sternen-Plots überein und kann somit in Abbildung 6.17 abgelesen werden. Wegen der starken Niveau- und Streuungsunterschied wurden wiederum standardisierte Daten benutzt, so daß alle Strahlen dieselbe Länge besitzen. Der Parameter γ wurde auf 3 gesetzt. Die vielfältigen Interpretationsmöglichkeiten sind anhand der Sternen-Plots (vgl. Beispiel 6.14) bereits angedeutet worden. Hier können etwa Aussagen der folgenden Form gemacht werden: Physikstudenten liegen über dem Durchschnitt aller Fakultäten, was ihre Noten in Mathematik und in naturwissenschaftlichen Fächer anbetrifft. Philosophiestudenten belegten zu einem vergleichsweise sehr hohen Anteil altsprachliche Leistungskurse.

Abbildung 6.18: Sonnestrahlen-Plot von fakultätsspezifischen Abiturleistungen und dem Anteil von Studentinnen für 10 Fakultäten der Universität Konstanz

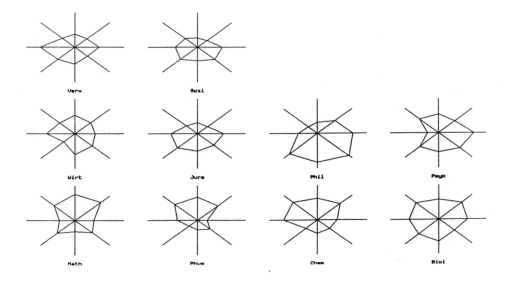

Kapitel 7

Lage, Streuung und Zusammenhangsanalyse multivariater Daten

Zunächst ist festzuhalten, daß die in Kapitel 4 eingeführten Parameter zur Beschreibung univariater Daten natürlich auch direkt anwendbar sind auf die eindimensionalen Randverteilungen und auf die eindimensionalen bedingten Verteilungen eines multivariaten Datensatzes. So kann etwa ein Vergleich der Parameter von bedingten Verteilungen schon wertvolle Hinweise auf das Bestehen eventueller Zusammenhänge sowie auf die Art solcher Zusammenhänge zwischen einzelnen Variablen geben.

Im folgenden werden einige Maßzahlen zur Charakterisierung der Lage und der gemeinsamen Streuung vorgestellt. Gesucht ist dabei eine Festlegung der Mitte und eine Beschreibung der Ausdehnung der durch die Daten gegebenen p-dimensionalen Punktwolke. Dabei wird davon ausgegangen, daß in jeder Variablen (Komponente der Beobachtungsvektoren) gleichviele, nämlich n, Beobachtungen vorliegen.

7.1 Lagemaße

In Abschnitt 4.1 wurde als wesentliche Forderung an einen Lageparameter T zur Beschreibung univariater Daten die Translationsäquivarianz eingeführt. Dem entspricht bei einem multivariaten Datensatz die Forderung, daß ein die Mitte der Punktwolke" charakterisierender Punkt nicht von der Wahl des Koordinatensystems abhängen sollte. Ist $\mathbf{y}_k = \mathbf{a} + \mathbf{B}\mathbf{x}_k$, $k = 1\ldots,n$, eine Transformation der Daten mit einer regulären pxp-Matrix B (eine sog. affine Transformation) und $\mathbf{y} = (\mathbf{y}_1, \ldots \mathbf{y}_n)'$, so soll für einen multivariaten Lagevektor **T** gelten:

$$\mathbf{T}(\mathbf{y}) = \mathbf{a} + \mathbf{B}\mathbf{T}(\mathbf{x}).$$

Diese Eigenschaft wird als *affine Äquivarianz* bezeichnet. Es wird sich herausstellen, daß diese Forderung bei der Übertragung einiger Konzepte aus der univariaten Statistik zu Problemen führt. Als univariate Lagemaße wurden in Abschnitt 4.1 unter anderem eingeführt der Modus, das arithmetische Mittel, die auf einem Ordnen der Daten basierenden Quantile, insbesondere der Median sowie die Ausreißer-resistenten Varianten des arithmetischen Mittels, das getrimmte und das winsorisierte Mittel. Da sich ein multivariater Datensatz nicht so ohne weiteres ordnen läßt wie ein Vektor reeller Zahlen, lassen sich nur der Modus und das arithmetische Mittel ohne weitere Überlegungen auf multivariate Daten übertragen.

Der Modus

Sind alle Variablen (Komponenten des Merkmalsvektors) diskret bzw. nominal oder ordinal skaliert, so ist der Modus definiert als die am häufigsten vorkommende Merkmalskombination. Die Definition ist auch anwendbar bei teils stetigen, teils diskreten Merkmalskomponenten, wenn die stetigen Variablen in Klassen aufgeteilt sind. Sind alle Variablen stetig, so ist der Modus der Punkt mit der größten gemeinsamen Häufigkeitsdichte bzw. der Mittelpunkt des entsprechenden Merkmalsrechtecks bzw. -quaders bei Klassenbildungen. Der Modus ist, wie man leicht sieht, affin äquivariant.

Beispiel 7.1 Der Modus der gemeinsamen Verteilung der mittleren Januar- und Junitemperaturen in 42 deutschen Städten ist als der Mittelpunkt des Rechteckes definiert, über dem das in Abbildung 6.5 dargestellte Histogramm für bivariate Daten maximal ist. Die Klassengrenzen, die dieses Rechteck beschreiben, sind für die Januartemperaturen durch $u_2 = -0.8$ und $u_3 = 0.8$ gegeben und für die Julitemperaturen durch $u_2 = 16.4$ und $v_3 = 17.6$ (vgl. auch Beispiel 6.6). Der Modus liegt demnach bei (0.0, 17.0). Man beachte, daß der so berechnete

7.1. LAGEMAßE

Modus von der Klassenwahl abhängt. ⋈

Beispiel 7.2 Der Modus der Straftaten gegen die sexuelle Selbstbestimmung (vgl. Tabelle 6.2) liegt mit 3 911 Fällen in der Ortsgrößenklasse 20 000 bis 100 000 und bei der Straftat ßexueller Mißbrauch von Kindern". ⋈

Der Schwerpunkt

Der *Schwerpunkt*

$$\bar{\mathbf{x}} = (\bar{x}_1, \bar{x}_2, \ldots, \bar{x}_p)'$$

ist der Vektor der arithmetischen Mittel der p Randverteilungen. Der Schwerpunkt hat folgende Eigenschaften:

(a) Er ist affin äquivariant und

(b) er minimiert die Summe der euklidischen Abstandsquadrate,

$$\sum_{k=1}^{n} \|\mathbf{x}_k - \bar{\mathbf{x}}\|^2 \leq \sum_{k=1}^{n} \|\mathbf{x}_k - \mathbf{x}_0\|^2 \quad \text{für alle} \quad \mathbf{x}_0 \in \mathbb{R}^p,$$

wobei $\|\mathbf{x}\|^2 = \sum_{i=1}^{p} x_i^2$.

$\bar{\mathbf{x}}$ hat für $p = 2$ ($p = 3$) die anschauliche Interpretation als Schwerpunkt einer physikalischen Massenverteilung. Jede durch diesen Punkt gehende Linie (Ebene) ist eine sogenannte Schwerelinie.

Der Schwerpunkt ist, wie seine Komponenten, sehr anfällig gegenüber Ausreißern. Dabei sind, etwas vage formuliert, bei multivariaten Daten solche Beobachtungspunkte als Ausreißer anzusehen, die deutlich außerhalb der von der überwiegenden Mehrzahl der Daten gebildeten Punktwolke liegen.

Ausreißer sind in multivariaten Daten wesentlich schwieriger auszumachen als in univariaten Daten, da solche Punkte in keiner der p Randverteilungen auffällig zu sein brauchen.

Für $p = 2$ können Ausreißer durch Betrachtung des Scatterplots noch visuell entdeckt werden.

Abbildung 7.1: Schwerpunkt (•) der Januar- und Julitemperaturen

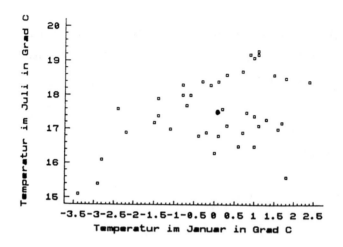

Dies ist mit geeigneter Computer-Graphik - durch Darstellung und Rotation der Punktwolke im $\mathbb{R}^3$ auch noch für $p = 3$ prinzipiell möglich. Für $p > 3$ versagen jedoch visuelle Verfahren. Daher muß bei multivariaten Daten nach anderen Methoden zur Erkennung von Ausreißern bzw. auffälligen Daten gesucht werden. Wir werden in Abschnitt 7.3 darauf zurückkommen.

Beispiel 7.3 Das arithmetische Mittel der Januartemperaturen berechnet sich aus den in Tabelle 3.7 aufgeführten Originaldaten zu $\bar{x}_1 = 0.026°C$ (vgl. auch Tabelle 4.9). Für die Julitemperaturen erhält man entsprechend $\bar{x}_2 = 17.545°C$. Somit liegt der Schwerpunkt der gemeinsamen Verteilung von Januar- und Julitemperaturen bei $(\bar{x}_1, \bar{x}_2) = (0.026, 17.545)$. In Abbildung 7.1 ist in das Streudiagramm der Januar- und Julitemperaturen der Schwerpunkt als Schnittpunkt der beiden Schwerelinien eingezeichnet.

⋈

Der Medianpunkt

Das univariate Konzept des Medians beruht auf einer Ordnung der Daten nach ihrer Größe und der Angabe einer mittleren Beobachtung. Da sich multivariate Daten im allgemeinen

7.1. LAGEMAßE

nicht einfach ordnen lassen, könnte man daran denken, entsprechend dem Konzept beim Schwerpunkt den Vektor der Mediane der p Randverteilungen,

$$\tilde{\mathbf{x}} = (\tilde{x}_1, \ldots, \tilde{x}_p)'$$

als Datenmittelpunkt zu nehmen. In der Tat ist dieser *Medianpunkt*, der Vektor der koordinatenweisen Mediane, das erste in der Literatur anzutreffende multivariate Mediankonzept. Als man sich um die Jahrhundertwende dafür interessierte, Bevölkerungsbewegungen in den USA durch Veränderungen eines geographischen Bevölkerungsmittelpunktes zu studieren (dabei wurde vereinfachend das System der Längen- und Breitengrade als ein rechtwinkliges Koordinatensystem angesehen), wurde der räumliche Bevölkerungsschwerpunkt als eine ungeeignete Maßzahl angesehen, da er vom Tod eines Bürgers am Rande des Landes stärker beeinflußt wird als vom Tod eines Bürgers irgendwo in der Mitte. Stattdessen wurde der Medianpunkt $\tilde{\mathbf{x}}$ berechnet.

Der Nachteil der Abhängigkeit von $\tilde{\mathbf{x}}$ von der Wahl des rechtwinkligen Koordinatensystems wurde dabei aber durchaus erkannt. Der Medianpunkt hat folgende Eigenschaften:

(a) Er ist translationsäquivariant, d.h. für

$$\begin{aligned} \mathbf{y}_k &= \mathbf{x}_k + \mathbf{a}, k = 1, 2, \ldots, n, \quad \text{gilt} \\ \tilde{\mathbf{y}} &= \tilde{\mathbf{x}} + \mathbf{a} \end{aligned}$$

(b) Er hängt vom gewählten rechtwinkligen Koordinatensystem ab und ist damit nicht rotationsäquivariant (und natürlich erst recht nicht affin-äquivariant).

(c) Er minimiert die Summe der Abstände, wenn diese parallel zu den Koordinatenachsen gemessen werden, d.h. mit

$$\|\mathbf{x} - \mathbf{y}\|_* = \sum_{i=1}^{p} |x_i - y_i| \quad \text{gilt} \quad \sum_{k=1}^{n} \|\mathbf{x}_k - \tilde{\mathbf{x}}\|_* \leq \sum_{k=1}^{n} \|\mathbf{x}_k - \mathbf{x}_0\|_*$$

für alle $\mathbf{x}_0 \in \mathbb{R}^p$.

Da in vielen Städten in den USA die Straßen rechtwinklig zueinander angelegt sind, wird $\|\cdot\|_*$ auch als "Cityblockmetrik" bezeichnet.

(d) Der Medianpunkt ist im allgemeinen kein Datenpunkt (ebenso wie der Schwerpunkt), ja er kann für $p \geq 3$ sogar völlig außerhalb der durch die Daten beschriebenen Punktwolke liegen.

Abbildung 7.2: Streudiagramm der Januar- und Julitemperaturen mit Medianlinien

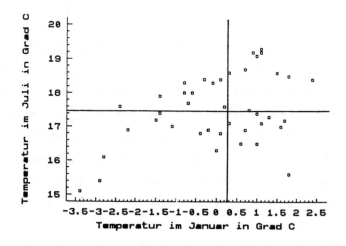

(e) Der Medianpunkt ist Schnittpunkt achsenparalleler Medianlinien (-ebenen, -hyperebenen), durch die abgeschlossene Halbebenen (Halbräume) definiert werden, in denen $[(n+1)/2]$ Datenpunkte liegen.

(f) Der Medianpunkt ist robust gegenüber Ausreißern.

Das Konzept des Medianpunktes läßt sich übertragen auf einen Vektor koordinatenweiser α-Quantile,

$$\tilde{\mathbf{x}}_\alpha = (\tilde{x}_{1\alpha}, \tilde{x}_{2\alpha}, \ldots, \tilde{x}_{p\alpha})'$$

und entsprechender α-Quantilslinien (-ebenen).
Darauf soll hier jedoch nicht weiter eingegangen werden.

Beispiel 7.4 Der Mediane der Januartemperaturen und der Julitemperaturen berechnen sich zu 0.25 und 17.45, so daß $(\tilde{x}_1, \tilde{x}_2) = (0.25, 17.45)$ gilt. Dieser Medianpunkt ist als Schnittpunkt der beiden achsenparallelen Medianlinien in das Streudiagramm 7.2 eingetragen.

Der Zentralpunkt (L_1-Median, Räumlicher Median)

Der Zentralpunkt wurde als erstes von A. Weber (1909) vorgeschlagen, der das Problem untersuchte, einen kostengünstigen Standort für ein Warenhaus zu finden, das n Kunden mit den Ortskoordinaten $\mathbf{x}_1, \mathbf{x}_2, \ldots, \mathbf{x}_n$ zu bedienen hat.

Der Zentralpunkt $\tilde{\tilde{\mathbf{x}}}$ ist derjenige Punkt, der die Summe der euklidischen Abstände minimiert, d.h. mit

$$\|\mathbf{x} - \mathbf{y}\| = \left(\sum_{i=1}^{p}(x_i - y_i)^2\right)^{\frac{1}{2}}$$

ist $\tilde{\tilde{\mathbf{x}}}$ implizit definiert als Lösung des Minimierungsproblems

$$\sum_{k=1}^{n}\|\mathbf{x}_k - \mathbf{x}\| \to \min_{\mathbf{x}\in\mathbb{R}^p}.$$

$\tilde{\tilde{\mathbf{x}}}$ ist also nicht explizit angebbar, sondern Lösung eines Minimierungsalgorithmus, wozu allerdings mehrere Verfahren zur Verfügung stehen. Wegen der obigen Eigenschaft wird $\tilde{\tilde{\mathbf{x}}}$ auch als L_1-*Median* oder (für $p = 2$) *räumlicher Median* bezeichnet.

$\tilde{\tilde{\mathbf{x}}}$ ist nicht äquivariant gegenüber allen affinen Transformationen, sondern nur dann, wenn in $\mathbf{y}_k = \mathbf{a} + \mathbf{B}\mathbf{x}_n$, $k = 1, \ldots, n$, $\mathbf{B}$ eine orthogonale Matrix (d.h. $\mathbf{B}' = \mathbf{B}^{-1}$) ist (orthogonale Transformation). Zu solchen Transformationen gehören Translationen, Rotationen des Koordiantensystems und Reflexionen. Orthogonale Äquivarianz dürfte ausreichend sein, wenn die einzelnen Variablen in denselben physikalischen Einheiten gemessen werden. Man sollte jedoch vorsichtig sein bei der Interpretation der Resultate, wenn die Beobachtungsvektoren Variablen unterschiedlichen Typs enthalten, zum Beispiel wenn Entfernungen und Benzinverbrauch in Miles und Gallons oder in Kilometern und Litern gemessen werden.

Der Zentralpunkt ist nicht resistent gegenüber Ausreißern. Er reagiert jedoch, da Abstände und nicht Abstandsquadrate betrachtet werden, weniger stark auf Ausreißer als der Schwerpunkt.

Schließlich ist der Zentralpunkt eindeutig bestimmt, falls die Dimension der durch die Daten gegebenen Punktwolke mindestens gleich 2 beträgt. (Liegen alle Punkte auf einer Geraden, dann fällt der Zentralpunkt mit dem Medianpunkt zusammen und braucht somit nicht eindeutig bestimmt zu sein.)

7.2 Streuungsmaße

Die Kovarianz und der Korrelationskoeffizient

Auf die eindimensionalen Rand- oder bedingten Verteilungen lassen sich alle Überlegungen bezüglich univariater Daten übertragen. Somit sind alle in den Abschnitt 4.2 und 4.3 eingeführten Maßzahlen der Streuung, der Schiefe und der Wölbung hier zu verwenden.

Von vorrangigen Interesse bei mehrdimensionalen Daten sind jedoch Maße, die die Stärke des Zusammenhangs der metrischen Beobachtungspaare $(x_1, y_1), \ldots, (x_n, y_n)$ im Streuungsdiagramm zum Ausdruck bringen. Ein dazu geeignetes Maß ist die *empirische Kovarianz*

$$\sigma_{XY} = \frac{1}{n} \sum_{i=1}^{n} (x_i - \bar{x})(y_i - \bar{y}) = \frac{1}{n} \sum_{i=1}^{n} x_i y_i - \bar{x}\bar{y} \qquad (7.1)$$

bzw.

$$\sigma_{XY} = \frac{1}{n} \sum_{i=1}^{k} \sum_{j=1}^{m} (a_i - \bar{x})(b_j - \bar{y}) n_{ij} = \frac{1}{n} \sum_{i=1}^{k} \sum_{j=1}^{l} a_i b_i n_{ij} - \bar{x}\bar{y}$$

im Falle einer $k \times m$-Feldertafel mit den Ausprägungen a_i, $i = 1, \ldots, k$ (bzw. Gruppenmitten) für X und b_j, $j = 1, \ldots, m$ (bzw. Gruppenmitten) für Y und den Felderbesetzungszahlen n_{ij}.

Überlegungen der schließenden Statistik, auf die hier nicht eingegangen werden soll, legen es nahe, bei einer Zufallsstichprobe durch $n - 1$ anstatt durch n zu dividieren.

Die Kovarianz kann als Zusammenhangsmaß wie folgt motiviert werden. In Abbildung 7.3 sind neben einer Punktwolke zwei Linien durch den Schwerpunkt parallel zur x- bzw. y-Achse eingezeichnet. Haben die Messungen (x_i, y_i) eine gemeinsame Tendenz, d.h. gehen große (kleine) Ausprägungen des Merkmals X mit großen (kleinen) Ausprägungen des Merkmals Y einher, so fallen die meisten Beobachtungen in den nordöstlichen und in den südwestlichen Quadranten. In diesen Quadranten gilt $(x_i - \bar{x})(y_i - \bar{y}) > 0$ und somit liefern die Punkte darin positive Beiträge zur Kovarianz. Bei einem negativen Zusammenhang korrespondieren kleine (große) Ausprägungen des Merkmals X mit großen (kleinen) Ausprägungen des Merkmals Y, und somit liegen die meisten Beobachtungspunkte im nordwestlichen und südöstlichen Quadranten. In diesem gilt $(x_i - \bar{x})(y_i - \bar{y}) < 0$, so daß die Punkte darin einen negativen Beitrag zur Kovarianz liefern. Daher ist die Kovarianz bei gleichgerichteten Zusammenhängen positiv

Abbildung 7.3: Berechnung der empirischen Kovarianz

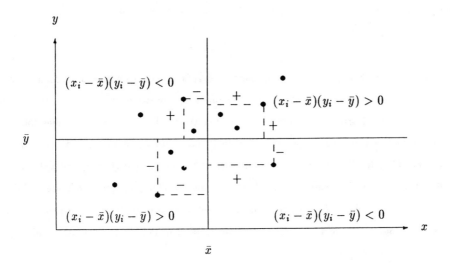

und bei gegengerichteten Zusammenhängen negativ. Streuen die Punkte ohne erkennbaren Zusammenhang, so verteilen sich die Beobachtungen "gleichmäßig" über die vier Quadranten. Dann heben sich positive und negative Summanden in etwa auf, und die Kovarianz nimmt Werte um Null an.

Die Kovarianz ist ein nichtnormiertes Maß, hängt also von den Maßeinheiten ab, in denen die Merkmalsausprägungen gemessen sind. Zur Normierung dividiert man durch die Standardabweichungen σ_x und σ_y der Randverteilungen von X bzw. Y. Das so normierte Maß

$$\rho_{XY} = \frac{\sigma_{XY}}{\sigma_X \cdot \sigma_Y} = \frac{s_{XY}}{s_X \cdot s_Y} \qquad (7.2)$$

heißt *Korrelationskoeffizient (nach Bravais-Pearson)* zwischen X und Y.

Dabei ist

$$\sigma_X^2 = \frac{1}{n}\sum_{j=1}^{n}(x_j - \bar{x})^2 \quad \text{bzw.} \quad \sigma_X^2 = \frac{1}{n}\sum_{i=1}^{k}(a_i - \bar{x})^2 n_i.$$

die empirische Varianz des Merkmales X. Die empirische Varianz von Y, σ_Y^2, wird entsprechend definiert.

Aus der *Schwarzschen Ungleichung* $(\sum_{i=1}^{n} u_i v_i)^2 \leq \sum_{i=1}^{n} u_i^2 \cdot \sum_{i=1}^{n} v_i^2$ folgt $\sigma_{XY}^2 \leq \sigma_X^2 \times \sigma_Y^2$, wenn man $u_i = (x_i - \bar{x})$ und $v_i = (y_i - \bar{y})$ setzt. Dies ist gleichbedeutend mit

$$-1 \leq \rho_{XY} \leq +1.$$

Ist $\rho_{XX} = 0$, so heißen X und Y unkorreliert, andernfalls heißen sie korreliert. Genau dann, wenn die Punkte (x_i, y_i) allesamt auf einer Geraden mit positiver bzw. negativer Steigung liegen, nimmt der Korrelationskoeffizient ρ_{XY} den Wert 1 bzw. -1 an. Auch dies folgt aus der Schwarzschen Ungleichung, bei der Gleichheit dann und nur dann eintritt, wenn u_i und v_i auf einer Geraden liegen. Daß eine streng lineare Beziehung zwischen x_i und y_i $|\rho_{XY}| = 1$ impliziert, möge der Leser einfach durch Einsetzen der Gleichung $y_i = ax_i + b$ in die Definition von ρ_{XY} nachvollziehen. Der Korrelationkoeffizient von Bravais-Pearson wird mit anderen Zusammenhangsmaßen noch einmal im neunten Kapitel behandelt und soll daher hier nicht weiter diskutiert werden.

Die Kovarianz- und die Korrelationsmatrix

Natürlich können Kovarianzen zwischen allen Variablen $X_1, \ldots, X_p$ ausgerechnet werden. Diese trägt man dann in die $p \times p$ *Kovarianzmatrix*

$$\Sigma := \frac{1}{n} \sum_{k=1}^{n} (\mathbf{x}_k - \bar{\mathbf{x}})(\mathbf{x}_k - \bar{\mathbf{x}})' = (\sigma_{ij}) \qquad (7.3)$$

$$\text{bzw.} \quad \mathbf{S} := \frac{1}{n-1} \sum_{k=1}^{n} (\mathbf{x}_k - \bar{\mathbf{x}})(\mathbf{x}_k - \bar{\mathbf{x}})' = (s_{ij})$$

ein. Dabei ist $\sigma_{ij} = \sigma_{X_i X_j}$ für $i \neq j$ die Kovarianz zwischen X_i und X_j und $\sigma_{ii} = \sigma_{X_i X_i}$ die Varianz der Randverteilung von X_i, $i = 1, \ldots, p$, und $s_{ij} = \frac{n}{n-1} \sigma_{ij}$. Die Matrix Σ ($\mathbf{S}$) ist symmetrisch und positiv semidefinit. (d.h. $\mathbf{a}' \Sigma \mathbf{a} \geq 0$ für jeden Vektor $\mathbf{a} \in \mathbb{R}^p$). Gleichermaßen kann die Korrelationsmatrix

$$\mathcal{R} := (\rho_{ij}) := \left(\frac{\sigma_{ij}}{\sqrt{\sigma_{ii} \sigma_{jj}}} \right) \qquad (7.4)$$

definiert werden, die alle paarweisen Korrelationskoeffizienten und auf der Diagonalen Einsen enthält.

Beispiel 7.5 In Abbildung 6.3 (Beispiel 6.4) ist für fakultätsspezifische Durchschnittspunktezahlen und Anteile der Leistungskursteilnehmer für einige Gruppen von Schulfächern sowie der fakultätsspezifische Anteil von Studentinnen eine Scatterplot-Matrix dargestellt. Die Matrix aller zugehörigen paarweisen Kovarianzen ist durch

$$S = \begin{pmatrix} 2053.29 & -3.66 & 91.74 & 55.28 & -1.72 & -5.84 & 17.20 & 25.69 & -1.79 \\ -3.66 & 0.63 & -0.95 & -0.63 & -0.07 & 0.69 & 0.16 & -0.01 & 0,12 \\ 91.74 & -0.95 & 5.64 & 3.19 & -0.15 & -1.31 & 0.58 & 1.11 & -0.21 \\ 55.28 & -0.63 & 3.19 & 2.37 & 0.02 & -0.83 & 0.29 & 0.69 & -0.11 \\ -1.72 & -0.07 & -0.15 & 0.02 & 0.14 & 0.02 & -0.09 & -0.03 & -0.01 \\ -5.84 & 0.69 & -1.30 & -0.83 & 0.02 & 1.44 & -0.16 & -0.41 & 0.16 \\ 17.20 & 0.16 & 0.58 & 0.28 & -0.09 & -0.16 & 0.40 & 0.38 & -0.00 \\ 25.69 & -0.01 & 1.11 & 0.69 & -0.03 & -0.41 & 0.38 & 0.63 & -0.03 \\ -1.79 & 0.12 & -0.21 & -0.11 & -0.01 & 0.16 & -0.00 & -0.03 & 0.03 \end{pmatrix} \begin{matrix} \text{Ges.pkte} \\ \text{Pkte.Deutsch} \\ \text{Pkte.Math.} \\ \text{Pkte.Nat.W.} \\ \text{Pkte.Gesell.} \\ \text{Pkte.Neuspr.} \\ \text{Pkte.Musisch} \\ \text{Pkte.Sport} \\ \text{Frauenant.} \end{matrix}$$

gegeben. Die entsprechenden Korrelationen sind in der folgenden Matrix wiedergegeben:

$$\mathcal{R} = \begin{pmatrix} 1.00 & -0.10 & 0.85 & 0.79 & -0.10 & -0.11 & 0.60 & 0.71 & -0.26 \\ -0.10 & 1.00 & -0.50 & -0.52 & -0.23 & 0.73 & 0.31 & -0.00 & 0.84 \\ 0.85 & -0.50 & 1.00 & 0.85 & -0.17 & -0.46 & 0.39 & 0.59 & -0.51 \\ 0.79 & -0.52 & 0.87 & 1.00 & 0.04 & -0.45 & 0.30 & 0.56 & -0.39 \\ -0.10 & -0.23 & -0.17 & 0.04 & 1.00 & 0.05 & -0.38 & -0.09 & -0.21 \\ -0.11 & 0.73 & -0.46 & -0.45 & 0.05 & 1.00 & -0.20 & -0.43 & 0.77 \\ 0.60 & 0.31 & 0.39 & 0.30 & -0.38 & -0.20 & 1.00 & 0.78 & 0.02 \\ 0.71 & -0.00 & 0.59 & 0.56 & -0.09 & -0.42 & 0.76 & 1.00 & -0.24 \\ -0.26 & 0.84 & -0.51 & -0.39 & -0.21 & 0.77 & -0.02 & -0.24 & 1.00 \end{pmatrix} \begin{matrix} \text{Ges.pkte} \\ \text{Pkte.Deutsch} \\ \text{Pkte.Math.} \\ \text{Pkte.Nat.W.} \\ \text{Pkte.Gesell.} \\ \text{Pkte.Neuspr.} \\ \text{Pkte.Musisch} \\ \text{Pkte.Sport} \\ \text{Frauenant.} \end{matrix}$$

Da Kovarianz- und Korrelationsmatrizen symmetrisch sind, werden in tabellarischen Darstellungen gelegentlich die Eintragungen unterhalb der Hauptdiagonalen weggelassen.

Aus der Korrelationsmatrix geht beispielsweise hervor, daß der Frauenanteil in den Fakultäten positiv mit den Punktezahlen in Deutsch und neuen Sprachen und negativ mit den Punktezahlen in Mathematik und naturwissenschaftlichen Fächern korreliert ist. ⋈

Ein univariates Streuungsmaß kann anschaulich auch interpretiert werden als mittlerer oder "typischer" Abstand zwischen zwei Beobachtungen bzw. als "typische" Länge der Verbindungsstrecke zwischen zwei Beobachtungen. Entsprechend könnte man im bivariaten Fall nach einen "typischen" Flächeninhalt bzw. im Fall $p > 2$ nach einem "typischen" Volumen eines geeignet in die Punktwolke eingepaßten Körpers fragen. Wählt man Ellipsoide als geeignete Körper (diese Wahl wird in der mathematischen Statistik aus der multivariaten Normalverteilung abgeleitet), so erhält man $(\det \Sigma)^{\frac{1}{2}}$ als multivariates Streuungsmaß, denn das Volumen eines (im Kleinstquadratesinn) optimal in die p-variate Punktwolke eingepaßten Ellipsoids mit dem Schwerpunkt $\bar{\mathbf{x}}$ als Zentrum ist proportional zu $(\det \Sigma)^{\frac{1}{2}}$. Dabei bezeichnet $\det \Sigma$ die *Determinante* der Kovarianzmatrix Σ. Deshalb wird der Skalar $\det \Sigma$ als *verallgemeinerte Varianz* bezeichnet. $\det \Sigma$ eignet sich etwa zum Vergleich zweier oder mehrerer homogener Datensätze (d.h. zum Vergleich von Datensätzen, welche dieselben Variablen als Komponenten enthalten).

Ein weiteres multivariates Streuungsmaß ist die Summe der Varianzen der Randverteilungen. Sie wird als *Gesamtvarianz* bezeichnet und ist gleich der Spur von Σ (gleich der Summe der Hauptdiagonalelemente),

$$GV = sp(\Sigma) = \sum_{i=1}^{p} \sigma_i^2$$

mit σ_i^2 als Varianz der Randverteilung der i-ten Komponente.

***Hauptachsen und Hauptkomponenten

Die Gleichung eines in die Punktwolke eingepaßten Ellipsoids ist gegeben durch

$$(\mathbf{x} - \bar{\mathbf{x}})' \Sigma^{-1} (\mathbf{x} - \bar{\mathbf{x}}) = 1.$$

Dabei bezeichnet Σ^{-1} die Inverse der (als positiv definit angenommenen) Kovarianzmatrix Σ.

Für $p = 2$ mit

$$\Sigma = \begin{pmatrix} \sigma_X^2 & \sigma_{XY} \\ \sigma_{XY} & \sigma_Y^2 \end{pmatrix} = \begin{pmatrix} \sigma_X^2 & \varrho_{XY} \sigma_X \sigma_Y \\ \varrho_{XY} \sigma_X \sigma_Y & \sigma_Y^2 \end{pmatrix}$$

ist zum Beispiel die Ellipsengleichung, ausführlich geschrieben

$$\frac{(x - \bar{x})^2}{\sigma_X^2 (1 - \varrho_{XY}^2)} + \frac{(y - \bar{y})^2}{\sigma_Y^2 (1 - \varrho_{XY}^2)} - 2\varrho_{XY} \frac{(x - \bar{x})(y - \bar{y})}{\sigma_X \sigma_Y (1 - \varrho_{XY}^2)} = 1.$$

Für $\varrho_{XY} = 0$ erhält man als Spezialfall eine achsenparallele Ellipse mit Mittelpunkt $\bar{\mathbf{x}} = (\bar{x}, \bar{y})'$. Die Längen der Hauptachsen sind σ_X bzw. σ_Y und die Fläche der Ellipse ist gleich

$\pi \sigma_X \sigma_Y = \pi (\det \Sigma)^{\frac{1}{2}}$. Gilt zusätzlich $\sigma_X = \sigma_Y$, so erhält man einen Kreis um $\bar{x}$ mit Radius σ_X. Vergleicht man statt der ursprünglichen Variablen (x_i, y_i) die standardisierten Variablen $\xi_i = (x_i - \bar{x})/\sigma_X$ und $\eta_i = (y_i - \bar{y})/\sigma_Y$, so gilt

$$\Sigma_{\xi\eta} = \begin{pmatrix} \sigma_X^2 & 0 \\ 0 & \sigma_Y^2 \end{pmatrix}^{-\frac{1}{2}} \Sigma_{XY} \begin{pmatrix} \sigma_X^2 & 0 \\ 0 & \sigma_Y^2 \end{pmatrix}^{-\frac{1}{2}} = \begin{pmatrix} 1 & \varrho_{XY} \\ \varrho_{XY} & 1 \end{pmatrix} = \mathcal{R}_{XY}$$

und die Ellipsengleichung lautet $\xi^2 + \eta^2 - 2\varrho_{XY}\xi\eta = 1$. Die Hauptachsen dieser Ellipse sind gegenüber dem Koordinatensystem um 45° gedreht und haben die Längen $\sqrt{1 + \varrho_{XY}}$ bzw. $\sqrt{1 - \varrho_{XY}}$. Die Fläche beträgt $\pi\sqrt{1 - \varrho_{XY}^2} = \pi(\det \mathcal{R})^{\frac{1}{2}}$. Für $\varrho_{XY} = \pm 1$ degeneriert die Ellipse zu einer Geraden mit Neigung $\text{sign}(\varrho_{XY})\sigma_Y/\sigma_X$. Für $\sigma_X \neq \sigma_Y$ und $0 < |\varrho_{XY}| < 1$ hängen sowohl die Neigung der Hauptachsen als auch ihre Länge von σ_X, σ_Y und ϱ_{XY} ab. Die Achsendrehung gegenüber der x-Achse hat den Winkel $\dfrac{1}{2}\arctan\left(\dfrac{2\sigma_{XY}}{\sigma_X^2 - \sigma_Y^2}\right)$.

Allgemein lassen sich die Längen der Hauptachsen und ihre Neigung folgendermaßen bestimmen, wobei $\det \Sigma > 0$ vorausgesetzt wird.

Sind $\lambda_1 \geq \lambda_2 \geq \ldots \geq \lambda_p > 0$ die p Eigenwerte der Kovarianzmatrix, d.h. die p Lösungen der Determinantengleichung $\det(\Sigma - \lambda I) = 0$ (wobei I die $p \times p$ Einheitsmatrix ist) und sind $\mathbf{u}_1, \mathbf{u}_2, \ldots, \mathbf{u}_p$ die zugehörigen normierten Eigenvektoren, d.h. die Lösungen der Gleichungen $\Sigma \mathbf{u}_i = \lambda_i \mathbf{u}_i$ mit $\mathbf{u}_i' \mathbf{u}_i = 1$, $i = 1, \ldots, p$, dann geben die zueinander orthogonalen (senkrecht aufeinander stehenden) Eigenvektoren (d.h. $\mathbf{u}_i' \mathbf{u}_j = 0$ für $i \neq j$) die Richtungen der Hauptachsen an und ihre Längen sind gleich $\sqrt{\lambda_i}$, $i = 1, \ldots, p$. Die erste Hauptachse gibt die Richtung der größten Ausdehnung der Punktwolke an, die zweite, auf der ersten senkrecht stehenden Hauptachse die Richtung der zweitgrößten Ausdehnung usw. Aus der Orthogonalität der Eigenvektoren folgt für deren Matrix $\mathbf{U} = (\mathbf{u}_1, \mathbf{u}_2, \ldots, \mathbf{u}_p)$, daß $\mathbf{U}'\mathbf{U} = \mathbf{I}$, also $\mathbf{U}' = \mathbf{U}^{-1}$. Bezeichnet Λ die Diagonalmatrix der Eigenwerte λ_i, $\Lambda = \text{diag}(\lambda_i)$, dann erhält man wegen $(\mathbf{U}'\Lambda\mathbf{U})_{i,j} = (\mathbf{u}_i' \lambda_j \mathbf{u}_j) = (\delta_{ij}\lambda_j) = (\Lambda)_{i,j}$ und $\Sigma\mathbf{U} = \mathbf{U}\Lambda$, daß

$$\mathbf{U}'\Sigma\mathbf{U} := \mathbf{U}'\mathbf{U}\Lambda = \Lambda$$

und daraus wiederum

$$\Sigma = \mathbf{U}\Lambda\mathbf{U}' \tag{7.5}$$

bzw. für die inverse Kovarianzmatrix

$$\Sigma^{-1} = \mathbf{U}\Lambda^{-1}\mathbf{U}'$$

mit $\Lambda^{-1} = \text{diag}(\lambda_i^{-1})$. Werden von den Variablen (den Spalten der Datenmatrix $\mathbf{X}$) die Variablenmittelwerte abgezogen, so läßt sich die Matrix der zentrierten Variablen $\tilde{\mathbf{X}}$ schreiben in der Form

$$\tilde{\mathbf{X}} = \mathbf{X} - \mathbf{1}\bar{\mathbf{x}}' \quad \text{mit} \quad \bar{\mathbf{x}}' = n^{-1}\mathbf{1}'\mathbf{X}.$$

Dabei ist $\mathbf{1}$ ein Spaltenvektor der Länge n mit allen Komponenten gleich eins. Durch die affine Transformation

$$\mathbf{Y} = (\mathbf{X} - \mathbf{1}\bar{\mathbf{x}}')\mathbf{U}\Lambda^{-\frac{1}{2}} \tag{7.6}$$

erhält man eine transformierte Datenmatrix, deren Komponenten (Spalten) zentriert, orthogonalisiert (unkorreliert) und standardisiert sind, denn

$$\bar{\mathbf{y}}' = n^{-1}\mathbf{1}'(\mathbf{X} - \mathbf{1}\bar{\mathbf{x}}')\mathbf{U}\Lambda^{-\frac{1}{2}} = (\bar{\mathbf{x}}' - \bar{\mathbf{x}}')\mathbf{U}\Lambda^{-\frac{1}{2}} = \mathbf{0}'$$

und

$$\Sigma_{YY} = n^{-1}\mathbf{Y}'\mathbf{Y} = n^{-1}\Lambda^{-\frac{1}{2}}\mathbf{U}'(\mathbf{X}' - \bar{\mathbf{x}}\mathbf{1}')(\mathbf{X} - \mathbf{1}\bar{\mathbf{x}}')\mathbf{U}\Lambda^{-\frac{1}{2}} = \Lambda^{-\frac{1}{2}}\mathbf{U}'\Sigma\mathbf{U}\Lambda^{-\frac{1}{2}} = \mathbf{I}.$$

Damit wird im transformierten Koordinatensystem das Ellipsoid zu einer p-dimensionalen Kugel (für $p = 2$ zu einem Kreis) mit Radius eins. Die Spalten $\mathbf{y}_j$ der Matrix $\mathbf{Y}$ werden als *Hauptkomponenten* bezeichnet. Die ursprüngliche, zentrierte Datenmatrix läßt sich aus den Hauptkomponenten wieder zurückgewinnen, denn aus (7.6) erhält man

$$\tilde{\mathbf{X}} = \mathbf{Y}\Lambda^{\frac{1}{2}}\mathbf{U}' = \sum_{j=1}^{p} \sqrt{\lambda_j}\mathbf{y}_j\mathbf{u}_j'. \tag{7.7}$$

Aus der Darstellung (7.5) folgt für die Gesamtvarianz $GV = \sum_{i=1}^{p} \sigma_i^2$

$$GV = \sum_{i=1}^{p} \lambda_i.$$

Bezeichnen wir für ein $q \leq p$ mit

$$\tilde{\mathbf{X}}_{(q)} = \sum_{j=1}^{q} \sqrt{\lambda_j}\mathbf{y}_j\mathbf{u}_j'$$

eine Approximation q-ter Ordnung der (zentrierten) Datenmatrix, so stellt die erste Hauptkomponente eine beste Approximation erster Ordnung dar.

Sie liefert wegen Varianz $(\sqrt{\lambda_j}y_j) = \lambda_j$ mit der absteigenden Ordnung der Eigenwerte den höchsten Beitrag $\tau_1 = \lambda_1/\text{GV}$ zur Gesamtvarianz, das heißt, ein Anteil τ_1 der Gesamtvarianz kann durch die erste Hauptkomponente "erklärt" werden. Durch Hinzunahme der zweiten Hauptkomponente, der Approximation zweiter Ordnung, kann der Anteil der "erklärten" Varianz auf $\tau_2 = (\lambda_1 + \lambda_2)/\text{GV}$ erhöht werden usw. Häufig genügen schon die ersten beiden Hauptkomponenten, um 90 % oder mehr der Gesamtvarianz zu "erklären". Zur graphischen Veranschaulichung ist eine Darstellung der ersten beiden Hauptkomponenten in einem markierten Scatterplot beliebt.

Das Hauptziel der Hauptkomponentenanalyse besteht darin, die in hochdimensionalen Datenmatrizen enthaltenen Informationen durch Projizierung auf niedrigdimensionale Unterräume mit den Eigenvektoren von Σ als Achsenrichtungen anschaulich zu machen.

Die Hauptkomponenten werden auch zur Reduktion der Anzahl der Variablen bei weitergehenden Analysen (wie Regression) verwendet.

Die Hauptkomponentenanalyse basiert auf einer Zerlegung der Kovarianzmatrix. Sie versucht aber *nicht*, die Kovarianzstruktur der beobachteten Variablen zu *erklären*, etwa durch die Suche nach gemeinsamen Faktoren, das sind nicht beobachtbare (sogenannte latente) Variablen, welche auf die beobachteten Variablen gewirkt haben und für die Kovarianzstruktur ursächlich sind. Letzteres ist Aufgabe der Faktorenanalyse, auf die hier aber nicht eingegangen wird.

Die in diesem Abschnitt betrachteten, auf der Kovarianzmatrix Σ (bzw. in derselben Form auf der Kovarianzmatrix S) basierenden Analysen eignen sich besonders für mehrdimensionale Punktwolken, die als Stichproben aus Verteilungen interpretiert werden können, bei denen die Höhenlinien der gemeinsamen Dichten die Form von Ellipsen bzw. Ellipsoiden haben. Zu dieser Klasse gehört insbesondere die multivariate Normalverteilung.

Bei anders gearteten Verteilungen sind solche Analysen mit einer gewissen Vorsicht zu betrachten. Insbesondere sind Kovarianzmatrizen, ebenso wie die Schwerpunkte, auf die sich die Abweichungen beziehen, sehr anfällig gegenüber Ausreißern in den Daten. Es wurde bereits erwähnt, daß multivariate Ausreißer bei Betrachtung der Randverteilungen nicht notwendigerweise auffällig zu sein brauchen. Sie haben aber die Tendenz, die erste (oder zumindest die zweite) Hauptachse in ihre Nähe zu ziehen (sogenannte Hebelwirkung). Dies kann bewirken, daß sie in einer anschließenden Analyse - etwa basierend auf den ersten beiden Hauptkomponenten - gar nicht mehr als auffällig erscheinen und daß andere, ursprünglich nicht "auffällige" Punkte durch die Achsendrehung als "auffällig" erscheinen. Dies wird als *Maskierungseffekt* bezeichnet.

Auf die Möglichkeiten zur Konstruktion mehr Ausreißer-resistenter Varianten wird im folgenden Abschnitt eingegangen.

Beispiel 7.6 Im Direct Marketing werden Werbebriefe mit persönlicher Ansprache an potentielle Kunden verschickt. Dabei nimmt man an, daß die Wahrscheinlichkeit, einen neuen Kunden zu gewinnen, auch von der Dichte der aktuellen Kunden in seiner näheren Umgebung abhängt. Hat der Anbieter mehrere Artikel in seinem Sortiment, so können Kundendichten für jeden dieser Artikel definiert werden. Diese sind vor allem bei ähnlichen Produkten sehr hoch korreliert. Daher ist es nicht ratsam, all diese Kundendichten gleichzeitig zur Modellierung der Erfolgswahrscheinlichkeit heranzuziehen, zumal in aller Regel noch eine Reihe weiterer erklärender Variablen einbezogen wird. Anstelle dessen kann man besser auf die ersten Hauptkomponenten zurückgreifen.

Der Kreditkartenherausgeber American Express wirbt eine Vielzahl seiner Kunden mit Hilfe solcher Direct Mail Aktionen. Die Kundendichten können auf der Basis des Grundproduktes (green card, X_1), der gehobenen Produktklassen (gold und platinum card, X_2) oder auf Grundlage von Firmenkarten (X_3) ermittelt werden. Zunächst wurden die Daten standardisiert, so daß Kovarianz- und Korrelationsmatrix übereinstimmen:

$$\mathcal{R} = \Sigma = \begin{pmatrix} 1.0 & 0.9204 & 0.9385 \\ 0.9204 & 1.0 & 0.7941 \\ 0.9385 & 0.7941 & 1.0 \end{pmatrix}.$$

Als Eigenwerte und Eigenvektoren ergeben sich

$$\lambda_1 = 2.770178 \quad , \quad \lambda_2 = 0.206426 \quad , \quad \lambda_3 = 0.023396$$

und

$$\mathbf{u}_1 = \begin{pmatrix} 0.59617 \\ 0.56560 \\ 0.56980 \end{pmatrix}, \quad \mathbf{u}_2 = \begin{pmatrix} -0.04334 \\ 0.73136 \\ -0.68062 \end{pmatrix}, \quad \mathbf{u}_3 = \begin{pmatrix} -0.80169 \\ 0.38107 \\ 0.46053 \end{pmatrix}.$$

Die Gesamtvarianz ergibt sich als Summe der Eigenwerte zu $GV = \sum_{i=1}^{3} \lambda_i = 3$, welches der Summe der Hauptdiagonalelemente der Korrelationsmatrix entspricht. Die erste Hauptkomponente erklärt somit einen Anteil von 2.770178/3.0 = 0.9234 der Gesamtvarianz der Daten, die zweite einen Anteil von 0.206426/3.0 = 0.0688 und die dritte lediglich einen Anteil von 0.023396/3 = 0.0078 der Gesamtvarianz. Daher ist es durchaus sinnvoll ist, die erste Hauptkomponente als Vertreter für die auf der Basis der drei Kartentypen bestimmten spezifischen Kundendichten in ein Erklärungsmodell zur Wahrscheinlichkeit für den Erfolg eines Werbebriefes einzubeziehen. ⋈

7.3 Das Ordnen multivariater Daten

Viele statistische Kenngrößen basieren im univariaten Fall auf der Ordnung der Daten nach ihrer Größe. Dies ist bei Vektoren nicht möglich. Es besteht lediglich die Möglichkeit einer partiellen Ordnung bezüglich des Ordnungskegels des $\mathbb{R}^p$, wonach $\mathbf{x} \leq \mathbf{y}$ dann und nur dann, wenn $x_i \leq y_i$ für alle $i = 1, \ldots, p$ gilt bzw. $\mathbf{x} < \mathbf{y}$, wenn für wenigstens ein i $x_i < y_i$ gilt. Eine solche Halbordnung ist aber bei der Lösung der wenigsten statistischen Fragestellungen sehr hilfreich.

Im Hinblick auf die Nützlichkeit von Ordnungsstatistiken bei univariaten Daten verwundert es nicht, daß in der statistischen Literatur eine Fülle von Vorschlägen zum Ordnen multivariater Daten anzutreffen ist. Im folgenden werden nur einige davon vorgestellt.

Barnett (1976) unterscheidet vier Ordnungsprinzipien:

- marginales Ordnen (M-Ordnen) nach einer (oder mehreren) Randverteilung(en) bzw. nach Linearkombinationen der Variablen (Spalten der Datenmatrix);

- Reduziertes Ordnen (R-Ordnen), wobei jede multivariate Beobachtung auf einen Wert reduziert wird;

- Partielles Ordnen (P-Ordnen), wobei keine vollständige sondern - wie der Name sagt - nur eine partielle Ordnung zwischen der Einzelbeobachtungen hergestellt wird; diese werden in bezüglich des Ordnungskriteriums äquivalente Teilmengen (Gruppen) zerlegt;

- Konditionales (sequentielles) Ordnen (C-Ordnen), wobei zunächst bezüglich einer Variablen geordnet wird. Nach Gruppenbildung bei der ersten Variablen wird nach der zweiten Variablen geordnet, danach wird innerhalb der Gruppen bei der zweiten Variablen nach einer dritten Variablen geordnet usw.. Ziel dieser sequentiellen Prozedur ist es, die Punktwolke der Daten in achsenparallele Rechtecke bzw. Quader mit gleichen Besetzungszahlen zu zerlegen. Die so gebildeten *"statistisch äquivalenten Blöcke"* werden verwendet in der multivariaten Diskriminanzanalyse und der Klassifikation. Da diese beiden statistischen Analyseverfahren nicht Gegenstand unseres Buches sind, wird auf das C-Ordnen im folgenden nicht mehr weiter eingegangen.

Nicht alle der im folgenden vorgestellten Ordnungsverfahren lassen sich eindeutig einem der drei verbleibenden Prinzipien (M-, P-, R-Ordnen) zuordnen.

Das marginale Ordnen

Ordnen nach einer Randverteilung eignet sich natürlich dann, wenn man sich nur für eine oder einige der univariaten Verteilungen der einzelnen Variablen interessiert. Es kann auch als Vorstufe einer Untersuchung auf etwaige Zusammenhänge zwischen einzelnen Variablenpaaren dienen. Manchmal liefert auch die Ordnung des Datensatzes nach einer einzelnen, besonders wichtigen Variablen interessante Aufschlüsse. Im Beispiel 6.4 mit den Abiturszeugnissen von Studenten könnte etwa die Gesamtpunktzahl eine solche Variable sein.

Will man nach Linearkombinationen der Variablen ordnen, dann bieten sich als geeignete Linearkombinationen die Hauptkomponenten an. Eine Anordnung nur nach einer Hauptkomponente - und dann in der Regel wohl nach der ersten - gehört zur Kategorie des R-Ordnens, da die Beobachtungen auf einen Wert reduziert werden. So wäre in Beispiel 7.6 ein Ordnen des für eine Werbebriefaktion gekauften Adressbestandes nach der 1. Hauptkomponenten der Kundendichten sinnvoll.
Die folgenden drei Verfahren, das Ordnen nach der Mahalanobis-Distanz (beziehungsweise einer ausreißerresistenten Version davon), Tukeys Halbraumtiefe und die Simplextiefe von R.Y. Liu sind gemäß Barnetts Einteilung Verfahren des R-Ordnens.

Ordnen nach dem Abstand vom Schwerpunkt

Um den Abstand einer Beobachtung vom Schwerpunkt zu messen, muß zunächst für den Raum, in dem die Daten liegen, eine geeignete Metrik gewählt werden. Mit einer positiv definiten Matrix $\mathbf{Q}$ ist ein *verallgemeinerter Abstand* $D_\mathbf{Q}(\mathbf{x}_k, \bar{\mathbf{x}})$ zwischen der Beobachtung $\mathbf{x}_k$ und dem Schwerpunkt $\bar{\mathbf{x}}$ gegeben durch

$$D^2_\mathbf{Q}(\mathbf{x}_k, \bar{\mathbf{x}}) := \|\mathbf{x}_k - \bar{\mathbf{x}}\|^2_\mathbf{Q} := (\mathbf{x}_k - \bar{\mathbf{x}})' \mathbf{Q}^{-1} (\mathbf{x}_k - \bar{\mathbf{x}}).$$

Solche verallgemeinerte Distanzmaße - nicht nur bezüglich des Schwerpunktes, sondern auch bezüglich anderer geeigneter Punkte wie etwa der Nullpunkt oder ein verallgemeinerter Median - sind in der multivariaten Statistik sehr verbreitet. Ist $\mathbf{Q}$ die Einheitsmatrix, so ist D der gewöhnliche

euklidische Abstand. Er ist jedoch in den wenigsten Fällen sinnvoll, da er die Struktur der Daten in keiner Weise berücksichtigt. In der Regel werden die einzelnen Variablen auf unterschiedlichen Skalen gemessen (wie Zentimeter, Kilogramm, Sekunden, Liter, Grad Celsius etc.), sodaß Abstände auf den einzelnen Achsen unterschiedlich zu bewerten sind. Der Übergang von einer Skala zu einer anderen bei derselben Variablen (etwa von Kilogramm auf Gramm, von Liter auf Gallonen, von Kilometern auf Meilen usw.) verändert die Streuung der Punktwolke entlang der entsprechenden Achse. Unterschiedliche Skalenniveaus können ausgeglichen werden, indem die Variablen vorher standardisiert werden. Das heißt, daß die Komponenten des Vektors $\mathbf{x}_k - \bar{\mathbf{x}}$ durch ihre entsprechende Standardabweichung $\sqrt{\sigma_{ii}}$, $i = 1, \ldots, p$ dividiert werden. Mit der Diagonalmatrix $\mathbf{Q}^{\frac{1}{2}} = \text{diag}(\sqrt{\sigma_{ii}})$ ist der Vektor der standardisierten Variablen gleich $\mathbf{Q}^{-\frac{1}{2}}(\mathbf{x}_k - \bar{\mathbf{x}})$, wobei die Diagonalmatrix $\mathbf{Q}^{-\frac{1}{2}}$ die Diagonalelemente $1/\sqrt{\sigma_{ii}}$ enthält. Mit dieser Wahl von $\mathbf{Q}$ werden in verallgemeinerten Abstand $D_\mathbf{Q}$ Skalenunterschiede ausgeglichen. Durch die Reskalierung werden die achsenweisen Abstandsquadrate in

$$D^2_\mathbf{Q}(\mathbf{x}_k, \bar{\mathbf{x}}) = \sum_{i=1}^p \left(\frac{x_{ik} - \bar{x}_i}{\sqrt{\sigma_{ii}}} \right)^2$$

miteinander vergleichbar. Was aber immer noch als ein gewisser Nachteil dieser Vorgehensweise angesehen werden kann, ist der Umstand, daß die "standardisierten" Abstandquadrate parallel zu den Koordinatenachsen gemessen werden und nicht, was natürlicher erscheint, parallel zu den Hauptausdehnungsrichtungen der Punktwolke, die sich ja bei bestehenden Korrelationen zwischen den Variablen von den Achsen des Koordinatensystems unterscheiden und durch die Richtungen der Hauptkomponenten (der Eigenvektoren der Kovarianzmatrix Σ beziehungsweise $\mathbf{S}$) gegeben sind. Eine Messung der Abstandsquadrate in dem entsprechend gedrehten Koordinatensystem wird dadurch erreicht, daß man im verallgemeinerten

Abstand $D_\mathbf{Q}$ für $\mathbf{Q}$ die Kovarianzmatrix der Daten einsetzt. Das so definierte Abstandsmaß $D_\Sigma(\mathbf{x}_k, \bar{\mathbf{x}}) =: \mathrm{MD}(\mathbf{x}_k, \bar{\mathbf{x}})$ mit

$$\mathrm{MD}^2(\mathbf{x}_k, \bar{\mathbf{x}}) = (\mathbf{x}_k - \bar{\mathbf{x}})' \Sigma^{-1} (\mathbf{x}_k - \bar{\mathbf{x}}) \qquad (7.8)$$

ist das bekannteste in der multivariaten Statistik und wird als *Mahalanobis-Distanz* bezeichnet. $\mathrm{MD}(\mathbf{x}_k, \bar{\mathbf{x}})$ ist proportional zum Volumen eines durch den Punkt $\mathbf{x}_k$ gehenden Ellipsoids mit Zentrum $\bar{\mathbf{x}}$.

Die Mahalanobis-Distanz ermöglicht es, die Daten entsprechend ihrer Position auf konzentrisch um $\bar{\mathbf{x}}$ liegenden Ellipsoiden zu ordnen. R.Y. Liu (1990,1992) bezeichnet den Kehrwert der Mahalanobis-Distanz bzw. (zur Vermeidung einer Division durch Null)

$$\mathrm{MT}(\mathbf{x}_k, \bar{\mathbf{x}}) = [1 + \mathrm{MD}(\mathbf{x}_k, \bar{\mathbf{x}})]^{-1}$$

als *Mahalanobis-Tiefe* der Beobachtung $\mathbf{x}_k$.

Eine Anordnung der Daten entsprechend ihrer Mahalanobis-Tiefe $\mathbf{x}_{(1)} \leq \mathbf{x}_{(2)} \leq \ldots \leq \mathbf{x}_{(n)}$, wobei $\mathbf{x}_{(1)}$ die Beobachtung mit kleinster Mahalanobis-Tiefe, $\mathbf{x}_{(2)}$ die Beobachtung mit zweitkleinster Mahalanobis-Tiefe usw. ist, ermöglicht es nun, Ausreißer zu bestimmen und α-getrimmte Schwerpunkte oder auch α-getrimmte Kovarianzen zu berechnen, wobei ein Anteil α der Daten mit kleinster Tiefe bei der Berechnung weggelassen wird. Allerdings ist hier bei einer unreflektierten Vorgehensweise größte Vorsicht geboten, da sowohl der Schwerpunkt als auch die Kovarianzen (Elemente der Kovarianzmatrix) sehr anfällig sind gegenüber Ausreißern, was, wie bereits weiter oben bei der Hauptkomponentenanalyse erwähnt, dazu führen kann, daß durch den Maskierungseffekt wahre Ausreißer verdeckt und tatsächlich weniger auffällige Daten als Ausreißer ausgewiesen werden. Verschiedene Vorschläge zur Behandlung des Maskierungsproblems sind in der Literatur zu finden (vgl. hierzu Kapitel 7 in Rousseeuw und Leroy, 1987). Beim iterativen Trimmen wird beim ersten Durchlauf der volle Datensatz verwendet. Danach wird beim $(k+1)$-ten Schritt ein Anteil α der Daten mit kleinster Mahalanobis-Tiefe aus dem k-ten Schritt bei der Berechnung weggelassen. Die Iteration wird solange fortgesetzt, bis sich $\bar{\mathbf{x}}^{(k)}$ und $\Sigma^{(k)}$ (Schwerpunkt und Kovarianz beim k-ten Schritt) stabilisiert haben.

Tukeys Halbraumtiefe und

Die im folgenden vorgestellte Verallgemeinerung der Tiefe univariater Beobachtungen von Tukey (1975) und ein darauf aufbauender multivariater Median im Sinne einer tiefsten Be-

STREUUNGSMASSE 235

obachtung geht schon auf Überlegungen von Hotelling (1929) zurück.

Für $p = 2$ wird durch eine beliebige Gerade der euklidische Raum $\mathbb{R}^2$ in zwei Teilmengen (Halbebenen) zerlegt. Wir bezeichnen mit $\mathcal{H}(\mathbf{x}_k)$ die Menge aller, durch Geraden abgegrenzten, abgeschlossenen Halbebenen, die den Datenpunkt $\mathbf{x}_k$ enthalten. Sei $H \in \mathcal{H}(\mathbf{x}_k)$ eine solche Halbebene und $m(H)$ die Anzahl der Datenpunkte in der Halbebene H. Dann ist *Tukeys Halbraumtiefe* definiert durch

$$HT(\mathbf{x}_k) = \min_{H \in \mathcal{H}(\mathbf{x}_k)} m(H).$$

Für die praktische Ermittlung von $HT(\mathbf{x}_k)$ bedeutet dies, daß für eine Gerade durch den Punkt $\mathbf{x}_k$ die Neigung so zu wählen ist, daß die Anzahl der Punkte auf einer Seite der Geraden (einschließlich der Punkte auf der Geraden selbst) minimal wird. Die Abbildung 7.4 soll dies veranschaulichen.

Abbildung 7.4: Die Ermittlung von Halbebenen-Tiefen

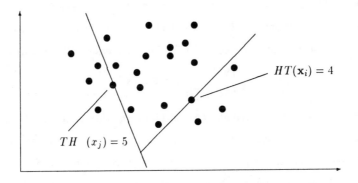

Die obige Definition läßt sich sofort auf den Fall $p > 2$ ausdehnen, wenn das Wort Halbebene durch den Begriff Halbraum ersetzt wird, und für $p = 1$ fällt sie zusammen mit der univariaten Datentiefe, wie sie in Abschnitt 3.3 eingeführt wurde. Die Beobachtung mit größter Tiefe, falls eindeutig definiert, ergab dort den Median. Bei zwei Beobachtungen mit größter Tiefe wurde der Mittelwert der beiden tiefsten Beobachtungswerte als Median genommen. Es liegt nahe, diese Überlegungen auf den multivariaten Fall zu übertragen:

Der *Halbraummedian* $\tilde{\mathbf{x}}_{HR}$ ist der Punkt mit der größten Halbraumtiefe HT, sofern dieser eindeutig bestimmt ist. Wird der Maximalwert der Halbraumtiefe an mehreren Punkten angenommen, so ist der Halbraummedian gleich dem Schwerpunkt, ermittelt aus den Beobachtungen mit maximaler Halbraumtiefe. Diese bilden ein konvexes Polyeder.

Die Halbraumtiefe ist invariant gegenüber affinen Transformationen und der Halbraummedian ist affin äquivariant.

Die Simplextiefe und der Simplexmedian

Betrachten wir bei univariaten Daten die Menge aller $\binom{n}{2}$ Verbindungslinien zwischen je zwei Beobachtungen, so läßt sich der Median charakterisieren durch die Eigenschaft, daß für ihn die Anzahl der Überdeckungen durch solche Verbindungslinien maximal ist. Die Übertragung dieser Idee auf multivariate Daten von R.Y. Liu (1988, 1990) wird zunächst wieder für den Fall $p = 2$ vorgestellt. Dort können aus n Datenpunkten $\binom{n}{3}$ (abgeschlossene) Dreiecke $\triangle(\mathbf{x}_i, \mathbf{x}_j, \mathbf{x}_k)$ mit den Ecken $\mathbf{x}_i, \mathbf{x}_j$ und $\mathbf{x}_k$ gebildet werden. Je tiefer sich ein Punkt in der von den n Beobachtungen gegebenen Punktwolke befindet, von um so mehr solchen Dreiecken wird er überdeckt. Ein geeignetes Maß für die Tiefe eines beliebigen Punktes $\mathbf{x} \in \mathbb{R}^2$ in der Punktwolke ist daher der Anteil der Dreiecke, die ihn überdecken. Dieser Anteil

$$D(\mathbf{x}) = \binom{n}{3}^{-1} \sum_{i<j<k} \mathbf{1}(\mathbf{x} \in \triangle(\mathbf{x}_i, \mathbf{x}_j, \mathbf{x}_k)),$$

wobei die Summe über alle $\binom{n}{3}$ Teilmengen von Indizes gebildet wird und $\mathbf{1}(A)$ für die Indikatorfunktion des Ereignisses A steht, wird von R.Y. Liu als *Dreieckstiefe* (*Simplextiefe*) bezeichnet und ein Punkt mit maximaler Simplextiefe als *Simplexmedian* $\tilde{\mathbf{x}}_S$.

Frau Liu gibt folgende Veranschaulichung von D: Bildet man jedes der $\binom{n}{3}$ Dreiecke mit einer Schicht aus Lehm der Höhe $\binom{n}{3}^{-1}$ nach, und legt man diese Dreiecke entsprechend der Position der Ecken übereinander auf die Ebene, so entsteht eine graphische Darstellung der Funktion D.

Die Verallgemeinerung auf $p > 2$ ist offensichtlich: Anstelle der Dreiecke werden $\binom{n}{p+1}$ Simplizes $\triangle(\mathbf{x}_{i_1}, \mathbf{x}_{i_2}, \ldots, \mathbf{x}_{i_{p+1}})$ mit den Ecken $\mathbf{x}_{i_1}, \mathbf{x}_{i_2}, \ldots, \mathbf{x}_{i_{p+1}}$ gebildet und daraus

$$D(\mathbf{x}) = \binom{n}{p+1}^{-1} \sum_{i_1<i_2<\ldots<i_{p+1}} \mathbf{1}(\mathbf{x} \in \triangle(\mathbf{x}_{i_1}, \mathbf{x}_{i_2}, \ldots, \mathbf{x}_{i_{p+1}})) \qquad (7.9)$$

berechnet. Der Simplexmedian $\tilde{\mathbf{x}}_S$ ist dann der Punkt, an dem D das Maximum annimmt. Nimmt D das Maximum an mehreren Stellen an, so nehme man für $\tilde{\mathbf{x}}_S$ den Schwerpunkt derjenigen Punkte **x**, für die D das Maximum annimmt.

Zur Berechnung von $D(\mathbf{x})$ schlägt R.Y. Liu folgenden Algorithmus vor:

Für jede Teilmenge $i_1, \ldots, i_{p+1}$ von Indizes löse das lineare Gleichungssystem

$$\mathbf{x} = \alpha_1 \mathbf{x}_{i_1} + \alpha_2 \mathbf{x}_{i_2} + \ldots + \alpha_{p+1} \mathbf{x}_{i_{p+1}}$$

mit der Nebenbedingung $\alpha_1 + \alpha_2 + \ldots + \alpha_{p+1} = 1$.

Das Gleichungssystem hat für einen nichtdegenerierten Simplex eine eindeutige Lösung, und **x** ist innerhalb des Simplex genau dann, wenn alle Koeffizienten $\alpha_1, \alpha_2, \ldots, \alpha_{p+1}$ positiv sind.

D ist invariant gegenüber affinen Transformationen und der Simplex-Median ist affin äquivariant.

Die "Konturlinien" $D(\mathbf{x}) = c$ sind für unterschiedliche Werte c nicht überlappend und D ist auf jedem Strahl vom Zentrum $\tilde{x}_S$ nach außen monoton abnehmend (nichtsteigend).

Das Schälen konvexer Hüllen und der Konvexe-Hüllen-Median

Werden bei einem univariaten, geordneten Datensatz zunächst die beiden äußersten, extremen Beobachtungen entfernt, danach vom verbleibenden Datensatz wiederum die äußersten weggenommen und wird so fortgefahren, dann bleibt für n ungerade am Ende der Median übrig. Diese Idee liegt auch dem nach dem Prinzip des P-Ordnens arbeitenden Verfahren des Abschälens konvexer Hüllen zugrunde (Barnett, 1976, Green, 1981).

Zunächst bildet man die konvexe Hülle der Punktwolke. Dies ist die kleinste konvexe Menge, die alle Beobachtungen enthält. Für $p = 2$ erhält man die konvexe Hülle, indem man die äußersten Datenpunkte mit einem Polygonzug verbindet. Vergleiche hierzu Abbildung 7.5. Die auf der konvexen Hülle (dem Polygonzug) liegenden Beobachtungen werden als c-Gruppe 1 gekennzeichnet und aus dem Datensatz entfernt. Von dem reduzierten Datensatz wird wiederum die konvexe Hülle gebildet. Die auf dieser Hülle liegenden Beobachtungen bilden die c-Gruppe 2. Sie werden wiederum aus dem Datensatz entfernt. So wird fortgefahren, bis zum Schluß entweder ein einzelner Punkt oder ein letztes Polyeder (ein Polygonzug) übrig bleibt, auf dem die innersten Beobachtungen liegen. Im ersten Fall liefert der innerste Punkt den *Konvexe-Hüllen-Median* $\tilde{x}_{CH}$, im zweiten Fall ermittelt man den Konvexe-Hüllen-Median als Schwerpunkt der Daten auf dem innersten Polyeder (Polygonzug).

Abbildung 7.5: Konvexe Hüllen

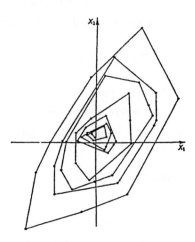

Das Verfahren besticht durch seine Einfachheit und Anschaulichkeit[1], ist affin invariant, und der Konvexe-Hüllen-Median ist affin äquivariant.

Die Einteilung in c-Gruppen liefert eine Halbordnung der Daten. Mit Ausnahme (eventuell) der höchsten enthält jede c-Gruppe mindestens $p+1$ Punkte.

Damit ist das Verfahren des Abschälens konvexer Hüllen zur Erkennung von Ausreißern nur bedingt geeignet. So kann es etwa vorkommen, daß von den mindestens $p+1$ Punkten der c-Gruppe 1 nur einer ein Ausreißer ist, alle anderen aber nicht, ja sogar, daß sich ein weiterer Ausreißer in der c-Gruppe 2 befindet.

Entsprechendes gilt auch für die Halbraum-Tiefe und die Simplextiefe, denn abgesehen von ausgearteten Situationen, in denen mehrere Beobachtungen auf einer Hyperebene liegen, haben alle Punkte der c-Gruppe 1 auch die Halbraum-Tiefe 1 und die niedrigste Simplex-Tiefe $\binom{n}{p+1}^{-1}$.

Dennoch ist vom Standpunkt der Robustheit eine Anordnung der Daten nach den drei zuletzt genannten Verfahren (Halbraumtiefe, Simplextiefe, Konvexe-Hüllen-Tiefe) einem Ordnen nach der Mahalanobis-Distanz vorzuziehen, da letztere auf zwei nichtrobusten Statistiken basiert, dem Schwerpunkt und der Kovarianzmatrix. Anordnungen nach der Tiefe ermöglichen die Berechnungen multivariater Linearkombinationen von Ordnungsstatistiken.

---

[1] Es hat jedoch gegenüber den anderen hier vorgestellten den theoretischen" Nachteil, daß es nicht zu einem Mittelpunkt führt, der als Parameter einer Verteilung im Sinne der mathematischen Statistik interpretiert werden kann.

Abbildung 7.6: Konvexe Hüllen am Beispiel der mittleren Januar- und Julitemperaturen

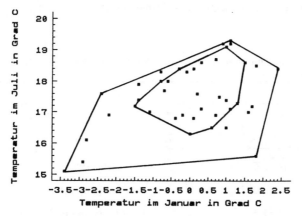

So erhält man ein Tiefen-getrimmtes Mittel als Durchschnitt (Schwerpunkt) aller Beobachtungen mit einer Tiefe von wenigstens q. Fällt zu vorgegebenem Trimmungsanteil α die Ordnungsnummer $[\alpha n]$ in eine Bindungsgruppe gleicher Tiefen, so sollten jedoch alle Beobachtungen dieser Gruppe gleicher Tiefen in die Mittelwertsbildung einbezogen werden. Da im Vergleich zur univariaten Statistik diese Bindungsgruppen größer sind, ist auch mit größeren Abweichungen zwischen einem vorher vorgegebenem und dem tatsächlichen Trimmungsanteil zu rechnen. Wählt man für q die maximale Tiefe, so ergibt sich der Halbraummedian, der Simplexmedian und der Konvexe-Hüllen-Median als Spezialfall eines getrimmten Mittels.

Betrachtet man die Länge der Strecke vom Zentrum nach außen auf einem Strahl vorgegebener Richtung, die benötigt wird, um z.B. den Wert der Simplex-Tiefe auf einen Teil α seines Maximums zu reduzieren, so erhält man ein richtungsbezogenes Skalenmaß.

Weitere Anwendungen der Tiefen-Ordnung liegen in der Klassifikation. Dort geht es darum, eine einzelne Beobachtung bzw. den Merkmalsträger einer von mehreren Gesamtheiten zuzuordnen. Liegen für mehrere Gesamtheiten homogene Datensätze vor, so wird man den Merkmalsträger derjenigen Gesamtheit zuordnen, in deren zugehörigem Datensatz er die größte Tiefe aufweist.

Beispiel 7.7 In das Streudiagramm (Abbildung 7.6) der mittleren Januar- und Julitemperaturen in 42 deutschen Städten sind die äußere und eine weitere konvexe Hülle, die 25 Datenpunkte beinhaltet, eingezeichnet worden. Die innerste konvexe Hülle degeneriert zu einem einzigen Punkt. Die konvexen Hüllen lassen einen positiven Zusammenhang zwischen den Januar- und Julitemperaturen erkennen.

Beispiel 7.8 Für die in nachfolgender Tabelle aufgeführten Daten ergeben sich die ebenfalls in dieser Tabelle eingetragenen Lage-, bzw. Streuungsmaße.

Tabelle 7.1: Zahlenbeispiel zum Vergleich bivariater Lage- und Streuungsmaße

i	1	2	3	4	5	6	7	8	9	10	11
x_{i1}	0.5	1	2.5	4.5	7.5	6	5	3	2	3.5	5.5
x_{i2}	3	4.5	6	7	7.5	5	4	3	4.5	4	6.5

$\bar{x} = \frac{1}{11} \sum_{i=1}^{11} x_i = (\frac{41}{11}, 5)'$ Schwerpunkt

$\tilde{x} = (3.5, 4.5)'$ Medianpunkt

$\tilde{\tilde{x}} \approx (3.54, 4.7)'$ Zentralpunkt*

$\tilde{x}_{HR} = \frac{1}{2}(x_9 + x_{10}) = (2.75, 4.25)'$ Halbraummedian

$\tilde{x}_S = x_9 = (2, 4.5)'$ Simlpexmedian

$\tilde{x}_{CH} = \frac{1}{3}(x_9 + x_{10} + x_{11}) = (\frac{11}{3}, 5)'$ Konvexe-Hüllen-Median

$\tilde{x}_{Oja} \approx (3.45, 4.88)'$ Oja-Median*

In Abbildung 7.7 sind obige Lage- und Streuungsmaße mit dem, ihrer Berechnung zugrunde liegenden Datensatz veranschaulicht.

◻

7.4 *** Weitere Lage-, Streuungs-, sowie Schiefe- und Wölbungsmaße

Oja's verallgemeinerter Median

Oja hat 1983 eine Version des multivariaten Medians vorgeschlagen, welche die Eigenschaft besitzt, affin äquivalent zu sein. Der univariate Median minimiert die Summe der Streckenlängen zwischen sich und allen Datenpunkten. In Analogie dazu schlägt Oja für $p = 2$

---
*Numerisch vermöge eines Quasi-Newton-Verfahrens bestimmt

7.4. *** WEITERE LAGE-, STREUUNGS-, SOWIE SCHIEFE- UND WÖLBUNGSMAßE

Abbildung 7.7: Zweidimensionale Daten aus der Tabelle mit verschiedenen Lage- und Streuungsmaßen

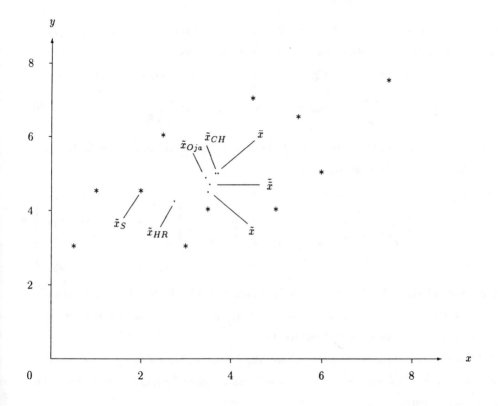

vor, einen Punkt $\tilde{\mathbf{x}}_0$ als verallgemeinerten Median auszuwählen, der die Summe der Flächen der Dreiecke, gebildet aus allen $\binom{n}{2}$ Paaren von Beobachtungen und diesem Punkt als Ecken minimiert. Bezeichnet $\Delta(\mathbf{x}_j, \mathbf{x}_k, \mathbf{x}_0)$ die Fläche des Dreiecks mit den Eckpunkten $\mathbf{x}_j, \mathbf{x}_k$ und $\mathbf{x}_0$, dann ist für $p=2$ $\tilde{\mathbf{x}}_0$ Lösung des Problems

$$\sum\sum_{j<k} \Delta(\mathbf{x}_j, \mathbf{x}_k, \mathbf{x}_0) \implies \min_{\mathbf{x}_0 \in \mathbb{R}^2}.$$

Für eine Dimension $p > 2$ ergeben $p+1$ Eckpunkte $\mathbf{x}_{k_1}, \mathbf{x}_{k_2}, \ldots, \mathbf{x}_{k_p}, \mathbf{x}_0$ einen Simplex im $\mathbb{R}^p$. Bezeichnet entsprechend $\Delta(\mathbf{x}_{k_1}, \mathbf{x}_{k_2}, \ldots, \mathbf{x}_p, \mathbf{x}_{k_0})$ das Volumen dieses Simplex, dann ist Oja's verallgemeinter Median definiert als Lösung des Problems

$$\sum_{k_1<k_2<\ldots<k_p} \Delta(\mathbf{x}_{k_1}, \mathbf{x}_{k_2}, \ldots, \mathbf{x}_{k_p}, \mathbf{x}_{k_0}) \implies \min_{\mathbf{x}_0 \in \mathbb{R}^p}. \qquad (7.10)$$

Dabei ist die Summe zu bilden über alle $\binom{n}{p}$ Teilmengen von p aus den n Beobachtungen. Die Volumina lassen sich berechnen aus

$$\Delta(\mathbf{x}_1, \ldots, \mathbf{x}_p, \mathbf{x}_0) = \frac{1}{p!} \det \begin{pmatrix} 1 & 1 & \cdots & 1 & 1 \\ \mathbf{x}_1 & \mathbf{x}_2 & \cdots & \mathbf{x}_p & \mathbf{x}_0 \end{pmatrix} = \frac{1}{p!} \det \begin{pmatrix} 1 & 1 & \cdots & 1 & 1 \\ x_{11} & x_{12} & \cdots & x_{1p} & x_{10} \\ \vdots & \vdots & \ddots & \vdots & \vdots \\ x_{p1} & x_{p2} & \cdots & x_{pp} & x_{p0} \end{pmatrix}.$$

Man sieht leicht, daß Oja's Median affin äquivariant ist, da bei der Transformation $\mathbf{y}_k = \mathbf{a} + \mathbf{B}\mathbf{x}_k$, $k = 1, \ldots, n$, die Volumina $\Delta(\mathbf{x}_{k_1}, \mathbf{x}_{k_2}, \ldots, \mathbf{x}_{k_0})$ lediglich mit dem konstanten Faktor $|\det(\mathbf{B})|$ multipliziert werden.

Oja's Median ist nicht notwendigerweise eindeutig bestimmt. Seine Ermittlung erfordert einen relativ hohen Rechenaufwand. Ein Algorithmus zu seiner Berechnung ist zu finden bei A. Niinimaa (1992).

Weitere verallgemeinerte Maße für Streuung, Schiefe und Wölbung

In Abschnitt 4.2 wurde von einem univariaten Skalenmaß gefordert, daß es verschiebungsinvariant und skalenäquivariant sein soll, das heißt für $y_k = a + bx_k$, $k = 1, \ldots, n$, sollte gelten $S(\mathbf{y}) = |b|S(\mathbf{x})$. Dem entspricht bei multivariaten Daten die Forderung $S(\mathbf{y}) = |\det(\mathbf{B})|S(\mathbf{x})$ für jede affine Transformation $\mathbf{y}_k = \mathbf{a} + \mathbf{B}\mathbf{x}_k$, $k = 1, \ldots, n$.

Die Wurzel der verallgemeinerten Varianz, dies ist die Wurzel aus der Determinante der

7.4. *** WEITERE LAGE-, STREUUNGS-, SOWIE SCHIEFE- UND WÖLBUNGSMAßE

Kovarianzmatrix Σ (bzw. S), genügt dieser Forderung, da, wie unschwer nachzurechnen, $\Sigma_y = B\Sigma_x B'$ und $\det(\Sigma_y) = \det(B)^2 \det(\Sigma_x)$.

Dagegen wird diese Forderung von der Gesamtvarianz, also der Spur der Kovarianzmatrix, im allgemeinen nicht erfüllt. Streuungsmaße mit der gewünschten Eigenschaft lassen sich herleiten aus dem obigen Kriterium (7.10) von Oja.

Das Streuungsmaß

$$S^* = \binom{n}{p+1}^{-1} \sum_{i_1 < i_2 < \ldots < i_{p+1}} \Delta(\mathbf{x}_{i_1}, \ldots, \mathbf{x}_{i_p}, \mathbf{x}_{i_{p+1}})$$

gibt das durchschnittliche Volumen aller aus je $p+1$ Punkten gebildeten Simplizes (für $p = 2$ aller aus je drei Punkten gebildeten Rechtecke) an und das Streuungsmaß

$$S = \binom{n}{p}^{-1} \sum_{i_1 < i_2 < \ldots < i_p} \Delta(\mathbf{x}_{i_1}, \ldots, \mathbf{x}_{i_p}, \tilde{\mathbf{x}}_0)$$

mit $\tilde{\mathbf{x}}_0$ gleich dem Oja-Median kann als *verallgemeinerter mittlerer Abstand zum Oja-Median* interpretiert werden.

Die Fläche der konvexen Hülle aller Daten ist eine verallgemeinerte Spannweite und die Fläche der konvexen Hülle nach Abschälen von q Punkten kann als verallgemeinerter (q/n)-Quantilsabstand aufgefaßt werden.

Verallgemeinerungen des Pearsonschen Schiefekoeffizienten sind gegeben durch die beiden Schiefemaße

$$SK = (\bar{\mathbf{x}} - \tilde{\mathbf{x}})' \Sigma^{-1} (\bar{\mathbf{x}} - \tilde{\mathbf{x}})$$

bzw.

$$SK^* = \frac{1}{nS} \sum_{i=1}^{n} \Delta(\mathbf{x}_i, \bar{\mathbf{x}}, \tilde{\mathbf{x}}),$$

wenn man für $\bar{\mathbf{x}}$ den Schwerpunkt und für $\tilde{\mathbf{x}}$ einen (affin äquivarianten) verallgemeinerten Median einsetzt.

Zum Schluß sei noch mit

$$\Gamma = \frac{\binom{n}{p}^{-1} \sum [\Delta(\mathbf{x}_{i_1}, \ldots, \mathbf{x}_{i_p}, \tilde{\tilde{\mathbf{x}}})]^4}{\left\{ \binom{n}{p}^{-1} \sum [\Delta(\mathbf{x}_{i_1}, \ldots, \mathbf{x}_{i_p}, \tilde{\tilde{\mathbf{x}}})]^2 \right\}^2}$$

ein verallgemeinertes Wölbungsmaß vorgestellt, wobei für $\tilde{\tilde{\mathbf{x}}}$ etwa ein *verallgemeinerter Schwerpunkt* als Lösung von

$$\sum_{i_1 < i_2 < \ldots < i_p} [\Delta(\mathbf{x}_{i_1}, \mathbf{x}_{i_2}, \ldots, \mathbf{x}_{i_p}, \mathbf{x}_0)]^2 \Longrightarrow \min_{x_0 \in \mathbb{R}^p}$$

eingesetzt werden könnte.

Bezüglich einer weitergehenden Diskussion sei auf Oja (1983) verwiesen.

7.5 Einführung in die Regression

Bei der *Korrelationsanalyse* zweier Merkmale unterstellt man eine wechselseitige Beziehung zwischen diesen. Soll ein Merkmal Y durch ein anderes X erklärt werden ($Y = g(X)$), so ist die Einflußrichtung festgelegt. Die adäquate Methode zur Untersuchung solcher einseitigen Fragestellungen ist die *Regressionsanalyse*. Hierbei wird versucht, die Wirkung der *Einflußgröße* X (oder dem Vektor der Einflußvariablen $(X_1, \ldots, X_p)$) auf die *zu erklärende Variable* Y möglichst gut zu beschreiben. Die zu erklärende Variable Y wird auch *Responsevariable* oder *abhängige Variable*, die Einflußgrößen auch *Faktoren, unabhängige Variablen, Designpunkte oder Kovariablen, Regressorvariablen, Prediktorvariablen* genannt. Bemerkungen zur Modellbildung, d.h. zur Festlegung der Einflußgrößen und ihres funktionalen Zusammenhanges auf die zu erklärende Variable ist der Abschnitt 9.5 gewidmet. Einführend soll an dieser Stelle nur auf den einfachen linearen Zusammenhang zwischen Y und X (bzw. $(X_1, \ldots, X_p)$) eingegangen werden. Man spricht dann von *linearer Regression* und zwar von *einfacher linearer Regression* im Falle einer einzigen Einflußgröße von *multipler linearer Regression* im Falle von mehreren Kovariablen.

Einfache lineare Regression

Liegen zu den Merkmalen X und Y wiederum die Ausprägungen (x_i, y_i), $i = 1, \ldots, n$, vor und kann aus dem Scatterplot dieser Daten auf einen linearen Zusammenhang geschlossen werden, so ist dieser am einfachsten durch eine Gerade zu beschreiben, d.h. durch

$$Y = g(X) = a + bX.$$

(Deutet die Punktwolke auf einen nichtlinearen Zusammenhang hin, dann kann unter Umständen durch Transformation einer der beiden Variablen eine in etwa lineare Beziehung hergestellt werden.) Der *Steigungsparameter* b gibt dabei an, um wieviel Einheiten sich Y verändert, wenn X um eine Einheit zunimmt. Der *Achsenabschnitt* a zeigt an, welchen Wert Y bei an der Stelle $X = 0$ annimmt (soweit eine solche Interpretation überhaupt sinnvoll ist). Liegen alle Daten auf dieser Geraden, so kann die gesamte Punktwolke durch die beiden Parameter a und b exakt beschrieben werden. Da diese Idealsituation in der Realität allenfalls näherungsweise vorliegt, führt man eine *Stör- oder Fehlervariable R* ein, die die Abweichungen vom unterstellten linearen Zusammenhang modellieren soll:

$$Y = a + bX + R.$$

Unterstellt man den Daten (x_i, y_i), daß sie auf diese einfache Weise zu erklären sind, so erhält man

$$y_i = a + bx_i + r_i, \ i = 1,\ldots,n.$$

Die Störgrößen r_i repräsentieren zum einen Meßfehler — also Ungenauigkeiten, mit denen die y_i-Werte erhoben worden sind. Bei technischen Anwendungen denkt man hier an Ablesefehler und Ungenauigkeiten der Meßgeräte, bei demographischen Erhebungen spielen hier bewußt oder unbewußt ungenaue oder falsche Angaben eine Rolle. Zum anderen werden zur Vereinfachung der Durchführung und der Interpretation des Verfahrens weniger bedeutende Einflußgrößen weggelassen. Auch der Einfluß dieser Variablen ist für die Streuung der Punkte um die Regressionsgerade verantwortlich. Hat man konkrete Werte $\hat{a}$ und $\hat{b}$ für den Achsenabschnitt a und den Steigungsparameter b festgelegt, so können die sogenannten *Residuen*

$$\hat{r}_i = y_i - \hat{a} - \hat{b}x_i, \ i = 1,\ldots,n,$$

berechnet werden. Ihnen kommt bei der Beurteilung der Güte des unterstellten Zusammenhanges eine zentrale Bedeutung zu (vgl. Kapitel 9.5). Zur Zusammenfassung des Datensatzes auf diese einfache lineare Weise müssen also die Parameter a und b sinnvoll bestimmt werden. Eine einfache Methode besteht darin, ein durchsichtiges Lineal auf den Scatterplot zu legen, und mit Augenmaß eine "passende" Gerade einzuzeichnen. Diese Vorgehensweise ermöglicht dem Geübten auf Besonderheiten des Datensatzes individuell zu reagieren, welches in manchen Situationen vor Fehlbeurteilungen bewahrt, wie sie durch automatische Verfahren herbeigeführt werden können. Der wesentliche Nachteil der Methode besteht natürlich darin, daß mehrere Anwender bei denselben Daten zu unterschiedlichen Ergebnissen kommen, wodurch die sachlogische Aussage strittig werden kann. Zur automatischen *Anpassung (Fit) einer Geraden* an eine Punktewolke bedarf es der Vorgabe von Kriterien zur Beurteilung der *Güte der Anpassung (Goodness of fit)*. Im folgenden wird mit dem *Kleinstquadrateprinzip (KQ-Prinzip)*, das wohl bekannteste und am meisten benutzte Anpassungsmaß vorgestellt. Dabei werden die Parameter a und b so gewählt, daß die Gesamtsumme der quadrierten

Abstände zwischen den Beobachtungen y_i und der durch a und b bestimmten Gerade so klein wie möglich wird. Zu minimieren ist also die Quadratsumme

$$Q(a,b) = \sum_{i=1}^{n}(y_i - a - bx_i)^2$$

bezüglich der Parameter a und b. Als Lösung erhält man

$$\hat{b} = \frac{\sum x_i y_i - n\bar{x}\bar{y}}{\sum x_i^2 - n\bar{x}^2} = \frac{\sigma_{XY}}{\sigma_X^2}, \qquad (7.11)$$

$$\hat{a} = \bar{y} - \hat{b}\bar{x}, \qquad (7.12)$$

wie man auf folgende Weise erkennt.

Nullsetzen der partiellen Ableitung von Q nach a und b ergibt

$$\frac{\delta Q}{\delta a} = -2\sum_{i=1}^{n}(y_i - a - bx_i) = 0$$

$$\frac{\delta Q}{\delta b} = 2\sum_{i=1}^{n}(y_i - a - bx_i)(-x_i) = 0.$$

Leicht umgeformt entspricht dies den sogenannten *Normalengleichungen*

$$a \cdot n + b\sum x_i = \sum y_i$$
$$a \cdot \sum x_i + b\sum x_i^2 = \sum x_i y_i,$$

die in Matrixschreibweise in der Form

$$\begin{pmatrix} n & \sum x_i \\ \sum x_i & \sum x_i^2 \end{pmatrix} \begin{pmatrix} a \\ b \end{pmatrix} = \begin{pmatrix} \sum y_i \\ \sum x_i y_i \end{pmatrix}$$

dargestellt werden können. Bestimmt man $\hat{a} = \bar{y} - \hat{b}\bar{x}$ aus der ersten Normalengleichung und setzt dies in die zweite Normalengleichung ein, so ergibt deren Auflösung nach $\hat{b}$ sofort die Lösungen (7.11) und (7.12). Daß die Lösung $(\hat{a}, \hat{b})$ tatsächlich zum eindeutigen Minimum von $Q(a,b)$ führt, erkennt man durch die Betrachtung der Matrix der zweiten partiellen Ableitungen

$$\begin{pmatrix} \frac{\delta^2 Q}{\delta a^2} & \frac{\delta^2 Q}{\delta b \delta a} \\ \frac{\delta^2 Q}{\delta a \delta b} & \frac{\delta^2 Q}{\delta b^2} \end{pmatrix} = 2\begin{pmatrix} n & \sum x_i \\ \sum x_i & \sum x_i^2 \end{pmatrix}.$$

Wegen $n > 0$ und da die Determinante

$$\begin{vmatrix} n & \sum x_i \\ \sum x_i & \sum x_i^2 \end{vmatrix} = n\sum x_i^2 - (\sum x_i)^2 = n^2 \sigma_X^2$$

EINFÜHRUNG IN DIE REGRESSION

positiv ist, falls nicht alle x_i gleich sind, ist diese Matrix positiv definit, woraus obige Aussage folgt.

Die aus den Daten ermittelte Beziehung zwischen X und Y lautet dann

$$\hat{Y} = \hat{a} + \hat{b}X$$

bzw. $\hat{y}_i = \hat{a} + \hat{b}x_i$, $i = 1, \ldots, n$.

Zu jedem x_i-Wert gehört also nicht nur ein Datenwert y_i, sondern auch ein "systematischer" Wert $\hat{y}_i$. Die Werte $\hat{y}_i$ liegen allesamt auf der von $\hat{a}$ und $\hat{b}$ bestimmten Geraden. Für jeden Punkt x entsprechen die zugehörigen $\hat{y}$-Werte den von der Prediktorvariablen X an dieser Stelle mit Hilfe des einfachen linearen Regressionsmodell und der Kleinstquadratetechnik vorhergesagten Merkmalsausprägung von Y. Die *Kleinstquadrate-Residuen* haben die Gestalt

$$\hat{r}_i = y_i - \hat{y}_i = y_i - \hat{a} - \hat{b}x_i = (y_i - \bar{y}) - \hat{b}(x_i - \bar{x}).$$

Die Kleinstquadratelösung besitzt eine Vielzahl interessanter mathematischer Eigenschaften:

(a) Die Residuen summieren sich insgesamt zu Null auf: $\sum_{i=1}^{n} \hat{r}_i = 0$, $(\bar{\hat{r}} = 0)$

denn $\sum \hat{r}_i = \sum [y_i - \bar{y} + \hat{b}\bar{x} - \hat{b}x_i] = \sum (y_i - \bar{y}) - \hat{b}\sum(x_i - \bar{x}) = 0$ (vergleiche Eigenschaft (ii) des arithmetischen Mittel in Kapitel 4.1).

(b) Die Residuen sind weder mit den Einflußgrößen x_i noch mit den theoretischen Werten $\hat{y}_i$ korreliert; geometrisch bedeutet dies, daß der Vektor der Residuen $\hat{\mathbf{r}} = (\hat{r}_1, \ldots, \hat{r}_n)'$ senkrecht auf den Vektoren $\mathbf{x} = (x_1, \ldots, x_n)'$ und $\hat{\mathbf{y}} = (\hat{y}_1, \ldots, \hat{y}_n)'$ steht:
$\sigma_{\hat{R}X} = 0$ und $\sigma_{\hat{R}\hat{Y}} = 0$,

denn
$$\sum x_i \hat{r}_i = \sum x_i(y_i - \bar{y}) - \hat{b}\sum x_i(x_i - \bar{x})$$
$$= \sum x_i y_i - n\bar{x}\bar{y} - \hat{b}(\sum x_i^2 - n\bar{x}^2) = 0 \text{ nach (7.11)}$$
und $\sum \hat{y}_i \hat{r}_i = \hat{a}\sum \hat{r}_i + \hat{b}\sum x_i \hat{r}_i = 0.$

(c) Von besonderer interpretativer Bedeutung ist die *Streuungszerlegung*, wonach sich die Gesamtstreuung der Daten y_i additiv zerlegen läßt in die durch das Regressionsmodell *erklärte Streuung* der $\hat{y}_i$ und die Streuung der Residuen r_i (*Residual- oder Reststreuung*):
$\sigma_Y^2 = \sigma_{\hat{Y}}^2 + \sigma_{\hat{R}}^2$.
Aus $y_i = \hat{y}_i + \hat{r}_i$ und $\bar{\hat{r}} = 0$ folgt $\bar{y} = \bar{\hat{y}}$ und somit

$(y_i-\bar{y})^2 = ((\hat{y}_i-\bar{y})+\hat{r}_i)^2$. Damit folgt (c) aus (b) und (a), wie man durch Ausquadrieren der rechten Seite und Aufsummieren erkennen kann.

(d) Die Streuungszerlegung motiviert die Definition des sogenannten *Bestimmtheitsmaßes* ρ_{XY}^2 für die lineare Regression. Es gibt den Anteil der von der Regressorvariablen X "erklärten" Varianz an der Gesamtvarianz der Variablen Y an, ist also wie folgt definiert:

$$\rho_{XY}^2 = \frac{\sigma_{\hat{Y}}^2}{\sigma_Y^2}$$

Wegen $\hat{y}_i = \hat{a} + \hat{b}x_i$, der Eigenschaft (a) der Varianz in Kapitel 4.2 und wegen (7.11) ist $\sigma_{\hat{Y}}^2 = \hat{b}^2\sigma_X^2 = \frac{\sigma_{XY}^2}{\sigma_X^4}\sigma_X^2 = \frac{\sigma_{XY}^2}{\sigma_X^2}$
und somit gilt $\frac{\sigma_{\hat{Y}}^2}{\sigma_Y^2} = \frac{\sigma_{XY}^2}{\sigma_X^2\sigma_Y^2} = \left(\frac{\sigma_{XY}}{\sigma_X\sigma_Y}\right)^2 = \rho_{XY}^2$. Das Bestimmtheitsmaß entspricht also dem Quadrat des Korrelationskoeffizienten von Bravais-Pearson zwischen X und Y.

(e) Unmittelbar aus (c) und (d) folgt, daß

$$\rho_{XY}^2 = 1 - \frac{\sum \hat{r}_i^2}{\sum(y_i-\bar{y})^2}.$$

Ein Beispiel zur einfachen linearen Regression wird in Abschnitt 9.1 nachgetragen.

Multiple Lineare Regression

In vielen Fällen genügt eine einzige erklärende Variable X nicht, um komplexere funktionale Zusammenhänge zu beschreiben. In der Regel werden mehrere Regressoren zur Erklärung der Responsevariablen Y herangezogen werden müssen, d.h. man unterstellt den Zusammenhang

$$Y = b_1 \cdot 1 + b_2 X_2 + b_3 X_3 + \ldots + b_p X_p + R. \tag{7.13}$$

b_1 wird als Absolutglied oder Achsenabschnitt bezeichnet. Das Vorhandensein eines Absolutglieds als einer allgemeinen Niveaukonstanten ist nicht zwingend, jedoch in den meisten Anwendungen üblich und angebracht.

Liegen zu den Variablen $X_j, j = 2, \ldots, p$, Daten $x_{1j}, \ldots, x_{nj}$ vor, und soll die erste erklärende Variable X_1 den Achsenabschnitt repräsentieren (d.h. $x_{i1} = 1$, $i = 1, \ldots, n$), so werden die Daten entsprechend (7.13) durch das Modell

$$y_i = \sum_{j=1}^{p} b_j x_{ij} + r_i; \; i = 1, \ldots, n \tag{7.14}$$

dargestellt. Auch bei der multiplen Regression ist die am meisten verbreitete Methode der Bestimmung der Einflußparameter $b_1, \ldots, b_p$ die Methode der kleinsten Quadrate. Zur kompakteren Darstellung multipler Regression bedient man sich der Vektor- und Matrixschreibweise. Man definiert dazu den Vektor $\mathbf{y} \in \mathbb{R}^n$ der zu erklärenden Variablen, den Vektor $\mathbf{r} \in \mathbb{R}^n$ der Störgrößen, den Vektor $\mathbf{b} \in \mathbb{R}^p$ der Einflußparameter und die *Designmatrix (Prediktormatrix, Regressormatrix)* $\mathbf{X} \in \mathbb{R}^{n \times p}$ in der folgenden Weise

$$\mathbf{y} = \begin{pmatrix} y_1 \\ . \\ . \\ . \\ y_n \end{pmatrix}, \quad \mathbf{r} = \begin{pmatrix} r_1 \\ . \\ . \\ . \\ r_n \end{pmatrix}, \quad \mathbf{b} = \begin{pmatrix} b_1 \\ \vdots \\ b_p \end{pmatrix},$$

und

$$\mathbf{X} = \begin{pmatrix} 1 & x_{12} & \cdots & x_{1p} \\ 1 & x_{22} & \cdots & x_{2p} \\ . & . & \cdots & . \\ . & . & \cdots & . \\ . & . & \cdots & . \\ 1 & x_{n2} & \cdots & x_{np} \end{pmatrix}.$$

In Vektordarstellung schreibt sich das Modell (7.14) in der Form

$$\mathbf{y} = \mathbf{Xb} + \mathbf{r},$$

wobei in der obigen Form der Matrix $\mathbf{X}$ das Vorhandensein eines Absolutglieds unterstellt wird. Die Summe der quadrierten Abstände der zu erklärenden Daten $\mathbf{y}$ von der Linearkombination $\mathbf{Xb}$ der Einflußvariablen schreibt sich dann

$$Q(\mathbf{b}) = (\mathbf{y} - \mathbf{Xb})'(\mathbf{y} - \mathbf{Xb}) = \mathbf{y}'\mathbf{y} + \mathbf{b}X'\mathbf{Xb} - 2\mathbf{b}'\mathbf{X}'\mathbf{y}.$$

Wiederum wird $\mathbf{b}$ nach dem *Prinzip der Kleinsten Quadrate* so bestimmt, daß $Q(\mathbf{b})$ minimal wird. Die *Normalengleichungen*, die sich durch Nullsetzen des Vektors der partiellen Ableitungen von Q ergeben, haben die Gestalt

$$\mathbf{X}'\mathbf{Xb} = \mathbf{X}'\mathbf{y}$$

und lassen sich — wenn die Spalten von $\mathbf{X}$ linear unabhängig sind — eindeutig nach der Minimalstelle $\hat{\mathbf{b}}$ auflösen,

$$\hat{\mathbf{b}} = (\mathbf{X}'\mathbf{X})^{-1}\mathbf{X}'\mathbf{y}.$$

Lineare Unabhängigkeit der Spalten von **X** bedeutet, daß keiner der s Spaltenvektoren sich durch eine Linearkombination der anderen darstellen läßt. Ist eine solche Darstellung möglich, so bedeutet dies, daß ein und dieselbe Information mehrfach zur Erklärung herangezogen wird. Dann führen mehrere Lösungen $\hat{\mathbf{b}}$ zur Minimierung von Q, so daß die Einflußparameter nicht eindeutig *identifizierbar* sind. Indem man die Einflußgrößen, deren Erklärungsgehalt auch von den anderen übernommen wird, wegläßt, ist es stets möglich, lineare Unabhängigkeit der Spalten von **X** zu erzielen. Mit den Bezeichnungen

$$\hat{\mathbf{y}} = \mathbf{X}\hat{\mathbf{b}} \text{ bzw. }, \hat{\mathbf{r}} = \mathbf{y} - \hat{\mathbf{y}}$$

für den Vektor der durch das Modell erklärten theoretischen Werte bzw. dem Vektor der *Residuen* gelten in Verallgemeinerung der Ergebnisse zur einfachen linearen Regression die folgenden Eigenschaften:

a) $\hat{\mathbf{r}}'\mathbf{1} = 0$ (d.h. $\sum \hat{r}_i = 0$)   ($\mathbf{1} := (1, 1, \ldots, 1)'$)

b) $\hat{\mathbf{y}}'\hat{\mathbf{r}} = 0$, $\mathbf{X}'\hat{\mathbf{r}} = \mathbf{0}$, $\hat{\mathbf{y}}'\mathbf{1} = \mathbf{y}'\mathbf{1}$ ($\sum y_i = \sum \hat{y}_i$)

c) $\mathbf{y}'\mathbf{y} = \hat{\mathbf{y}}'\hat{\mathbf{y}} + \hat{\mathbf{r}}'\hat{\mathbf{r}}$ bzw. $\sigma_Y^2 = \sigma_{\hat{Y}}^2 + \sigma_{\hat{R}}^2$

Die *Streuungszerlegung* ist also auch für die multiple Regression gültig. Es ist $\rho^2 = \frac{\hat{\mathbf{b}}'\mathbf{X}'\mathbf{X}\hat{\mathbf{b}}}{\mathbf{y}'\mathbf{y}} = 1 - \frac{\hat{\mathbf{r}}'\hat{\mathbf{r}}}{\mathbf{y}'\mathbf{y}}$ und $\hat{\mathbf{y}} = \mathbf{X}\hat{\mathbf{b}} = \mathbf{X}(\mathbf{X}'\mathbf{X})^{-1}\mathbf{X}'\mathbf{y}$. Letzteres bedeutet, daß die vom Modell bestimmten Werte $\hat{\mathbf{y}}$ als Projektion der Beobachtungen **y** auf den von den Spalten der Designmatrix **X** aufgespannten linearen Unterraum des $\mathbb{R}^n$ aufzufassen sind.

Die sogenannte *Projektionsmatrix*

$$\mathbf{P} = \mathbf{X}(\mathbf{X}'\mathbf{X})^{-1}\mathbf{X}' \qquad (7.15)$$

ist symmetrisch, $\mathbf{P}' = \mathbf{P}$ und hat die Eigenschaft $\mathbf{P}^2 = \mathbf{P}$ (Idempotenz).

Beispiel 7.9 Da zur Bestimmung der Regressionsparameter **b** eine Matrixinversion bzw. die Auflösung eines linearen Gleichungssystemes erforderlich ist, ist der Aufwand in realitätsnahen Anwendungen mit zunehmender Anzahl von erklärenden Variablen erheblich. Daher werden multiple Regressionsprobleme in aller Regel mit Computerunterstützung gelöst. Zur

Verdeutlichung der Vorgehensweise soll hier dennoch ein kleines fiktives Regressionsproblem exemplarisch gelöst werden. Dazu sei angenommen, die Variable Y lasse sich durch die beiden Variablen X_2 und X_3 bis auf einen Fehlerterm R über einen linearen Zusammenhang erklären,

$$Y = b_1 + b_2 X_2 + b_3 X_3 + R.$$

Zur Untersuchung des Zusammenhangs hat man 6 Datenpunkte zu Y, X_2 und X_3 beobachtet, die in Tabelle 7.2 neben einigen Hilfsgrößen eingetragen sind.

Tabelle 7.2: Daten zur multiplen Regression

i	y_i	x_{i1}	x_{i2}	x_{i3}	$X'X$			$X'y$	$y'y$	$(X'X)^{-1}$		
1	1	1	0	1	6	2	2	6	10	16	0	-8
2	2	1	2	1	2	8	4	7		$\frac{1}{80}$ 0	20	-20
3	1	1	1	0	2	4	4	5		-8	-20	44
4	0	1	-1	0								
5	0	1	-1	-1								
6	2	1	1	1								
$\bar{y}$	$6/6 = 1$											

Für eine Regressionsanalyse benötigt man die folgenden Berechnungen:

- Die Elemente von $\mathbf{X}'\mathbf{X}$ ergeben sich durch Multiplikation der l-ten Spalte von $\mathbf{X}$ mit der j-ten Spalte von $\mathbf{X}$, d.h.. $(\mathbf{X}'\mathbf{X})_{lj} = \sum_{i=1}^{6} x_{il}x_{ij}$. Eine Möglichkeit der Matrixinversion geht von der sogenannten Adjungierten Matrix aus. Das Element in der l-ten Zeile und j-ten Spalte der Adjungierten erhält man als $(-1)^{l+j}$-faches der Determinanten[†], die

---

[†]Die Determinante $|\mathbf{A}|$ einer Matrix $\mathbf{A} = \begin{pmatrix} a & b \\ c & d \end{pmatrix}$ mit 2 Zeilen und 2 Spalten ist durch $|\mathbf{A}| = ad - bc$ gegeben. Die Determinante einer Matrix $\mathbf{B} = \begin{pmatrix} b_{11} & b_{12} & b_{13} \\ b_{21} & b_{22} & b_{23} \\ b_{31} & b_{32} & b_{33} \end{pmatrix}$ mit drei Zeilen und 3 Spalten erhält man schnell, indem man zunächst die ersten beiden Spalten von $\mathbf{B}$ neben die Matrix $\mathbf{B}$ schreibt. Dies ergibt die Matrix $\tilde{\mathbf{B}} = \begin{pmatrix} b_{11} & b_{12} & b_{13} & b_{11} & b_{12} \\ b_{21} & b_{22} & b_{23} & b_{21} & b_{22} \\ b_{31} & b_{32} & b_{33} & b_{31} & b_{32} \end{pmatrix}$. Man addiert dann einfach die Produkte der Elemente der 3 Hauptdiagonalen und subtrahiert die Produkte der 3 Nebendiagonalen: $|\mathbf{B}| = b_{11}b_{22}b_{33} + b_{12}b_{23}b_{31} + b_{13}b_{21}b_{32} - b_{12}b_{21}b_{33} - b_{11}b_{23}b_{32} - b_{13}b_{22}b_{31}$.

sich durch Streichen der l-ten Zeile und j-ten Spalte ergibt:

$$\text{ad}(\mathbf{X'X}) = \begin{pmatrix} 16 & 0 & -8 \\ 0 & 20 & -20 \\ -8 & -20 & 44 \end{pmatrix}.$$

Dividiert man jedes Element von $\text{ad}(\mathbf{X'X})$ durch die Determinante von $\mathbf{X'X}$, wobei

$$|\mathbf{X'X}| = 80$$

so ist die Inverse bestimmt.

- Der Spaltenvektor $\mathbf{X'y}$ ergibt sich durch Multiplikation der Spalten von $\mathbf{X}$ mit $\mathbf{y}$, d.h. $(\mathbf{X'y})_l = \sum_{i=1}^{6} x_{il} y_i$.

- Das arithmetische Mittel der Beobachtungen ist $\bar{y} = (\sum y_i)/6 = 6/6 = 1$, und ihre Quadratsumme ist $y'y = \sum y_i^2 = 10$.

- Multipliziert man nun die Zeilen von $(\mathbf{X'X})^{-1}$ mit $\mathbf{X'y}$, so erhält man die Komponenten des Parametervektors

$$\hat{\mathbf{b}} = \frac{1}{10} \begin{pmatrix} 7 \\ 5 \\ 4 \end{pmatrix}$$

Der geschätzte lineare Zusammenhang zwischen Y und X_2 und X_3 ist also durch

$$\hat{Y} = \frac{7}{10} + \frac{5}{10} X_2 + \frac{4}{10} X_3$$

gegeben. Einsetzen von x_{i2} und x_{i3} anstelle von X_2 und X_3 ergibt die in Tabelle 7.3 eingetragenen Schätzungen $\hat{y}_i$, woraus sich leicht die ebenfalls eingetragenen Residuen $\hat{r}_i = y_i - \hat{y}_i$, sowie deren Quadrate berechnen lassen. (Aus Gründen der Übersichtlichkeit, der Einfachheit der Berechnung und der Genauigkeit ist hier das 10^2-fache der Residuenquadrate angegeben.)

- Auf der Basis dieser Daten berechnet man mühelos die folgenden Größen, die die Güte der Anpassung und die Streuung des geschätzten Zusammenhanges beschreiben. Die Varianzen der Beobachtungen und der Residuen betragen

$$\sigma_Y^2 = \frac{1}{n}[\sum y_i^2 - n \cdot \bar{y}^2] = \frac{1}{6}[10 - 6 \cdot 1^2] = \frac{2}{3}$$

und

$$\sigma_{\hat{R}}^2 = \frac{1}{n} \sum \hat{r}_i^2 = \frac{30}{6 \cdot 10^2} = \frac{1}{20} = 0.05.$$

Tabelle 7.3: Daten zur multiplen Regression

i	$\hat{y}_i$	$\hat{r}_i$	$\hat{r}_i^2 \cdot 10^2$
1	11/10	−1/10	1
2	21/10	−1/10	1
3	12/10	−2/10	4
4	2/10	−2/10	4
5	−2/10	2/10	4
6	16/10	4/10	16
Σ	60/10	0	30

Aus der Streuungszerlegung folgt, daß die Varianz der geschätzten Beobachtungen $\hat{y}_i$, $\sigma_{\hat{Y}}^2 = \sigma_Y^2 - \sigma_{\hat{R}}^2 = \frac{2}{3} - \frac{1}{20} = \frac{37}{60}$ ist. Ferner bestimmt man

$$\rho^2 = 1 - \frac{\hat{\mathbf{r}}'\hat{\mathbf{r}}}{\mathbf{y}'\mathbf{y}} = 1 - \frac{30}{100 \cdot 10} = 0.97,$$

was für eine sehr gute Anpassung spricht.

Kapitel 8

Korrelationsanalyse

Bei der Interpretation von Korrelationskoeffizienten sollte darauf geachtet werden, daß tatsächlich ein sachlogischer Zusammenhang vorhanden ist. Es sei hier vor *Nonsenskorrelationen* und insbesondere vor den häufig auftretenden *Scheinkorrelationen* gewarnt. Letztere entstehen dadurch, daß die beiden untersuchten Merkmale mit einem dritten hoch korrelieren. So ist sowohl die Anzahl der Waldbrände und der Weizenertrag mit der Intensität der Sonneneinstrahlung korreliert, so daß auch beide Größen untereinander einen positiven Korrelationskoeffizienten aufweisen. In einem solchen Fall sind *partielle Korrelationskoeffizienten* geeignet, die den Einfluß des dritten Merkmals konstant halten, und somit nur die Korrelation zwischen den beiden interessierenden Merkmalen frei vom Einfluß des dritten ausweisen.

8.1 Zusammenhänge in metrisch skalierten Daten

Der Korrelationskoeffizient nach Bravais-Pearson

Der *Korrelatioskoeffizient von Bravais-Pearson* wurde bereits im siebten Kapitel als auf Werte im Intervall $[-1, 1]$ normierte empirische Kovarianz eingeführt; Zu seiner Berechnung verwendet man gewöhnlich die letzte Zeile der folgenden Formel:

$$\begin{aligned} \rho_{XY} &= \frac{\sigma_{XY}}{\sigma_X \sigma_Y} = \frac{\sum_{i=1}^n (x_i - \bar{x})(y_i - \bar{y})}{\sqrt{\sum_{i=1}^n (x_i - \bar{x})^2 \sum_{i=1}^n (y_i - \bar{y})^2}} \\ &= \frac{\sum x_i y_i - n\bar{x}\bar{y}}{\sqrt{(\sum x_i^2 - n\bar{x}^2)(\sum y_i^2 - n\bar{y}^2)}}. \end{aligned} \qquad (8.1)$$

Die Gleichheit der Nenner folgt sofort aus dem Verschiebungssatz (b) in Kapitel 4.2. Ausmultiplizieren von $\sum(x_i-\bar{x})(y_i-\bar{y})$ liefert unmittelbar die Identität der Zähler. Liegen die Daten klassiert in einer $k \times m$-Feldertafel (Kontingenztabelle; vgl. Tabelle 6.1) vor, so setzt man an Stelle der Originaldaten $(x_i, y_i), i = 1, \ldots, n$, die Klassenmitten $a_i, b_j, i = 1, \ldots, k$, $j = 1, \ldots, m$, ein, gewichtet mit den Häufigkeiten n_{ij} und erhält

$$\rho_{XY} = \frac{\sum_{i=1}^{k} \sum_{j=1}^{m} (a_i - \bar{x})(b_j - \bar{y}) n_{ij}}{\sqrt{\sum_{i=1}^{k}(a_i - \bar{x})^2 n_{i.})(\sum_{j=1}^{m}(b_j - \bar{y})^2 n_{.j})}} \quad (8.2)$$

$$= \frac{\sum_{i=1}^{k} \sum_{j=1}^{m} a_i b_j n_{ij} - n\bar{x}\bar{y}}{\sqrt{(\sum_{i=1}^{k} a_i^2 n_{i.} - n\bar{x}^2)(\sum_{j=1}^{m} b_j^2 n_{.j} - n\bar{y}^2)}}$$

Liegen alle Punkte auf einer Geraden, d.h. gilt $y_i = a + bx_i$, $i = 1, \ldots, n$, so ist $y_i - \bar{y} = a + bx_i - a - b\bar{x} = b(x_i - \bar{x})$, also $\sigma_{XY} = \frac{1}{n}\sum_{i=1}^{n}(x_i - \bar{x})(y_i - \bar{y}) = \frac{b}{n}\sum_{i=1}^{n}(x_i - \bar{x})^2 = b\sigma_X^2$ und $\sigma_Y^2 = b^2 \sigma_X^2$. Daraus ergibt sich

$$\rho_{XY} = \frac{\sigma_{XY}}{\sigma_X \sigma_Y} = \frac{b\sigma_X^2}{|b|\sigma_X^2} = \text{sign}(b) = \begin{cases} +1 & \text{für } b > 0 \\ -1 & \text{für } b < 0. \end{cases}$$

Die Korrelation ist für diesen Fall maximal (da $-1 \leq \rho_{XY} \leq +1$). ρ_{XY} ist demnach ein Maß für einen linearen Zusammenhang. Nimmt ρ_{XY} Werte um Null an, so ist kein ausgeprägter linearer Zusammenhang vorhanden. Gilt exakt $\rho_{XY} = 0$, so nennt man X und Y *unkorreliert*. Dennoch müssen die Merkmale nicht unabhängig voneinander sein. Es können sehrwohl nichtlineare Abhängigkeiten bestehen. So kann es vorkommen, daß $\rho_{XY} = 0$ ist, obwohl eine exakte funktionale Abhängigkeit besteht — beispielsweise, wenn alle Punkte (x_i, y_i) äquidistant auf einem Kreis verteilt sind. Die Definition der Unabhängigkeit sei hier nur für $k \times m$-Feldertafeln explizit erklärt: Zwei Merkmale X und Y heißen *unabhängig*, falls

$$n_{ij} = n_{i.} n_{.j}/n \quad i = 1, \ldots, k, \, j = 1, \ldots, m.$$

Bei Unabhängigkeit stimmen die bedingten Verteilungen mit den Randverteilungen überein: So gilt beispielsweise $r_{i|j} = n_{ij}/n_{.j} = \frac{n_{i.} n_{.j}}{n \, n_{.j}} = r_{i.}$. Es hat also keinen Einfluß auf die Verteilung der Ausprägungen des Merkmals X, welche Werte das Merkmal Y annimmt. Aus der Unabhängigkeit folgt die Unkorreliertheit, denn

$$\begin{aligned}\sigma_{XY} &= \frac{1}{n}\sum_{i=1}^{k}\sum_{j=1}^{m}(a_i - \bar{x})(b_j - \bar{y})\frac{n_{i.} n_{.j}}{n} \\ &= \frac{1}{n}\sum_{i=1}^{n}(a_i - \bar{x}) n_{i.} \frac{1}{n}\sum_{j=1}^{m}(b_j - \bar{y}) n_{.j} = 0. \end{aligned}$$

8.1. ZUSAMMENHÄNGE IN METRISCH SKALIERTEN DATEN

Da trotz Unkorreliertheit mitunter exakte funktionale (nicht lineare) Abhängigkeiten bestehen können, ist der Umkehrschluß **nicht** gültig.

Werden beide Variablen linear transformiert,

$$u_i = a + bx_i \,,\ v_i = c + dy_i \,,\ i = 1, \ldots, n$$

so gilt

$$\rho_{UV} = \text{sign}(d \cdot b)\rho_{XY} \,,$$

da $\sigma_{UV} = bd\sigma_{XY}$ und $\sigma_U^2 = b^2\sigma_X^2$, $\sigma_V^2 = d^2\sigma_Y^2$, also

$$\rho_{UV} = \frac{bd\sigma_{XY}}{\mid bd \mid \sigma_X \sigma_y} = \text{sign}(bd)\rho_{XY}.$$

Insbesondere gilt also $\rho_{XY} = \rho_{UV}$, falls $c > 0$ und $d > 0$, was zur erleichterten Berechnung ausgenutzt werden kann (*Hilfspunktmethode*, vgl. viertes Kapitel).

Da ρ_{XY} ein Maß für lineare Zusammenhänge darstellt, sollten bei Nichtlinearitäten im Streuungsdiagramm vorher linearisierende Transformationen vorgenommen werden. Der daraus resultierende Koeffizient ist allerdings auch nur als Zusammenhangsmaß zwischen den transformierten Variablen zu interpretieren. ρ_{XY} ist genau wie die einfließenden Varianzen und Kovarianzen ausreißeranfällig. Daher sollten zur Korrelationsanaly auch die in den nachfolgenden Abschnitten behandelten Alternativen in Erwägung gezogen werden.

Beispiel 8.1 In Tabelle 6.8 wurden fakultätsspezifische Durchschnittspunktzahlen aus einer in Beispiel 6.4 beschriebenen Erhebung unter den Abiturzeugnissen von Studenten der Universität Konstanz angegeben. Exemplarisch soll nun untersucht werden, ob in Fakultäten, in denen Studenten mit guten Deutschleistungen studieren, die durchschnittlichen Abiturleistungen in Mathematik eher gut oder eher schlecht sind. Dazu wird zunächst der Korrelationskoeffizient von Bravais-Pearson berechnet. Die entsprechenden Durchschnittspunktzahlen sind dazu noch einmal in Tabelle 8.1 aufgeführt. Gemäß der Darstellung (8.1) benötigt man zur Berechnung von ρ_{XY} lediglich $\bar{x}, \bar{y}, \sum x_i^2, \sum y_i^2$ und $\sum x_i y_i$, die aus der Arbeitstabelle 8.2 abzulesen sind. Setzt man die Summen aus Tabelle 8.2 in die Formel (8.1) ein, so erhält man

$$\rho_{XY} = \frac{\sum x_i y_i - n\bar{x}\bar{y}}{\sqrt{(\sum x_i^2 - n\bar{x}^2)(\sum y_i^2 - n\bar{y}^2)}}$$

Tabelle 8.1: Durschnittspunktzahlen in Deutsch und Mathematik in den 10 Fakultäten

Merkmal	Fakultät für				
	Math.	Physik	Chemie	Biologie	Wiwi/Stat.
Punkte in Deutsch	9.5	8.2	8.7	9.9	8.6
Punkte Math.	14.0	12.8	12.1	11.4	10.8
Merkmal	Fakultät für				
	Rechtswissensch.	Philosophie	Psychologie	Sozialwiss.	Verwaltung
Punkte in Deutsch	9.8	11.0	9.7	9.4	9.4
Punkte Math.	7.8	7.8	11.0	7.1	8.6

Tabelle 8.2: Arbeitstabelle zur Berechnung des Korrelationskoeffizienten von Bravais-Pearson

i	x_i (Pkte. Deutsch)	y_i (Pkt. Math.)	x_i^2	y_i^2	$x_i y_i$
1	9.5	14.0	90.25	196.00	133.00
2	8.2	12.8	67.24	163.84	104.96
3	8.7	12.1	75.69	146.41	105.27
4	9.9	11.4	98.01	129.96	112.86
5	8.6	10.8	73.96	116.64	92.88
6	9.8	7.8	96.04	60.84	76.44
7	11.0	7.8	121.00	60.84	85.80
8	9.7	11.0	94.09	121.00	106.70
9	9.4	7.1	88.36	50.41	66.74
10	9.4	8.6	88.36	73.96	80.84
$\sum$	94.2	103.4	893.00	1119.90	965.49

8.1. ZUSAMMENHÄNGE IN METRISCH SKALIERTEN DATEN

Tabelle 8.3: 5×5 Kontingenztafel der Januar- und Julitemperaturen in 42 deutschen Städten (in Klammern $n_{ij} \times a_i \times b_j$) mit den zur Berechnung von ρ_{XY} notwendigen Randsummen

i	Klassengrenzen	Klassenmitten a_i	j, Kl.-Grenzen, Kl.-Mitten b_j der Januartemp.					n_i.	n_i. $\times a_i$	n_i. $\times a_i^2$
			1 [-4,-2.4] -3.2	2 [-2.4,-0.8) -1.6	3 [-0.8,0.8) 0	4 [0.8,2.4) 1.6	5 [2.4,4) 3.2			
1	[15,16)	15.5	2 (-99.2)	1 (-24.8)	0 (0)	0 (0)	0 (0)	3	46.5	720.75
2	[16,17)	16.5	0 (0)	1 (-26.4)	5 (0)	0 (0)	0 (0)	6	99	1633.5
3	[17,18)	17.5	0 (0)	6 (-168)	3 (0)	8 (224)	0 (0)	17	297.5	5206.25
4	[18,19)	18.5	1 (-59.2)	1 (-29.6)	6 (0)	2 (59.2)	5 (296)	15	277.5	5133.75
5	[19,20)	19.5	0 (0)	0 (0)	0 (0)	1 (31.2)	0 (0)	1	19.5	380.25
$n_{.j}$			3	9	14	11	5	42	↓ Σ =740	↓ Σ = 13074.5
$n_{.j} \times b_j$			-9.6	-14.4	0	17.6	16	→ Σ =9.6	$\bar{x}$ = 17.619	
$n_{.j} \times b_j^2$			30.72	23.04	0	28.16	51.2	→ Σ =133.12	$\bar{y}$ = 0.2286	Σ(...)=203.2

$$= \frac{965.49 - 10 \times 9.42 \times 10.34}{\sqrt{(893 - 10 \times 9.42^2)(1119.9 - 10 \times 10.34^2)}}$$

$$= \frac{-8.538}{16.911} = -0.505.$$

Dieser deutlich von Null verschiedene Korrelationskoeffizient weist also darauf hin, daß in Fakultäten mit guten Durchschnittsleistungen in Mathematik die Deutschleistungen eher schlecht sind. Ob dieser starke negative Zusammenhang, den der Korrelationskoeffizient von Bravais-Pearson ausweist, tatsächlich typisch für die Mehrzahl der Fakultäten ist, soll später anhand anderer (resistenter) Methoden diskutiert werden. ⋈

Beispiel 8.2 Durchschnittliche Januar- und Julitemperatren aus 42 deutschen Städten sind in Tabelle 3.7 unter anderem angegeben und mehreren Beispielen im dritten und vierten Kapitel behandelt worden. Tabelle 8.3 enthält neben einer Kontingenztafel mit den absoluten Häufigkeiten der in Klassen eingeteilten Temperaturen einige Größen zur Berechnung von ρ_{XY}. Die zur Berechnung des Korrelationskoeffizienten nach Bravais-Pearsson notwendigen Summen können aus der Arbeitstabelle 8.3 abgelesen werden. Die Summe aller Produkte $n_{ij}a_ib_j$ erhält man aus der Addition aller eingeklammerter Zahlen: $\sum \sum a_i b_j n_{ij} = 203.2$. Setzt man dies sowie die anderen Größen aus Tabelle 8.3 in die Formel (8.2) ein so ergibt sich

$$\rho_{XY} = \frac{\sum_{i=1}^{5} \sum_{j=1}^{5} a_i b_j n_{ij} - 42 \bar{x}\bar{y}}{\sqrt{(\sum_{i=1}^{5} a_i^2 n_{i.} - 42\bar{x}^2)(\sum_{j=1}^{5} b_j^2 n_{.j} - 42\bar{y}^2)}}$$

$$= \frac{203.2 - 42 \times 17.619 \times 0.2286}{\sqrt{(13074.5 - 42 \times 17.619^2)(133.12 - 42 \times 0.2286^2)}}$$

$$= \frac{34.036}{69.105} = 0.493$$

Die Januar- und Julitemperaturen sind also deutlich positiv korreliert. In Städten mit kalten Wintern ist es auch im Sommer nicht so warm wie in Städten mit milden Wintern. ◁

Der Fechnersche Korrelationskoeffizient

Daten zu psychologischen und sozialwissenschaftlichen Fragestellungen sind oft *weich* in dem Sinne, daß sie nicht auf genauen und objektiven Meßmethoden beruhen, wie es etwa in physikalischen Experimenten der Fall ist. Ihre Grundlage bilden oft subjektive Beurteilungen oder gar Selbstbeurteilungen. Ein Korrelationskoeffizient wie der von Bravais-Pearson, bei welchem jede Messung direkt durch ihren Wert eingeht, erscheint hier als Zusammenhangsmaß wenig geeignet. Wohl besseren Gewissens kann man von einer Beobachtung sagen, ob sie oberhalb oder unterhalb des Mittelwertes liegt. Lediglich diese Information geht in den *Korrelationskoeffizienten von Fechner* ein, der damit für "weiche Datenweiche Daten" geeigneter erscheint. Zu seiner Definition werden die Bezeichnungen

$$v_i := \begin{cases} 1 & \text{falls} \quad x_i > \bar{x} \text{ und } y_i > \bar{y} \quad \text{oder} \\ & \qquad\qquad x_i < \bar{x} \text{ und } y_i < \bar{y} \quad \text{oder} \\ & \qquad\qquad x_i = \bar{x} \text{ und } y_i = \bar{y} \\ 1/2 & \text{falls genau einer der Werte} \\ & \qquad x_i - \bar{x} \text{ oder } y_i - \bar{y} \text{ gleich Null ist} \\ 0 & \text{sonst} \end{cases}$$

und

$$V := \sum_{i=1}^{n} v_i$$

eingeführt. V entspricht der Anzahl der Beobachtungen (x_i, y_i), die im nordöstlichen und südwestlichen Quadranten von Abbildung 7.3 (den Schwerpunkt eingeschlossen) liegen, wobei Wertepaare, die auf den achsenparallelen Schwerelinien (den Schwerpunkt ausgenommen) liegen, mit halbem Gewicht gerechnet werden. Dann ist der Korrelationskoeffizient von Fechner über die Formel

$$F = \frac{2V - n}{n} \tag{8.3}$$

definiert. Anstelle der arithmetischen Mittel können auch die Mediane als Vergleichsgrundlage dienen (siehe auch die Vorschläge von Blomquist und von Ravek und Schwarz weiter unten). Diese vom Originalvorschlag abweichende Definition führt zu einem resistenten Verfahren. Aus $0 \leq V \leq n$ folgt $-1 \leq F \leq +1$. Der Wert $+1$ wird genau dann angenommen, wenn aus

$$x_i > \bar{x} \quad y_i > \bar{y} \quad \text{und aus} \quad x_i = \bar{x} \quad y_i = \bar{y} \text{ folgt.}$$

-1 wird genau dann angenommen, wenn aus

$$x_i > \bar{x} \quad y_i < \bar{y} \quad \text{folgt und} \quad x_i \neq \bar{x}, \, y_i \neq \bar{y} \text{ für alle } i = 1, \ldots, n \text{ gilt.}$$

Die extremen Werte ± 1 werden also dann angenommen, wenn sich alle Daten im Südwest- und Nordost- bzw. im Südost- und Nordwest- Quadranten (vgl. Abbildung 7.3) befinden.

Beispiel 8.3 Angewandt auf die Abiturleistungen aus Beispiel 8.1 ergibt sich für den Korrelationskoeffizient von Fechner die folgende Rechnung. Die arithmetischen Mittel $\bar{x} = 9.42$ und $\bar{y} = 10.34$ wurden bereits in Beispiel 8.1 bestimmt und von den Daten in Tabelle 8.2 abgezogen. Stehen in der zweiten und dritten Spalte von Tabelle 8.4 gleiche Vorzeichen (oder 0), so ist $v_i = 1$; bei unterschiedlichen Vorzeichen ist $v_i = 0$. Der Fall, daß in genau einer Spalte eine Null steht (d.h. $v_i = 0.5$) kommt hier nicht vor. Schließlich erhält man gemäß (8.3)

$$F = \frac{2 \times 5 - 10}{10} = 0$$

Der Fechnersche Korrelationskoeffizient weist also darauf hin, daß zwischen den fakultätsspezifischen Deutsch- und Mathematikleistungen kein Zusammenhang besteht, wenn man die Daten lediglich danach bewertet, ob sie oberhalb oder unterhalb des jeweiligen Durchschnitts liegen.

◻

8.2 Zusammenhänge in ordinal skalierten Daten

Zunächst sei angeführt, daß die folgenden Verfahren selbstverständlich auch auf die Ordnungsstatistiken metrisch skalierter Variablen angewandt werden können. Dies hat zwar

Tabelle 8.4: Arbeitstabelle zur Berechnung des Korrelationskoeffizienten von Fechner

i	$x_i - \bar{x}$ (Pkte. Deutsch)	$y_i - \bar{y}$ (Pkte. Math.)	v_i
1	0.08	3.66	1
2	-1.22	2.46	0
3	-0.72	1.76	0
4	0.48	1.06	1
5	-0.82	0.46	0
6	0.38	-2.54	0
7	1.58	-2.54	0
8	0.28	0.66	1
9	-0.02	-3.24	1
10	-0.02	-1.74	1
$\sum$	0	0	5

einen gewissen Informationsverlust zur Folge, führt aber durch die Beschränktheit der Ränge auf die Nummern $1, \ldots, n$ zu resistenten Verfahren.

Rangkorrelation nach Spearman

Der Korrelationskoeffizient nach Bravais-Pearson kann wie die einfließenden arithmetischen Mittel und Standardabweichungen nur für *metrisch skalierte Daten* berechnet werden. Bei Zusammenhangsmaßen für *ordinal skalierte Daten* kann nur die Rangordnung der Merkmalsausprägungen verwandt werden. (Der *Rang* von x_i, $R_i^X = R(x_i)$, wurde bereits in Kapitel 4.1 eingeführt und entspricht der Positionsnummer dieser Beobachtung in der geordneten Folge der X-Messungen $x_{(1)} \leq x_{(2)} \leq \ldots x_{(n)}$, d.h. $x_i = x_{(R_i^X)}$, $i = 1, \ldots, n$. Kommen gewisse Beobachtungswerte (oder Rangzuordnungen) mehrfach vor, so spricht man von *Bindungen (Ties)*. Innerhalb einer *Bindungsgruppe* (Teilmenge mit gleichen X-Meßwerten) ist eine eindeutige Rangzuordnung nicht möglich. In der Praxis ist es üblich, allen Beobachtungen der Bindungsgruppe denselben, *mittleren Rang (mid rank)* zuzuordnen (obwohl es von der Theorie her sinnvoller wäre, innerhalb einer Bindungsgruppe die Ränge zufällig zu

8.2. ZUSAMMENHÄNGE IN ORDINAL SKALIERTEN DATEN

verteilen).

$$x_i: \quad 3.2 \quad 3.0 \quad 3.8 \quad 2.7 \quad 3.5 \quad 2.9 \quad 3.9 \quad 3.5 \quad 3.0 \quad 3.5$$
$$R_i: \quad 5 \quad 3.5 \quad 9 \quad 1 \quad 7 \quad 2 \quad 10 \quad 7 \quad 3.5 \quad 7$$
$$x_i: \quad 2.7 \quad 2.9 \quad 3.0 \quad 3.0 \quad 3.2 \quad 3.5 \quad 3.5 \quad 3.5 \quad 3.8 \quad 3.9$$
$$i: \quad 1 \quad 2 \quad 3 \quad 4 \quad 5 \quad 6 \quad 7 \quad 8 \quad 9 \quad 10$$

Natürlich geht man bei den Y-Messungen entsprechend vor und ordnet die Ränge $R_i^Y = R(y_i)$. zu. Werden die so ermittelten Ränge in die Formel für ρ_{XY} anstelle der Beobachtungen x_i und y_i eingesetzt, so erhält man den *Rangkorrelationskoeffizienten nach Spearman*:

$$R_{XY} = \rho_{R(X),R(Y)} = \frac{\sum R(x_i)R(y_i) - \sum R(x_i)\sum R(y_i)/n}{\sqrt{(\sum R(x_i)^2 - [\sum R(x_i)]^2/n)(\sum R(y_i)^2 - [\sum R(y_i)]^2/n)}}. \quad (8.4)$$

Treten keine Bindungen auf (oder werden keine mid-ranks gebildet), so gilt mit der Bezeichnung $d_i := R(x_i) - R(y_i)$, $i = 1, \ldots, n$

$$R_{XY} = 1 - 6\frac{\sum_{i=1}^n d_i^2}{(n-1)n(n+1)}. \quad (8.5)$$

Zum Nachweis verwendet man die Tatsache, daß

$$\sum_{i=1}^n R(x_i) = \sum_{i=1}^n R(y_i) = \sum_{i=1}^n i = \frac{n(n+1)}{2} \quad \text{und}$$
$$\sum_{i=1}^n R^2(x_i) = \sum_{i=1}^n R^2(y_i) = \sum_{i=1}^n i^2 = \frac{n(n+1)(2n+1)}{6}$$

gilt. In der Praxis ist es üblich, R_{XY} auch bei Auftreten von Bindungen nach der Formel (8.5) zu berechnen. Bei einer größeren Anzahl von Bindungen sollte jedoch R_{XY} direkt über (8.4) (Einsetzen der Ränge in die Bravais-Pearson-Formel) berechnet werden.

Bei einer Kontingenztabelle entspricht jedes Tabellenfeld einer Bindungsgruppe. Jede Bindungsgruppe wird durch den mittleren Rang der Beobachtungen, die sich darin befinden repräsentiert. An Stelle der Größen a_i und b_j treten also die mittleren Ränge, die hier mit $\bar{R}(a_i)$ und $\bar{R}(b_j)$ bezeichnet seien. Bei klasssierten Daten beachte man, daß hier die mittleren Ränge in der Gruppe und **nicht** die Ränge der Gruppenmitten a_i und b_j gemeint sind. Für eine $k \times m$-Feldertafel mit nicht zu großen Bindungsgruppen (d.h. mit nicht zu hohen Besetzungszahlen) wird vorgeschlagen, R_{XY} nach

$$R_{XY} = 1 - 6\frac{\sum_{i=1}^k \sum_{j=1}^m d_{ij}^2 n_{ij}}{(n-1)n(n+1)} \quad \text{mit} \quad d_{ij} = \bar{R}(a_i) - \bar{R}(b_j) \quad (8.6)$$

zu berechnen. Der Mehraufwand der Berechnung gemäß (8.4) ist jedoch nur unerheblich, so daß dieser Weg empfehlenswert ist, zumal bei höheren Zellbesetzungen (8.6) zu recht

Tabelle 8.5: Arbeitstabelle zur Berechnung des Korrelationskoeffizienten von Spearman

i	x_i	y_i	$R(x_i)$	$R(y_i)$	d_i	d_i^2	$R(x_i)^2$	$R(y_i)^2$	$R(x_i)R(y_i)$
1	9.5	14.0	6	10	-4	16	36	100	60
2	8.2	12.8	1	9	-8	64	1	81	9
3	8.7	12.1	3	8	-5	25	9	64	24
4	9.9	11.4	9	7	2	4	81	49	63
5	8.6	10.8	2	5	-3	9	4	25	10
6	9.8	7.8	8	2.5	5.5	30.25	64	6.25	20
7	11.0	7.8	10	2.5	7.5	56.25	100	6.25	25
8	9.7	11.0	7	6	1	1	49	36	42
9	9.4	7.1	4.5	1	3.5	12.25	20.25	1	4.5
10	9.4	8.6	4.5	4	0.5	0.25	20.25	16	18
$\sum$	94.2	103.4	55	55	0	218	384.5	384.5	275.5

ungenauen Werten führt. Natürlich ist wegen $\quad R_{XY} = \rho_{R(X),R(Y)}$

$$-1 \le R_{XY} \le +1.$$

Jedoch gilt $R_{XY} = +1 \quad (= -1)$ schon dann, wenn der Zusammenhang zwischen X und Y monoton steigend (fallend) ist, d.h. wenn aus

$$x_i < x_j \qquad y_i < y_j, \qquad i \ne j \quad , \quad i,j = 1,\ldots,n$$
$$\text{bzw. aus} \quad x_i < x_j \qquad y_i > y_j, \qquad i \ne j \quad , \quad i,j = 1,\ldots,n,$$

folgt. R_{XY} ist also ein Maß für einen monotonen Zusammenhang. Der Korrelationskoeffizient von Bravais-Pearson ist lediglich invariant gegenüber linearen Transformationen, wie im letzten Abschnitt begründet wurde. Da die Ränge bei monoton wachsenden Transformationen unverändert bleiben und sich bei monoton fallenden Transformationen gerade umkehren, ist der Spearman'sche Rangkorrelationskoeffizient (ggf. bis auf das Vorzeichen) invariant gegenüber der größeren Gruppe der monotonen Transformationen einer oder beider Variablen. Da die Rangzahlen $1 \le R(x_i), R(y_i) \le n$ keine Ausreißer enthalten, ist R_{XY} *resistent*.

Beispiel 8.4 Erneut soll die über Fakultäten gemittelten Mathematik- und Deutschpunktzahlen aus Beispiel 8.1 herangezogen werden, um den Korrelationskoeffizient von Spearman exemplarisch zu berechnen. Wiederum wird eine Arbeitstabelle (Tabelle 8.5) bestimmt.

8.2. ZUSAMMENHÄNGE IN ORDINAL SKALIERTEN DATEN

Die geringe Zahl der Bindungen rechtfertigt die Anwendung der Formel (8.5), wonach sich

$$R_{XY} = 1 - 6\frac{\sum_{i=1}^{n} d_i^2}{(n-1)n(n+1)} = 1 - 6\frac{218}{9 \times 10 \times 11} = -0.321$$

ergibt. Zur Kontrolle wird R_{XY} durch Einsetzen der Ränge in die Formel des Korrelationskoeffizient nach Bravais-Pearson berechnet (vgl. Formel (8.4):

$$R_{XY} = \rho_{R(X),R(Y)} = \frac{\sum R(x_i)R(y_i) - \sum R(x_i)\sum R(y_i)/n}{\sqrt{(\sum R(x_i)^2 - [\sum R(x_i)]^2/n)(\sum R(y_i)^2 - [\sum R(y_i)]^2/n)}} =$$

$$\frac{275.5 - 55^2/10}{\sqrt{(384.5 - 55^2/10)(384.5 - 55^2/10)}} = \frac{-27}{82} = -0.329.$$

Die beiden Ergebnisse unterscheiden sich also lediglich um 0.008. Der Rangkorrelationskoeffizient weist zwar auch auf eine negative Korrelations zwischen den fakultätspezifischen Mathematik- und Deutschleistungen hin. Er zeigt diesen allerdings längs nicht so deutlich an, wie der Korrelationskoeffizient nach Bravais-Pearson. Eine genauere Untersuchung der Daten etwa anhand eines Streudiagramms (siehe Abbildung 6.3 (Beispiel 6.4) liefert das Ergebnis, daß der deutlich von Null verschiedene Wert von ρ_{XY} vor allem durch die Philosophische Fakultät (7) bedingt wird, in der die Studenten mit den mit Abstand besten Deutschleistungen (im Schnitt 11 Punkte) und den zweitschlechtesten Mathematikleistungen (im Schnitt 7.8 Punkte) eingeschrieben sind. Läßt man diese Beobachtung weg, so reduziert sich auch der Korrelationskoeffizient von Bravais-Pearson auf $\rho_{XY} = 0.365$. Dieser ausreißerempfindliche Parameter wird also von der siebten Beobachtung stark beeinflußt. Aber auch Spearmans Koeffizient wird durch das Weglassen der Philosophischen Fakultät deutlich (auf -0.179) reduziert. Wegen der geringen Anzahl von Beobachtungen hat das Weglassen der quadrierten Differenz zwischen den Rängen 10 und 2.5 auch hier spürbare Konsequenzen. ⋈

Beispiel 8.5 Das Finanz- und Reisedienstleistungsunternehmen American Express bietet Kreditkarten in drei Service- und Preisklassen an: Die traditionelle "green card" für derzeit 100 DM Jahresgebühr, die "gold card" mit mehr Serviceleistungen zu derzeit 200 DM Jahresgebühr und die "platinum card" mit Rundumservice zu derzeit 800 DM. Bei einer Befragung der besten Kreditkartenkunden gaben die 94 Befragten, die sehr viele Flüge (jährlich mehr als 12) über American Express Reisebüros buchen, unter anderem an, in welchen Flugklassen sie privat vornehmlich fliegen. Die Anzahlen sind in Tabelle 8.6 fett eingetragen. Von Interesse ist etwa, ob ein Zusammenhang zwischen dem Kartentyp und der Flugklasse besteht. Dies soll anhand des Korrelationskoeffizienten von Spearman beurteilt werden.

Tabelle 8.6: Tabelle zur Berechnung von R_{XY}: Flugklassen von American Express Mitgliedern nach Kartentyp (links oben und fett: Anzahl der Flüge; rechts oben: d_{ij}^2; rechts unten: $d_{ij}^2 n_{ij}$)

Typ der Karte	Flugklasse						$n_{i\cdot}$	$\bar{R}(a_i)$
	Charter		Economy class		First/Business class			
green card	**12**	256	**23**	210.25	**14**	2809	**49**	25
		3072		4835.75		39326		
gold card	**5**	3192.25	**15**	676	**12**	156.25	**32**	65.5
		15961.25		10140		1875		
platinum card	**0**	6241	**6**	2352.25	**7**	100	**13**	88
		0		14113.5		700		
$n_{\cdot j}\ \bar{R}(b_j)$	**17**	9	**44**	39.5	**33**	78	**94**	

Man beachte, daß an den Rändern die mittleren Ränge aufgeführt sind, auf die sich die Berechnungen stützen. So ist 9 der mittlere Rang der Zahlen $1, \ldots, 17$, 39.5 der mittlere Rang der Zahlen 18 bis $17 + 44 = 61$ usw. Die Eintragungen rechts oben entsprechen den quadrierten Differenzen der mittleren Ränge, und rechts unten stehen die Größen $d_{ij}^2 n_{ij}$, die gemäß (8.6) zur Berechnung des Rangkorrelationskoeffizienten herangezogen werden.

$$\sum d_{ij}^2 n_{ij} = 3072 + 4835.75 + \cdots + 14113.5 + 700$$
$$= 224680.75$$
$$R_{XY} = 1 - \frac{6 \cdot 224680.75}{93 \times 94 \times 95} = 1 - 0.650 = 0.350.$$

Zur Kontrolle sei R_{XY} mit Hilfe der Originalformel (8.4) unter Bildung mittlerer Ränge bestimmt. Dazu benötigt man die leicht aus Tabelle 8.6 zu berechnenden Werte.

$$\sum \bar{R}(a_i)\bar{R}(b_j)n_{ij} = 9 \times 25 \times 12 + 39.5 \times 25 \times 23 + 78 \times 25 \times 14 +$$
$$9 \times 65.5 \times 5 + 39.5 \times 65.5 \times 15 + 78 \times 65.5 \times 12 +$$
$$9 \times 88 \times 0 + 39.5 \times 88 \times 6 + 78 \times 88 \times 7$$
$$= 224680.75$$
$$\sum \bar{R}(a_i)n_{i\cdot} = \frac{94 \times 95}{2} = 4465$$
$$\sum \bar{R}(b_j)n_{\cdot j} = \frac{94 \times 95}{2} = 4465$$
$$\sum \bar{R}^2(a_i)n_{i\cdot} = 25^2 \times 49 + 65.5^2 \times 32 + 88^2 \times 13 = 268585$$

8.2. ZUSAMMENHÄNGE IN ORDINAL SKALIERTEN DATEN

$$\sum \bar{R}^2(b_j)n_{.j} = 9^2 \times 17 + 39.5^2 \times 44 + 78^2 \times 33 = 270800$$

$$R_{XY} = \frac{224680.75 - 4465^2/94}{\sqrt{(268585 - 4465^2/2)(270800 - 4465^2/2)}} = 0.219$$

Man erkennt also, daß man selbst bei diesen moderaten Besetzungszahlen durchaus erhebliche Genauigkeitsverluste in Kauf nehmen muß, wenn man (8.6) anstelle von Formel (8.4) anwendet. Insgesamt kann ausgesagt werden, daß tatsächlich ein positiver Zusammenhang zwischen dem Typ der Karte und der Vorliebe, in gehobenen Klassen zu fliegen, besteht. ⋈

Auf Paarvergleichen basierende Korrelationsmaße

Bei den in diesem Abschnitt behandelten Verfahren werden alle $\binom{n}{2}$ Paare $(x_i, y_i), (x_j, y_j)$, $i \neq j$, von Beobachtungen miteinander verglichen. Dazu ist zumindest ordinales Meßniveau der Beobachtungen notwendig. Von wesentlicher Bedeutung sind hier die Begriffe *konkordant* und *diskordant*. Ein konkordantes Paar von Beobachtungen ist ein solches, welches mit einem gleichgerichteten monotonen Zusammenhang zwischen X und Y im Einklang steht, ein diskordantes ein solches, das für einen entgegengerichteten monotonen Zusammenhang steht. Die genaue Definition kann man aus der folgenden Aufstellung entnehmen:

Bezeichnungen:	Beschreibung	Anzahl der Fälle
Ein Paar heißt		
konkordant falls	$x_i < x_j$ und $y_i < y_j$ oder	
	$x_i > x_j$ und $y_i > y_j$	N_C
diskordant falls	$x_i < x_j$ und $y_i > y_j$ oder	
	$x_i > x_j$ und $y_i > y_j$	N_D
Außerdem kann noch auftreten:		
eine Bindung in der Variablen X:	$x_i = x_j$ und $y_i < y_j$ oder $y_i > y_j$	T_x
eine Bindung in der Variablen Y:	$y_i = y_j$ und $x_i < x_j$ oder $x_i > x_j$	T_y
eine Bindung in beiden Variablen:	$x_i = x_j$ und $y_i = y_j$	T_{xy}
	$\sum =$	$\binom{n}{2}$

Kendalls τ setzt die Anzahlen N_C und N_D der konkordanten und diskordanten Paare zur Gesamtzahl $\binom{n}{2} = \frac{n(n-1)}{2}$ in Beziehung und ist über

$$\tau_{XY} = \frac{N_C - N_D}{\binom{n}{2}} \tag{8.7}$$

gegeben. Für theoretische Untersuchungen ist die Darstellung

$$\tau_{XY} = \binom{n}{2}^{-1} \sum_{i=1}^{n} \sum_{j=1}^{n} \text{sign}(x_i - x_j)\text{sign}(y_i - y_j) \tag{8.8}$$

$$\text{mit} \quad \text{sign}(x) = \begin{cases} +1, & x > 0 \\ 0, & x = 0 \\ -1, & x < . \end{cases}$$

zweckmäßiger. τ ist ein resistentes Maß für den monotonen Zusammenhang, bereits bei ordinalem Meßniveau anwendbar (man ersetze x_i durch R_i^X und y_j durch R_j^Y) und wegen $N_C + N_D \le \binom{n}{2}$ gilt $-1 \le \tau_{XY} \le +1$. Der Fall $\tau_{XY} = \pm 1$ kann aber nur dann eintreten, wenn keine Bindungen auftreten. Für den Fall 'vieler' gebundener Paare gibt Kendall (1970) eine Korrekturformel an. Beim Vergleich mit R_{XY} gilt in der Praxis fast stets $|\tau_{XY}| < |R_{XY}|$. Liegen keine Bindungen vor, so gilt

$$N_C + N_D = \binom{n}{2}$$

und demnach

$$\tau_{XY} = \frac{4 N_C}{n(n-1)} - 1.$$

Diese in den Lehrbüchern zu findende Formel ist jedoch nur im Fall ohne Bindungen exakt. Zur Berechnung von N_C und N_D kann man wie folgt vorgehen: Die n Beobachtungen werden nach den Rangnummern der ersten Variablen geordnet. r_i sei die zur Rangnummer i bei der ersten Variablen gehörende Rangnummer der zweiten Variablen:

Rang-Nr. der Var. X	1	2	...	i	$i+1$	...	n
Rang-Nr. der Var. Y	r_1	r_2	...	r_i	r_{i+1}	...	r_n

Sei u_i die Anzahl der rechts von r_i liegenden Rangnummern größer als r_i und v_i die Anzahl der rechts von r_i liegenden Rangnummern kleiner als r_i. Dann ist

$$N_C = \sum_{i=1}^{n} u_i \quad , \quad N_D = \sum_{i=1}^{n} v_i.$$

8.2. ZUSAMMENHÄNGE IN ORDINAL SKALIERTEN DATEN

Die extremen Werte ±1 werden nur bei einem streng monotonen Zusammenhang, $N_C = \binom{n}{2}$, $N_D = 0$ oder $N_C = 0$, $N_D = \binom{n}{2}$, angenommen, sind also im Falle von Bindungen nicht möglich. Beim Vorliegen von Bindungen liegt es nahe, $N_C - N_D$ nicht auf die Anzahl $\binom{n}{2}$ aller möglichen Paare, sondern nur auf die Anzahl der Paare zu beziehen, die einen von Null verschiedenen Beitrag (+1 oder −1) zum Zähler $N_C - N_D$ liefern. Dies führt zu *Goodman und Kruskal's Gamma*

$$\gamma_{XY} = \frac{N_C - N_D}{N_C + N_D}.$$

Für γ gilt $\quad -1 \leq \gamma_{XY} \leq +1 \quad$ und im Fall ohne Bindungen stimmen γ und τ offenbar überein. γ_{XY} nimmt die Extremwerte schon bei schwach monotonen Zusammenhängen an.

Abbildung 8.1: Berechnung von C_{ij} und D_{ij}

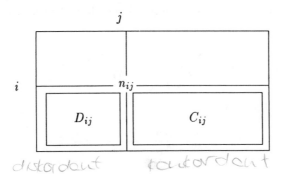

In einer $k \times m$-Feldertafel, in der die Ausprägungen aufsteigend geordnet sind, (d.h. aus $i < j$ folgt $x_i < x_j$ und $y_i < y_j$) erhält man die Größen N_C und N_D mit den Bezeichnungen

$$C_{ij} := \sum_{r>i}\sum_{s>j} n_{rs} \quad \text{und} \quad D_{ij} := \sum_{r>i}\sum_{s<j} n_{rs} \quad \begin{array}{l} i = 1, \ldots, k \\ j = 1, \ldots, m \end{array}$$

(vgl. Abbildung 8.1) wie folgt

$$N_C = \sum_{i=1}^{k}\sum_{j=1}^{m} n_{ij}C_{ij} \quad , \quad N_D = \sum_{i=1}^{k}\sum_{j=1}^{m} n_{ij}D_{ij}.$$

Beispiel 8.6 Erneut greifen wir das Bespiel der fakultätsspezifischen Durchschnittsnoten auf, um die Berechnung von Kendall's τ und Goodman & Kruskal's γ zu demonstrieren.

Zunächst gilt es, die Anzahlen der konkordanten und diskordanten Paare zu bestimmen. Dazu ordnet man die x_i nach der Größe. Die Ränge sind der Größe nach aufsteigend in der ersten Zeile von Tabelle 8.7 angeordnet. Darunter befinden sich die mit r_i bezeichneten Rangzahlen der zugehörigen y_i-Werte. In beiden Zeilen sind bei Bindungen die mittleren Ränge eingesetzt worden. Die Rangzahlen kann man beispielsweise aus Tabelle 8.5 entnehmen. u_i (v_i) entspricht der Anzahl derjenigen Rangnummern, die rechts von r_i liegen und größer (kleiner) als r_i sind. Man muß hierbei jedoch beachten, daß die gebundenen Werte (hier durch die Klammern gekennzeichnet) beim Bestimmen dieser Anzahlen für die gebundenen Werte selbst nicht mitgezählt werden. So liegen rechts von $r_i = 1$ zwar 6 Rangnummern, die größer sind als 1; die Rangnummer $r_i = 4$ rechts von $r_i = 1$ wird jedoch nicht mitgezählt, da die zugehörigen x_i-Werte gleich sind und weder zu einem konkordanten noch zu einem diskordanten Paar führen können. Die Addition der u_i ergibt die Anzahl der konkordaten Paare $N_C = 16$ und die Summe der v_i die Anzahl der diskordanten Paare $N_D = 27$. Somit erhält man für Kendall's τ

$$\tau_{XY} = \frac{N_C - N_D}{\binom{n}{2}} = \frac{16 - 27}{45} = -0.244$$

und für Goodman und Kruskal's γ

$$\gamma_{XY} = \frac{N_C - N_D}{N_C + N_D} = \frac{16 - 27}{43} = -0.256$$

Tabelle 8.7: Arbeitstabelle zur Bestimmung von N_C und N_D

i:	1	2	3	(4.5	4.5)	6	7	8	9	10	
r_i:	9	5	8	(1	4)	10	6	2.5	7	2.5	Σ
u_i:	1	4	1	5	3	0	1	1	0	0	$N_C = 16$
v_i:	8	4	6	0	2	4	2	0	1	0	$N_D = 27$

Wie oben angeführt, liegt Kendall's τ (und auch Goodman und Kruskal's γ) betragsmäßig unterhalb des Spearmanschen Ranglorrelationskoeffizienten R_{XY}, der in Beispiel 8.4 ausgerechnet wurde. Auch τ ist ein resistentes Korrelationsmaß, so daß der Ausreißer (Philosophische Fakultät, $i = 10$, $r_i = 2.5$) nicht so großen Einfluß hat wie beim Koeffizienten von Bravais-Pearson (vgl. Beispiel 8.1).

8.2. ZUSAMMENHÄNGE IN ORDINAL SKALIERTEN DATEN

Zur direkten Berechnung von Kendall's τ über die Formel (8.8) kann man – nachdem man die Daten x_i der Größe nach geordnet hat – die Werte $\text{sign}(x_i - x_j)\text{sign}(y_i - y_j)$ für $1 \leq i < j \leq n$ in eine Tabelle (siehe Tabelle 8.8) eintragen. Die Summe aller Tabelleneinträge entspricht dem Zähler von τ_{XY}. Ein Vergleich der Tabellen 8.7 und 8.8 liefert darüber hinaus Verständnis für die Funktionsweise der auf Tabelle 8.7 beruhenden Methode und für die adäquate Behandlung von Bindungen. ⋈

Tabelle 8.8: $\text{sign}(x_i - x_j)\text{sign}(y_i - y_j)$ zur Bestimmung von Kendall's τ (x_i sind der Größe nach aufsteigend angeordnet, y_i ist zu $x_{(i)}$ gehöriger Y-Wert

$i \quad j$:	1	2	3	4	5	6	7	8	9	10	$\sum$
1		-1	-1	-1	-1	-1	1	-1	-1	-1	1-8=-7
2			1	-1	-1	1	1	-1	1	-1	4-4= 0
3				-1	-1	1	-1	-1	-1	-1	1-6=-5
4					0	1	1	1	1	1	5-0= 5
5						1	1	-1	1	-1	3-2= 1
6							-1	-1	-1	-1	0-4=-4
7								-1	1	-1	1-2=-1
8									1	0	1-0= 1
9										-1	0-1=-1
$\sum$		-1	0	-3	-3	3	2	-5	2	-6	16-27=-11

Beispiel 8.7 In Beispiel 8.5 wurde Spearman's Rangkorrelationskoeffizient berechnet, um den Zusammenhang von der Güteklasse der Kreditkarte auf die bevorzugte Flugreiseklasse von vielreisenden American Express Karteninhabern zu quantifizieren. Anhand derselben Daten soll nun auch γ_{XY} bestimmt werden. Die Anzahlen der konkordanten und der diskordanten Paare bestimmen sich zu

$$N_C = \sum_{i=1}^{k} \sum_{j=1}^{m} n_{ij} C_{ij} = 12 \times 40 + 23 \times 19 + 5 \times 13 + 15 \times 7 = 1087,$$

$$N_D = \sum_{i=1}^{k} \sum_{j=1}^{m} n_{ij} D_{ij} = 23 \times 5 + 14 \times 26 + 12 \times 6 = 551.$$

Tabelle 8.9: Tabelle zur Berechnung von γ_{XY}: Flugklassen von American Express Mitgliedern nach Kartentyp (links oben und fett: Anzahl der Flüge; links unten: D_{ij}; rechts unten: C_{ij})

	Flugklasse		
Typ der Karte	Charter	Economy class	First/Business class
green card	**12** 0 40	**23** 5 19	**14** 26 0
gold card	**5** 0 13	**15** 0 7	**12** 6 0
platinum card	**0** 0 0	**6** 0 0	**7** 00 0

Somit ist

$$\gamma_{XY} = \frac{N_C - N_D}{N_C + N_D} = \frac{1087 - 551}{1087 + 551} = 0.327$$

Auch hier wird ein deutlicher positiver Zusammenhang zwischen dem Kreditkartentyp und den Fluggewohnheiten ausgewiesen.

⋈

Die Korrelationskoeffizienten nach Ravek & Schwarz und nach Blomquist

Es ist möglich, auf der Ordinalskala gemessene Daten auf die folgende Weise zu *dichotomisieren* (d.h. die Merkmalsausprägungen in lediglich zwei Gruppen einzuteilen): Die Werte x_i (bzw. y_i) werden in die erste Gruppe eingeordnet, wenn sie größer als der Median M_X (bzw. M_Y) sind, ansonsten in die zweite Gruppe. Man kann die gemeinsame Verteilung der resultierenden sogenannten *dichotomen* Merkmale dann durch eine Vierfeldertafel angeben (siehe Tabelle 8.10). Für die Vorschläge von Blomquist (1950) und Ravek und Schwarz (1982) werden die Werte, die mit den Medianen übereinstimmen ausgenommen. Man definiert also

$$\tilde{n}_{11} = \#\{(x_i, y_i) \text{ mit } x_i < M_X \text{ und } y_i < M_Y\}$$
$$\tilde{n}_{12} = \#\{(x_i, y_i) \text{ mit } x_i < M_X \text{ und } y_i > M_Y\}$$

8.2. ZUSAMMENHÄNGE IN ORDINAL SKALIERTEN DATEN

Tabelle 8.10: Vierfeldertafel für dichotomisierte Merkmale

	$X \leq M_X$	$X > M_X$	$\sum$
$Y \leq M_Y$	n_{11}	n_{12}	$n_{1.}$
$Y > M_Y$	n_{21}	n_{22}	$n_{2.}$
$\sum$	$n_{.1}$	$n_{.2}$	$n_{..}$

$$\tilde{n}_{21} = \#\{(x_i, y_i) \text{ mit } x_i > M_X \text{ und } y_i < M_Y\}$$
$$\tilde{n}_{22} = \#\{(x_i, y_i) \text{ mit } x_i > M_X \text{ und } y_i > M_Y\}$$

und

$$n^+ = \tilde{n}_{11} + \tilde{n}_{22}, \quad n^- = \tilde{n}_{12} + \tilde{n}_{21}.$$

Fällt genau ein Punkt auf eine Medianlinie, so soll er nicht berücksichtigt werden. Liegt ein Punkt auf dem Schnittpunkt von M_X – und die M_Y –Linie, so zähle man 1 zu n^+. Dann ist Blomquists Vorschlag durch

$$RB_{XY} = \frac{n^+ - n^-}{n^+ + n^-} = \frac{2n^+}{n^+ + n^-} - 1, \quad -1 \leq RB_{XY} \leq +1$$

und der Vorschlag von Ravek und Schwarz durch

$$RS_{XY} = \sin([\frac{n^+}{n} - 0.5]\pi)$$

gegeben. Durch die Anwendung der Sinusfunktion erhält man für RS_{XY} einen Wert im Intervall $[-1, 1]$ liegen. Ist $n^+ = n$, so ist $n^- = 0$ und beide Korrelationskoeffizienten nehmen den Wert 1 an. Ist hingegen $n^- = n$ und somit $n^+ = 0$, so ergibt sich für beide der Wert -1. Ersetzt man beim Fechner'schen Korrelatioskoeffizient arithmetische Mittel durch Mediane so stimmt dieser – bis auf Nuancen bezüglich der Gewichtung von Punkten auf den Schwere- bzw. Medianlinien – mit RB_{XY} überein. Beide Koeffizienten sind resistent gegenüber Ausreißern. Genau wie derjenige von Fechner ist ihre Verwendung bei "weichen" Daten anzuraten. Andererseits bedeutet ihre Anwendung jedoch eine Informationsverschwendung durch die Transformation höher skalierter Variablen auf ein dichotomes Merkmal. Der Rangkorrelationskoeffizient nach Spearman und Kendalls τ bilden effizientere und dennoch resistente Alternativen.

Beispiel 8.8 Wie in den Beispielen 8.1, 8.4, 8.7 und 8.3 werden die Daten zu den fakultätsspezifischen Durchschnittsleistungen in Deutsch und Mathematik behandelt. Tabelle 8.11

Tabelle 8.11: Arbeitstabelle zur Berechnung der Korrelationskoeffizienten von Blomquist und Ravek/Schwarz

i	$x_i - M_X$ (Pkte. Deutsch)	$y_i - M_Y$ (Pkte. Math.)
1	0.05	3.1
2	-1.25	1.9
3	-0.75	1.2
4	0.45	0.5
5	-0.85	-0.1
6	0.35	-3.1
7	1.55	-3.1
8	0.25	0.1
9	-0.05	-3.8
10	-0.05	-2.3

enthält die Abweichungen dieser Daten vom Median $M_X = 9.45$ bzw. $M_Y = 10.9$. $n^+ = 6$ ist dann die Anzahl der Zeilen in der Tabelle mit gleichem Vorzeichen. $n^- = 4$ ist die Anzahl der Zeilen mit unterschiedlichem Vorzeichen der Abweichungen vom Median. Somit erhält man für den Korrelationskoeffizient von Blomquist

$$RB_{XY} = \frac{6-4}{6+4} = 0.2$$

und für denjenigen von Ravek und Schwarz

$$RS_{XY} = \sin([\frac{6}{10} - 0.5]\pi) = 0.310.$$

⋈

8.3 Zusammenhänge in nominal skalierten Daten

Ein Richtungsangabe für Zusammenhänge in nominal skalierten Daten macht keinen Sinn. Positive und negative Korrelation bedeutet ja, daß beide Variablen die gleiche oder eine gegenläufige Tendenz haben. Es ist aber nur dann sinnvoll von Tendenzen zu sprechen, wenn

8.3. ZUSAMMENHÄNGE IN NOMINAL SKALIERTEN DATEN

Größenvergleiche möglich sind. Es geht daher im folgenden lediglich darum, zu entscheiden, ob eine Zusammenhang zwischen zwei Merkmalen besteht oder ob sie unabhängig voneinander sind. Anstelle von Korrelation spricht man hier von *Assoziation*. Die Vorzeichen der Assoziationskoeffizienten sind nicht zu interpretieren. Es ist deshalb nicht notwendig, daß die Assoziationskoeffizienten im Intervall $[-1, 1]$ liegen. Eine Normierung auf Werte zwischen Null und Eins erscheint ebenfalls sinnvoll. Natürlich beachte man auch hier, daß nach entsprechender Klasseneinteilung die folgenden Methoden auch zur Bewertung von Zusammenhängen bei höher skalierten Daten geeignet sind, obwohl das Mehr an Information, das bei ordinaler und metrischer Skala verfügbar ist, dann nicht optimal ausgenutzt wird.

Der Yule'sche Assoziationskoeffizient

Sind X und Y zwei dichotome Merkmale (nur zwei Ausprägungen) oder wird aus anderen Gründen die Erhebungsinformation auf eine *4-Feldertafel*

	b_1	b_2	
a_1	n_{11}	n_{12}	$n_{1.}$
a_2	n_{21}	n_{22}	$n_{2.}$
	$n_{.1}$	$n_{.2}$	n

reduziert, so ist ein geeignetes Zusammenhangsmaß der *Assoziationskoeffizient nach Yule*

$$Y = \frac{n_{11}n_{22} - n_{12}n_{21}}{n_{11}n_{22} + n_{12}n_{21}}$$

mit

$$-1 \leq Y \leq +1.$$

Bei der Vertauschung der Zeilen (bzw. der Spalten) ändert Y sein Vorzeichen. Bei der weiter oben erwähnten Dichotomisierung mit Hilfe der Mediane ist Y ein resistentes Maß auch für metrisch oder ordinal skalierte Daten, das jedoch wegen der extremen Informationsreduktion in diesem Fall wenig effizient ist. Y stimmt mit Goodman und Kruskal's γ für eine Vierfeldertafel überein. Der Yule'sche Assoziationskoeffizient nimmt den Wert 1 an, wenn es keine Merkmalsausprägungen in der Nebendiagonalen der Vierfeldertafel gibt (d.h. $n_{12} = n_{21} = 0$), und den Wert -1, wenn die Hauptdiagonale mit Nullen besetzt ist (d.h. $n_{11} = n_{22} = 0$). Schon dann, wenn eine Zelle der Vierfeldertafel Null ist, nimmt Y einen der Werte ± 1 an. Bei Unabhängigkeit gilt $Y = 0$, wie man leicht durch Anwendung der

Tabelle 8.12: Ergebnis der Werbebriefaktion

Reagierer?	Angebot A	Angebot B	$\sum$
ja	845	1034	1879
nein	24155	48966	73121
$\sum$	25000	50000	75000

Definition der Unabhängigkeit (siehe Seite 256) erkennt. Y bleibt unverändert, wenn eine Zeile oder eine Spalte mit einer beliebigen positiven Zahl multipliziert wird, und ist somit invariant gegenüber Veränderungen der Randverteilungen.

Der ϕ-Koeffizient

Anstelle der Summe $n_{11}n_{22} + n_{12}n_{21}$ im Nenner von Y wird hier die Quadratwurzel aus dem Produkt der Randsummen in den Nenner eingetragen, so daß man

$$\phi_{XY} = \frac{n_{11}n_{22} - n_{12}n_{21}}{\sqrt{n_{1.}n_{2.}n_{.1}n_{.2}}} \tag{8.9}$$

erhält. Die Invarianzeigenschaft der Unabhängigkeit von den Randverteilungen, die den Yule'schen Assoziationskoeffizienten auszeichnet, besitzt ϕ_{XY} nicht. Im allgemeinen gilt $|\phi_{XY}| \leq |Y|$ und je unterschiedlicher die Randverteilungen sind, desto kleiner wird $|\phi_{XY}|$. Der ϕ-Koeffizient kann die Extremwerte ± 1 nur dann annehmen, wenn die beiden Randverteilungen gleich sind, d.h. wenn $n_{1.} = n_{.1}$ und $n_{2.} = n_{.2}$ gilt. Bei Unabhängigkeit (Definition siehe Seite 256) gilt wiederum $\phi_{XY} = 0$.

Beispiel 8.9 Ein Verlag schickt 75000 Werbebriefe an mögliche Interessenten einer Zeitschrift und lädt diese ein, Abonnenten zu werden. In 25000 Briefen (Angebot A) werden Probeabos für einen Monat, in den anderen 50000 die Teilnahme an einem Preisausschreiben (Angebot B) angeboten. Das Ergebnis dieser Aktion ist in Tabelle 8.12 zusammengefaßt. Zur Quantifizierung des Zusammenhangs zwischen dem Angebot und der Reaktion der Angeschriebenen werden nun die Koeffizienten ϕ_{XY} und Y verwendet, die sich zu

$$Y = \frac{n_{11}n_{22} - n_{12}n_{21}}{n_{11}n_{22} + n_{12}n_{21}} = \frac{845 \times 48966 - 1034 \times 24155}{845 \times 48966 + 1034 \times 24155} = \frac{16400000}{66352540} = 0.247$$

8.3. ZUSAMMENHÄNGE IN NOMINAL SKALIERTEN DATEN

bzw.

$$\phi_{XY} = \frac{n_{11}n_{22} - n_{12}n_{21}}{\sqrt{n_{1.}n_{2.}n_{.1}n_{.2}}} = \frac{845 \times 48966 - 1034 \times 24155}{\sqrt{1879 \times 73121 \times 25000 \times 50000}} = \frac{16400000}{414418800} = 0.040$$

berechnen. Y weist darauf hin, daß Angebot B nicht so gut wirkt wie Angebot A. Wegen der sehr unterschiedlichen Randverteilungen nimmt der ϕ_{XY}-Koeffizient einen Wert nahe bei Null an. Er ist in diesem Fall wenig geeignet. ⋈

Koeffizienten für $k \times m$ Tafeln

Will man herausfinden, ob eine Kontingenztafel mit k Zeilen und m Spalten eine Abhängigkeit zwischen den Merkmalen X und Y widerspiegelt, so ist es naheliegend, die aktuellen Zellbesetzungen mit denen, die bei Unabhängigkeit aus den Randverteilungen zu bilden sind, zu vergleichen (vgl. die Unabhängigkeitsdefinition auf Seite 256). Dazu wählt man die Größe

$$\chi^2 = \sum_{i=1}^{k} \sum_{j=1}^{k} \frac{(n_{ij} - n_{i.}n_{.j}/n)^2}{n_{i.}n_{.j}/n}. \tag{8.10}$$

In (8.10) wird durch $n_{i.}n_{.j}/n$ dividiert, da große Abweichungen bei geringen Randsummen höher gewichtet werden sollten als bei hohen Randsummen. Im Falle einer Vierfeldertafel gilt

$$\phi_{XY}^2 = \frac{(n_{11}n_{22} - n_{12}n_{21})^2}{n_{1.}n_{.1}n_{2.}n_{.21}} = \frac{\chi^2}{n}. \tag{8.11}$$

Auch für allgemeine $k \times m$-Tafeln definiert man daher

$$\phi_{XY} = \sqrt{\chi^2/n} \tag{8.12}$$

als ein Assoziationsmaß, das Werte im Intervall $[0,1]$ annimmt. (Siehe weiter unten auch Cramer's Assoziationskoeffizient.)

Äquivalent zur Prüfung zweier Merkmale auf Unabhängigkeit ist die Fragestellung, ob die Verteilungen in den Zeilen (oder Spalten) einer Kontingenztafel unterschiedlich sind. Ist die Verteilung von Y in allen Zeilen – also für alle Ausprägungen des Merkmals X – die gleiche, so hat X keinen Einfluß auf Y, welches der Unabhängigkeit entspricht. Zum Vergleich mehrerer Verteilungen ist es also ebenfalls sinnvoll, auf der Basis von χ^2 definierte Koeffizienten zu verwenden.

Oft ist es günstig, eine neue Tabelle mit den *Residuen*, die aus den aktuellen Zellbesetzungen und denen bei Unabhängigkeit (oder äquivalent dazu bei gleichen Verteilungen in den Zeilen bzw. Spalten) berechnet werden, zu betrachten. Man erhält so Aufschlüsse darüber, welche Felder über- oder unterproportional besetzt sind im Vergleich zu den bei Unabhängigkeit (oder bei gleichen Verteilungen) erwarteten Zellhäufigkeiten. Damit wiederum Differenzen in Zellen mit geringen bei Unabhängigkeit erwarteten Zellbesetzungen vergleichsweise höher bewertet werden, sind die Residuen wie bei der Definition von χ^2 in der folgenden Weise standardisiert

$$r_{ij} = \frac{n_{ij} - n_{i.}n_{.j}/n}{\sqrt{n_{i.}n_{.j}/n}}, \ i = 1, \ldots, k, \ j = 1, \ldots, m. \tag{8.13}$$

Da der Maximalwert von χ^2 mit dem Beobachtungsumfang n wächst, wird an Stelle dessen der *Kontingenzkoeffizient von Pearson*

$$P_{XY} = \sqrt{\chi^2/(\chi^2 + n)} \tag{8.14}$$

definiert, welcher Werte zwischen Null und Eins annimmt. Bei einer Vierfeldertafel ist er jedoch maximal $\sqrt{1/(1+1)} = 0.707$, denn $P_{XY} = \sqrt{\phi_{XY}^2/(\phi_{XY}^2 + 1)}$. Im allgemeinen ist der maximal erreichbare Wert von P_{XY} durch $\sqrt{(\min(k,m) - 1)/\min(k,m)}$ gegeben, der sich mit wachsender Tafelgröße Eins nähert. Daher verwendet man insbesondere für kleine und mittlere Zeilen- und Spaltenzahlen der Tabelle besser den korrigierten Pearson'schen Kontingenzkoeffizienten, der durch

$$P_{XY}^K = \sqrt{\min(k,m)/(\min(k,m) - 1)} P_{XY} \tag{8.15}$$

gegeben ist und bei jeder Tafelgröße den Maximalwert 1 annehmen kann. Da der Vorfaktor $\sqrt{\min(k,m)/(\min(k,m) - 1)}$ größer als 1 ist, ist der korrigierte Koeffizient stets größer oder gleich P_{XY}.

Wegen (8.11) ist χ^2 in Vierfeldertafeln ein sinnvolles Zusammenhangsmaß. Auch für allgemeine Kontingenztafeln ist es ein Abstandsmaß für Abweichungen der Einträge von den Werten, die sich bei Unabhängigkeit ergäben. Der Maximalwert von χ^2 liegt bei einer $k \times m$-Tafel bei $\min(k,m) - 1$ und strebt für wachsende Tafelgrößen gegen unendlich. So definiert man direkt auf der Basis von χ^2 *Cramer's Assoziationsmaß*

$$V_{XY} = \sqrt{\chi^2/(n\min(k,m) - 1)}, \tag{8.16}$$

welches im Intervall $[0, 1]$ liegt.

8.3. ZUSAMMENHÄNGE IN NOMINAL SKALIERTEN DATEN

Beispiel 8.10 Eine Bank versorgt ihre Kunden regelmäßig mit aktuellen Angeboten zu Kapitalversicherungen, Sach- und Reiseversicherungen, Geldanlagemöglichkeiten und Krediten. Um Kosten einzusparen und um die Kunden nicht mit zu vielen Postsendungen zu verärgern, führte die entsprechende Serviceabteilung eine Kundenbefragung durch, bei der die Befragten das zukünftige Informationsangebot nach ihren Bedürfnissen steuern können. Das Ergebnis dieser Umfrage für die 80 Antworter aus dem Kreise der besten Kunden der Bank ist in Tabelle 8.13 wiedergegeben. Die ungleichen Zeilenrandsummen entstehen dadurch, daß nicht alle Kunden auf jede Frage antworteten. χ^2 berechnet sich als Summe der Residuenquadrate — also als Summe der unter rechts stehenden Eintragungen — zu

$$\chi^2 = 2.29 + 3.20 + \ldots + 0.11 = 27.28$$

und somit sind der ϕ-Koeffizient, die Pearson-Koeffizienten P_{XY} und P_{XY}^K und Cramers V_{XY} gegeben durch

$$\phi_{XY} = \sqrt{\chi^2/n} = \sqrt{27.28/296} = 0.304,$$

$$P_{XY} = \sqrt{\frac{\chi^2}{\chi^2 + n}} = \sqrt{\frac{27.28}{27.28 + 296}} = 0.290,$$

$$P_{XY}^K = \sqrt{\min(k,m)/(\min(k,m) - 1)} P_{XY}$$
$$= \sqrt{\min(4,3)/(\min(4,3) - 1)} P_{XY} = 1.225 \times 0.290 = 0.355,$$

$$V_{XY} = \sqrt{\frac{\chi^2}{n(\min(k,m) - 1)}} = \sqrt{\frac{27.28}{296(3-1)}} = 0.215.$$

Alle Assoziationskoeffizienten weisen darauf hin, daß die Verteilung der Informationspräferenzen für die aufgeführten Angebote unterschiedlich ist — oder anders ausgedrückt, daß die Verteilungen vom jeweiligen Angebot abhängen. Insgesamt wurde in 9 % der Fälle das Feld "mehr", in 47 % der Fälle das Feld "gleich viel" und in 44 % der Fälle das Feld "weniger" angekreuzt. Ein Blick auf die Residuen liefert Erkenntnissse, welche Informationen abweichend von dieser Verteilung gewünscht werden:

- Es werden überproportional oft "mehr Anlagenangebote" gewünscht — und zwar in 19 % anstelle von 9 % der Fälle.

- Es werden weniger als durchschnittlich "gleich viel Kapitalversicherungen" gewünscht — und zwar in 32 % anstelle von 47 % der Fälle.

- "Weniger Kapitalversicherungen" werden überproportional oft angekreuzt — und zwar in 64 % anstelle von 44 % der Fälle.

Tabelle 8.13: Ergebnisse einer Umfrage nach den Informationsbedürfnissen der Kunden einer Bank für 80 der besten Kunden. Oben links und fett: n_{ij}, oben rechts: $n_{i.}n_{.j}/n$, unten links: Residuum r_{ij}, unten rechts: r_{ij}^2

Informationen über	gewünschter Umfang an Informationen						Σ
	mehr		gleich viel		weniger		
Kapitalversicherungen	**3**	7	**24**	34.5	**47**	32.5	74
	-1.51	2.29	-1.79	3.20	2.54	6.47	
Sach- u. Reiseversicherungen	**5**	6.81	**37**	33.57	**30**	31.62	72
	-0.69	0.48	0.59	0.35	-0.29	0.08	
Geldangebote	**15**	7.28	**41**	35.90	**21**	33.82	77
	2.86	8.19	0.85	0.72	-2.20	4.86	
Kreditangebote	**5**	6.91	**36**	34.03	**32**	32.06	73
	-0.73	0.53	0.34	0.11	-0.01	0.00	
Σ	**28**		**138**		**130**		296

- Es werden unterproportianal "weniger Geldangebote" gewünscht — und zwar in 27 % anstelle von 44 % der Fälle.

Zum Abschluß der Residuenanalyse kann das Fazit gezogen werden, daß im allgemeinen in 9 % der Antworter mehr, 47 % gleich viel und 44 % weniger Information wollen, wobei jedoch ein überproportionales Interesse an Geldanlageangeboten und ein unterproportionales Interesse an Kapitalversicherungen besteht. Vermutlich sind die besten Kunden der Bank mit Kapitalversicherungen genügend ausgestattet. ⋈

Nach diesem Beipiel zum Vergleich mehrerer Verteilungen, soll abschließend in aller Kürze die Ergebnisse einer Zusammenhangsanalyse dargestellt werden. Die Berechnungsweisen sind vollkommen analog und werden daher nicht mehr explizit aufgeführt.

Beispiel 8.11 Wendet man dieselben Berechnungen auf die Fragestellung, ob Kreditkartentyp und gewählte Flugklasse aus Beispiel 8.7 unabhängig oder korreliert sind, an, so erhält man die folgenden Ergebnisse: Aus Tabelle 8.9 erhält man in Analogie zu Beispiel 8.10

8.3. ZUSAMMENHÄNGE IN NOMINAL SKALIERTEN DATEN

$\chi^2 = 5.520$ und somit

$$\phi_{XY} = \sqrt{\chi^2/n} = \sqrt{5.520/94} = 0.242,$$

$$P_{XY} = \sqrt{\frac{\chi^2}{\chi^2 + n}} = \sqrt{\frac{5.520}{5.520 + 94}} = 0.236,$$

$$P^K_{XY} = \sqrt{\min(k,m)/(\min(k,m)-1)} P_{XY} = \sqrt{3/(3-1)} P_{XY} = 1.225 \times 0.236 = 0.289,$$

$$V_{XY} = \sqrt{\frac{\chi^2}{n(\min(k,m)-1)}} = \sqrt{\frac{5.520}{94(3-1)}} = 0.171.$$

Auch sie weisen auf einen Zusammenhang zwischen der Kreditkartenklasse und der Flugklasse hin. ◳

Kapitel 9

Weitere Verfahren der Regression

9.1 Lineare Einfachregression

Im siebten Kapitel wurde die *Methode der Kleinsten Quadrate* als grundlegendes und am meisten verbreitetes Verfahren zur linearen Regression eingeführt. Sie liefert – wie in diesem Abschnitt erörtert wird – ausreißerempfindliche Achsenabschnitts- und Steigungsparameter. Insbesondere wird die Regressionsgerade von Ausreißern mit hoher *Hebelwirkung (leverage)* angezogen, so daß die zugehörigen Residuen nicht auf ungewöhnliche Datenpunkte hinweisen (*masking effect*). Anhand des folgenden Beispiels sollen die Methode der Kleinsten Quadrate und die in diesem Kapitel behandelten alternativen Verfahren zur linearen Einfachregression (d.h. nur eine erklärende Variable) miteinander verglichen werden.

Beispiel 9.1 Im Vorfeld von Wahlen wird von Politikern immer wieder behauptet, daß der Wahlausgang sehr stark von der Wahlbeteiligung abhängt. Im folgenden wird diese These für den Wähleranteil der CDU/CSU-Wähler bei den Nachkriegswahlen zum Bundestag vor der deutschen Vereinigung durch ein einfaches lineares Regressionsmodell unter Verwendung unterschiedlicher Methoden zur Bestimmung der Regressionsparameter (Steigung und Achsenabschnitt der Regressionsgeraden) untersucht. Zunächst wird dazu die Methode der kleinsten Quadrate angewandt. Die CDU/CSU-Wähleranteile und die Wahlbeteiligungen sowie die zur Berechnung nach der KQ-Methode benötigten Werte sind in Tabelle 9.1 aufgeführt. Aus Tabelle 9.1 bestimmt man die arithmetischen Mittel der Wahlbeteiligungen und der CDU/CSU-Wähleranteile zu $\bar{x} = 956.9/11 = 86.99091$ und $\bar{y} = 496.5/11 = 45.13636$, setzt

Abbildung 9.1: CDU/CSU-Stimmenanteile versus Wahlbeteiligungen in den Nachkriegswahlen vor der deutschen Vereinigung mit KQ-Regressionsgerade

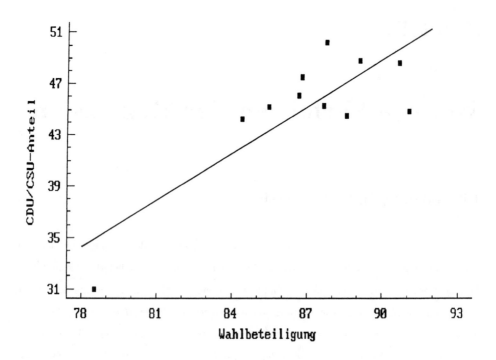

diese zusammen mit den Summen in die Formeln (7.11) und (7.12) ein und erhält

$$\hat{b} = \frac{\sum x_i y_i - n\bar{x}\bar{y}}{\sum x_i^2 - n\bar{x}^2} = \frac{43335.13 - 11 \times 86.99091 \times 45.13636}{83361.59 - 11 \times 86.99091^2} = \frac{144.1467}{119.9874} = 1.2013$$
$$\hat{a} = \bar{y} - \hat{b}\bar{x} = 45.13636 - 1.2013 \times 86.99091 = -59.366$$

Die Standardabweichung der x_i-Werte beträgt $\sigma_X = \sqrt{119.9874/11} = 3.3027$, die der y_i-Werte $\sigma_Y = \sqrt{(\sum y_i^2 - n\bar{y}^2)/11} = \sqrt{(22669.29 - 11 \times 45.13636^2)/11} = 4.8532$. Somit erhält man für den Korrelationskoeffizienten nach Bravais-Pearson

$$\rho_{XY} = \frac{\sigma_{XY}}{\sigma_X \sigma_Y} = \hat{b}\frac{\sigma_X}{\sigma_Y} = 1.2013\frac{3.3027}{4.8532} = 0.8175.$$

Als Quadrat des Korrelationskoeffizienten ergibt sich das Bestimmtheitsmaß zu $R^2 = 0.6683$, wonach die Wahlbeteiligung 66.83 % der Gesamtvarianz der CDU/CSU-Stimmenanteile erklärt. Die Summe der Residuenquadrate beträgt 85.8917, und als Residualstreuung be-

9.1. LINEARE EINFACHREGRESSION

Abbildung 9.2: KQ-Residuen der CDU/CSU-Stimmenanteile versus Wahlbeteiligungen in den Nachkriegswahlen vor der deutschen Vereinigung

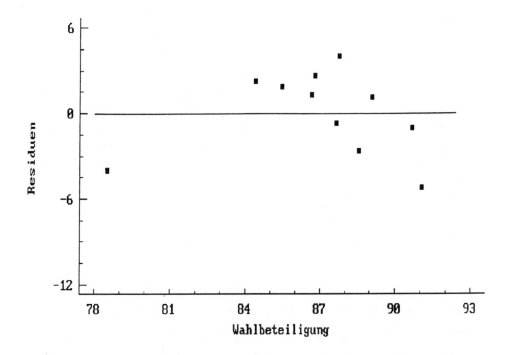

rechnet man $\sigma_{\hat{R}} = \sqrt{85.8817/11} = 2.7943$. Man beachte, daß sich die Residuen (bis auf Rundungsfehler) zu Null aufsummieren. Aus der Streuungszerlegung (vgl. (c) im Kapitel 7 zur einfachen linearen Regression) kann dann auch die durch die Regression erklärte Varianz $\sigma_{\hat{Y}}^2$ bestimmt werden: $\sigma_{\hat{Y}}^2 = \sigma_Y^2 - \sigma_{\hat{R}}^2 = 4.8532^2 - 2.7943^2 = 23.5536 - 7.8081 = 15.7455$. Natürlich kann man das Bestimmtheitsmaß auch als Verhältnis der vom Modell erklärten Varianz zur Gesamtvarianz $\frac{\sigma_{\hat{Y}}^2}{\sigma_Y^2} = \frac{15.7455}{23.5536} = 0.6685$ (Differenz durch Rundungsfehler) berechnen.

Obwohl der deutlich negative Achsenabschnitt interpretativ wenig befriedigend ist (dies ist aber für die Erklärung der Wahlergebnisse im relevanten Bereich zwischen 75 und 95 % Wahlbeteiligung unerheblich), deuten Bestimmtheitsmaß und Steigungsparameter darauf hin, daß der CDU/CSU-Stimmenanteil sehr wohl von der Wahlbeteiligung abhängt. Eine um 1% höhere Wahlbeteiligung bringt in dieser Modellrechnung 1.2 % mehr CDU/CSU-Wähler. Ein Blick auf die Daten, die in Abbildung 9.1 mit eingetragener KQ-Gerade $\hat{y} = \hat{a} + \hat{b}x$ dargestellt sind, macht allerdings deutlich, daß die deutliche Steigung vor allem vom Punkt (79.5, 31.0)

Tabelle 9.1: Wahlbeteiligungen (in % der Wahlberechtigten) und CDU/CSU-Anteile in den Nachkriegswahlen zum deutschen Bundestag vor der deutschen Vereinigung sowie Arbeitstabelle zur KQ-Methode

Jahr	i	Wahlbeteilg. x_i	CDU/CSU-Ant. y_i	x_i^2	y_i^2	$x_i y_i$	$\hat{r}_i$
1949	1	78.5	31.0	6162.25	961.00	2433.50	-3.94
1953	2	85.5	45.2	7310.25	2043.04	3864.60	2.28
1957	3	87.8	50.2	7708.84	2520.04	4407.56	1.85
1961	4	87.7	45.3	7691.29	2052.09	3972.81	1.31
1965	5	86.8	47.6	7534.24	2265.76	4131.68	2.69
1969	6	86.7	46.1	7516.89	2125.21	3996.87	-0.69
1972	7	91.1	44.9	8299.21	2016.01	4090.39	4.09
1976	8	90.7	48.6	8226.49	2361.96	4408.02	-2.57
1980	9	88.6	44.5	7849.96	1980.25	3942.70	1.13
1983	10	89.1	48.8	7938.81	2381.44	4348.08	-0.99
1987	11	84.4	44.3	7123.36	1962.49	3738.92	-5.17
	$\sum$	956.9	496.5	83361.59	22669.29	43335.13	$-0.01 \approx 0$

beeinflußt wird, der die Gerade extrem zu sich hin zieht (Hebelwirkung, leverage). Die zugehörigen Bundestagswahlen im Jahre 1949 zeichneten sich durch eine sehr geringe Wahlbeteiligung und einen sehr geringen Anteil von CDU/CSU-Stimmen aus. Eine Blick auf den Plot der Residuen in Abbildung 9.2 gegen die x_i zeigt, daß dieser Punkt nicht mit einem betragsmäßig hohem Residuum korrespondiert und durch die Analyse der KQ-Residuen versteckt bleibt (masking effect). Ob diese deutliche Abhängigkeit tatsächlich bestätigt wird, soll anhand resistenter Methoden, die wir im folgenden vorstellen und auf diesen Datensatz anwenden, diskutiert werden. ⋈

Minimiert man anstelle einer quadratischen Funktion eine solche, bei der große Residuen nicht quadratisch sondern schwächer gewichtet werden (etwa linear), so erhält man, je nach Art der Zielfunktion, resistente Verfahren. Allgemeinere Zielfunktionen führen auf das inzwischen in der Literatur weit verbreitete Prinzip der von Huber in den sechziger Jahren vorgeschlagenen M-Schätzer, auf die hier nicht eingegangen wird. Anschließend sollen vielmehr einfache Verfahren der linearen Regression behandelt werden, von denen einige resistent sind. Resistente Verfahren beschreiben den Zusammenhang, der durch die Mehrzahl

9.1. LINEARE EINFACHREGRESSION

der Daten induziert wird und lassen sich nicht durch einige wenige Datenpunkte beliebig beeinflußen. Um der geschichtlichen Entwicklung dieser Methoden Rechnung zu tragen, wird auch auf nicht resistente Techniken eingegangen, die aber in naheliegender Weise so modifiziert werden können, daß der Einfluß von Ausreißern auf den Achsenabschnitt und den Steigungsparametern beschränkt bleibt.

Die Methode von Wald

Besonders negativ wirkt sich auf ein statistisches Näherungsverfahren aus, wenn in dem Modell $Y = a + bX + R$ die Einflußgröße X nicht exakt, sondern nur fehlerbehaftet ermittelt werden kann. Für diese Situation hat A. Wald (1940) vorgeschlagen, die Daten zunächst nach der Größe der X-Variablen zu ordnen (so daß $x_1 \leq x_2 \leq \ldots \leq x_n$) und so in zwei gleichgroße Hälften aufzuteilen, daß die "wahren" Werte der X-Variablen in der ersten (linken) alle kleiner sind als die "wahren" Werte der X-Variablen in der zweiten (rechten) Gruppe. Da die wahren Werte der fehlerbehaftet gemessenen X-Variablen unbekannt sind, muß in der Praxis nach den Beobachtungen x_i gruppiert werden. Treten in der Mitte Bindungen auf oder ist n ungerade, so streiche man die mittleren gebundenen Beobachtungen bzw. die mittlere Beobachtung. Dann berechne man für jede Gruppe die *Schwerpunkte* $(\bar{x}_L, \bar{y}_L)$ und $(\bar{x}_R, \bar{y}_R)$ und setze

$$\hat{b} = \frac{\bar{y}_R - \bar{y}_L}{\bar{x}_R - \bar{x}_L}, \qquad \hat{a} = \bar{y} - \hat{b}\bar{x}.$$

Dabei sind $\bar{x} = (\bar{x}_L + \bar{x}_R)/2$ und $\bar{y} = (\bar{y}_L + \bar{y}_R)/2$ die Mittelwerte aus allen (gegebenenfalls um die mittlere Beobachtung oder die mittlere Bindungsgruppe reduzierten) Daten. Die Regressionsgerade ist also die Verbindungslinie der Schwerpunkte der beiden Gruppen, die ebenso den Schwerpunkt $(\bar{x}, \bar{y})$ enthält. Da die einfließenden arithmetischen Mittel ausreißerempfindlich sind, ist die Methode von Wald nicht resistent. Eine naheliegende Variante zur *Robustifizierung des Waldschen Vorschlags* besteht darin, die Gruppenschwerpunkte durch die *Gruppenmedianpunkte* $(\tilde{x}_L, \tilde{y}_L$ und $\tilde{x}_R, \tilde{y}_R)$ zu ersetzen:

$$\tilde{b} = \frac{\tilde{y}_R - \tilde{y}_L}{\tilde{x}_R - \tilde{x}_L}.$$

Sind $z_i = y_i - \tilde{b}x_i$ die Residuen der homogenen Geraden (Gerade ohne Absolutglied), so ist $\tilde{a} = med(\{z_i\})$ eine sinnvolle Wahl des Absolutgliedes. Ein Lageparameter der Verteilung der Residuen der homogenen Regression wird üblicherweise als Absolutglied gewählt.

Bei translationsäquivarianten Lagemaßen führt dies dazu, daß der Lageparameter der Residuenverteilung Null ist. Ein nicht robustes Beispiel für diese Vorgehensweise ist auch die KQ-Regression, bei der $\hat{a} = \bar{y} - \hat{b}\bar{x} = \frac{1}{n}\sum(y_i - \hat{b}x_i)$ das arithmetische Mittel der Residuen der homogenen Regression ist.

Beispiel 9.2 Nun soll das Verfahren von Wald und seine resistente Variante auf die Wahldaten aus Beispiel 9.1 angewandt werden. Dazu sind in Tabelle 9.2 die Daten nach den Wahlbeteiligungen x_i geordnet. Da n ungerade ist, wird die mittlere Beobachtung $x_{(6)}$ nicht weiter berücksichtigt, und für die Daten mit den kleinsten und größten 5 Wahlbeteiligungen werden jeweils die arithmetischen Mittel $\bar{x}_L = 421.9/5 = 84.38$, $\bar{x}_R = 447.3/5 = 89.46$, $\bar{y}_L = 214.2/5 = 42.84$ und $\bar{y}_R = 237/5 = 47.12$ berechnet. Die Gesamtmittel ohne die Beobachtung $(x_{(6)}, y_{(6)})$ betragen $\bar{x} = (84.38+89.46)/2 = 86.92$ und $\bar{y} = (42.84+47.4)/2 = 45.12$. Daraus berechnen sich Steigungsparameter

$$\hat{b} = \frac{\bar{y}_R - \bar{y}_L}{\bar{x}_R - \bar{x}_L} = \frac{47.12 - 42.84}{89.46 - 84.38} = 0.8976$$

und Achsenabschnitt

$$\hat{a} = \bar{y} - \hat{b}\bar{x} = 45.12 - 0.8976 \times 86.92 = -32.899.$$

Wie oben erwähnt, ist auch das Verfahren von Wald ausreißerempfindlich, jedoch wird hier der Steigungsparameter längs nicht so stark beeinflußt wie bei der KQ-Regression in Bespiel 9.1. Dies resultiert aus der Tatsache, daß der Ausreißer in den x_i-Werten, der in $\bar{x}_L$ einfließt, zu einem recht großen Nenner von $\hat{b}$ führt, wodurch der Ausreißer in den y_i Werten im Zähler kompensiert wird. Diese starke Dämpfung des Steigungsparameter ist typisch für diese Methode, wenn Ausreißer bei der X-Variablen vorliegen. Dies kann auch dazu führen, daß ein tatsächlich vorhandener Zusammenhang übersehen wird. Bei der resistenten Variante des Wald'schen Verfahrens bestimmt man aus den Gruppenmedianen $\tilde{x}_L = 85.5$, $\tilde{x}_R = 89.1$, $\tilde{y}_L = 45.2$ und $\tilde{y}_R = 48.6$ den Steigungsparameter

$$\tilde{b} = \frac{\tilde{y}_R - \tilde{y}_L}{\tilde{x}_R - \tilde{x}_L} = \frac{48.6 - 45.2}{89.1 - 85.5} = 0.9444.$$

Der Median der Abweichungen der Daten von der Gerade durch den Nullpunkt mit Steigung $\tilde{b} = 0.9444$ ist – wie man aus Tabelle 9.2 abliest – durch $\tilde{a} = -35.78$ gegeben. Beide Regressionsgeraden sind in Abbildung 9.3 in die Punktewolke eingetragen und unterscheiden sich nur unwesentlich. Dadurch, daß sich der Einfluß der Ausreißer in der Wald'schen Original-

9.1. LINEARE EINFACHREGRESSION

Abbildung 9.3: CDU/CSU-Stimmenanteile versus Wahlbeteiligungen mit Wald'scher Regressionsgerade (—) und resistenter Modifikation (- - -)

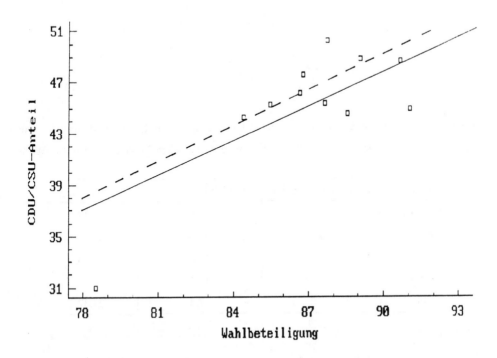

version im Zähler und im Nenner aufhebt, ergeben sich ähnliche Ergebnisse auch durch die Anwendung der resistenten Variante. Dies ist keinesfalls zu verallgemeinern. Die Version, die Gruppenmittelwerte verwendet, reagiert im allgemeinen stark auf einen Ausreißer, der nur in einer der Variablen X oder Y vorhanden ist: Angenommen, die Wahlbeteiligung im Jahre 1949 habe $x_{(1)} = 85.4$ betragen, so ändert dies nichts am Ergebnis des resistenten Verfahrens — wohl aber erhält man als Steigung unter Verwendung der Originalmethode

$$\hat{b} = \frac{\bar{y}_R - \bar{y}_L}{\bar{x}_R - \bar{x}_L} = \frac{47.12 - 42.84}{89.46 - 85.76} = 1.1568.$$

Tabelle 9.2: Wahlbeteiligungen (in % der Wahlberechtigten) und CDU/CSU-Anteile in den Nachkriegswahlen zum deutschen Bundestag vor der deutschen Vereinigung nach x_i-Werten geordnet

Jahr	i	Wahlbeteiligung $x_{(i)}$	CDU/CSU-Anteil $y_{(i)}$	$\tilde{r}_i = y_{(i)} - \tilde{b}x_{(i)}$
1949	1	78.5	31.0	-43.14
1987	2	84.4	44.3	-35.41
1953	3	85.5	45.2	-35.55
1969	4	86.7	46.1	-35.78 ←
1965	5	86.8	47.6	-34.37
$\sum_{i=1}^{5}$:		421.9	214.2	
1961	6	87.7	45.3	-37.52
1957	7	87.8	50.2	-32.72
1980	8	88.6	44.5	-39.17
1983	9	89.1	48.8	-35.35
1976	10	90.7	48.6	-37.06
1972	11	91.1	44.9	-41.12
$\sum_{i=7}^{11}$:		447.3	237	

9.1. LINEARE EINFACHREGRESSION

Der Vorschlag von H. Theil

Theil hat 1950 vorgeschlagen, zur resistenten Bestimmung der Steigung b der Regressionsgeraden den Median der paarweisen Neigungen zwischen allen Beobachtungspunkten zu nehmen:

$$\hat{b} = \text{med}\left(\frac{y_j - y_i}{x_j - x_i}\right), \qquad x_i \neq x_j$$

Sen (1968) hat die asymptotischen Eigenschaften dieses Verfahrens untersucht und gezeigt, daß Theils Vorschlag darauf hinausläuft, die Steigung so zu bestimmen, daß Kendall's τ als Korrelationsmaß zwischen den x_i und den Resten $\hat{r}_i$ betragsmäßig minimal wird. Bei der KQ-Regression gilt dies für den Korrelationkoeffizienten nach Bravais-Pearson. Gemäß Eigenschaft (b) in Kapitel 7.5 sind die Residuen und die x_i der KQ-Regression sogar unkorreliert. Seien wiederum $z_i = y_i - \hat{b}x_i$, $i = 1, \ldots, n$ die Residuen der homogenen Geraden. Die zum Theilschen Vorschlag logisch passende Bestimmung des Absolutglieds ist

$$\hat{a} = \text{med}\left(\frac{z_i + z_j}{2}\right) \qquad i \neq j.$$

Auch dies ist ein Lageparameter der Residualverteilung der homogenen Regression, der auf Hodges und Lehmann (1963) zurückgeht — der sogenannte Hodges/Lehmann-Schätzer.

Beispiel 9.3 Zur Berechnung des Steigungsparameters nach Theil genügt es, die paarweisen Steigungen $\frac{y_j - y_i}{x_j - x_i}$ für $j > i$ zu berechnen, denn Vertauschen der Indizes i und j ergibt dieselben Werte. Die Steigungen in Tabelle 9.3 ordnet man nach der Größe und wählt als Median der $n(n-1)/2 = 55$ Eintragungen den Wert mit der Ordnungsnummer 28: $\hat{b} = 0.75$. Zur Bestimmung des Achsenabschnitts ordnet man die paarweisen Mittelwerte in Tabelle 9.4 der Größe nach. Der Median dieser Werte bestimmt den Achsenabschnitt: $\hat{a} = -19.7$. Man verifiziere diese Rechnungen, indem man nachprüfe, daß mindestens 27 Werte kleiner oder gleich und mindestens 27 größer oder gleich den Medianen sind. Die so bestimmte Regressionsgerade $\hat{y} = \hat{a} + \hat{b}x$ ist in Abbildung 9.4 zur Punktwolke eingetragen. Sie ist resistent gegenüber der Ausreißerwahl von 1949.

◻

Tabelle 9.3: Paarweise Neigungen $\frac{y_j-y_i}{x_j-x_i}$ der Regressionsgeraden für die Wahlbeteiligungen und CDU/CSU-Anteile in den Nachkriegswahlen zum deutschen Bundestag vor der deutschen Vereinigung

i \ j	1	2	3	4	5	6	7	8	9	10	11
1	-	2.03	2.06	1.55	2.00	1.84	1.10	1.44	1.34	1.68	2.25
2		-	2.17	0.05	1.85	**0.75**	-0.05	0.65	-0.23	1.00	0.82
3			-	49.00	2.60	3.73	-1.61	-0.55	-7.13	-1.08	1.74
4				-	-2.56	-0.80	-0.12	1.10	-0.89	2.50	0.30
5					-	15.00	-0.63	0.26	-1.72	0.52	1.37
6						-	-0.27	0.63	-0.84	1.13	0.78
7							-	-9.25	0.16	-1.95	0.09
8								-	1.95	-0.13	0.68
9									-	8.6	0.05
10										-	0.96
11											-

9.1. LINEARE EINFACHREGRESSION

Tabelle 9.4: Paarweise Mittelwerte der Reste der homogenen Regression $\frac{z_j+z_i}{2}$ für die Wahlbeteiligungen und CDU/CSU-Anteile in den Nachkriegswahlen zum deutschen Bundestag vor der deutschen Vereinigung

i	\multicolumn{11}{c}{j}
	1	2	3	4	5	6	7	8	9	10	11
1	-	-23.4	-21.8	-24.2	-22.7	-23.4	-25.7	-23.7	-24.9	-23.0	-23.4
2		-	-17.9	**-19.7**	-18.2	-18.9	-21.2	-19.2	-20.4	-18.5	-19.0
3			-	-18.1	-16.6	-17.3	-19.5	-17.5	-18.8	-16.8	-17.3
4				-	-19.0	**-19.7**	-22.0	-19.9	-21.2	-19.3	**-19.7**
5					-	-18.2	-20.5	-18.5	-19.2	-17.8	-18.3
6						-	-21.2	-19.2	-20.4	-18.5	-19.0
7							-	-21.4	-22.7	-20.7	-21.2
8								-	-20.7	-18.7	-19.2
9									-	-20.0	-20.5
10										-	-18.5
11											-

Abbildung 9.4: CDU/CSU-Stimmenanteile versus Wahlbeteiligungen mit Regressionsgerade nach Theil

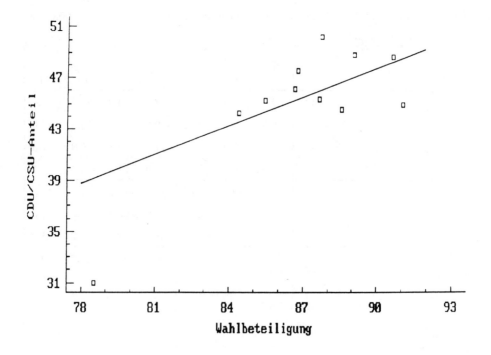

9.1. LINEARE EINFACHREGRESSION

Die Vorschläge von Nair und Srivastava und von Bartlett

Das Vorliegen von Fehlern in der Beobachtung der Einflußgröße X legt es nahe, einen gewissen "mittleren" Teil der nach der Größe der X-Variablen geordneten Daten bei der Bestimmung der Steigung nicht zu berücksichtigen. Entsprechend gehen alle folgenden Ansätze von einer "ausgewogenen" Dreiteilung des Datensatzes in eine linke, eine mittlere und eine rechte Gruppe aus:

Gruppe	$n = 3k$	$n = 3k+1$	$n = 3k+2$
Links n_L	k	k	$k+1$
Mitte n_M	k	$k+1$	k
Rechts n_R	k	k	$k+1$

Liegen an den "Gruppenrändern" Bindungen in der X-Variablen vor, so sollten jeweils alle Punkte mit demselben Abszissenwert in derselben Gruppe liegen, wobei die Ausgewogenheit (d.h. $n_L = n_R$) erhalten werden soll. Als Steigungsparameter schlagen sowohl Nair und Srivastava (1942) als auch Bartlett (1949) die Steigung zwischen linkem und rechtem Schwerpunkt vor:

$$\hat{b} = \frac{\bar{y}_R - \bar{y}_L}{\bar{x}_R - \bar{x}_L}.$$

Die Vorschläge unterscheiden sich lediglich bezüglich des Absolutgliedes: Nair und Srivastava wählen $\hat{a}_{NS}$ so, daß die Garade durch den linken und den rechten Schwerpunkt verläuft, während Bartletts Regressionsgerade den Schwerpunkt der Daten enthält:

$$\begin{aligned}\hat{a}_{NS} &= \bar{y}_L - \hat{b}\bar{x}_L = \bar{y}_R - \hat{b}\bar{x}_R, \\ \hat{a}_B &= \bar{y} - \hat{b}\bar{x}.\end{aligned}$$

Die gleichmäßige Aufteilung muß nicht immer optimal sein. Die optimale Wahl hängt von der Verteilung der x_i Werte ab. Sind diese gleichmäßig über einen Teilbereich der x-Achse verteilt, so ist die gleichmäßige Aufteilung optimal. Bei einer Normalverteilung (vgl. (??)) ist eine Aufteilung $n_L = 0.27n$, $n_M = 0.46n$ und $n_R = 0.27n$ am günstigsten. Weitere Verteilungen werden in Gibson und Jowett (1957) untersucht.

Beispiel 9.4

Aus Tabelle 9.5 bestimmt man die Gruppenschwerpunkte zu $(\bar{x}_L, \bar{y}_L) = (335.1/4, 166.6/4) =$

Tabelle 9.5: Wahlbeteiligungen (in % der Wahlberechtigten) und CDU/CSU-Anteile in den Nachkriegswahlen zum deutschen Bundestag vor der deutschen Vereinigung nach x_i-Werten geordnet

Jahr	i	Wahlbeteiligung $x_{(i)}$	CDU/CSU-Anteil $y_{(i)}$	RL-Rest	
1949	1	78.5	31.0	-11.72	
1987	2	84.4	44.3	-0.81	←
1953	3	85.5	45.2	-0.35	←
1969	4	86.7	46.1	0.06	
$\sum_{i=1}^{4}$:		335.1	166.6		
1965	5	86.8	47.6	1.52	←
1961	6	87.7	45.3	-1.14	
1957	7	87.8	50.2	3.72	
$\sum_{i=5}^{7}$:		262.3	143.1		
1980	8	88.6	44.5	-2.30	←
1983	9	89.1	48.8	1.79	
1976	10	90.7	48.6	0.95	←
1972	11	91.1	44.9	-2.91	
$\sum_{i=8}^{11}$:		359.5	186.8		

9.1. LINEARE EINFACHREGRESSION

(83.775, 41.65), und $(\bar{x}_M, \bar{y}_M) = (262.3/3, 143.1/3) = (87.433, 47.7)$ und $(\bar{x}_R, \bar{y}_R) = (359.5/4, 186.8/4) = (89.875, 46.7)$, und als Gesamtschwerpunkt erhält man $(\bar{x}, \bar{y}) = ([335.1 + 262.3 + 359.5]/11, [166.6 + 143.1 + 186.8]/11) = (86.991, 45.136)$. Somit ergibt sich als Steigungsparameter $\hat{b} = \frac{\bar{y}_R - \bar{y}_L}{\bar{x}_R - \bar{x}_L} = \frac{46.7 - 41.65}{89.875 - 83.775} = 0.8279$. Der Achsenabschnitt nach Nair und Srivastava ergibt sich zu $\hat{a}_{NS} = \bar{y}_R - \hat{b}\bar{x}_R = -27.71 = \bar{y}_L - \hat{b}\bar{x}_L$ und der von Bartlett zu $\hat{a}_B = \bar{y} - \hat{b}\bar{x} = -26.88$. Zur Interpretation dieser Ergebnisse vergleiche man die Ausführungen zu Beispiel 9.2. Wiederum hat der Ausreißer (Wahlen in 1949) einen Effekt auf Zähler und Nenner des Steigungsparameters, so daß dieser nicht allzusehr davon beeinflußt wird. Die beiden Regressionsgeraden stimmen nahezu überein und sind in Abbildung 9.5 dargestellt.

Abbildung 9.5: CDU/CSU-Stimmenanteile versus Wahlbeteiligungen mit Regressionsgerade nach Nair und Srivastava (—) bzw. von Bartlett (- - -)

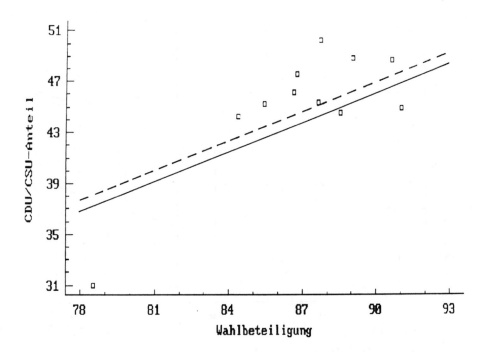

Die Drei-Schnitt-Median-Gerade (Three Group Resistant Line)

Diese von J.W. Tukey propagierte Methode stellt eine Robustifizierung der Vorschläge von Nair und Srivastava bzw. Bartlett dar. Die Daten werden wie dort in drei Gruppen aufgeteilt, und für die Steigung wird die Verbindungslinie des rechten und linken Medianpunkts genommen:

$$\hat{b} = b_0 = \frac{\tilde{y}_R - \tilde{y}_L}{\tilde{x}_R - \tilde{x}_L}$$

Als Absolutglied wird der Durchschnitt der Residuen der homogenen Geraden an den drei Medianpunkten gewählt:

$$\hat{a} = a_0 = \frac{1}{3}[\tilde{y}_L - b_0\tilde{x}_L + \tilde{y}_M - b_0\tilde{x}_M + \tilde{y}_R - b_0\tilde{x}_R].$$

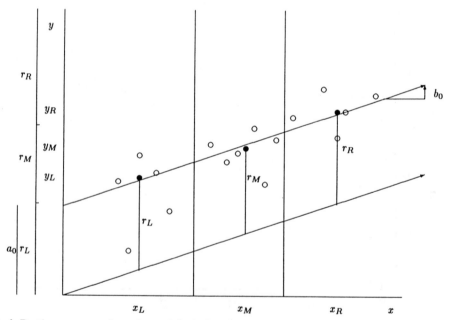

Abbildung 9.6: Ermittlung der resistant line

Nach Bestimmung von b_0 und a_0 wird ein Residual-Plot (x_i, r_i) mit $r_i = y_i - a_0 - b_0 x_i$, $i = 1,\ldots,n$ erstellt. Zeigen die Residuen noch ein gewisses Muster, so wird dies anschließend durch eine *iterative Prozedur* beseitigt. Gibt es Hinweise auf Nichtlinearitäten sollte eine Potenztransformation der X- oder Y-Messungen vorgenommen werden (siehe Abschnitt 9.2). Ansonsten werden sukzessive Geraden an die Residuen des vorherigen Schritts mit der 3-Schnitt-Methode angepaßt, bis eine vorgegebene Genauigkeitsschranke erreicht ist. Nach

9.1. LINEARE EINFACHREGRESSION

$k = 0, 1, 2, \ldots$ Schritten seien die Residuen

$$r_i^{(k)} = y_i - a_k - b_k x_i \, , \; i = 1, \ldots, n.$$

Dann werden aus den gruppenspezifischen Medianpunkten im Residualplot

$$(\tilde{x}_L, \tilde{r}_L^{(k)}), (\tilde{x}_M, \tilde{r}_M^{(k)}), (\tilde{x}_R, \tilde{r}_R^{(k)})$$

die Korrekturterme

$$\begin{aligned}
\beta_{k+1} &= \frac{\tilde{r}_R^{(k)} - \tilde{r}_L^{(k)}}{\tilde{x}_R - \tilde{x}_L}, \\
\alpha_{k+1} &= \frac{1}{3}[\tilde{r}_L^{(k)} + \tilde{r}_M^{(k)} + \tilde{r}_R^{(k)} - \beta_{k+1}(\tilde{x}_L + \tilde{x}_M + \tilde{x}_R)]
\end{aligned}$$

berechnet und

$$\begin{aligned}
b_{k+1} &= b_k + \beta_{k+1} \\
a_{k+1} &= a_K + \alpha_{k+1}
\end{aligned}$$

gesetzt. Die Prozedur wird fortgesetzt, bis die Korrekturterme (absolut) eine vorgegebene Schranke ϵ (absolut oder relativ) unterschreiten.

Beispiel 9.5 Aus Tabelle 9.5 kann man auch die gruppenspezifischen Mediane ablesen. Da die x_i in aufsteigender Folge angeordnet sind, ist der entsprechende Median sofort abzulesen. Die y_i, die den Median bestimmen sind, sind durch einen Pfeil gekennzeichnet. Also erhält man $(\tilde{x}_L, \tilde{y}_L) = (84.95, 44.75)$, $(\tilde{x}_M, \tilde{y}_M) = (87.7, 47.6)$ und $(\tilde{x}_R, \tilde{y}_R) = (89.9, 46.75)$. Somit berechnet man als Steigungsparameter

$$\hat{b} = b_0 = \frac{\tilde{y}_R - \tilde{y}_L}{\tilde{x}_R - \tilde{x}_L} = \frac{46.75 - 44.75}{89.9 - 84.95} = 0.404$$

und als Achsenabschnitt

$$\hat{a} = a_0 = \frac{1}{3}[(\tilde{y}_L + \tilde{y}_M + \tilde{y}_R) - b_0(\tilde{x}_L + + \tilde{x}_M + \tilde{x}_R)]$$

$$= [(44.75 + 47.6 + 46.75) - 0.4040 \times (84.95 + 87.7 + 89.9)]/3 = 11.01$$

Die Gerade $\hat{y}_0 = a_0 + b_0 x$ ist in Abbildung 9.7 eingezeichnet und wird nicht von dem Ausreißer beeinflußt. Daher wird dieser nicht versteckt und springt bei der Betrachtung der Residuen (Abbildung 9.8) sofort ins Auge. Obwohl die Residuen keine systematischen Strukturen zeigen, soll auch die iterative Prozedur hier demonstriert werden: Dazu sind die RL-Reste in Tabelle 9.5 (letzte Spalte) eingetragen. Damit erhält man

$$\beta_1 = \frac{\tilde{r}_R^{(1)} - \tilde{r}_L^{(1)}}{\tilde{x}_R - \tilde{x}_L} = \frac{-0.675 - (-0.58)}{89.9 - 84.95} = -0.0192$$

und als Achsenabschnitt

$$\alpha_1 = [(-0.58 + 1.52 - 0.675) + 0.0202 \times (84.95 + 87.7 + 89.9)]/3 = 1.839.$$

Die ursprünglichen Parameter a_0 und b_0 werden also wie folgt modifiziert:

$$b_1 = b_0 + \beta_1 = 0.404 + 0.020 = 0.424 \quad a_1 = a_0 + \alpha_1 = 11.01 + 1.839 = 12.849.$$

Insgesamt läßt sich Tukey's Resistant Line am wenigsten unter allen hier diskutierten Verfahren von dem Ausreißer beeinflussen. Legt man dieses Verfahren zu grunde, so beträgt die geschätze Erhöhung des Anteils der CDU/CSU-Wähler durch ein Prozent mehr an Wahlbeteiligung mit 0.404% lediglich ein Drittel des durch die KQ-Regression ausgewiesenen zusätzlichen Stimmenanteils.

9.1. LINEARE EINFACHREGRESSION

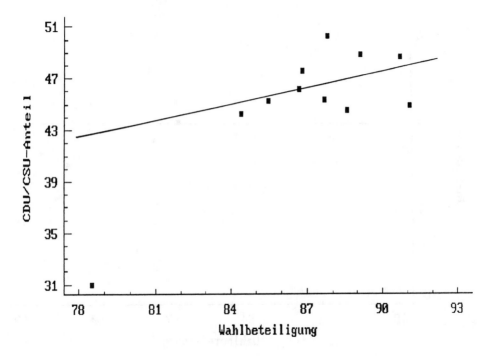

Abbildung 9.7: CDU/CSU-Stimmenanteile versus Wahlbeteiligungen mit resistant line

Abbildung 9.8: CDU/CSU-Stimmenanteile und Wahlbeteiligungen: resistant line Residuen

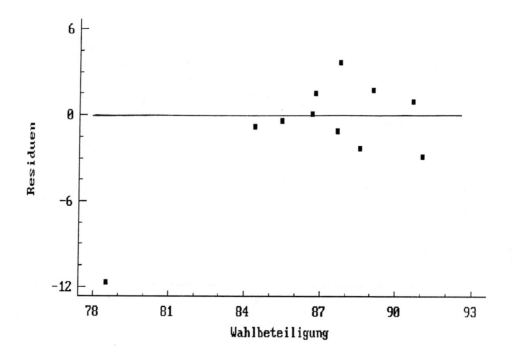

9.2 Transformation auf Linearität

Durch die Angabe einer Geradengleichung wird der bivariate Datensatz (x_i, y_i) auf zwei Parameter komprimiert, die einfach zu interpretieren sind. Jedoch wird dieses lineare Modelle die Realität im allgemeinen nur unzureichend beschreiben. Informationen über die Form des Zusammenhangs zwischen X und Y gewinnt man durch die Betrachtung des $X - Y$-Scatterplots und der Residuen eines resistenten Verfahrens der linearen Regression. Zeigt der Scatterplot der (x_i, y_i) einen monotonen nicht linearen Zusammenhang an, so können die im folgenden behandelten Potenztransformationen der x_i oder der y_i zu dessen Begradigung angwandt werden. Potenztransformationen werden ausführlich im fünften Kapitel behandelt. Für nichtmonotone Zusammenhänge sind Potenztransformationen nicht geeignet. In diesem Fall muß nach anderen Transformationen gesucht werden. Da im folgenden lediglich auf Potenztransformationen eingegangen wird, muß gefordert werden, daß die Daten x_i und y_i positiv sind. Im bivariaten Fall können prinzipiell beide Variablen — also sowohl die Einflußvariable X als auch die abhängige Variable Y — transformiert werden. In manchen Anwendungen mag dies auch sinnvoll sein: Beispielsweise interessiert aus sachlogischen Gründen oft $\ln Y$; jedoch ist der Zusammenhang zwischen X und $\ln Y$ nicht linear, so daß auch X transformiert werden sollte. Im allgemeinen ist es jedoch einfacher, nur eine Variable zu transformieren, wobei in der Praxis meist die abhängige Variable Y gewählt wird. Bei multipler Regression ist die Transformation der X_i, $i = 1, \ldots, p$, sinnvoller, denn so können unterschiedliche Transformationen der Einflußgrößen vorgenommen werden. Würde man den Zusammenhang zwischen Y und X_i durch eine Transformation der Y-Werte linearisieren, so könnte dies zu einer Verstärkung der Nichtlinearität zwischen Y und anderen Einflußgrößen führen.

Zur Beurteilung der Linearität von Zusammenhängen können die *Halbsteigungen (half-slopes)*

$$b_R = \frac{\tilde{y}_R - \tilde{y}_M}{\tilde{x}_R - \tilde{x}_M} \quad \text{und} \quad b_L = \frac{\tilde{y}_M - \tilde{y}_L}{\tilde{x}_M - \tilde{x}_L}$$

verwendet werden, wobei $\tilde{y}_R, \tilde{y}_M, \tilde{y}_L, \tilde{x}_R, \tilde{x}_M$ und $\tilde{x}_L$ den Gruppenmedianen gemäß Tukeys resistant line Verfahren entsprechen. Liegen mehrere erklärende Variablen vor, so können die half-slopes bezüglich einer jeden gebildet werden, indem die Gruppenmediane der Randverteilungen eingesetzt werden. Den Quotienten $q = b_R/b_L$ nennt man *half-slope-ratio*. Die Gleichheit der beiden Halbsteigungen weist auf einen linearen Zusammenhang hin. Liegt q also nahe bei Eins, so ist keine Transformation erforderlich. Ist q negative, so wechselt das

Vorzeichen der Halbsteigungen — ein Anzeichen für einen nicht monotonen Zusammenhang. Hier hilft eine Potenztransformation nicht weiter.

Wenn größere Y-Werte schneller wachsen als kleinere — wie das bei quadratisch oder exponentiell wachsenden Funktionen der Fall ist —, müssen die hohen Y-Werte stärker zusammengestaucht werden als die kleinen: So werden etwa die Zahlen 100, 400, 900, 1600, 2500 usw. durch eine Wurzeltransformation äquidistant. Eine $\log_{10}$-Transformation von 1, 10, 100, 1000, 10000 usw. hat den gleichen Effekt. Wachsen kleinere Y-Werte schneller als größere, so können die größeren durch eine Potenztransformation mit $p > 1$ mehr gestreckt werden als die kleineren. Die Zahlen 1, $\sqrt{2} \approx 1.414$, $\sqrt{3} \approx 1.732$, 2, $\sqrt{5} \approx 2.236$ usw. werden durch eine quadratische Transformation $T(Y) = Y^2$ äquidistant. Sind b_L und b_R beide positiv, so trägt im Falle $q > 1$ ein Stauchen der y_i oder ein Strecken der x_i und im Falle $q < 1$ umgekehrt ein Strecken der y_i oder ein Stauchen der x_i zur Linearisierung bei. Sind beide Halbsteigungen negativ, so führt im Falle $q > 1$ ein Strecken und im Falle $q < 1$ ein Stauchen der Y- oder der X-Werte zur Linearisierung.

Durch bloßes Betrachten des $X-Y$-Scatterplots kann man Aufschluß über die Richtung einer geeigneten Potenztransformation gewinnen. Hat die Punktwolke in etwa die Form, wie sie durch die Krümmung der Worte "konvex" und "konkav" in der Graphik 9.9 angedeutet ist, so transformiere man X oder/und Y entsprechend den Pfeilrichtungen mit Hilfe von Tukey's *Leiter der Potenzen* (siehe Tabelle 5.1). "Hinauf" bedeutet dabei eine Potenztransformation mit $p > 1$; "hinunter" heißt $p < 1$. Zeigt der Pfeil an, daß die Y-Werte gestaucht werden sollen, so versuche man es etwa mit der Wurzeltransformation $T(Y) = \sqrt{Y}$. Weist der Scatterplot der transformierten Werte immer noch darauf hin, daß Y gestaucht werden soll, so wähle man $T(Y) = \log Y$ und steige die Leiter der Potenzen so lange hinab, bis Linearität annähernd erreicht ist. Anolog erhöhe man p sukzessive auf der Leiter der Potenzen, wenn ein Strecken erforderlich ist. Schließlich entscheide man sich für diejenige Transformation, bei der die half-slope-ratios am nächsten bei Eins liegen. Neben den half-slope-ratios sollten auch Plots der Residuen einer resistenten Geradenanpassung an die Punkte $(x_i, T_p(x_i))$ in Betracht gezogen werden.

Nach diesem *einfachen Verfahren* zur Wahl der Transformation soll nun ein *verfeinertes* vorgestellt werden: Für eine Transformation von Y geht man von einer ersten Geradenanpassung

Abbildung 9.9: Diagramm zur Wahl einer geeigneten Potenztransformation zur Linearisierung monotoner Zusammenhänge

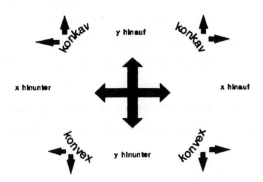

an die Orginaldaten aus. Ist c der dort gefundene Steigungskoeffizient, so trage man die Werte

$$\xi = c^2 \frac{(x_i - \tilde{x})^2}{2\tilde{y}}, \qquad \eta_i = (y_i - \tilde{y}) - c(x_i - \tilde{x}), \qquad i = 1, \ldots, n$$

in einen *Transformationsplot* ein. Zeigt die Punktwolke eine ungefähr lineare Steigung α, so wähle man als Transformationspotenz $p = 1 - \alpha$. Auf die Herleitung dieses Transformationsplots wird nach dem Beispiel eingegangen.

Soll die Einflußgröße X transformiert werden, so kommt man, ausgehend von dem Ansatz

$$y - \tilde{y} = \beta \left[T(x) - T(\tilde{x}) \right]$$

zur selben Prozedur wie oben, wobei X und Y ihre Rollen vertauschen, d.h. im ersten Schritt erfolgt eine Geradenanpassung der Art $(x - \tilde{x}) = \gamma(y - \tilde{y})$, und der Transformations-Plot hat die Koordinaten

$$\xi_i = \gamma^2 \frac{(y_i - \tilde{y})^2}{2\tilde{x}}, \qquad \eta_i = (x_i - \tilde{x}) - \gamma(y_i - \tilde{y}), \qquad i = 1, \ldots, n.$$

Beispiel 9.6 Mit Hilfe eines Feldversuches haben Paschal und French (1956) die Wirkung von stickstoffhaltigem Dünger auf den Maisertrag untersucht. In Abbildung 9.10 (a) sind die dabei gemessenen mittleren Maiserträge y_i gegen die eingesetzten Düngermengen x_i (letztere in Stufen zu 40 lb) abgetragen. Abbildung 9.10 (b) enthält eine erste resistant line Anpassung an die Daten und Abbildung 9.10 (c) die zugehörigen Residuen. Die Verwendung der KQ-Methode bringt hier nahezu identische Ergebnisse, derart daß auf die Darstellung der entsprechenden Geraden und Residuen verzichtet werden kann. Alle drei Plots weisen darauf hin, daß der Zusammenhang zwischen der eingesetzten Düngemenge und dem Ertrag zwar monoton aber keineswegs linear ist. Die Ertragszuwächse nehmen mit steigender Düngemenge ab. Bei solchen konkaven monoton wachsenden Zusammenhängen wirkt gemäß der Graphik 9.9 ein Strecken der Y-Variable mit $p > 1$ und/oder ein Stauchen der X-Variable mit $p < 1$ in Richtung Linearisierung. Bei nur einer Einflußgröße entscheiden wir uns dafür, die Maiserträge mit $p > 1$ zu potenzieren. Entsprechend Tukey's Leiter der Potenzen werden die Werte $p = 2, 3, 4, \ldots$ nacheinander ausprobiert. Tabelle 9.6 enthält neben den Originaldaten die zweiten bis siebten Potenzen der Maiserträge, wobei nur die zur Berechnung der half-slope-ratios erforderlichen Werte eingetragen sind. Exemplarisch werden half-slope-ratio und die Steigung der resistant line für $p = 5$ berechnet:

$$b_R = \frac{\tilde{y}_R^5 - \tilde{y}_M^5}{\tilde{x}_R - \tilde{x}_M} = \frac{7.995 - 4.285}{10 - 5.5} \times 10^{10} = 8.244 \times 10^9$$

$$b_L = \frac{\tilde{y}_M^5 - \tilde{y}_L^5}{\tilde{x}_M - \tilde{x}_L} = \frac{42.85 - 2.996}{5.5 - 1.5} \times 10^9 = 9.964 \times 10^9$$

und

$$b = \frac{\tilde{y}_R^5 - \tilde{y}_L^5}{\tilde{x}_R - \tilde{x}_L} = \frac{79.95 - 2.996}{10 - 1.5} \times 10^9 = 9.053 \times 10^9.$$

Tabelle 9.6: Feldversuch zur Wirkung der Stickstoffmenge auf die Maiserträge (vgl. Paschal und French (1956): Originaldaten und Potenzen der Maiserträge

Stickstoffmenge x_i	Maisertrag y_i	y_i^2	y_i^3	y_i^4	y_i^5	y_i^6	y_i^7
0	12.53						
1	49.63	2463.14	122245.5	6067044	3.01×10^8	1.49×10^{10}	7.42×10^{11}
2	89.33	7979.859	712839.9	63677990	5.69×10^9	5.08×10^{11}	4.54×10^{13}
3	107.50						
4	113.47						
5	134.43	18071.43	2429342	3.27×10^8	4.39×10^{10}	5.90×10^{12}	7.93×10^{14}
6	133.10	17715.61	2357948	3.14×10^8	4.18×10^{10}	5.56×10^{12}	7.40×10^{14}
7	140.27						
8	134.33						
9	153.17	23461.05	3593529	5.50×10^8	8.43×10^{10}	1.29×10^{13}	1.98×10^{15}
11	155.67						
13	149.87	22461.05	3366233	5.04×10^8	7.56×10^{10}	1.13×10^{13}	1.69×10^{15}

9.2. TRANSFORMATION AUF LINEARITÄT

Tabelle 9.7: Feldversuch zur Wirkung der Stickstoffmenge auf die Maiserträge: Half-slope-ratios und Bestimmtheitsmaße für $p = 1, 2, \ldots, 7$

p	b_R/b_L	R^2
1	0.228	0.731
2	0.356	0.845
3	0.489	0.888
4	0.646	0.895
5	0.827	0.885
6	1.039	0.866
7	1.281	0.842

Tabelle 9.7 zeigt die half-slope-ratios und die Bestimmtheitsmaße für die KQ- bzw. RL-Anpassungen für $p = 1, 2, \ldots, 7$. Legt man seiner Entscheidung die half-slope-ratios zugrunde, so wäre $p = 6$ zu wählen. Das Bestimmtheitsmaß weist auf $p = 4$ hin, wobei aber alle Transformationen zwischen $p = 3$ und $p = 6$ Bestimmtheitsmaße über 0.85 haben, so daß auch diese Wahlen als geeignet erscheinen. Als zusätzliche Entscheidungshilfe soll der Transformationsplot herangezogen werden. Dazu muß ein Steigungsparameter aus einer ersten linearen Anpassung an die Originaldaten bestimmt werden. Anhand des Scatterplots 9.10 (a) erkennt man, daß eine Gerade durch die die Daten in etwa die Steigung $c = 10$ haben dürfte. Dazu sei bemerkt, daß die RL-Steigung ungefähr 10.24 und die KQ-Steigung ungefähr 9.5 beträgt. Als Medianpunkt für die nicht transformierten Daten ergibt sich $(\tilde{x}, \tilde{y}) = (5.5, 133.715)$. Somit können die Koordinaten für den Transformationsplot bestimmt werden. (Vergleiche dazu die Tabelle 9.8 und die Abbildung 9.11.) Die von Hand angepaßte Gerade durch den Transformationsplot hat eine Steigung von ungefähr $\alpha \approx -4$ auf und deutet somit eine Potenzierung von $p = 1 - \alpha \approx 5$ hin. Die genaue Steigung der RL-Geraden beträgt $\alpha = -4.014$. Der Transformationsplot legt also einen Kompromiß zwischen den Auswahlkriterien auf der Basis der half-slopes-ratios und Bestimmtheitsmaße nahe. Die Regressionsgerade ist in die transfomierte Punktewolke (x_i, y_i^5) (Abbildung 9.12) eingetragen. Darunter befindet sich der zugehörige Residualplot. Letzterer weist auf eine wesentliche Verbesserung des Fits im Vergleich mit den nichttransformierten Daten (vgl. Abbildung 9.10) hin. ⋈

Abbildung 9.10: Feldversuch zur Wirkung der Stickstoffmenge auf die Maiserträge (vgl. Paschal und French (1956)

(a) Mittlerer Maisertrag vs. Stickstoffmenge

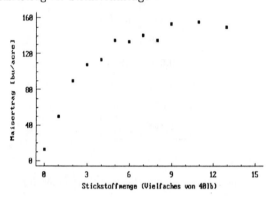

(b) Resistant line Anpassung

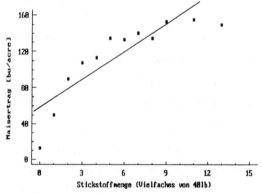

(c) Residuen der resistant line Anpassung

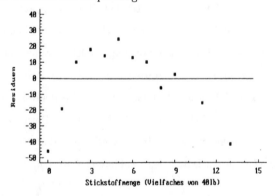

Tabelle 9.8: Feldversuch zur Wirkung der Stickstoffmenge auf die Maiserträge: Transformationsplot

i	$\xi_i = 10^2(x_i - 5.5)^2/(2 \times 133.715)$	$\eta_i = (y_i - 133.715) - 10(x_i - 5.5)$
1	11.31	-66.19
2	7.57	-39.09
3	4.58	-9.39
4	2.346	-1.22
5	0.84	-5.25
6	0.09	5.72
7	0.09	-5.62
8	0.84	-8.45
9	2.34	-24.39
10	4.58	-15.55
11	11.31	-33.05
12	21.03	-58.85

Abbildung 9.11: Transformationsplot: Feldversuch zur Wirkung der Stickstoffmenge auf die Maiserträge (vgl. Paschal und French, 1956)

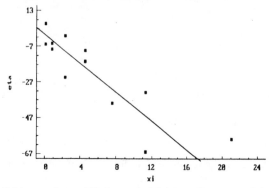

Abbildung 9.12: Feldversuch zur Wirkung der Stickstoffmenge auf die Maiserträge

(a) (Mittlerer Maisertrag)^5 vs. Stickstoffmenge mit RL-Anpassung.

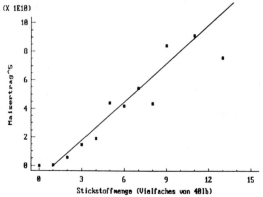

(b) Residuen aus (a)

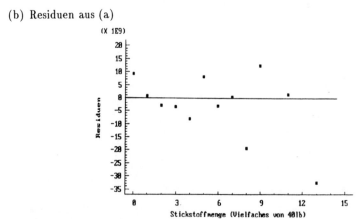

Leser, die lediglich an einer Anwendung der Methode interessiert sind, können die folgende Herleitung des Transformationsplots auslassen.

*** Herleitung des Transformationsplots

Ein verfeinerter Ansatz der Y-Transformation basiert auf einer ersten Anpassung einer homogenen Regressionsgerade mit Steigungsparameter c an die Daten $(x_i - \tilde{x}, y_i - \tilde{y})$, d.h. $(y - \tilde{y}) = c(x - \tilde{x})$. Die Potenztransformation T ist so zu wählen, daß die transformierten Daten $z = T(y)$ als lineare Funktion von x darstellbar sind. Man geht also von dem Ansatz

$$T(y) - T(\tilde{y}) = b(x - \tilde{x}) \tag{9.1}$$

aus, der wegen

$$\tilde{z} = T(\tilde{y}) \quad \text{für n ungerade und}$$
$$\tilde{z} \approx T(\tilde{y}) \quad \text{für n gerade}$$

zu

$$z - \tilde{z} = (\approx) b(x - \tilde{x}) \tag{9.2}$$

umgeschrieben werden kann. Mit der inversen Transformation T^{-1} ist

$$y = T^{-1}(z) \quad \text{bzw.} \quad T^{-1}(\tilde{z}) \approx \tilde{y}.$$

Wir entwickeln $T^{-1}(z)$ in eine Taylor-Reihe um $\tilde{z}$:

$$y = T^{-1}(z) \approx \tilde{y} + (T^{-1})'(\tilde{z})(z - \tilde{z}) + \frac{(T^{-1})''(\tilde{z})}{2}(z - \tilde{z})^2.$$

Ersetzen von $z - \tilde{z}$ durch die rechte Seite von (9.2) liefert

$$y \approx \tilde{y} + (T^{-1})'(\tilde{z}) b(x - \tilde{x}) + \frac{(T^{-1})''(\tilde{z})}{2} b^2 (x - \tilde{x})^2. \tag{9.3}$$

Im **Fall** $p \neq 0$, d.h. $T(y) = y^p$ ist

$$y \approx \tilde{y} + \frac{b}{p} \tilde{z}^{(\frac{1}{p})-1}(x - \tilde{x}) + \frac{1-p}{2p^2} b^2 \tilde{z}^{(\frac{1}{p})-2}(x - \tilde{x})^2$$

oder

$$y \approx \tilde{y} + \frac{b}{p} \frac{\tilde{y}}{\tilde{z}}(x - \tilde{x}) + \frac{1-p}{2p^2} \frac{\tilde{y}}{\tilde{z}^2} b^2 (x - \tilde{x})^2.$$

Mit

$$c := \frac{b}{p} \frac{\tilde{y}}{\tilde{z}}$$

erhalten wir schließlich:

$$y - \tilde{y} - c(x - \tilde{x}) \approx (1 - p) c^2 \frac{(x - \tilde{x})^2}{2\tilde{y}}. \tag{9.4}$$

Einen Wert für c erhält man, indem man den Term zweiter Ordnung auf der rechten Seite von (9.4) vernachlässsigt und die Steigung der Regressionsgeraden aus den Originaldaten bestimmt. Eine Information über $1-p$ erhalten wir dann aus dem Transformationsplot mit den Abszissenwerten

$$\xi_i = c^2 \frac{x_i - \tilde{x}}{2\tilde{y}}$$

und den Ordinatenwerten

$$\eta_i = (y_i - \tilde{y}) - c(x_i - \tilde{x}), \quad i = 1, \ldots, n.$$

Zeigt die Punktwolke eine ungefähr lineare Steigung, dann ergibt 1 – Steigung den Wert für die empfohlene Potenz.

Im **Fall** $p = 0$ paßt sich die logarthmische Transformation nahtlos in diesen Rahmen ein. Wir argumentieren anhand des Logarithmus zur Basis 10, d.h. $T(y) = \log_{10} y$. Dann ist $(T^{-1})(z) = 10^z = e^{(\ln 10)z}$, $(T^{-1})'(z) = 10^z \ln 10$, $(T^{-1})''(z) = 10^z (\ln 10)^2$. Dies ergibt, eingesetzt in (9.3)

$$y \approx \tilde{y} + \ln 10 \, \tilde{y} b(x - \tilde{x}) + \frac{(\ln 10)^2}{2} \tilde{y} b^2 (x - \tilde{x}).$$

Mit $c := b \ln 10 \, \tilde{y}$ gilt wieder wie im Fall $p \neq 0$

$$y - \tilde{y} - c(x - \tilde{x}) \approx c^2 \frac{(x - \tilde{x})^2}{2\tilde{y}}.$$

Eine Steigung von 1 im Tranaformationsplot mit den obigen Koordinaten (ξ_i, η_i) ist also ein Hinweis auf eine Log-Tranformation von Y.

9.3 Glättungsverfahren bei nichtlinearen Zusammenhängen

In den vorangegangenen Abschnitten dieses Kapitels wurde davon ausgegangen, daß sich die Daten (ggf. nach Transformation) durch einen linearen Zusammenhang beschreiben lassen. Der Vorteil dieser Vorgehensweise besteht vor allen darin, daß sich Achsenabschnitt und Steigungsparameter oft sachlogisch interpretieren lassen. Dies ist jedoch nur sinnvoll, wenn die *Punktwolke* tatsächlich einen (ggf. nach Transformation) linearen Zusammenhang beschreibt. Liegt aber beispielsweise eine nicht monotone Beziehung (wie etwa eine periodische Schwingung) vor, so wird diese nicht geeignet abgebildet, und es kommt zu Fehlinterpretationen. Daher sollten noch vor der Anwendung der Verfahren aus den Abschnitten 7.5, 9.1 und 9.2

9.3. GLÄTTUNGSVERFAHREN BEI NICHTLINEAREN ZUSAMMENHÄNGEN

Glättungsverfahren verwendet werden, wie sie in diesem Abschnitt vorgestellt werden. Ihr Ziel ist die Reduktion der Punktwolke auf eine Kurve, deren Verlauf den durch die Daten beschriebenen Zusammenhang möglichst gut widerspiegelt. So wird die Struktur des oft stark streuenden em Scatterplots ohne Vorurteile herausgearbeitet und somit der Blick für die Besonderheiten geschärft. Möglicherweise ergeben sich Hinweise auf einen durch einfache Funktionen (lineare, quadratische, etc.) zu beschreibenden Zusammenhang, für den dann mit den Methoden der vorherigen Abschnitte interpretierbare Parameter ermittelt werden können. Ist dies nicht ohne weiteres möglich, so kann die Glättung selbst als endgültiges Analyseinstrument verstanden werden, mit dem die Regressionsbeziehung beschrieben und interpretiert werden kann. Eine einfache Möglichkeit der Glättung besteht in der Verwendung des sogenannten *Regressogramms* (Tukey, 1961). Wie der Name andeutet, ist das Regressogramm eng mit Histogramm verwandt und auch ähnlich leicht zu berechnen. Die Werte x_i werden wie beim Histogramm in k Klassen eingeteilt, und über der j-ten Klasse wird eine Linie parallel zur x-Achse eingezeichnet, und zwar in Höhe des arithmetischen Mittels aller derjenigen y_i-Werte, deren zugehörige x_i-Werte in der $j-ten$ Klasse liegen. In Termen der Indikatorfunktion kann das Regressogramm also über die Formel

$$g_n^R(x) = \frac{\sum_{i=1}^n 1_{[u_{j-1}, u_j)}(x_i) y_i}{\sum_{i=1}^n 1_{[u_{j-1}, u_j)}(x_i)}, \quad \text{falls } x \in [u_{j-1}, u_j), \; \frac{0}{0} := 0, \qquad (9.5)$$

definiert werden. Das Regressogramm stellt also eine einfache Methode dar, die Information eines Scatterplots in Form einer Treppenfunktion zu verdichten.

Beispiel 9.7 In den Abbildungen 9.13 sind in die Scatterplots der Umsätze gegen die Beschäftigtenzahlen Regressogamme eingezeichnet. In Bild (a) wurde 40 000 in Bild (b) 80 000 als Klassenbreite gewählt. Tabelle 9.9 enthält die dazu notwendigen Berechnungen. Neben der Klassennumerierung (in den Spalten 1 und 5) und der Klasseneinteilung (in den Spalten 2 und 6) wird für jede Klasse die Anzahl n_i der darin befindlichen Beschäftigtenzahlen (in den Spalten 3 und 7) und schließlich das arithmetische Mittel $\bar{y}_i$ der zugehörigen Umsatzwerte notiert und über der jeweiligen Klasse abgetragen. Dabei führte die Klassenbreite 40 000 zu einer Darstellung, die für Beschäftigtenzahlen von 200 000 und mehr auf nur sehr wenigen Beobachtungen beruht und mithin entsprechend hohe Variabilität und Ausreißerempfindlichkeit aufweist. In manchen Klassen liegt überhaupt kein x_i-Wert, so daß das Regressogramm definitionsgemäß auf den Wert Null gesetzt wird. Dieser Effekt kann durch eine Erhöhung der Klassenbreite verringert werden. Jedoch führt die alternative verwendete Klassenbreite

Abbildung 9.13: Scatterplot mit Regressogramm: Umsätze versus Beschäftigtenzahlen der umsatzstärksten Großbetriebe in Deutschland im Jahre 1990

(a) Klassenbreite 40 000

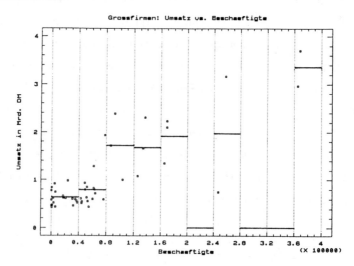

(b) Klassenbreite 80 000

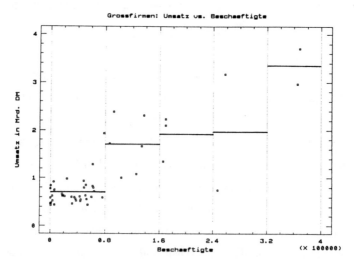

9.3. GLÄTTUNGSVERFAHREN BEI NICHTLINEAREN ZUSAMMENHÄNGEN

Tabelle 9.9: Tabelle zur Erstellung eines Regressogramms

i	$[u_{i-1}, u_i)$ in Tsd.	n_i	$\bar{y}_i$	i	$[u_{i-1}, u_i)$	n_i	$\bar{y}_i$
	Klassenbreite 40				Klassenbreite 80		
1	[0,40)	21	6224.8	1	[0,80)	37	6942.3
2	[40,80)	16	7884.1	-	-	-	-
3	[80,120)	3	17027.3	2	[80,160)	6	16934.2
4	[120,160)	3	16841	-	-	-	-
5	[160,200)	3	18889.7	3	[160,240)	3	18889.7
6	[200,240)	0	0	-	-	-	-
7	[240,280)	2	19578.5	4	[240,320)	2	19578.5
8	[280,320)	0	0	-	-	-	-
9	[320,360)	0	0	5	[320,400)	2	33341
10	[360,400)	2	33341	-	-	-	-

80 000 dazu, daß Details im Bereich häufiger x_i-Werte "weggeglättet" werden. ◰

Natürlich weist das Regressogramm dieselben Nachteile auf, die schon beim Histogramm herausgestellt wurden (vgl. Seite 54). Wiederum bieten *Kernschätzer* einen entsprechenden Ausweg. Der Kerndichteschätzer (vgl. Kapitel 3.2) ergibt sich aus dem Histogramm, indem man in der Darstellung (3.2) die Indikatorfunktion durch eine flexiblere Kernfunktion ersetzt und anstelle der starren Klasseneinteilung gleitende Intervalle benutzt. In analoger Weise erhält man einen *Kernschätzer zur Glättung von Scatterplots*, indem man in (9.5) die Indikatorfunktion durch eine Kernfunktion ersetzt und die Mittelwerte nicht innerhalb fester Klassen sondern über alle Beobachtungen y_i bildet, deren zugehörige x_i-Werte in einer Umgebung der Auswertungsstelle x liegen. Die Formel zur Berechnung des Kernglätters ist demnach gegeben durch

$$g_n^K(x) = \frac{\sum_{i=1}^n K(\frac{x-x_i}{h_n})Y_i}{\sum_{i=1}^n K(\frac{x-x_i}{h_n})}, \quad \frac{0}{0} := 0 \qquad (9.6)$$

(Nadaraya und Watson, 1964). Bei Kernen mit kompaktem Träger $[-1,1]$ ist (9.6) ein gewogenes arithmetisches Mittel all derjenigen Beobachtungen y_i, deren zugehörige x_i-Werte im Intervall $[x - h_n, x + h_n]$ liegen. Das Gewichtungsschema wird durch die Kernfunktion K, die Glattheit der Kurve durch die Bandbreite h_n bestimmt. Die Stetigkeits- und Differenzierbarkeitseigenschaften des Kernes K übertragen sich auf den Glätter g_n^K. Hierzu wie auch zum Effekt der Bandbreitenwahl können die im Kapitel 3.2 gemachten Bemerkungen zur Dichteschätzung bzw. die Erkenntnisse der empirischen Studie in Beispiel 3.14 sinngemäß übertragen werden. Natürlich können auch Nearest-Neighbour-Glätter definiert werden, indem anstelle der fixen Bandbreite h_n in (9.6) die auf Seite 58 eingeführten, lokal variierenden NN-Distanzen $H_{n,k}(x)$ eingesetzt werden. (Die nächsten Nachbarn werden unter den x_i-Werten berechnet.)

Die Kernglättung läßt sich ohne größeren Aufwand auf vektorielle Variablen $\mathbf{X}$ ausdehnen, wenn in (9.6) $x - x_i$ ersetzt wird durch ein Abstandsmaß wie etwa der euklidische Abstand

$$d(\mathbf{x}, \mathbf{x}_i) = ||\mathbf{x} - \mathbf{x}_i|| = \sqrt{\sum_{i=1}^{p}(x_{ij} - x_j)^2}$$

oder ein "standardisiertes" Abstandsmaß, wobei die Komponenten von $\mathbf{x}_i$ durch ein Skalenmaß der Randverteilung von $\mathbf{X}_i$ dividiert werden. Auch der Mahalanobis-Abstand (oder eine robuste Version davon) sind eine sinnvolle Wahl für d. (vgl. Kapitel 7.)

Beispiel 9.8 Für die Umsätze und Beschäftigte der 50 größten deutschen Firmen sind ebenfalls Kernglätter berechnet worden, die in Abbildung 9.14 wiedergegeben sind. In Bild (a) ist dazu der unstetige Rechteckskern verwendet worden, und man erkennt die für ihn typische Gestalt einer Treppenfunktion. Stetig differenzierbare Glätter liefert die Verwendung des Bisquare-Kernes (Bilder (b) und (c)), wobei zwei alternative Bandbreiteneinstellungen verwendet worden sind. ⋈

9.4 Lokal gewichtete Regression

Die lokal gewichtete Regression stellt eine Mischung aus Kernglättung und linearer Regression dar. Im Modell $y(\mathbf{x}) = g(\mathbf{x}) + r$ ergibt sich der Kernglätter $\hat{g}(\mathbf{x})$ als ein gewogenes Mittel der Beobachtungen y_i, deren zugehörige x_i in der Nähe von $\mathbf{x}$ liegen, wobei weiter entfernt gelegene Beobachtungspunkte ein geringeres Gewicht erhalten. In Bereichen, in denen $g(\mathbf{x})$ nicht flach verläuft (wo also $\frac{\partial g(\mathbf{x})}{\partial \mathbf{x}} \neq 0$) oder stärker gekrümmt ist, führt eine lokale Mittelwertbildung zu Verzerrungen. Einen möglichen Ausweg aus dieser Situation stellt die lokale Anpassung einer linearen Funktion oder eines Polynoms niedrigen Grades (im allgemeinen

9.4. LOKAL GEWICHTETE REGRESSION

Abbildung 9.14: Scatterplot mit Kernglättern: Umsätze versus Beschäftigtenzahlen der umsatzstärksten Großbetriebe in Deutschland im Jahre 1990

(a) Rechteckskern, Bandbreite $h_n = 80\,000$

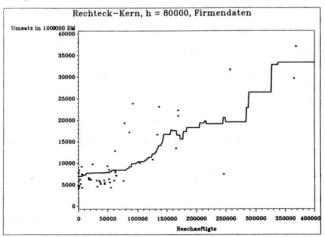

(b) Bisquare-Kern, Bandbreite $h_n = 80\,000$

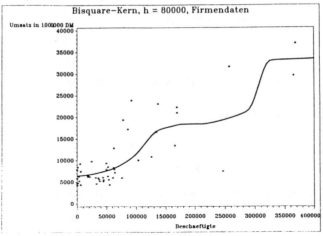

(c) Bisquare-Kern, Bandbreite $h_n = 120\,000$

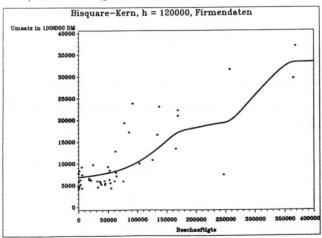

wird man mit der Ordnung nicht höher als zwei oder allenfalls drei gehen) dar, wobei wiederum weiter entfernt gelegene Datenpunkte ein geringeres Gewicht erhalten.

Mit $d(\mathbf{x}_i, \mathbf{x})$ sei wie im vorherigen Abschnitt der Abstand zwischen $\mathbf{x}$ und dem Datenpunkt $\mathbf{x}_i$ bezeichnet. Sind die Regressoren Skalare, dann ist einfach $d(\mathbf{x}_i, \mathbf{x}) =| x - x_i |$. Bei Vektoren (multiple Regression) kann man für $d(\mathbf{x}_i, \mathbf{x})$ den euklidischen Abstand oder besser einen verallgemeinerten Abstand nehmen, wobei die Komponenten mit einem Skalenmaß ihrer Randverteilung dividiert werden (vgl. Abschnitt 9.4).

Mit dem lokalen Ansatz $g(\mathbf{x}) = \mathbf{x}'\mathbf{b}(\mathbf{x})$, einer geeignet gewählten Kernfunktion K und einer Bandbreite h_n lautet der lakalgewichtete Kleinstquadrateansatz zur Ermittlung von $\mathbf{b}(\mathbf{x})$:

$$\sum_{i=1}^{n}(y_i - \mathbf{x}_i'\mathbf{b}(\mathbf{x}))^2 K\left(\frac{d(\mathbf{x}_i, \mathbf{x})}{h_n}\right) \quad \Rightarrow \quad \min.$$

Fassen wir die lokalen Gewichte $w_i(\mathbf{x}) = K\left(\frac{d(\mathbf{x}_i,\mathbf{x})}{h_n}\right)$ zu einer Diagonalmatrix $\mathbf{W}(\mathbf{x}) = diag(w_i(\mathbf{x}))$ zusammen, dann ist die Kleinstquadratelösung für $\mathbf{b}(\mathbf{x})$ gleich

$$\hat{\mathbf{b}}(\mathbf{x}) = (\mathbf{X}'\mathbf{W}(\mathbf{x})\mathbf{X})^{-1}\mathbf{X}'\mathbf{W}(\mathbf{x})\mathbf{y}$$

und

$$\hat{g}(\mathbf{x}) = \mathbf{x}'\hat{\mathbf{b}}(\mathbf{x}) = \mathbf{x}'(\mathbf{X}'\mathbf{W}(\mathbf{x})\mathbf{X})^{-1}\mathbf{X}'\mathbf{W}(\mathbf{x})\mathbf{y} \qquad (9.7)$$

bzw., mit dem lokalen Gewichtsvektor

$$\begin{aligned}\mathbf{w}(\mathbf{x})' &= \mathbf{x}'(\mathbf{X}'\mathbf{W}(\mathbf{x})\mathbf{X})^{-1}\mathbf{X}'\mathbf{W}(\mathbf{x}),\\ \hat{g}(\mathbf{x}) &= \mathbf{w}(\mathbf{x})'\mathbf{y}.\end{aligned} \qquad (9.8)$$

Zur Vermeidung von Randproblemen ist es günstig, anstelle des Kernschätzers einen Nächste-Nachbarnschätzer zu verwenden, d.h. für K einen Kern auf $[-1, 1]$ zu wählen und die konstante Bandbreite h_n zu ersetzen durch die lokale Bandbreite $H_{nk}(\mathbf{x})$, wobei $H_{nk}(\mathbf{x})$ der Abstand zwischen $\mathbf{x}$ und dem k - nächsten Nachbarn unter den $\mathbf{x}_i$ ist

$$w_i(\mathbf{x}) = K\left(\frac{d(\mathbf{x}_i, \mathbf{x})}{H_{nk}(\mathbf{x})}\right).$$

Die Ermittlung der lokalen Gewichtsvektoren $\mathbf{w}(\mathbf{x})$ erfordert einen erheblichen Aufwand an Rechenzeit, die jedoch in Sonderfällen (siehe Kapitel 10 zur Zeitreihenanalyse) wiederum stark reduziert werden kann.

9.4. LOKAL GEWICHTETE REGRESSION

Ein Sonderfall der lokal gewichteten Regression stellt die lokale Regression (lokale ungewichtete Regression) dar, bei der im obigen Nächste-Nachbarnschätzer für K ein Recheckskern verwendet wird. Dabei ist also

$$w_i(\mathbf{x}) = \begin{cases} 1 & , \text{ für } d(\mathbf{x}_i, \mathbf{x}) \leq H_{nk}(\mathbf{x}) \\ 0 & , \text{ sonst.} \end{cases}$$

Die lokale Regression spielt ebenfalls in der Zeitreihenanalyse, bei der Konstruktion gleitender Durchschnitte, eine wichtige Rolle.

Die lokal gewichtete Regresion ist besonders anfällig gegenüber Ausreißern, da in den Nächste-Nachbarnschätzer nur k Beobachtungen eingehen. Clevelend hat (1979) eine *robuste lokal gewichtete Regression* vorgeschlagen, bei der im obigen Ansatz neben den Nächste-Nachbarn-Gewichten $w_i(\mathbf{x})$ noch "Robustheitsgewichte" β_i, $i = 1, \ldots, n$ verwendet werden. $w_i(\mathbf{x})$ wird dabei ersetzt durch $w_i^*(\mathbf{x}) = w_i(\mathbf{x})\beta_i$, $i = 1, \ldots, n$. Zur Ermittlung der Robustheitsgewichte β_i wird folgende iterative Prozedur vorgeschlagen.

In Schritt 1 wird $\hat{g}(x_i)$, $i = 1, \ldots, n$ gemäß 9.7 ohne Robustheitsgewichte ermittelt.

- Schritt 2: Ermittlung eines robusten Skalenmaßes der Residuen $r_i = y_i - \hat{g}(\mathbf{x}_i)$, $i = 1, \ldots, n$.
  Vorgeschlagen wird dafür $s = \text{med}\{|\hat{r}_i|\}$ und als Robustheitsgewicht $\beta_i = K\left(\frac{\hat{r}_i}{6s}\right)$ mit dem Bisquarekern K, $i = 1, \ldots, n$.

- Schritt 3: Mit den modifizierten Gewichten $w_i^*(\mathbf{x})\beta_i$ wird die lokal gewichtete Regression gemäß 9.7 durchgeführt.

Die Schritte 2 und 3 werden mehrfach wiederholt, bis sich die Schätzungen stabilisiert haben.

9.5 Modellbildung

In den meisten Anwendungen ist das Ziel der Analyse zweier oder mehrerer Merkmale je Merkmalsträger die Untersuchung von Zusammenhängen oder die Suche nach interessanten Mustern in den Daten. Im sechsten Kapitel wurden eine Reihe von graphischen Hilfsmitteln zur Darstellung bivariater Daten vorgestellt. Ausgangspunkt der meisten Methoden für zweidimensionale Daten war hierbei vor allem das *Streudiagramm*. Der Einfluß weiterer Merkmale kann durch Farbschattierungen, spezielle Symbole oder Markierungen veranschaulicht werden (vgl. etwa Abbildung 5.5 (b)). Auch die paarweise Darstellung aller $\binom{p}{2}$ Merkmalspaare in der Scatterplotmatrix (vgl. Abbildung 6.3) liefert wichtige Informationen. Ist ein interessantes Muster in den Daten erkennbar, so ist in jedem Fall durch *Kausalitätsüberlegungen* die *Einflußrichtung* festzulegen.

Bei der "klassischen" Vorgehensweise geht der statistischen Analyse eine *sachwissenschaftliche Hypothese* ("Vermutung") voraus. So wird beispielsweise postuliert, daß ein Zusammenhang zwischen Arbeitslosenrate und Inflationsrate besteht. Die Festlegung der Einflußrichtung sollte prinzipiell sachlogisch bedingt sein: Erklärt die Variable Y die Variable X ($Y \longrightarrow X$) oder erklärt die Variable X die Variable Y ($X \longrightarrow Y$) oder besteht ein wechselseitiger Zusammenhang ($X \longleftrightarrow Y$)? Im obigen Beispiel entspricht dies der Fragestellung, ob die Inflation die Arbeitslosigkeit beeinflußt oder umgekehrt oder ob Inflation und Arbeitslosigkeit sich gegenseitig beeinflussen. Wird Y durch X oder von $X_1, X_2, \ldots, X_p$ erklärt ($X \longrightarrow Y$, $X_1, X_2, \ldots, X_p \longrightarrow Y$), so spricht man von einem *kausalen Zusammenhang* zwischen diesen Merkmalen. Das geeignete statistische Verfahren zu dessen Analyse ist die *Regressionsanalyse*. Das statistische Analyseverfahren zur Untersuchung wechselseitiger Zusammenhänge ist die *Korrelationsanalyse*. Korrelation und Regression sollten nicht verwechselt werden, obwohl formal starke Ähnlichkeiten bestehen.

Bei Regressionsanwendungen, die im folgenden im Vordergrund stehen, werden die Werte der Response-Variablen auf der Ordinate und die des Faktors auf der Abszisse des Streuungsdiagramms abgetragen. Der Scatter-Plot liefert dann Hinweise auf die Form der Abhängigkeit (linear, logarithmisch, exponentiell, monoton etc). Manchmal wird die funktionale Form der Abhängigkeit auch durch die wissenschaftliche Hypothesenbildung vorgegeben (und widerspricht dann hoffentlich nicht dem Bild, das die Daten vermitteln). Nichtlineare Abhängigkeiten können eventuell durch Transformation einer der Variablen oder beider Variabler (oder

9.5. MODELLBILDUNG

auch mehrerer Variabler im Fall $(X_1, \ldots, X_p) \longrightarrow Y$) *"linearisiert"* werden (vgl. Abschnitt 9.2). Danach wird durch ein geeignetes *statistisches Anpassungsverfahren* jede Beobachtung $y_i, i = 1, \ldots, n$, additiv zerlegt in einen systematischen Teil (*Fit, Anpassung, Skizze*) und einen *Rest (Residuum)*:

	Fit		Residuum
Daten	= Anpassung	+	Abweichung
	Skizze		Rest
y_i	= $\hat{y}_i$	+	$\hat{r}_i$

(vgl. Abschnitt 9.1 und 7.5). Die Residuen sind ein wichtiges Instrument in der weiteren Vorgehensweise. Sie dienen zur Beurteilung der Güte der Anpassung, zur Diagnose der Daten, und sie geben Hinweise auf die weitere Vorgehensweise bei der Modellbildung. In jedem Modellbildungsprozeß sollte daher ein *Residualanalyse* enthalten sein.

Kriterien der Güte der Anpassung (*goodness of fit*) beruhen zumeist ebenfalls auf den Residuen. Ein naheliegendes wäre beispielsweise die mittlere KQ-Residuenquadratsumme $\sigma_{\hat{R}}^2 = \frac{1}{n} \sum_{i=1}^{n} \hat{r}_i^2$, die wegen der Eigenschaft (a) und (c) auf Seite 247 bzw. Seite 250 mit der Residualvarianz übereinstimmt. Sie hängt jedoch von der Meßskala der Daten ab. Standardisiert man $\sigma_{\hat{R}}^2$, indem man durch die Beobachtungsvarianz σ_Y^2 dividiert, so erhält man eine *skaleninvariante* Maßzahl $\sigma_{\hat{R}}^2/\sigma_Y^2$. Wegen der Streuungszerlegung kann diese als Anteil der Residualvarianz (d.h. der vom Modell nicht erklärten Varianz) an der Gesamtvarianz der Daten interpretiert werden. Es entspricht dem Kleinste-Quadrate-Kriterium, das Modell so zu wählen, daß dieser Anteil möglichst klein oder äquivalent dazu das *Bestimmtheitsmaß* $R^2 = 1 - \frac{\sigma_{\hat{R}}^2}{\sigma_Y^2}$ möglichst groß wird. Indem dasjenige Modell ausgewählt wird, bei dem die quadratischen Abweichungen insgesamt möglichst klein werden, haben Ausreißer einen überproportional großen Einfluß auf die Modellfindung. Die Parameter stellen sich so ein, daß die Regressionsgerade (bzw. die Regressionshyperebene) insbesondere in den Randbereichen nicht allzusehr von außergewöhnlichen Punkten entfernt liegt. Durch die Minimierung der Abweichungsquadratsumme wird verhindert, daß ein allzu großes Residuum entsteht, das einen überproportional hohen Beitrag zu der Quadratsumme liefern würde. Somit haben außergewöhnliche Datenpunkte einen sehr großen Einfluß auf den Fit beim Kleinstquadrat-Kriterium. Dabei kann es sich um Meß- und Übertragungsfehler, um falsche Angaben oder um "gute" Datenpunkte mit groß er *Hebelwirkung (leverage points)* auf die Regressionsgerade handeln. Die Hebelwirkung hat den Effekt, daß die KQ-Regressionsgerade von den Ausreißern angezogen wird, welches die zugehörigen Residuen verkleinert. Dies erschwert oder verhindert das Entdecken von Ausreißern mit Hilfe der KQ-Residuen. Dieses Phänomen der versteckten Ausreißer bezeichnet man auch als den *masking effect*. Erst bei resistenten Methoden werden Ausreißer durch Residualanalyse entdeckt. Solche wurden in Abschnitt 9.1 behandelt.

Abbildung 9.15: Scatterplot mit Temperaturen und Niederschlägen ausgewählter deutscher Städte

(a) Niederschläge versus Jahrestemperaturen mit KQ-Fit

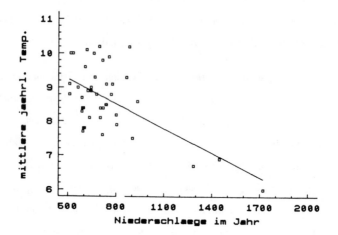

(b) Residuen-Plot des KQ-Fit

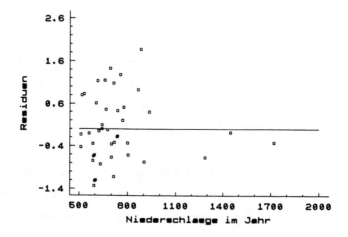

9.5. MODELLBILDUNG

Beispiel 9.9 Abbildung 9.15 (a) zeigt den Scatterplot der jährlichen Niederschlagsmenge und der mittleren Jahrestemperaturen ausgewählter deutscher Städte, zusammen mit einer nach der Methode der kleinsten Quadrate ermittelten Regressionsgeraden. Wie man sieht, ziehen die drei Punkte rechts unten im Bild die Regressionsgerade an. Dieser Masking-Effekt wird im Residuen-Plot besonders deutlich. ◹

Je homogener die Daten, desto genauer ist die Skizze. Sind die Daten jedoch inhomogen, dann entsteht folgendes Problem: Entweder man versucht zu verhindern, daß eine oder mehrere "groß e" Abweichungen auftreten, was zu einer insgesamt ungenauen Anpassung führt. Diesen Weg beschreitet die klassische KQ-Methode, die auf dem Bestimmtheitsmaß beruht. Oder man erstellt eine Skizze, die für die Mehrheit der Daten eine gute Anpassung liefert und läßt für eine Minderheit größere Abweichungen zu. In der EDA bevorzugt man den zweiten Weg. Gegebenenfalls ist für Datenpunkte mit "großen" Residuen ein gesondertes "Modell" zu finden.

Das im folgenden vorgestellte Konzept der *Schärfe (k-Schärfe)* bzw. der *Schärfekurve* (oder *TRASH-Kurve*, (**T**rimmed **R**esidual **A**bsolute **S**harpness) bietet eine Alternative mit der EDA konforme Möglichkeit zur Beurteilung von Modellanpassungen.

Im folgenden sei $S(x)$ die Skizze, also

$$y_i = \hat{y}_i + \hat{r}_i = S(x_i) + \hat{r}_i, \qquad i = 1, \ldots, n,$$

$|\hat{r}_1|, |\hat{r}_2|, \ldots, |\hat{r}_n|$ die Absolutbeträge der Residuen und

$$|\hat{r}|_{(1)} \leq |\hat{r}|_{(2)} \leq \cdots \leq |\hat{r}|_{(n)}$$

die Ordnungsstatistiken der absoluten Residuen sowie

$$R_m := \sum_{i=1}^{m} |\hat{r}|_{(i)}, \qquad m \leq n$$

die Teilsumme der m kleinsten absoluten Residuen. Dann bezeichnet man mit

$$\begin{aligned}
R := R(0) := &\; R_n/n & &\text{die Schärfe der Skizze, } S \\
R(1) := &\; R_{n-1}/(n-1) & &\text{die 1-Schärfe,} \\
R(2) := &\; R_{n-2}/(n-2) & &\text{die 2-Schärfe oder} \\
& & &\text{Bimax-Schärfe}
\end{aligned}$$

und allgemein

$$R(k) := R_{n-k}/(n-k) \quad \text{die } k\text{-Schärfe der Skizze.}$$

Der Graph

$$(k, k - \text{Schärfe}), \quad k = 0, 1, 2, \ldots$$

heißt TRASH-Kurve (Schärfekurve oder Schärfegrad). Unter mehreren sinnvollen Anpassungen wählt man diejenige aus, deren Schärfekurve am schnellsten abfällt. Da nicht die Schärfe $R = R(0)$ allein betrachtet wird, werden *resistente* Verfahren bevorzugt, bei denen zwar einige "groß e" Residuen auftreten können, die aber für die Mehrzahl der Daten eine gute Anpassung liefern (sog. resistente Verfahren). Im nächsten Beispiel werden das Bestimmtheitsmaß und die TRASH-Kurve verwendet, um zwischen der KQ-Regression und der resistant line Technik von Tukey zu differenzieren. (Nur bei der KQ-Methode kann das Bestimmtheitsmaß mit Hilfe der Streuungszerlegung motiviert werden; im allgemeinen sei es als *1 - Residualvarianz/Gesamtvarianz* definiert.) Natürlich wäre es auch möglich anhand der beiden Kriterien eine Variablenselektion durchzuführen, wobei beide eigentlich nur für eine Selektion unter Modellen mit fixer Anzahl p von Einflußgrößen sinnvoll sind. Alternative Verfahren zur Variablenselektion und insbesondere weitere Literatur zu diesem Themenkreis sind etwa in Johnson und Kotz (Band 7 (1986), S.709-714) angegeben.

Beispiel 9.10 Für die Wahldaten in Tabelle 9.1 wurde in Beispiel 9.1 bereits das Bestimmtheitsmaß $R^2 = 0.6683$ angegeben. Zur Berechnung des Bestimmtheitsmaßes für die resistant line Anpasssung (vgl. Beispiel 9.5) benötigt man zunächst die Quadratsumme der Residuen, die man aus der letzten Spalte von Tabelle 9.5 bestimmt: $\sum \hat{r}_i^2 = 173.4537$. Also erhält man für die Residualvarianz $\sigma_{\hat{R}}^2 = 15.7685$. Dividiert man diese durch die Gesamtvarianz $\sigma_Y^2 = 4.8532^2 = 23.5536$ und subtrahiert den Quotienten von 1, so ergibt sich mit $R_{RL}^2 = 1 - \frac{15.7685}{23.5536} = 0.3305$, der knapp der Hälfte des Bestimmtheitsmaßes für die KQ-Regression entspricht. Das ausreißerempfindliche Bestimmtheitsmaß wird im wesentlichen von der "Ausreißerwahl" 1949 beeinflußt. Nun soll die TRASH-Kurve für beide das KQ- und das Resistant Line Modell berechnet und dargestellt werden. Dazu ordne man die Residuen (letzte Spalte von Tabelle 9.1 bzw. 9.5) nach ihrer betragsmäßigen Größe, wie dies in Tabelle 9.10 geschehen ist. Dann kumuliere man die jeweils dem Betrage nach i kleinsten Residuen auf. Die Werte der TRASH-Kurve entsprechen dann dem arithmetischen Mitteln der kumulierten Größen. Der Plot der beiden TRASH-Kurven ist in Abbildung 9.16 aufgeführt.

9.5. MODELLBILDUNG

Tabelle 9.10: Arbeitstabelle zur Berechnung der TRASH-Kurven für die KQ- und RL- (resistant line) Regression für die Wahlbeteiligungen und CDU/CSU-Anteile

i	$k = n - i$	$|r^{KQ}|_{(i)}$	$|r^{RL}|_{(i)}$	$R_i^{KQ} = \sum_{j=1}^{i} |r^{KQ}|_{(j)}$	$R_i^{RL} = \sum_{j=1}^{i} |r^{RL}|_{(j)}$	$R_{(k)}^{KQ} = R_i^{KQ}/i$	$R_{(k)}^{RL} = R_i^{RL}/i$
1	10	0.69	0.06	0.69	0.06	0.69	0.06
2	9	0.99	0.35	1.68	0.41	0.84	0.21
3	8	1.13	0.81	2.81	1.22	0.94	0.41
4	7	1.31	0.95	4.12	2.17	1.03	0.54
5	6	1.85	1.14	5.97	3.31	1.19	0.66
6	5	2.28	1.52	8.25	4.83	1.38	0.81
7	4	2.57	1.79	10.82	6.62	1.55	0.95
8	3	2.69	2.30	13.51	8.92	1.69	1.12
9	2	3.94	2.91	17.45	11.83	1.94	1.31
10	1	4.09	3.72	21.54	15.55	2.15	1.56
11	0	5.17	11.72	26.71	27.27	2.43	2.48

Die TRASH-Kurve der KQ-Regression hat zwar einen etwas kleineren Maximalwert als diejenige des resistant line Verfahrens. Dies bedeutet, daß die KQ-Regression die Daten auch dann besser anpaßt, wenn man als Gütekriterium die Summe der absoluten anstelle der quadratischen Abweichungen zwischen Fit und Daten wählt. Doch schon durch das Weglassen des dem Betrage nach größten Residuums (1949-er Wahl) ergeben sich für die RL-Regression viel kleinere Schärfe-Werte und die TRASH-Kurve fällt erheblich schneller ab. Eine Verfahrensselektion mit Hilfe der TRASH-Kurve würde also eindeutig zu Gunsten des resistant line Verfahren ausfallen. Diese erklärt die verbleibenden 10 Wahlen erheblich besser als die KQ-Methode.

Abbildung 9.16: TRASH-Kurven zur KQ- und resistant line Regression für CDU/CSU-Stimmenanteile versus Wahlbeteiligungen

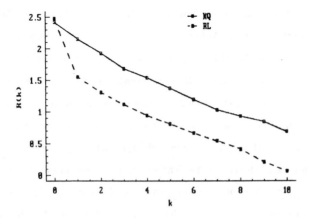

Nach Durchführung der Anpassung erfolgt die *Residuenanalyse:* Der *Residual-Plot*, ein Streuungsdiagramm mit den Punkten $(x_i, \hat{r}_i)$, $i = 1, \ldots, n$, liefert wertvolle Hinweise über die Güte der Anpassung und auf eventuelle Verbesserungsmöglichkeiten. Im multivariaten Fall werden Residualplots gegen jede erklärende Variable und gegen $\hat{y}_i = S(\mathbf{x}_i)$ abgetragen. Sind die Werte nach den Zeitpunkten ihrer Messung (Beobachtung) geordnet, sollte man die Residuen auch gegen den Index i abtragen. Ein Muster in den Residuen kann Anlaß zu einer erneuten Anpassung an die Residuen oder zu einer Datentransformation sein, wird also insgesamt zu einer Revision des ursprünglichen Ansatzes führen. Die Anpassung eines Fits an die Residuen ist oft einfacher als eine völlige Neuanpassung bei den Ausgangsdaten. Ein Fit kann als ideal bezeichnet werden, wenn die Anpassung bei den Residuen "nichts mehr bringt". Das Nichtvorhandensein von Mustern in den Residuen ist ein informelles Kriterium für die Güte der Anpassung. Die Residuen dienen dazu, stufenweise die Anpassung zu verbessern, sei es durch Transformation, durch Hinzunahme weiterer Einfluß variablen und/oder durch spezielle Behandlung ungewöhnlicher Beobachtungspunkte. Neben den Residualplots können sämtliche Verfahren der univariaten Analyse — wie etwa *Lage-, Streuungs-, Schiefe- und Wölbungsparameter, Symmetriediagramm-, QQ-Plot gegen Normalverteilung, Histogramm, Kernschätzer, Stamm-Blätter Darstellungen und Box-Plots* — auf die Residuen angewandt werden. Bei einer guten Anpassung sollte die Verteilung der Residuen symmetrisch um Null sein.

In Abbildung 9.17 sind einige typische Residuenmuster dargestellt.

Streuen die Residuen unregelmäßig um Null wie in Abbildung 9.17 (a) und lassen auch die univariaten Analyseverfahren keine Auffälligkeiten erkennen, so besteht kein Anlaß von Modellverletzungen auszugehen. In Abbildung 9.17 (b) hingegen zeigt der Residuenplot einen nichtlinearen Zusammenhang auf. Hier sollte die zugehörige erklärende Variable (hier möglicherweise quadratisch) *transformiert* werden. Verfahren der Variablentransformation wurden in Abschnitt 9.2 behandelt und durch ein Beispiel veranschaulicht. Weist der Residualplot noch ein deutliches lineares Muster auf (wie in Abbildung 9.17 (c)), so deutet dies darauf hin, daß mindestens eine wesentliche erklärende Variable weggelassen wurde. Ist auf der Abszisse der Zeitindex abgetragen, so kann dieser als weitere erklärende Variable ins Modell aufgenommen werden. Bei manchen Anpassungsmethoden kann das Verfahren iteriert — d.h. auf

9.5. MODELLBILDUNG

Abbildung 9.17: Typische Residuenmuster

(a) Kein Anzeichen für Modellverletzungen

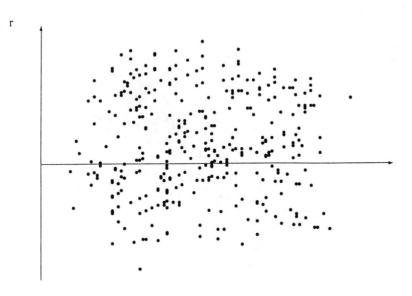

(b) Nichtlinearer Zusammenhang

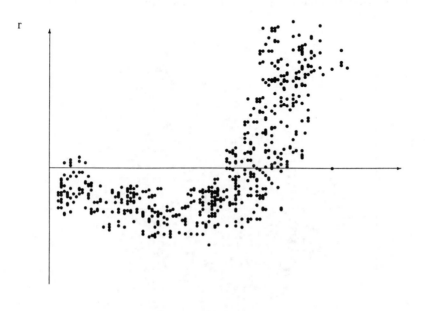

Abbildung 9.17: Fortsetzung: Typische Residuenmuster

(c) Linearer Zusammenhang. Mindestens eine wesentliche erklärende Variable wurde weggelassen.

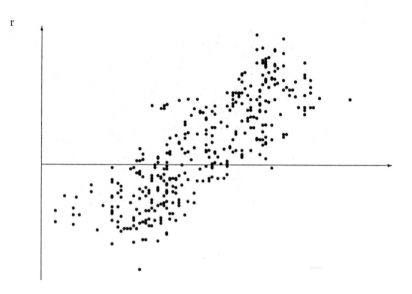

(d) Die Residualvarianz wächst mit einer erklärenden Variablen oder mit $\hat{y}_i$.

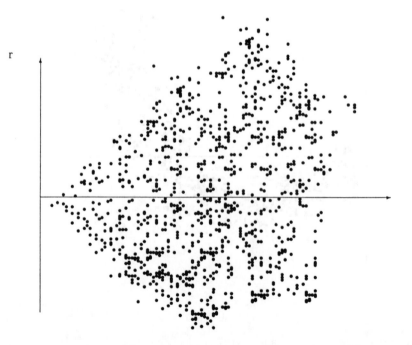

9.5. MODELLBILDUNG

die Residuen erneut angewandt — werden. Die Parameter werden entsprechend aufdatiert (updating), in der Hoffnung den dargestellten Effekt zu reduzieren oder ganz zu vermeiden (vgl. Abschnitt 9.1, Seite 299). Eine keilförmige Punktewolke ist oft ein Hinweis auf nichtkonstante Varianz. In Abbildung 9.17 (d) wächst die Varianz mit $S(x_i)$ — also auch mit den Beobachtungen selbst. Auf jeden Fall sollten auch die Residualplots gegen die erklärenden Variablen betrachtet werden. Eine varianzstabilisierende Transformation der Beobachtungen y_i wäre also angebracht (vgl. Kapitel 5.4). Dazu sortiert man die Daten nach $S(x_i)$ bzw. nach der Variablen X_j, die auf die Varianzinstabilität hinweist. Die sortierten Daten unterteilt man dann in k möglichst gleich große Klassen — etwa in eine untere, eine mittlere und ein obere. In diesen Klassen bestimmt man Mediane und H-spreads und kann anhand eines Transformationsplots eine geeignete Potenztransformation zur Stabilisierung der Varianz finden (vgl. Kapitel 5.4).

Da Residuen unterschiedliche Streuung haben je nach der Stelle $\mathbf{x}_i$, zu der sie gehören, werden anstelle der gewöhnlichen Residuen oft sogenannte *adjustierte*, *standardisierte* oder *studentisierte* Residuen berechnet und in Residual-Plots eingetragen.

Kapitel 10

Zeitreihenanalyse

In fast allen Anwendungsbereichen der Statistik treten Erhebungen auf, bei denen zu bestimmten Sachverhalten in zeitlich regelmäßigen Abständen Daten anfallen. Als Beispiele seien genannt die Aktienkurse (etwa als Tagesmittelkurse) eines Unternehmens, die monatlichen Umsatzzahlen einer Industriebranche, die vierteljährlichen Berechnungen des Bruttosozialproduktes eines Landes, die jährliche Entwicklung der Bevölkerung, die monatliche Anzahl der Geburten, Sterbefälle, Zuwanderungen, die tägliche Niederschlagsmenge oder Tagesmittelwerte für den Schwefeldioxidgehalt in der Luft an einer Meßstelle, die Messung der Körpertemperatur und der Pulsfrequenz eines Patienten zu gewissen Tageszeiten, die jährliche Anzahl der Sonnenflecken. Die Liste ließe sich beliebig fortsetzen. Die Modellierung und Analyse solcher zeitlich geordneter Datensätze ist ein umfassendes Teilgebiet der Statistik. Die Ziele entsprechender Analysen sind die Beschreibung des zeitlichen Verlaufs, die Erklärung des zugrundeliegenden Prozeßverlaufs, die Vorhersage der Entwicklung oder ihre Kontrolle und ihre Steuerung. Die Analyse der Residuen kann Hinweise auf interessante Ereignisse in der Prozeßhistorie liefern.
Im folgenden werden nur die einfachsten Methoden vorgestellt, die auf dem sogenannten Komponentenmodell und dem sogenannten autoregressiven Schema basieren. Hinsichtlich weitergehender Verfahren wird auf die umfangreiche Spezialliteratur verwiesen. Für einen Überblick über das Gebiet bietet sich im deutschsprachigen Bereich etwa das Buch "Zeitreihenanalyse " von Schlittgen und Streitberg (4. Auflage, 1991) an.
Bei den anschließenden Ausführungen wird davon ausgegangen, daß die Beobachtungen zeitdiskret angestellt wurden und äquidistant sind, das heißt, daß sie in gleichlangen Zeit-

abständen vorgenommen wurden beziehungsweise (bei Ereignis- oder Bewegungsmassen) gleichlange Zeitintervalle beschreiben. Bei vielen Zeitreihen, insbesondere aus dem ökonomischen und sozialwissenschaftlichen Bereich, ist Äquidistanz nur näherungsweise erfüllt. Unterschiedliche Monatslängen, die Lage beweglicher Feiertage, die unterschiedliche Anzahl an Arbeitstagen oder Wochenenden je Monat (Quartal) führen zu sogenannten Kalenderunregelmäßigkeiten, die in verfeinerten Ansätzen berücksichtigt werden. Im folgenden wird jedoch auf die Einbeziehung solcher Kalendereffekte nicht eingegangen.

Das einfachste Modell für eine Zeitreihe ist der Ansatz, daß sich ihr Verlauf durch eine systematische, im wesentlichen glatt verlaufende Komponente beschreiben läßt, die jedoch von Beobachtung zu Beobachtung überlagert wird von unsystematischen, zufälligen Abweichungen, die mal positiv, mal negativ ausfallen und sich im Mittel etwa ausgleichen:

$$y_t = g(t) + r_t \quad , \quad t = 1, \ldots, n.$$

Interpretiert man $g(.)$ als langfristige Entwicklung im Mittel und unterstellt man weiter, daß sich die langfristige Entwicklung durch eine einfache analytische Funktion beschreiben läßt, so kommt man zu den Ansätzen der Trendanalyse, die im nächsten Abschnitt diskutiert werden. Die Verwendung analytischer Wachstumsfunktionen läßt sich in vielen Fällen von der Sache her nur schwer rechtfertigen. Verzichtet man darauf und fordert stattdessen vom Verlauf von $g(.)$ nur eine gewisse Glattheit, dann sind Glättungsverfahren angebracht, auf die im zweiten und dritten Abschnitt eingegangen wird.

In ökonomischen Zeitreihen beobachtet man oft mittelfristige, systematische Abweichungen von einem einfachen Trendverlauf, die als Konjunkturzyklen interpretiert werden. Aber auch in anderen Datenreihen treten solche Phänomene auf. Zu ihrer Analyse verwendet man gelegentlich die Abweichungen der Orginaldaten von einer einfachen Trendfunktion. Will man eine solche Trennung zwischen langfristigem Trend und mittelfristigen Schwankungen nicht vornehmen oder läßt sie sich sachlich nicht rechtfertigen, dann werden beide zur glatten Komponente $g(.)$ zusammengefaßt und als solche mit Glättungsverfahren analysiert. Konjunkturelle Schwankungen und andere mittelfristige Bewegungskomponenten weisen im allgemeinen kein regelmäßiges Muster auf. Ihre Dauer, ihre Intensität, ihre gesamte Verlaufsstruktur ändert sich im Zeitablauf. Dies unterscheidet sie deutlich von saisonalen Schwankungen, die auf jahreszeitliche, Monats- oder Tagesrythmen bei den beobachteten Prozessen zurückzuführen sind. Saisonschwankungen treten in der Praxis sehr häufig auf und sind in allen Anwendungsgebieten der Statistik zu beobachten. Sie haben eine feste Periodizität. Das Verlaufsmuster kann sich jedoch im Zeitablauf allmählich ändern. Geht man von einer additiven Überlagerung der Saisonschwankungen aus, so gelangt man zu dem additiven Komponentenmodell

$$y_t = g(t) + s(t) + r_t \quad , \quad t = 1, \ldots, n. \tag{10.1}$$

Ändert sich die Intensität der Saisonschwankungen mit dem Niveau der Zeitreihe, dann ist eher ein multiplikativer Ansatz

$$y_t = g(t)s(t)e^{r_t} \tag{10.2}$$

angebracht, der jedoch durch Logarithmieren und Analyse der logarithmierten Zeitreihe auf den additiven zurückgeführt werden kann.

Die Überlagerung durch saisonale Schwankungen erschwert die Analyse des systematischen Verlaufs einer Zeitreihe, für den man sich in der Regel vornehmlich interessiert. Deshalb stand lange Zeit die Saisonbereinigung, das heißt die Eliminierung saisonaler Schwankungen aus den Orginaldaten im Vordergrund des praktischen Interesses. Da man sich aber meist letztendlich doch - zu Zwecken der Diagnose (Prozeßkontrolle) und der Prognose - für den Verlauf von $g(.)$ interessiert, sind Verfahren zur Ermittlung der glatten Komponente unter Berücksichtigung der saisonalen Schwankungen für die praktische Anwendung am wichtigsten. Solche Verfahren werden im vierten Abschnitt vorgestellt. Im Ablauf dieser Prozeduren fallen in der Regel auch Schätzungen für die saisonalen Schwankungen selbst an.

Aus der lokal gewichteten Regression können Glättungsverfahren abgeleitet werden, auf die in fünften Abschnitt eingegangen wird. Die in den Abschnitten 2 bis 5 vorgestellten Verfahren reagieren sehr empfindlich auf Ausreißer. Als Alternativen dazu werden im sechsten Abschnitt einige Ausreißer-resistente Glättungsverfahren vorgestellt.

Im letzten Abschnitt werden einige einfache Verfahren zur Vorhersage des zukünftigen Verlaufs einer Zeitreihe behandelt.

10.1 Trendermittlung

Die einfachste Form einer Trendfunktion ist die einer Geraden, $g(t) = a + bt$. Eine Ermittlung der Parameter a und b nach der Methode der kleinsten Quadrate gemäß (7.11) und (7.12) ergibt mit $x_i = i$, $\bar{x} = \bar{t} = (n+1)/2$ und $\sum_{i=1}^{n} x_i^2 = \sum_{i=1}^{n} i^2 = n(n+1)(2n+1)/6$

$$\hat{b} = \frac{\sum(i-\bar{t})y_i}{(n-1)(n(n+1)},$$

$$\hat{a} = \bar{y} - \frac{\sum(i-\bar{t})y_i}{2n(n-1)}.$$

Setzt man dies in die Trendgerade $\hat{g} = \hat{a} + \hat{b}t$ an der Stelle t ein, so erhält man

$$\hat{g}(t) = \sum_{i=1}^{n} \left(\frac{1}{n} + \frac{12(t-\bar{t})(i-\bar{t})}{(n-1)n(n+1)} \right) y_i.$$

Wie man sieht, lassen sich die Funktionswerte der Trendgeraden als gewogenes Mittel der Zeitreihendaten $y_1, y_2, \ldots, y_n$ schreiben,

$$\hat{g}(t) = \sum_{i=1}^{n} w_{ti} y_i \qquad (10.3)$$

mit den Gewichten

$$w_{ti} = \frac{1}{n} + \frac{12(t-\bar{t})}{(n-1)n(n+1)}(i-\bar{t}), \quad i = 1, \ldots, n. \qquad (10.4)$$

Die Gewichte liegen, wie man erkennt, selbst auf einer Geraden und ihre Summe ist gleich 1. Für n gerade liegt $\bar{t}$ zwischen den beiden mittleren Beobachtungszeitpunkten, für n ungerade ist $\bar{t} = (n+1)/2$ selbst eine Beobachtungszeit, und an dieser Stelle ist

$$\hat{g}((n+1)/2) = \frac{1}{n} \sum_{i=1}^{n} y_i,$$

also das einfache arithmetische Mittel der Zeitreihendaten.

Für Zeitpunkte näher am Rand der Beobachtungsperiode treten (bei $n > 3$) auch negative Gewichte auf. Die Gewichte entsprechen für $t = 1, \ldots, k$ den Zeilen der Projektionsmatrix $\mathbf{P} = \mathbf{X}(\mathbf{X}'\mathbf{X})^{-1}\mathbf{X}'$, die im Abschnitt über multiple Regression eingeführt wurde, wenn für $\mathbf{X}$ die Matrix $(\mathbf{x_1}, \mathbf{x_2})$ mit den Spalten $x_{1i} = 1$ (Absolutglied) und $x_{2i} = i$, $i = 1, \ldots, n$, eingesetzt wird.

Die Trendgerade reagiert als Kleinstquadratlösung sehr empfindlich auf Ausreißer in den Daten. Bei Ausreißer-behafteten Zeitreihen sollten daher besser resistente Alternativverfahren wie etwa die Drei - Schnitt - Median - Gerade von Tukey zur Ermittlung von $\hat{a}$ und $\hat{b}$ verwendet werden.

Wird eine einfache Trendgerade dem Verlauf der Zeitreihe nicht gerecht, das heißt, weisen

10.1. TRENDERMITTLUNG

die Residuen $y_t - \hat{g}(t)$, $t = 1, \ldots, n$, noch ein langfristiges Bewegungsmuster auf, dann kann auch ein Trendpolynom höherer Ordnung

$$g(t) = b_1 + b_2 t + b_3 t^2 + \ldots + b_p t^{p-1}, \tag{10.5}$$

für den langfristigen Verlauf angesetzt werden. Allerdings muß vor der Wahl hoher Polynomgrade gewarnt werden. Zum einen läßt sich dazu in der Praxis kaum eine sachliche Rechtfertigung finden, zum anderen wird die Approximation in den Randbereichen der Beobachtungsperiode mit zunehmendem p rasch schlechter. Der "aktuelle Rand", dies sind die letzten Beobachtungszeitpunkte, ist aber für viele praktische Analysen von besonderem Interesse. Schlechte Anpassung bedeutet hier, daß schon kleinere Änderungen in den Daten oder eine neu hinzukommende Beobachtung den aktuellen Trendverlauf stark beinflussen können. Polynomgrade größer als 3 sind daher in der Praxis kaum anzutreffen.

Die Ermittlung des Koeffizientenvektors $\mathbf{b} = (b_1, b_2, \ldots, b_p)'$ nach der Methode der kleinsten Quadrate erfolgt gemäß der im Abschnitt über multiple lineare Regression diskutierten Vorgehensweise, wobei die Spalten der Matrix $\mathbf{X} = (\mathbf{x_1}, \mathbf{x_2}, \ldots, \mathbf{x_p})$ gegeben sind durch

$$x_{i1} = 1, \quad x_{i2} = i, \quad x_{i3} = i^2, \ldots, \quad x_{ip} = i^{p-1}, \quad i = 1, \ldots, n,$$

und $p < n$ vorausgesetzt wird.

Mit $\hat{\mathbf{b}} = (\mathbf{X}'\mathbf{X})^{-1}\mathbf{X}'\mathbf{y}$ ist

$$\hat{g}(t) = \hat{b}_1 + \hat{b}_2 t + \ldots + \hat{b}_p t^{p-1} = \sum_{i=1}^{n} w_{ti} y_i, \tag{10.6}$$

und die Gewichte w_{ti} können für $t = 1, \ldots, n$ wiederum aus der t-ten Zeile der Projektionsmatrix $\mathbf{P} = \mathbf{X}(\mathbf{X}\mathbf{X})^{-1}\mathbf{X}'$ abgelesen werden. Die Gewichte (die Zeilen der Matrix $\mathbf{P}$) folgen selbst einem Polynom vom Grad $p - 1$ und ihre Summe ist gleich 1. [1]

In manchen Fällen, etwa bei der Untersuchung von (ungebremsten) Wachstumsprozessen biologischer Populationen, kann der Ansatz einer exponentiellen Trendfunktion der Art

$$g(t) = e^{a+bt} = ce^{bt} \quad \text{mit} \quad c = e^a = g(0) \tag{10.7}$$

---
[1] Für n ungerade und $p - 1$ ungerade folgt allerdings die mittlere (und damit auch symmetrische) Zeile von $\mathbf{P}, \mathbf{w}'_{\bar{t}}$, einem Polynom vom Grad $p - 2$. Ist also der Polynomgrad beispielsweise gleich 3, so liegen die Elemente der mittleren Zeile von $\mathbf{P}$ auf einer (konkaven) Parabel mit Scheitelpunkt $\bar{t}$.

angebracht sein. Dieser Ansatz kann durch Logarithmieren der Zeitreihenwerte y_i auf den linearen Fall zurückgeführt werden, da $\ln g(t) = a + bt$. Die Kleinstquadratelösung für a und b erhält man, indem man in (7.11) und (7.12) y_i durch $\ln y_i$ ($y_i > 0$ vorausgesetzt) ersetzt. Da mit dem obigen Ansatz der Trend für $b > 0$ mit wachsendem Zeitindex t stark ansteigt und schließlich über alle Grenzen geht und für $b < 0$ gegen Null "abstirbt ", sind hier Trendextrapolationen über die Beobachtungsperiode hinaus mit großer Vorsicht zu betrachten. Häufiger sind Modelle angebracht, die von einer oberen Wachstumsgrenze ausgehen und einen S-förmigen Verlauf der Trendfunktion liefern.

Die einfachste Methode besteht darin, in (10.7) den Zeitindex t durch seinen Kehrwert zu ersetzen,

$$g(t) = e^{a-b/t} = se^{-b/t}, \tag{10.8}$$

wobei $b > 0$ und $t > 0$ vorausgesetzt wird. Dabei ist $s = e^a$ eine obere Sättigungsgrenze, das heißt $g(t) \to s$ für $t \to \infty$. Die Funktion g hat einen Wendepunkt an der Stelle $t = b/2$.

Die "zeitinverse Exponentialfunktion" (10.8) läßt sich ebenfalls durch Logarithmieren auf den einfacheren Regressionsansatz $\ln y_t = a - b\frac{1}{t} + r_t$ zurückführen.

In Abbildung 10.1 sind zwei Verläufe der Trendfunktionen 10.7 und 10.8 für spezielle Parameterkonstellationen dargestellt.

Abbildung 10.1: Zwei exponentielle Trendfunktionen

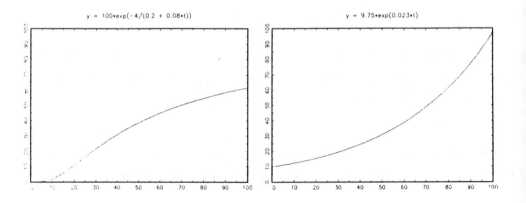

Beispiel 10.1 Aus den für die Jahre 1963, 1967, 1972, 1977, 1982, 1986, 1987 und 1989 von den Vereinten Nationen heraugegebenen Bänden des Demographic Yearbook entstammen die folgenden Angaben über die Entwicklung der Weltbevölkerung bzw. der Bevölkerung

10.1. TRENDERMITTLUNG

Afrikas.

Die Daten dieser (nicht äquidistanten) Zeitreihen sind in den Abbildungen 10.2 und 10.3

Tabelle 10.1: Die Entwicklung der Weltbevölkerung und der Bevölkerung Afrikas (in Millionen)

Jahr	1920	1930	1940	1950	1955	1960	1963	1965	1966	1967	1970
Welt	1810	2070	2295	2515	2722	3019	3175	3336	3355	3420	3698
Afrika	140	164	191	224	243	281	297	318	320	328	363
Jahr	1972	1975	1977	1980	1981	1982	1985	1986	1987	1988	1989
Welt	3782	4075	4124	4450	4508	4586	4854	4917	5024	5112	5201
Afrika	364	415	424	481	484	499	557	572	592	610	628

dargestellt (xx), zusammen mit den Kleinstquadratelösungen der linearen Trendfunktionen (durchgezogene Linie) $\hat{g}(t) = 155.614 + 6.562(t - 1900)$ für die Weltbevölkerung bzw. $\hat{g}(t) = -114.941 + 7.408(t - 1900)$ für Afrika sowie den exponentiellen Trendfunktionen

$$\hat{g}(t) = e^{7.095 + 0.016(t-1900)} \quad \text{(Weltbevölkerung) bzw.}$$
$$\hat{g}(t) = e^{4.342 + 0.0226(t-1900)} \quad \text{(Afrika)}.$$

Die Trendfunktionen sind in beiden Abbildungen bis zum Jahr 2000 extrapoliert worden. Offensichtlich liefern die exponentiellen Trendfunktionen eine wesentlich bessere Anpassung an die in der Vergangenheit beobachteten Daten als die linearen Trends.

Aus biologischen Überlegungen stammen Modelle, die von einer oberen Grenze des Wachstums, einem Sättigungsniveau s ausgehen und weiter unterstellen, daß das Wachstum zur Zeit t proportional zum verbleibenden Wachstumsspielraum $s - g(t)$ ist. Als Lösung der entsprechenden Differentialgleichung erhält man die sogenannte logistische Funktion

$$g(t) = \frac{s}{1 + e^{(a-bt)}}, \quad s > 0, \quad b > 0. \tag{10.9}$$

Sie weist ebenfalls einen S-förmigen Verlauf auf. Der Wendepunkt wird erreicht, wenn $t = a/b$, also wenn das Sättigungsniveau zur Hälfte erreicht ist (da $g(a/b) = s/2$).
Einen S-förmigen Verlauf weist auch die ebenfalls beliebte Gompertz-Kurve

$$g(t) = e^{a - br^t} = s e^{-br^t}, \quad b > 0, \quad 0 < r < 1, \tag{10.10}$$

auf. s ist das Sättigungsniveau, und der Wendepunkt liegt an der Stelle $t = -\ln b/\ln r$.

Abbildung 10.2: Entwicklung der Weltbevölkerung

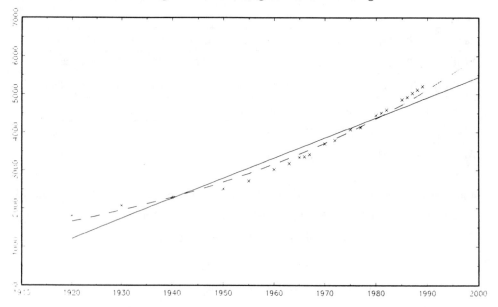

Abbildung 10.3: Entwicklung der Bevölkerung Afrikas

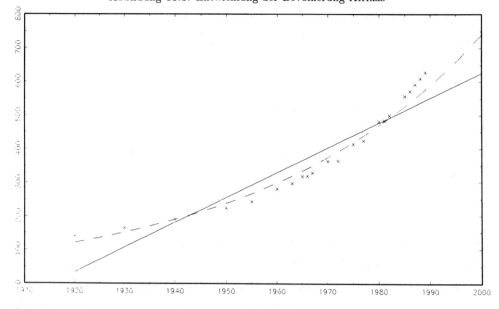

Beobachtete Daten xxx; linearer Trend —; exponentieller Trend – – –.

10.1. TRENDERMITTLUNG

Abbildung 10.4 zeigt vier Beispielsverläufe der diskutierten Trendfunktionen, die alle bei $g(1) = 10$ beginnen und deren Wert für $t = 100$ knapp unter dem Sättigungsniveau $s = 100$ liegt. Bei dieser Konstellation erreicht die Funktion (10.8) ihren Wendepunkt schon zwischen $t = 1$ und $t = 2$. Der Wendepunkt der Gompertz-Kurve liegt bei $t = 17$, und die logistische Funktion erreicht ihren Wendepunkt bei $t = 38$.

Der Vergleich mit Abbildung 10.1 zeigt, daß die Funktion (10.8) im Verhältnis zu den ande-

Abbildung 10.4: Verläufe verschiedener nichtlinearer Trendfunktionen

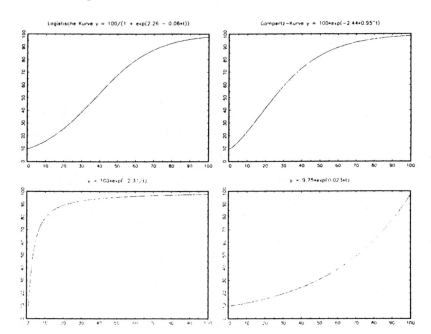

ren beiden S-förmigen Funktionen ihren Wendepunkt sehr früh und das Sättigungsniveau erst sehr spät erreicht. In vergleichbaren Situationen liegt der Wendepunkt bei der Gompertz-Kurve früher als bei der logistischen Funktion. Dieser Sachverhalt muß bei der Auswahl einer geeigneten Wachstumsfunktion im einzelnen Anwendungsfall besonders berücksichtigt werden.

Die Kleinstquadratelösungen für s, a und b bei der logistischen Trendkurve bzw. für s, b und r bei der Gompertz-Kurve können nicht explizit angegeben werden, sondern müssen als Lösungen des Minimierungsproblems

$$\sum_{i=1}^{n}(y_i - g(i))^2 \Rightarrow \min$$

durch iterative Verfahren numerisch ermittelt werden. Hierfür stehen effiziente Lösungsalgorithmen zur Verfügung, auf die aber in diesem Buch nicht näher eingegangen werden soll. Ein flexibler Ansatz zur Ermittlung eines Trends besteht auch in der Verwendung sogenannter Spline-Funktionen, die aber ebenfalls nicht Gegenstand dieses Buches sind.

Beispiel 10.2 Wie in Beispiel 10.1 entstammen die folgende Angaben zur Entwicklung der Bevölkerung in Europa verschiedenen Ausgaben des Demographic Yearbook.

Tabelle 10.2: Die Entwicklung der Bevölkerung in Europa (in Millionen)

Jahr	1940	1950	1955	1960	1963	1965	1966	1967	1970	1972
Bevölkerung	380	393	408	425	437	445	449	452	460	469
Jahr	1975	1977	1980	1981	1982	1985	1986	1987	1988	1989
Bevölkerung	474	478	484	485	487	492	493	495	496	497

Die Daten sind in Abbildung 10.5 graphisch dargestellt, zusammen mit einem linearen Trend sowie einem Trendpolynom dritter Ordnung. Wie man sieht, paßt sich das Trendpolynom in den Beobachtungsperiode von 1940 bis 1989 zwar recht gut an die Daten an. Für Trendextrapolationen ist es gleichwohl völlig ungeeignet. Wohl niemand wird mit einer Entwicklung der vorgezeichneten Art rechnen. Auch die lineare Trendfunktion scheint nicht sehr plausibel. Die Daten weisen jedoch einen gewissen S-förmigen Verlauf der Entwicklung in der Beobachtungsperiode auf. Deshalb wurden die drei Trendfunktionen (10.8), (10.9) und (10.10) an die Daten angepaßt. Für die "zeitinverse Exponentialfunktion" ergab sich

$$\hat{g}(t) = e^{6.45988 - 22.86561/(t-1900)}.$$

Zur Anpassung der logistischen Funktion (10.9) und der Gompertz-Kurve (10.10) wurde der in Software-Paket STATGRAPHICS implementierte Marquardt-Algorithmus für nichtlineare Regression herangezogen. Der Algorithmus lieferte als Lösung für die logistische Funktion

$$\hat{g}(t) = \frac{618.712}{1 + e^{-0.40188 - 0.021345(t-1940)}}$$

10.1. TRENDERMITTLUNG

und

$$\hat{g}(t) = 672.811 e^{-0.594676(0.98574)^{(t-1940)}}$$

als Lösung für die Gompertz-Kurve. Obwohl die Sättigungsniveaus mit 619 Millionen bzw. 673 deutlich unterschiedlich ausfallen, weisen logistische- und Gompertz-Kurve in der Beobachtungsperiode und auch in der Verlängerung bis zum Jahr 2000 nur geringfügige Unterschiede auf. Der Wendepunkt liegt bei der ersten im Jahr 1959, bei der zweiten erst im Jahr 1976. Beide Funktionen sind nicht in der Lage, den Verlauf der Daten befriedigend nachzuvollziehen. Die schlechteste Anpassung liefert die "zeitinverse Exponentialfunktion". Ihr Wendepunkt liegt bereits im Jahr 1911, so daß die Graphik insgesamt einen konvexen Verlauf aufweist, der im Anfangsbereich der Entwicklung in den Daten nicht entspricht. Das Sättigungsniveau liegt mit $e^{6.4599} \approx 639$ Millionen zwischen dem der logistischen- und dem der Gompertz-Kurve.

Abbildung 10.5: Entwicklung der Bevölkerung Europas

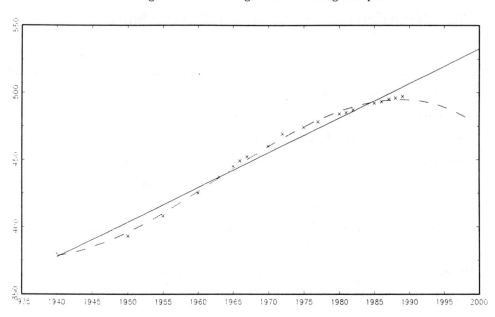

Daten xxx; linearer Trend —; kubischer Trend − − −.

Abbildung 10.6: Entwicklung der Bevölkerung Europas

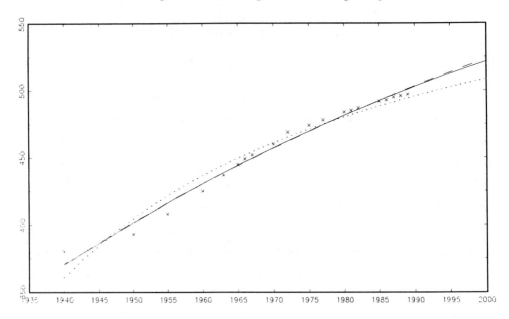

Daten xxx; Logistische Funktion —; Gompertz-Kurve – – –; Zeitinverse Exponentialfunktion ...

10.2 Kernglättung und gleitende Durchschnitte

Interessiert man sich nicht für den langfristigen Trend, sondern für den systematischen Verlauf "im Mittel", also die sogenannte glatte Komponente, dann sind globale Ansätze für die gesamte Beobachtungsperiode nicht geeignet. In diesem Abschnitt wird davon ausgegangen, daß der Graph der Zeitreihe keine Saisonschwankungen erkennen läßt.

Das Problem der Glättung von Scatterplots für bivariate Datensätze (x_i, y_i), $i = 1, \ldots, n$ mit Hilfe von Kernfunktionen wurde bereits im Abschnitt 9.3 behandelt. Die dort diskutierte Vorgehensweise läßt sich unmittelbar übertragen auf die Darstellung von Zeitreihen mit der (vereinfachenden) Besonderheit, daß als Abzissenwerte x_i die äquidistanten Zeitindizes einzusetzen sind, daß heißt $x_i = i$, $i = 1, \ldots, n$.

Mit der Normierung $\sum_{i=1}^{n} K\left(\frac{t-i}{h}\right) = 1$ erhält man damit aus (9.6)

$$g(t) = \sum_{i=1}^{n} K\left(\frac{t-i}{h}\right) y_i.$$

10.2. KERNGLÄTTUNG UND GLEITENDE DURCHSCHNITTE

Ist k die größte ganze Zahl kleiner als h, dann läßt sich für symmetrische Kerne auf dem Intervall $[-1, 1]$ mit $K(-1) = K(1) = 0$ g schreiben in der Form

$$g(t) = \sum_{j=-k}^{k} w_j y_{t-j} \quad , \quad t = k+1, k+2, \ldots, n-k \qquad (10.11)$$

mit $w_j = K\left(\frac{j}{h}\right)$, $j = -k, -k+1, \ldots, -1, 0, 1, \ldots, k$. Kern- und Nächste-Nachbarn-Schätzer fallen zusammen. Da die Gewichte w_j nicht vom Zeitindex t, sondern nur vom zeitlichen Abstand j der Beobachtungen y_{t+j}, y_{t-j} abhängt, bezeichnet man g gemäß (10.11) als einen *gleitenden Durchschnitt*.

Bei der Wahl eines Rechteckskerns ist g ein *einfacher gleitender Durchschnitt* (ein einfaches arithmetisches Mittel aus $m = 2k+1$ benachbarten Berobachtungen), beim Epanechnikow- bzw. Bisquare-Kern liegen die Gewichte auf einer Parabel beziehungsweise einem Polynom vierter Ordnung.

Das Problem der Kernschätzer, daß in dünn besetzten Datenbereichen nicht genügend "Nachbarn" zur Verfügung stehen, tritt bei der Anwendung als gleitende Durchschnitte auf Zeitreihen in besonderer Form auf. Dort ist der Rand des Datenbereichs gleich dem Angfangs- und Endbereich der Beobachtungsperiode. Symmetrische gleitende Durchschnitte der Art (10.11) sind für die ersten und die letzten k Zeitpunkte der Beobachtunfgsperiode nicht definiert, da dort nicht mehr genügend "Nachbarn" zur Verfügung stehen. Gerade der "aktuelle Rand" ist aber häufig -zur Diagnose des aktuellen Verlaufs und für Prognosezwecke- von besonderer Bedeutung.

Im Zusammenhang mit Kerndichteschätzern und bei der Glättung von Scatterplots sind zur Bewältigung von Randproblemen von verschiedenen Autoren asymmetrische Kerne vorgeschlagen worden, so von Gasser, Müller und Mammitzsch (1985), Müller (1992), Dette (1992) und Michels (1992), wobei auch negative Werte der Kernfunktion zugelassen werden. Die Verwendung gleitender Durchschnitte bei Zeitreihen reicht historisch wesentlich weiter zurück als der Einsatz von Kernen. Deshalb kann man auch in der einschlägigen Literatur eine Vielzahl von -häufig recht heuristischen und methodisch wenig befriedigenden- Vorschlägen zur Bewältigung des Randsproblems finden. Wir werden im nächsten Abschnitt einen systematischen Zugang dazu vorstellen, der auf der lokalen Anpassung von Polynomen basiert.

Einfache gleitende Durchschnitte beziehungsweise Rechteckskerne haben den Vorteil, daß sie sehr einfach zu berechnen sind. Dem stehen zwei wesentliche Nachteile gegenüber:

(a) Wird die Länge $m = 2k+1$ der Teilintervalle, über die gemittelt wird, zu klein gewählt, dann weist die geglättete Zeitreihe einen noch unruhigen, "wackeligen" Verlauf auf und entspricht nicht der Vorstellung von einer "glatten" Komponente.

(b) Mit Vergrößerung der Länge m des gleitenden Durchschnitts erreicht man zwar einen glatten Verlauf, es werden aber auch interessante Details im Verlauf weggeglättet. Systematische Auf- und Abschwünge (Gipfel und Täler im Graphen) werden abgeschliffen.

Diese Nachteile haben dazu geführt, daß in der Praxis meist Gewichtungssysteme mit ungleichen Gewichten bevorzugt werden. Dazu ist eine Fülle von Vorschlägen in der Literarur zu finden. Ein sehr einfacher davon besteht darin, die Gewichte aus der Reihenentwicklung von $\left(\frac{1}{2}+\frac{1}{2}\right)^{2k}$ für $k = 1, 2, \ldots$ zu entnehmen. Die Gewichte können dann aus dem Pascalschen Zahlendreieck abgelesen werden. Für $k = 1$ erhält man etwa einen gleitenden Dreierdurchschnitt mit dem Gewichtsvektor $\mathbf{w} = \frac{1}{4}(1,2,1)'$. Dieser als "Hanning" (nach Julius von Hann) benannte Dreierdurchschnitt wird bei robusten Glättungsverfahren zur Nachglättung verwendet. Wir werden weiter unten darauf zurückkommen. Für $k = 2$ erhält man $\mathbf{w} = \frac{1}{16}(1,4,6,4,1)'$, und so weiter. Es entstehen symmetrische Gewichtungssysteme. So ist für $k = 2$

$$g(t) = \sum_{j=-2}^{2} w_j y_{t-j}$$

mit $w(-2) = w(2) = 1/16, w(-1) = w(1) = 1/4, w(0) = 3/8$. Man erhält also, wie bei Kernglättern, Gewichte, die symmetrisch um die Auswertungsstelle liegen und mit zunehmendem Abstand von der Auswertungsstelle abnehmen. Neben dieser Wahl von Gewichten bestand eine beliebte Vorgehensweise zur Behebung der oben aufgeführten Nachteile in der Praxis darin, mehrere kürzere (vorwiegend einfache) gleitende Durchschnitte hintereinander zu schalten:

Zunächst wird ein (einfaches) gleitendes Mittel der Länge m_1 auf die Zeitreihe angewendet. Das Ergebnis g_1 wird dann mit einem zweiten gleitenden Durchschnitt der Länge m_2 erneut geglättet. Mit dem Ergebnis g_2 wird dann entsprechend weiter verfahren. Die Prozedur wird so lange fortgesetzt, bis ein optisch befriedigendes Resultat erreicht ist. Natürlich gehen mit jeder weiteren Glättung auch zunehmend Werte (für die geglättete Reihe) am Anfang und am Ende der Zeitreihe verloren.

Das Ergebnis dieser zusammengesetzten Prozedur kann jedoch auch in einem Schritt erreicht werden, wobei sich die Gewichte wie folgt berechnen lassen:

10.2. KERNGLÄTTUNG UND GLEITENDE DURCHSCHNITTE

Sind $\mathbf{u} = (u_1, \ldots, u_{m_1})'$ und $\mathbf{v} = (v_1, \ldots, v_{m_2})'$ die Gewichte des ersten beziehungsweise zweiten Durchschnitts, so hat die zusammengesetzte Prozedur die Gewichte

$$w_i = \sum_{j=1}^{m} u_j v_{i+1-j} = \sum_{j=1}^{m} u_{i+1-j} v_j \quad , i = 1, \ldots, m \tag{10.12}$$

mit $m = m_1 + m_2 - 1$, wobei $u_j = 0$ für $j \leq 0$ oder $j > m_1$ und $v_j = 0$ für $j \leq 0$ oder $j > m_2$ zu setzen ist. Die Produktsumme (10.12) und der resultierende m-Vektor $\mathbf{w}$ wird als Faltung (von $\mathbf{u}$ und $\mathbf{v}$) bezeichnet. Man schreibt dafür auch $\mathbf{w} = \mathbf{u} * \mathbf{v}$. Aus (10.12) ersieht man, daß die Faltung symmetrisch in $\mathbf{u}$ und $\mathbf{v}$ ist. Dies bedeutet $\mathbf{w} = \mathbf{u} * \mathbf{v} = \mathbf{v} * \mathbf{u}$. Für das Resultat des Hintereinandersschaltens kommt es also nicht darauf an, in welcher Reihenfolge die gleitenden Durchschnitte angewendet werden. Kommt ein dritter gleitender Durchschnitt mit Gewichtsvektor $\mathbf{z}$ der Länge m_3 hinzu, so erhält man als Resultat wiederum den aus der Faltung von $\mathbf{z}$ und $\mathbf{w}$ resultierenden Gewichtsvektor $\mathbf{z} * \mathbf{w} = \mathbf{w} * \mathbf{z} = \mathbf{u} * \mathbf{v} * \mathbf{z}$ der Länge $m + m_3 - 1 = m_1 + m_2 + m_3 - 2$. Werden zum Beispiel zwei einfache gleitende Durchschnitte gleicher Länge $m = 2k + 1$ hintereinander angewendet, so entspricht das Resultat einer einfachen Glättungsprozedur mit einem Dreieckskern mit Brandbreite m. Ein bekanntes und in der Anwendung sehr beliebtes Beispiel eines durch Hintereinanderschalten entstehenden gleitenden Durchschnitts ist *Spencers 15-Punkte-Mittel* mit Gewichtsvektor

$$\mathbf{w}' = \frac{1}{320}(-3, -6, -5, -3, 21, 46, 67, 74, 67, 46, \ldots, -3),$$

der das Resultat der folgenden Hintereinanderschaltung ist:

$$\mathbf{w}' = \frac{1}{4}(1,1,1,1) * \frac{1}{4}(1,1,1,1) * \frac{1}{5}(1,1,1,1,1) * \frac{1}{4}(-3,3,4,3,-3).$$

Dabei enthält das letzte Gewichtungssystem auch negative Gewichte und die ersten beiden enthalten eine gerade Auszahl von Gliedern. Die Faltung der ersten beiden einfachen Viererdurchschnitte liefert nach Formel (10.12) einen gleitenden Siebenerdurchschnitt mit den "Dreiecksgewichten" $\frac{1}{16}(1,2,3,4,3,2,1)$. Die weiteren Schritte möge der Leser selbst nachvollziehen.

Stehen mehrere Gewichtensysteme zur Auswahl, dann ergibt sich in der praktischen Anwendung die Frage, welches für eine gegebene Zeitreihe als das am besten geeignete ausgewählt werden soll. Natürlich wird dabei der optische Eindruck der geglätteten und der Ausgangszeitreihe von wesentlicher Bedeutung sein. Denoch sind einige einfache Kriterien hilfreich. Die Flexibilität, das heißt die Fähigkeit eines gleitenden Durchschnitts, interessante Besonderheiten in den Daten nachzuvollziehen, wird bestimmt durch die Ordnung $2k$ bei der Reihenentwicklung beziehungsweise durch die Anzahl der Faltungen bei einer zusammengesetzten Prozedur. Die Fähigkeit eines Gewichtssystems, irreguläre Schwankungen wegzuglätten, erhöht sich mit zunehmender Länge m des gleitenden Durchschnitts. Ein Ausdruck dafür ist der sogenannte *Varianzfaktor*, gegeben durch die Summe der Quadrate der Gewichte:

$$v_w^2 = \sum_{i=1}^{m} w_i^2. \tag{10.13}$$

Beträgt die Varianz der irregulären Schwankungen um die glatte Komponente σ_r^2, so wird sie durch die Glättung reduziert auf $v_w^2 \sigma_r^2$. Wünschenswert sind also Systeme, die zu einem vorgegebenen Grad an Flexibilität einen möglichst kleinen Varianzfaktor aufweisen. Dabei wirkt sich eine Erhöhung des Flexibilitätsgrads erhöhend auf v_w^2 an, eine Erhöhung von m wirkt in umgekehrter Richtung. Natürlich hängt eine gute Kombination von der Zeitreihe selbst ab. Je höher der "Rauschanteil", dies ist der Anteil der Residualvarianz an der Gesamtdynamik der Zeitreihe, desto stärker muß geglättet werden. Umgekehrt erlaubt ein niedrigerer Rauschanteil eine höhere Flexibilität. In Abbildung (10.7) sind einige Gewichtungssysteme der Länge $m = 15$ dargestellt.

Abbildung 10.7: Einige Gewichtungssysteme der Länge 15

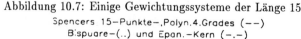

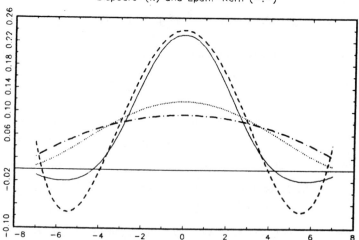

Die Gewichte selbst sind an den entsprechenden ganzzahligen Stellen der Funktionen abzulesen. Neben dem 15-Punkte-Mittel von Spencer, dem Bisquare-Kern und dem Epanechnikow-Kern (beide mit Brandweite $h = 8$) ist noch ein mit einem Polynom 4. Grades (nach Überlegungen im nächsten Abschnitt) konstruiertes Gewichtungssystem angegeben. Letzteres weist die größte Flexibilität auf, der Epanechnikow-Kern die niedrigste. Mit den Varianzfaktoren ist es genau umgekehrt. Sie sind gleich 0.0756 für den Epanechnikow-Kern, gleich 0.0893 für den Bisquare-Kern, 0.1926 für Spencer's 15-Punkte-Mittel und gleich 0.2395 für das Polynom 4. Grades.

Im folgenden Abschnitt werden zu gegebenem Flexibilitätsgrad und gegebener Länge m des gleitenden Durchschnitts in gewissen Sinne optimale Gewichtungssysteme hergeleitet. Dabei wird sich auch eine natürliche Lösung für das Randproblem ergeben.

10.3 Konstruktion gleitender Durchschnitte

Symmetrische gleitende Durchschnitte mit nichtnegativen Gewichten haben die Tendenz, Krümmungen im Verlauf der glatten Komponente abzuschleifen. Dies bedeutet, daß in Teilstücken mit konvexem Verlauf zu hohe und in Teilstücken mit konkavem Verlauf zu niedrigere Werte ermittelt werden. Bei Zeitreihen, deren systematische Komponente eine größere Dynamik aufweist, sind deshalb flexiblere Ansätze nötig. In Abschnitt 10.1 wurde als eine Möglichkeit zur Bestimmung eines langfristigen Trends die Anpassung eines Polynoms vom Grad $p-1$ an die Datenreihe diskutiert. Dieser globale Ansatz erweist sich in der Regel als zu starr, wenn die Zeitreihe mittelfristige Schwankungskomponenten, wie etwa konjunkturelle Auf- und Abschwungsbewegungen bei ökonomischen Daten, aufweist. Die Situation ändert sich jedoch, wenn Polynome nur lokal, daß heißt für kleinere Teilintervalle der Beobachtungsperiode, angepaßt werden. Zerlegt man die Beobachtungsperiode in mehrere Teilintervalle, in denen Polynome angepaßt werden und fordert man zusätzlich, daß die Polynome in den Teilintervallen glatt aneinander angefügt werden, so kommt man zum Ansatz polynomialer Splines. Ein einfacherer Ansatz besteht darin, solche Polynome "gleitend" an die Zeitreihendaten anzupassen durch lokale polynomiale Regression.

Betrachten wir etwa das Teilintervall $s-m+1, s-m+2, \ldots, s$ der Länge m aus der Beobachtungsperiode, $s = m, m+1, \ldots, n$. Einen Schätzer für den Verlauf der glatten Komponente in dem Intervall erhalten wir, indem wir gemäß den Überlegungen im Abschnitt 10.1 die $m \times p$-Matrix $\mathbf{X} = (\mathbf{x}_1, \ldots, \mathbf{x}_p)$ mit $x_{ik} = i^{k-1}, i = 1, \ldots, m, k = 1, \ldots, p$ (mit $m > p$) bilden, daraus die Projektionsmatrix $\mathbf{P} = \mathbf{X}(\mathbf{X}'\mathbf{X})^{-1}\mathbf{X}'$ berechnen und mit dieser den Vektor der Beobachtungen $\mathbf{y}^{(s)} = (y_{s-m+1}, y_{s-m+2}, \ldots, y_s)'$ von links multiplizieren,

$$\hat{\mathbf{g}}^{(s)} = \mathbf{P}\mathbf{y}^{(s)}.$$

Für $t = s - m + i$ erhält man daraus

$$\hat{g}(t) = \mathbf{w}'_i \mathbf{y}^{(s)}.$$

Dabei ist $\mathbf{w}'_i$ die i-te Zeile der Matrix $\mathbf{P}$. Für $p = 2$ (lokale Anpassung einer Geraden) haben die Gewichte die in (10.4) angegebene Form. Würde man nun im nächsten Teilstück der Länge m, also von $s+1$ bis $s+m$ ebenso vorgehen und so fortfahren, dann würde man zwar innerhalb der Teilintervalle eine glatte Anpassung erreichen. Dort, wo Intervalle aneinander stoßen, käme es jedoch zu Unstetigkeiten, was der Vorstellung von einem insgesamt glatten Verlauf widerspricht. Bei der gleitenden Anpassung eines Polynoms spielt die Verschiebungsinvarianz der aus Polynomen gebildeten Projektionsmatrix $\mathbf{P}$ eine wesentliche Rolle. Die Elemente von $\mathbf{P}$ (die Gewichte w_{ij}) hängen nur vom Polynomgrad $p-1$ und von der Länge m des Teilintervalls ab. Sie hängen nicht davon ab, in welchem Bereich der Beobachtungsperiode sich das Teilintervall befindet. Bei Anwendung der Methode der kleinsten Quadrate in einem anderen Teilstück gleicher Länge erhält man also dieselbe Matrix $\mathbf{P}$. Diese zentrale Eigenschaft der Verschiebungsinvarianz läßt sich folgendermaßen zeigen.

Sei $\mathbf{L}_1$ die untere $p \times p$-Dreiecksmatrix

$$\mathbf{L}_1 = \begin{pmatrix} 1 & 0 & 0 & 0 & \ldots & 0 \\ 1 & 1 & 0 & 0 & \ldots & 0 \\ 1 & 2 & 1 & 0 & \ldots & 0 \\ \vdots & & & & & \vdots \\ 1 & \binom{p-1}{1} & \binom{p-1}{2} & & \ldots & 1 \end{pmatrix} \qquad (10.14)$$

In den Zeilen von $\mathbf{L}_1$ stehen die Elemente des Pascalschen Zahlendreiecks

$$\begin{array}{ccccccccc} & & & & 1 & & & & \\ & & & 1 & & 1 & & & \\ & & 1 & & 2 & & 1 & & \\ & 1 & & 3 & & 3 & & 1 & \\ 1 & & 4 & & 6 & & 4 & & 1 \\ \vdots & & & & & & & & \vdots \end{array}$$

10.3. KONSTRUKTION GLEITENDER DURCHSCHNITTE

das die Koeffizienten der Reihenentwicklung von $(a+b)^p$ enthält.

Die Inverse vor $\mathbf{L}_1$ hat ebenfalls eine einfache Struktur:

$$\mathbf{L}_1^{-1} = \begin{pmatrix} 1 & 0 & 0 & 0 & \ldots & 0 \\ -1 & 1 & 0 & 0 & \ldots & 0 \\ 1 & -2 & 1 & 0 & \ldots & 0 \\ \vdots & & & & & \\ (-1)^{p+1} & \ldots & & & & 1 \end{pmatrix}.$$

Die Elemente sind also die der Ausgangsmatrix, multipliziert mit $(-1)^{i+j}$ für l_{ij}.

Für $\mathbf{x}(t)' = (1, t, \ldots, t^{p-1})$ erhält man, was man selbst leicht nachrechnet,

$$\mathbf{x}(t+1) = \mathbf{L}_1 \mathbf{x}(t) \quad, \quad \mathbf{x}(t-1) = \mathbf{L}_1^{-1} \mathbf{x}(t),$$

allgemein

$$\mathbf{x}(t+i) = \mathbf{L}_1^i \mathbf{x}(t), \quad i = 0, \pm 1, \pm 2, \ldots \quad .$$

Mit der Verschiebungsmatrix $\mathbf{L}_1$ ergibt sich leicht die Verschiebungsinvarianz von $\mathbf{P}$. Ist $\mathbf{X}$ die $m \times p$-Matrix der Regressoren im Teilintervall $[s-m+1, s]$, so ist die um eins verschobene Regressormatrix im Intervall $[s-m+2, s+1]$ gegeben durch $\mathbf{XL}_1$. Damit ist die Projektionsmatrix im verschobenen Intervall

$$(\mathbf{XL}_1)\left((\mathbf{XL}_1)'(\mathbf{XL}_1)\right)^{-1}(\mathbf{L}_1'\mathbf{X}') = \mathbf{XL}_1(\mathbf{L}_1^{-1}(\mathbf{X}'\mathbf{X})^{-1}\mathbf{L}_1'^{-1})\mathbf{L}_1'\mathbf{X}' = \mathbf{X}(\mathbf{X}'\mathbf{X})^{-1}\mathbf{X}' = \mathbf{P}.$$

Durch vollständige Induktion folgt die Gleichheit von $\mathbf{P}$ für beliebige Teilintervalle der Länge m.

Die Matrix $\mathbf{P}$ hat außer der Symmetrie (zur Hauptdiagonalen) noch einige weitere interessante Eigenschaften: Sie ist auch symmetrisch zur Nebendiagonalen. Dies bedeutet, daß die letzte Zeile (Spalte) gleich der ersten ist, wenn diese von hinten (unten) gelesen wird. Die zweitletzte entspricht der zweiten, von hinten gelesen usw. Für $m = 2k+1$ ist die mittlere Zeile (Spalte), also die $(k+1)$te, folglich symmetrisch um das mittlere Gewicht. Weiterhin sind die Zeilensummen (Spaltensummen) der Matrix $\mathbf{P}$ alle gleich 1. Als Projektionsmatrix ist $\mathbf{P}$ idempotent, das heißt es gilt $\mathbf{P}^2 = \mathbf{P}$. Daraus folgt insbesondere $\sum_{j=1}^{m} w_{ij}^2 = \mathbf{w}_i' \mathbf{w}_i = w_{ii}, i = 1, \ldots, m$. Damit ist der Varianzfaktor bei Verwendung der i-ten Zeile von $\mathbf{P}$ gleich dem Hauptdiagonalelement dieser Zeile. Schließlich läßt sich noch zeigen, daß die Elemente in den Zeilen (Spalten) von $\mathbf{P}$ selbst auf einem Polynom vom Grad $p-1$ liegen. (Ist der Polynomgrad $p-1$ ungerade, dann liegen die symmetrische Gewichte der mittleren Zeile auf einem Polynom vom Grad $p-2$.)

Die obigen Vorüberlegungen legen folgende Vorgehensweise nahe. Zunächst ist die Länge m der Teilintervalle und der für diese Länge zur Erreichung einer ausreichenden Flexibilität für notwendig gehaltene Polynomgrad $p-1$ festzulegen. Häufig dürfte ein Ansatz erster oder dritter Ordnung ausreichend sein. Man beachte, daß eine Erhöhung des Polynomsgrades zwar die Flexibilität erhöht, jedoch gleichzeitig auch die Varianzfaktoren stark vergrößert. Sind m und p bestimmt, so berechnet man die zugehörige Projektionsmatrix $\mathbf{P}$ mit den Zeilen $\mathbf{w}'_1, \mathbf{w}'_2, \ldots, \mathbf{w}'_m$. Im ersten Teilintervall $\mathbf{y}^{(m)} = (y_1, \ldots, y_m)'$ der Zeitreihe ermittelt man

$$\hat{g}(1) = \mathbf{w}'_1 \mathbf{y}^{(m)}, \quad \hat{g}(2) = \mathbf{w}'_2 \mathbf{y}^{(m)}$$

und so fort bis zu einer mittleren Stelle. Bei Polynomen ungeraden Grades nehmen die Varianzfaktoren (die Hauptdiagonalelemente $w_{11}, w_{22}, \ldots$) bis zu der (einer) mittleren Zeile von $\mathbf{P}$ ab. Im folgenden wird (obwohl dies nicht zwingend ist) davon ausgegangen, daß m ungerade ist, $m = 2k + 1$. Dann gibt es genau eine mittlere Zeile (mit Index $k+1$).

Im ersten Teilbereich der Zeitreihe wird bis zum mittleren Zeitpunkt wie oben fortgefahren. Danach wird die mittlere Zeile von $\mathbf{P}$ als Gewichtensystem solange beibehalten, bis man an den "aktuellen" Rand der Zeitreihe anstößt:

$$\hat{g}(k+1) = \mathbf{w}'_{k+1} \mathbf{y}^{(m)}, \quad \hat{g}(k+2) = \mathbf{w}'_{k+1} \mathbf{y}^{(m+1)}, \ldots, \hat{g}(n-k) = \mathbf{w}'_{k+1} \mathbf{y}^{(n)}.$$

Für die letzten k Beobachtungszeitpunkte ist die Vorgehensweise symmetrisch zu der bei den ersten k:

$$\hat{g}(n-k+1) = \mathbf{w}'_{k+2} \mathbf{y}^{(n)}, \quad \hat{g}(n-k+2) = \mathbf{w}'_{k+3} \mathbf{y}^{(n)}, \ldots, \hat{g}(n) = \mathbf{w}'_m \mathbf{y}^{(n)}.$$

Die skizzierte Vorgehensweise hat nicht nur den Vorteil, daß das Wegglätten interessanter Details im mittleren bereich der Beobachtungsperiode vermieden werden kann (Erhöhung der Flexibilität). Sie erlaubt auch auf nahelegende Weise, die Ermittlung einer glatten Komponente bis an die Ränder der Beobachtungsperiode fortzusetzen.

Allerdings nehmen die Varianzfaktoren (die Hauptdiagonalelemente der w_{ii} der Projektionsmatrix $\mathbf{P}$) zu, je näher man mit der glatten Komponente an den Rand (Anfang oder Ende) der Beobachtungsperiode kommt. Dies liegt darin, daß die im Sinne des Kleinstquadratekriteriums optimalen Gewichtungssysteme zunehmend unsymmetrischer werden. In Abbildung 10.8 wird dies für eine Stützbereichslänge (Länge des gleitenden Durchschnitts bzw. des Approximationsbereichs) von $m = 11$ beispielhaft veranschaulicht. (Aus Symmetriegründen

10.3. KONSTRUKTION GLEITENDER DURCHSCHNITTE

genügt es, die untere Hälfte der Gewichtsmatrix zu betrachten.)

Abbildung 10.8: Gewichtungssysteme für Stützbereichslänge 11 bei einer Geraden (oben), Parabel (Mitte) und einem Polynom 3. Grades (unten).

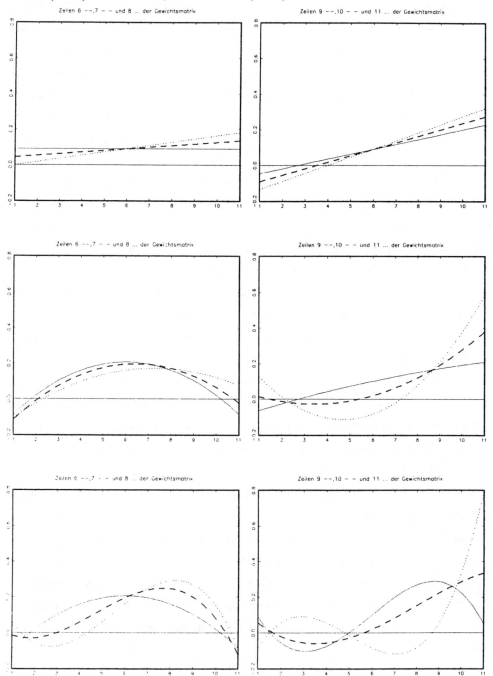

Für die letzten beiden Gewichtungssysteme erhalten die letzten zwei bis drei Beobachtungen ein hohes Gewicht. Wie man weiter sieht, wachsen insbesondere bei höheren Polynomgraden auch die Varianzfaktoren nach außen hin sehr stark an. Dies bedeutet, daß die wünschenswerte Flexibilität (höherer Polynomgrad) am Rande erkauft wird durch erhöhte Unsicherheit (ausgedrückt durch hohe Varianzfaktoren). Am "aktuellen Rand" führt dies dazu, daß die letzten Werte $\hat{g}(n), \hat{g}(n-1), \ldots$ für die glatte Komponente revidiert werden müssen, wenn im Zeitablauf neue Beobachtungen $y_{n+1}, y_{n+2}, \ldots$ hinzukommen und der vormalige Endzeitpunkt n allmählich in den mittleren Bereich der Beobachtungsperiode zurückfällt. Mit jeder neu hinzukommenden Beobachtung ändert sich sowohl der Stützbereich - also der Vektor derjenigen Werte, die zur Ermittlung von $\hat{g}(n)$ herangezogen werden als auch das Gewichtungssystem. Dies geht so lange, bis der Zeitpunkt n mittlerer Punkt einer Beobachtungsperiode geworden ist, das heißt bis zur Periode $n + k$. Erst danach kommt es zu keinen Revisionen mehr. Im obigen Beispiel mit $m = 11$ erhält man also insgesamt 5 Revisionen, das heißt für den Zeitpunkt n die Schätzungen $g(n), g^*(n)$ nach einer Periode bis zu $g^{*****}(n)$ nach 5 Perioden.

Hohe Varianzfaktoren bedeuten nicht nur hohe Unsicherheit, sondern auch hohe Instabilität in dem Sinn, daß aufeinanderfolgende Revisionen die Tendenz haben, relativ stark auszufallen. Korrekturen vorheriger Schätzungen bei Hinzukommen neuer Daten, also weiterer Informationen, sind im Prinzip durchaus natürlich und auch wünschenswert. Häufiger auftretende stärkere Korrekturen, die zu ständigen Revisionen der Aussagen über den Verlauf des der Zeitreihe zugrunde liegenden Prozesses am aktuellen Rand führen, sind jedoch in der Praxis unerwünscht.

Unsicherheit und mangelnde Randstabilität legen es nahe, für die letzten Beobachtungszeitpunkte zugunsten niedrigerer Varianzfaktoren auf etwas Flexibilität zu verzichten und mit Polynomen niedrigeren Grades zu arbeiten. Bei dem Beispiel in Abbildung 10.4 mit $n = 11$ könnte eine Lösung etwa so aussehen, daß im mittleren Bereich mit dem zu den Polynomgraden 2 und 3 gehörendem symmetrischen Gewichtungssystem gearbeitet wird, vom fünftletzten bis zum drittletzten Zeitpunkt wird mit einem Polynom zweiten Grades und für die letzten beiden Werte mit einer Geraden gearbeitet. Die aufeinanderfolgenden Varianzfaktoren sind dann .207, .194, .169, .174, .236, .318. Voraussetzung für die Verwendung dieses Gewichtungssystems ist natürlich, daß ein Varianzfaktor von .207 für eine genügende Glättung im mittleren Bereich ausreicht. Für eine stärkere Glättung ist die Länge m der Stützbereiche zu vergrößern. Die Zusammenhänge zwischen einigen Stützbereichslängen m, Polynomgraden und den Varianzfaktoren (Hauptdiagonalelementen) der zugehörigen Zeilen der Gewichtungs-

10.3. KONSTRUKTION GLEITENDER DURCHSCHNITTE

matrix sind in Tabelle 10.3 veranschaulicht. Die Tabelle kann herangezogen werden bei der Wahl eines für eine gegebene Zeitreihe geeigneten Kompromisses zwischen hoher Flexibilität und niedriger Varianz.

Tabelle 10.3: Varianzfaktoren Kleinst-Quadrate-optimaler gleitender Durchschnitte für verschiedene Stützbereichslängen und Polynomgrade

Länge	Polynom-grad	Zeile der Gewichtsmatrix[1]											
		0	1	2	3	4	5	6	7	8	9	10	11
3	1	.333	.833										
5	1	.200	.300	.600									
7	1	.143	.179	.286	.464								
	2	.333	.286	.286	.762								
	3	.333	.452	.452	.929								
9	1	.111	.128	.178	.261	.378							
	2	.255	.232	.201	.279	.661							
	3	.255	.314	.372	.328	.859							
11	1	.091	.100	.127	.173	.236	.318						
	2	.207	.194	.169	.174	.278	.580						
	3	.207	.240	.293	.287	.287	.790						
13	1	.077	.082	.099	.126	.165	.214	.275					
	2	.175	.167	.149	.139	.167	.275	.516					
	3	.175	.195	.235	.251	.230	.275	.728					
15	1	.067	.070	.081	.099	.124	.156	.195	.242				
	2	.151	.146	.133	.121	.126	.166	.268	.465				
	3	.151	.164	.193	.215	.210	.196	.272	.673				
	4	.240	.224	.203	.225	.287	.313	.301	.828				
	5	.240	.267	.298	.278	.287	.404	.424	.923				
21	3	.108	.112	.125	.140	.151	.153	.146	.140	.164	.270	.544	
	4	.169	.163	.151	.144	.154	.182	.212	.221	.210	.270	.708	
	5	.169	.180	.200	.209	.200	.191	.217	.277	.309	.301	.832	

1) Von der Mitte nach außen numeriert. 0 = mittlere Zeile.

Beispiel 10.3 In Abbildung 10.9 sind Messungen der jährlichen niedrigsten Wasserstände des Nils von Jahr 622 bis zum Jahr 1284 dargestellt (Quelle: Tousson (1925): Mémoire sur l'histoire du Nil. Mémoires de l'Institut d'Egypte, Tome IX. Cairo, p.366 – 385)[2]. Schon ein Blick auf den Scatterplot scheint die vordergründig nicht umpausible Vermutung zu wiederlegen, daß es sich hier um eine Folge von Messungen handelt, die mehr oder weniger regellos um einen mittleren Wert schwankt. Die Graphik deutet vielmehr auf säkulare Schwankungen in den niedrigsten Wasserständen und damit verbunden, in den jährlichen Regenmengen (damit auch der Fruchtbarkeit des Landes) hin.

Abbildung 10.10 zeigt die durch einen Polygonzug verbundenen Originaldaten, zusammen mit einem gleitenden Durchschnitt der Lange $m = 15$ und Polynomgrad zwei. Dieser weist zunächst einmal auf kürzere Schwankungen mit einer Länge etwa zwischen neun und elf Jahren hin, die in den Originaldaten nicht erkennbar waren. In Hinblick auf die Geschichte von den sieben fetten und den sieben mageren Jahren, von denen die Bibel berichtet, wird dieses vom gleitenden Fünfzehnerdurchschnitt aufgezeigte Phänomen auch als "Josephs-Effekt" bezeichnet. Bei der Berechnung wurde der Polynomgrad 2 bis zum Ende der Beobachtungsperiode beibehalten. Dies führt zu dem steilen Abfall der glatten Komponente in den letzten zwei bis drei Jahren. Hier wäre eine Herabsetzung des Polynomgrads auf 1 für diese letzten Zeitpunkte angezeigt. Außerdem weist die "glatte" Komponente noch einen recht unruhigen, wenig glatten Verlauf auf. Wir werden darauf im übernächsten Abschnitt zurückkommen.

10.4 Behandlung von Saisonschwankungen

Wir beginnen mit dem einfachen Fall, daß die Zeitreihe außer saisonalen Schwankungen keine weiteren systematischen Bewegungskomponenten aufweist, d.h. $y_t = s(t) + r_t$, $t = 1, \ldots, n$. Mit s sei die Periode der Saison bezeichnet. Für Monatsreihen ist also $s = 12$, für Quartalsreihen $s = 4$. Daneben käme etwa für Wochenrythmen bei täglichen Messungen $s = 7$ oder für Tagesrythmen $s = 24$ bei stündlichen Messungen in Frage.

Wir wollen zunächst auch noch weiter davon ausgehen, daß sich die Saisonschwankungen in der Beobachtungsperiode mehr oder weniger gleichmäßig wiederholen, sodaß $s(t) = s(t+s) =$

---

[2] Die Autoren danken Herrn Dr. W. Stahel, ETH Zürich, für die Überlassung der Daten.

10.4. BEHANDLUNG VON SAISONSCHWANKUNGEN

Abbildung 10.9: Jährliche niedrigste Wasserstände des Nils von 622 bis 1284

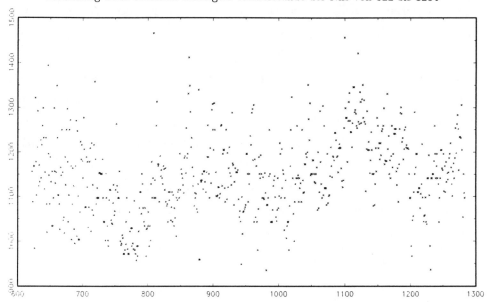

Abbildung 10.10: Jährliche niedrigste Wasserstände des Nils und gleitender Durchschnitt mit $m = 15, p = 2$.

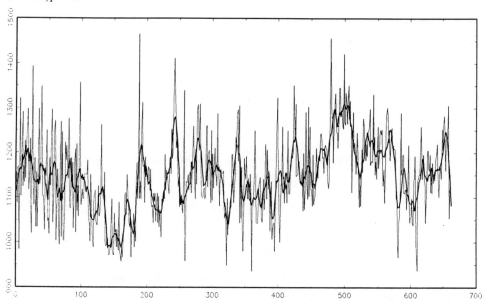

$s(t+2s)$ usw. unterstellt werden kann. Nach einem bekannten Satz der Mathematik kann eine solche periodische Funktion durch ein sogenanntes trigonometrisches Polynom der Art

$$s(t) = \sum_{j=1}^{q} (a_j \cos \lambda_j t + b_j \sin \lambda_j t) \tag{10.15}$$

dargestellt werden. Dabei ist λ_1 die der Periode s entsprechende Kreisfrequenz, d.h. $\lambda_1 = \frac{2\pi}{s}$, und $\lambda_j = \frac{2\pi}{s} j$ ist die Kreisfrequenz der sogenannten Oberwellen mit Perioden s/j. Die Ordnung q ergibt sich aus der Bedingung $\lambda_q = \frac{2\pi q}{s} \leq \pi$ oder $s/q \geq 2$. Für s gerade ist also $q = s/2$. In diesem Fall muß aber der letzte Sinusterm im Ansatz (10.15) weggelassen werden, da bei $\lambda_q = \pi$ die Funktion $\sin \pi t$ für ganzzahlige t identisch verschwindet. Häufig sind zur Darstellung von $s(t)$ nicht alle Oberwellen notwendig. Die Koeffizienten $a_j, b_j, j = 1, \ldots, q$ können nach der Methode der kleinsten Quadrate durch lineare Regression bestimmt werden. Mit den Funktionen

$$x_{t1} = \cos \lambda_1 t, \quad x_{t2} = \sin \lambda_1 t, \quad x_{t3} = \cos \lambda_2 t, \ldots, \quad x_{tk} = \sin \lambda_q t$$

(bzw. $x_{tk} = \cos \lambda_q t$ für $\lambda_q = \pi$), $t = 1, \ldots, n$, und dem Vektor

$$\mathbf{b} = (a_1, b_1, a_2, \ldots, a_q, b_q)'$$

(bzw. $\mathbf{b} = (a_1, b_1, a_2, \ldots, a_q)'$ für $\lambda q = \pi$)

erhalten wir nach den Überlegungen in Abschnitt 7.5 mit $n > k$

$$\hat{\mathbf{b}} = (\mathbf{X}'\mathbf{X})^{-1}\mathbf{X}'\mathbf{y} \quad \text{und} \quad \hat{s}(t) = \mathbf{x}(\mathbf{t})'\hat{\mathbf{b}} = \mathbf{x}(\mathbf{t})'(\mathbf{X}'\mathbf{X})^{-1}\mathbf{X}'\mathbf{y}$$

und entsprechend für den Vektor $\hat{\mathbf{s}} = (\hat{s}(1), \hat{s}(2), \ldots, \hat{s}(n))'$

$$\hat{\mathbf{s}} = \mathbf{X}(\mathbf{X}'\mathbf{X})^{-1}\mathbf{X}'\mathbf{y} = \mathbf{Py}.$$

Die Komponenten des Vektors $\hat{\mathbf{s}}$ wiederholen sich periodisch, das heißt es gilt

$$\begin{aligned}
\hat{s}(1) &= \hat{s}(1+s) = \hat{s}(1+2s) = \ldots \\
\hat{s}(2) &= \hat{s}(2+s) = \hat{s}(2+2s) = \ldots \\
&\vdots \\
\hat{s}(s) &= \hat{s}(2s) = \hat{s}(3s) = \ldots
\end{aligned}$$

Ist die Länge der Beobachtungsperiode ein ganzes Vielfaches der Saisonperiode s, gilt also $n = hs$ mit h ganzzahlig, so haben die Saisonkomponenten $\hat{s}(1), \ldots, \hat{s}(s)$ eine besonders einfache Form. Bezeichnet

$$\bar{y}_j = \frac{1}{h} \sum_{i=1}^{h} y_{j+(i-1)s} \quad , j = 1, 2, \ldots, s$$

10.4. BEHANDLUNG VON SAISONSCHWANKUNGEN

den Periodenmittelwert (also zum Beispiel den Durchschnitt aller Januarmessungen, Februarmessungen, ..., Dezembermessungen) und ist $\bar{y} = \frac{1}{n}\sum_{i=1}^{n} y_i$ der Gesamtmittelwert der Zeitreihendaten, dann ergibt sich (auf eine Herleitung soll hier verzichtet werden)

$$\hat{s}(j) = \bar{y}_j - \bar{y} \quad , \quad j = 1, \ldots, s. \tag{10.16}$$

Die Saisonkomponenten entsprechen also dem Periodenmittel, bereinigt um den Gesamtmittelwert. Ist allerdings n nicht ein Vielfaches von s, dann muß die Kleinstquadraterechnung explizit durchgeführt werden.

Den Sachverhalt, daß sich Saisonschwankungen im Zeitablauf regelmäßig wiederholen, trifft man nur in seltenen Fällen bei einigen naturwissenschaftlichen Meßreihen an. In der Regel beobachtet man, daß sich die Saisonschwankungen im Zeitablauf allmählich ändern. Diesem Sachverhalt kann dadurch Rechnung getragen werden, daß man entsprechend der Vorgehensweise im vorigen Abschnitt den Regressionsansatz mit trigonometrischen Funktionen nicht global für die gesamte Beobachtungsperiode, sondern lokal für kleinere Teilintervalle durchführt und dann mit der Projektionsmatrix $\mathbf{P}$ einen gleitenden Durchschnitt konstruiert. Alle im vorigen Abschnitt diskutierten Eigenschaften der Projektionsmatrix gelten auch hier, insbesondere die Verschiebungsinvarianz. Die Begründung läuft ähnlich wie bei der polynomialen Regression. Nach dem sogenannten Additionssatz für trigonometrische Funktionen gilt

$$\begin{pmatrix} \cos\lambda\ (t+1) \\ \sin\lambda\ (t+1) \end{pmatrix} = \begin{pmatrix} \cos\lambda & -\sin\lambda \\ \sin\lambda & \cos\lambda \end{pmatrix} \begin{pmatrix} \cos\lambda t \\ \sin\lambda t \end{pmatrix} = \mathbf{L}_\lambda \begin{pmatrix} \cos\lambda t \\ \sin\lambda t \end{pmatrix}$$

Für $\lambda = \pi$ ist speziell $\cos\pi(t+1) = -1\cos\pi t = \mathbf{L}_\pi \cos\pi t$ mit $\mathbf{L}_\pi = -1$.

Mit der Blockdiagonalmatrix

$$\mathbf{L}_2 = \begin{pmatrix} \mathbf{L}_{\lambda_1} & O & \cdots & O \\ O & \mathbf{L}_{\lambda_2} & \cdots & O \\ \vdots & & \ddots & \vdots \\ O & O & \cdots & \mathbf{L}_{\lambda_q} \end{pmatrix} \tag{10.17}$$

gilt $\mathbf{x}(t+1) = \mathbf{L}_2 \mathbf{x}(t)$ und allgemein

$$\mathbf{x}(t+i) = \mathbf{L}_2^i \mathbf{x}(t) \quad , i = 0, \pm 1, \pm 2, \ldots \quad .$$

Daraus ergibt sich die Verschiebungsinvarianz der Projektionsmatrix $\mathbf{P} = \mathbf{X}(\mathbf{X'X})^{-1}\mathbf{X'}$ genauso wie bei der polynominalen Regression.

Ein wesentlicher Unterschied zur Regression mit Polynomen besteht allerdings darin, daß die Hauptdiagonalelemente w_{ii} von $\mathbf{P}$, die gleich den Varianzfaktoren der entsprechenden Zeilen sind, nach außen hin nicht notwendigerweise zunehmen und daß die mittlere Zeile (für m ungerade) nicht notwendigerweise den kleinsten Varianzfaktor aufweist.

Ist die Länge m der Stützbereiche ein ganzes Vielfaches der Periode s, dann führen die Gewichte in den Zeilen von $\mathbf{P}$ zu einer "lokalen" Mittelwertsbildung wie in Formel (10.16). h ist dabei die Anzahl der gleichnamigen Monate, Quartale usw. im Stützbereich. Für diesen Fall sind alle Hauptdiagonalelemente gleich, und zwar gilt $(m = s \cdot h)$ $w_{ii} = \frac{1}{h} - \frac{1}{m}$, $i = 1, \ldots, m$.

Das Kriterium des kleinsten Varianzfaktors zur Auswahl einer Gewichtszeile im gleitenden, mittleren Bereich der Zeitreihe ist hier also nicht hilfreich. Dies gilt auch dann, wenn m kein ganzes Vielfaches von s ist. In diesem Fall sind zwar die Varianzfaktoren nicht konstant. Sie liegen jedoch auf einer periodischen Funktion und die Minima treten mehrfach auf. Überlegungen hinsichtlich der Flexibilität der Anpassung an sich allmählich ändernde Saisonmuster könnten dafür sprechen, im Mittelteil der Zeitreihe den Stützbereich in etwa symmetrisch um die Stelle zu legen, an der geschätzt wird, das heißt, eine mittlere Zeile von $\mathbf{P}$ auszuwählen. Im Anfangs- und Endbereich der Zeitreihe wird dann die Saisonfigur des Randintervalls konstant bis an den Rand fortgesetzt.

Wie ein Blick auf Formel (10.16) zeigt, dürfen bei der Ermittlung von Saisonschwankungen die Stützbereichslängen m nicht zu klein gewählt werden. Sie sollten mehrere Perioden überdecken. So ist zum Beispiel bei $s = 12$ der Varianzfaktor für $m = 48$ gleich 0.229 und bei $s = 4$ und $m = 12$ ist er gleich 0.25. Dies ist relativ hoch im Vergleich zur lokalen Anpassung einer glatten Komponente durch Polynome.

In vielen Fällen ist man in der Praxis aber gar nicht primär an der Ermittlung der Saisonschwankungen interessiert, sondern man möchte den systematischen Verlauf der glatten Komponente herausarbeiten, wenn die Zeitreihe zusätzlich von saisonalen Schwankungen überlagert wird. Für diagnostische Zwecke mag auch gelegentlich der Graph der um saisonale Schwankungen bereinigten Zeitreihe (Saisonbereinigung) von Interesse sein. Diesen Fragestellungen wenden wir uns im folgenden zu. Ausgangspunkt dazu ist das Modell (10.1), $y_t = g(t) + s(t) + r_t$, wobei $g(t)$ (lokal) die Polynomdarstellung (10.5) besitzt und sich $s(t)$ (lokal) durch ein trigonometrisches Polynom der Art (10.15) darstellen läßt. Für ein Teilstück der Länge m der Zeitreihe können wir damit das Komponentenmodell (10.1) als ein multiples

10.4. BEHANDLUNG VON SAISONSCHWANKUNGEN

Regressionsmodell formulieren:

$$\mathbf{y} = \mathbf{X}_1\mathbf{b}_1 + \mathbf{X}_2\mathbf{b}_2 + \mathbf{r}.$$

Dabei steht der erste Term auf der rechten Seite für die glatte Komponente, $x_{1,t,i} = t^{i-1}$, $i = 1,\ldots,p$, der zweite steht für die Saisonkomponente, $x_{2,t,1} = \cos\lambda_1 t$, $x_{2,t,2} = \sin\lambda_1 t$, $x_{2,t,3} = \cos\lambda_2 t$ usw. Die Länge m des betrachteten Teilstücks der Zeitreihe muß mindestens so groß sein wie die Anzahl der Spalten der zusammengesetzten Matrix $\mathbf{X} = (\mathbf{X}_1 \vdots \mathbf{X}_2)$, das heißt $m \geq p + 2q$ (bzw. $m \geq p + 2q - 1$ für $\lambda q = \pi$). Die Methode der kleinsten Quadrate liefert für den Koeffizientenvektor $\mathbf{b} = \binom{\mathbf{b}_1}{\mathbf{b}_2}$ die Lösung

$$\hat{\mathbf{b}} = \binom{\hat{\mathbf{b}}_1}{\hat{\mathbf{b}}_2} = (\mathbf{X}'\mathbf{X})^{-1}\mathbf{X}'\mathbf{y} = \begin{pmatrix} \mathbf{X}'_1\mathbf{X}_1 & \vdots & \mathbf{X}'_1\mathbf{X}_2 \\ \cdots\cdots\cdots\cdots\cdots \\ \mathbf{X}'_2\mathbf{X}_1 & \vdots & \mathbf{X}'_2\mathbf{X}_2 \end{pmatrix}^{-1} \cdot \begin{pmatrix} \mathbf{X}'_1\mathbf{y} \\ \cdots \\ \mathbf{X}'_2\mathbf{y} \end{pmatrix}.$$

Damit ist

$$\begin{aligned}
\hat{\mathbf{y}} = \hat{\mathbf{g}} + \hat{\mathbf{s}} &= \mathbf{X}\hat{\mathbf{b}} = \mathbf{X}(\mathbf{X}'\mathbf{X})^{-1}\mathbf{X}'\mathbf{y} = \mathbf{P}\mathbf{y} \\
&= (\mathbf{X}_1 \vdots \mathbf{X}_2)\binom{\hat{\mathbf{b}}_1}{\hat{\mathbf{b}}_2} \\
&= \mathbf{X}_1\hat{\mathbf{b}}_1 + \mathbf{X}_2\hat{\mathbf{b}}_2 \\
&= (\mathbf{X}_1 \vdots \mathbf{O})\hat{\mathbf{b}} + (\mathbf{O} \vdots \mathbf{X}_2)\hat{\mathbf{b}} \\
&= (\mathbf{X}_1 \vdots \mathbf{O})(\mathbf{X}'\mathbf{X})^{-1}\mathbf{X}'\mathbf{y} + (\mathbf{O} \vdots \mathbf{X}_2)\mathbf{X}'\mathbf{X})^{-1}\mathbf{X}'\mathbf{y}.
\end{aligned}$$

Wir erhalten also

$$\hat{\mathbf{g}} = \mathbf{W}_1\mathbf{y} \quad \text{mit} \quad \mathbf{W}_1 = (\mathbf{X}_1 \vdots \mathbf{O})(\mathbf{X}'\mathbf{X})^{-1}\mathbf{X}' \qquad (10.18)$$

und

$$\hat{\mathbf{s}} = \mathbf{W}_2\mathbf{y} \quad \text{mit} \quad \mathbf{W}_2 = (\mathbf{O} \vdots \mathbf{X}_2)(\mathbf{X}'\mathbf{X})^{-1}\mathbf{X}'. \qquad (10.19)$$

Wir bezeichnen $\mathbf{W}_1\mathbf{y}$ als *Teilschätzung der glatten Komponente*, $\mathbf{W}_2\mathbf{y}$ als *Saisonteilschätzung*. s Die $m \times m$- Matrizen $\mathbf{W}_1$ und $\mathbf{W}_2$ sind keine Projektionsmatrizen. Sie sind nicht symmetrisch (zur Hauptdiagonalen) und auch nicht idempotent. Sie sind jedoch, wie die Projetionsmatrix $\mathbf{P}$, verschiebungsinvariant und symmetrisch zur Nebendiagonalen. Außerdem sind die Zeilensummen von $\mathbf{W}_1$ gleich eins, die von $\mathbf{W}_2$ gleich Null.

Die Verschiebungsinvarianz der aus den Potenzen in t und trigonometrischen Funktionen zusammengesetzten Projektionsmatrix bzw. von $\mathbf{W}_1$ oder $\mathbf{W}_2$ zeigt man genauso wie vorher mit der zusammengesetzten Verschiebematrix

$$\mathbf{L} = \begin{pmatrix} \mathbf{L}_1 & \mathbf{O} \\ \mathbf{O} & \mathbf{L}_2 \end{pmatrix}. \tag{10.20}$$

Für $\mathbf{x}(t)' = (\mathbf{x}_1(t)', \mathbf{x}_2(t)')$ gilt

$$\mathbf{x}(t+i) = \mathbf{L}^i \mathbf{x}(t), \quad i = 0, \pm 1, \pm 2, \ldots \quad .$$

$\hat{\mathbf{g}} = \mathbf{W}_1 \mathbf{y}$ stellt eine Schätzung der glatten Komponente unter *Berücksichtigung saisonaler Schwankungen* dar. Ein Ansatz ohne Berücksichtigung von Saisonschwankungen, also

$$\tilde{\mathbf{g}} = \mathbf{X}_1 (\mathbf{X}_1' \mathbf{X}_1)^{-1} \mathbf{X}_1' \mathbf{y} = \mathbf{P}_1 \mathbf{y} \tag{10.21}$$

würde zu einer Verzerrung führen, wenn die Zeitreihe tatsächlich Saisonschwankungen enthält. Die Ansätze $\hat{\mathbf{g}} = \mathbf{W}_1 \mathbf{y}$ und $\tilde{\mathbf{g}} = \mathbf{P}_1 \mathbf{y}$ stimmen nur dann überein, wenn $\mathbf{X}_1' \mathbf{X}_2 = \mathbf{O}$ gilt. Bei der obigen Wahl der Funktionen, Polynome für $\mathbf{X}_1$, trigonometrische Funktionen für $\mathbf{X}_2$, ist diese sogenannte Orthogonalitätseigenschaft jedoch nicht gegeben, ganz gleich, welche Länge m für die Darstellung gewählt wird.

Für einfache Parameterkonstellationen lassen sich die Elemente von $\mathbf{W}_1$ direkt berechnen (vgl. Heiler, 1966). Als ein Beispiel betrachten wir $m = 13, p = 2$ (lineare Funktion für die glatte Komponente), $s = 12$ (Monatsschwankungen) und $q = 6$ (alle Oberwellen). Hier haben die Elemente von $\mathbf{W}_1$ die Form

$$w_{ti} = \begin{cases} \frac{1}{24} + \frac{(7-t)}{12} & , \ i = 1 \\ \frac{1}{12} & , \ i = 2, \ldots, 12, \quad t = 1, 2, \ldots, 13. \\ \frac{1}{24} + \frac{(t-7)}{12} & , \ i = 13 \end{cases}$$

Für $t = 7$ erhält man das unter dem Namen "Gleitender Zwölferdurchschnitt" bekannte symmetrische Gewichtungssystem

$$\mathbf{w} = (\frac{1}{24}, \underbrace{\frac{1}{12}, \ldots, \frac{1}{12}}_{11 mal}, \frac{1}{24})'.$$

10.4. BEHANDLUNG VON SAISONSCHWANKUNGEN

Dieser mit heuristischen Argumenten hergeleitete "Gleitende Zwölferdurchschnitt" (es handelt sich ja um einen Dreizehnerdurchschnitt) ist sehr beliebt und wurde schon seit langem - ohne Kenntnis seiner Kleinst-Quadrate-Eigenschaft (minimaler Varianzfaktor) - verwendet. Dabei gehen Werte der glatten Komponente für die ersten und die letzten 6 Zeitpunkte der Beobachtungsperiode verloren. Der obige Ansatz erlaubt es demgegenüber, den "gleitenden Zwölferdurchschnitt" bis an den Rand der Beobachtungsperiode fortzusetzen.

Das Pendant zum "gleitenden Zwölferdurchschnitt" ist für Quartalsdaten der "gleitenden Viererdurchschnitt", d.h. der Ansatz mit $m = 5, p = 2, s = 4, q = 2$ und den Gewichten

$$w_{ti} = \begin{cases} \frac{1}{8} + \frac{(3-t)}{4} &, i = 1 \\ \frac{1}{4} &, i = 2, 3, 4, \quad t = 1, 2, \ldots, 5, \\ \frac{1}{8} + \frac{(t-3)}{4} &, i = 5. \end{cases}$$

Wie bei dem reinen Ansatz mit Polynomen nehmen auch hier die Varianzfaktoren zu, je näher man an den Datenrand kommt. Allerdings lassen sich bei der Matrix $\mathbf{W}_1$ die Varianzfaktoren nicht aus den Hauptdiagonalelementen ablesen, da $\mathbf{W}_1$ nicht idempotent ist. Man muß sie über

$$v_t^2 = \sum_{i=1}^{m} w_{ti}^2 \quad , \quad t = 1, \ldots, m,$$

berechnen. Beim gleitenden Zwölferdurchschnitt betragen die Varianzfaktoren beispielsweise (von innen nach außen) 0.080, 0.094, 0.135, 0.205, 0.302, 0.427, 0.580 und beim gleitenden Viererdurchschnitt sind sie gleich 0.219, 0.344 und 0.719.

Die Schätzungen für die ersten und die letzten beiden Zeitpunkte sind also sehr unsicher und instabil.

Die auftretenden Probleme bei der Fortsetzung der glatten Komponente bis an den Rand sind denen beim reinen Polynomzusatz sehr ähnlich. Eine Vergrößerung von m senkt die Varianzfaktoren, eine Vergrößerung von p erhöht sie. Dagegen spielt die Anzahl der einbezogenen Oberwellen für den Saisonteil nur eine geringe Rolle.

In Tabelle 10.4 sind die Varianzfaktoren der Zeilen von $\mathbf{W}_1$ zur Teilschätzung der glatten Komponente für einige Parameterkonstellationen bei Quartals- und bei Monatsdaten zusammengestellt.

Tabelle 10.4: Varianzfaktoren gleitender Durchschnitte zur Teilschätzung der glatten Komponente bei Saisonschwankungen mit Periode 4 und 12

Länge m	Polynom- grad	Zeile der Gewichtsmatrix[1]													
		0	1	2	3	4	5	6	7	8	9	10	11	12 13
		Periode $\quad s = 4$													
5	1	.219	.344	.719										
9	1	.115	.132	.186	.275	.400								
	2	.277	.246	.206	.310	.812								
	3	.277	.327	.374	.356	1.019								
13	1	.078	.084	.101	.129	.169	.220	283						
	2	.180	.171	.151	.141	.173	.294	.565						
	3	.180	.199	.236	.251	.233	.294	.792						
		Periode $\quad s = 12$													
13	1	.080	.094	.135	.205	.302	.427	.580						
15	1	.073	.078	.091	.115	.147	.189	.240	.300					
19	1	.059	.061	.067	.077	.091	.109	.130	.156	.186	.220			
	2	.131	.128	.117	.105	.099	.109	.148	.233	.383	.620			
	3	.131	.168	.260	.357	.400	.352	.243	.234	.681	2.241			
21	2	.112	.110	.104	.097	.092	.094	.108	.144	.209	.315	.473		
	3	.112	.125	.158	.197	.220	.214	.181	.156	.230	.569	1.443		
23	2	.101	.100	.096	.091	.087	.086	.092	.108	.141	.159	.277	.394	
	3	.101	.107	.124	.144	.159	.162	.150	.134	.141	.228	.485	1.052	
25	2	.096	.095	.091	.086	.081	.078	.078	.086	.104	.136	.188	.263	.367
	3	.096	.099	.106	.116	.125	.129	.129	.124	.122	.138	.197	.340	.623

1) Von innen nach außen. 0 = mittlere Zeile.

Für die Konstruktion gleitender Durschnitte zur Saisonteilschätzung gelten entsprechende Überlegungen wie bei der zu Beginn dieses Abschnitts besprochenen "reinen" Saisonschätzung $\hat{s} = \mathbf{P}_2 \mathbf{y}$ mit der Projektionsmatrix $\mathbf{P}_2 = \mathbf{X}_2(\mathbf{X}_2'\mathbf{X}_2)^{-1}\mathbf{X}_2'$, wobei die Matrix $\mathbf{X}_2$ wie oben die Werte der Cosinus- und Sinusfunktionen enthält. Die Varianzfaktoren der Zeilen von $\mathbf{W}_2$ wie-

10.4. BEHANDLUNG VON SAISONSCHWANKUNGEN

derholen sich periodisch (wie bei $\mathbf{P}_2$), liefern also kein eindeutiges Kriterium für die Auswahl von Zeilen im Mittelbereich der Zeitreihe. Der Grad des zugrundegelegten Polynoms für die glatte Komponente wirkt sich nur geringfügig auf die Varianzfaktoren aus. Demgegenüber spielt die Anzahl der eingezogenen Oberwellen für die Saisonschwankungen eine wesentliche Rolle.

Einige in der Praxis übliche Prozeduren zur Behandlung von Saisonschwankungen im Komponentenmodell arbeiten iterativ. In einem ersten Schritt erfolgt eine vorläufige Schätzung $\hat{g}_1$ der glatten Komponente. Diese wird von den Orginaldaten subtrahiert, um im zweiten Schritt mit der "trendbereinigten" Zeitreihe $\mathbf{y} - \hat{g}_1$ eine erste Schätzung $\hat{s}_1$ der Saisonkomponente durchzuführen. Daraus erhält man dann die "saisonbereinigte Reihe" $\mathbf{y} - \hat{s}_1$. Diese wird nun zu einer zweiten Schätzung $\hat{g}_2$ der glatten Komponente herangezogen. Die Prozedur kann nun je nach Bedarf mehrfach wiederholt werden. Vor oder während der iterativen Prozedur werden in der Regel auch "Bereinigungen" von Kalendereffekten (wie zu Beginn dieses Kapitels charakterisiert) vorgenommen.

Mit den oben eingeführten Teilschätzungen kann im Prinzip auf solche iterativen Prozeduren verzichtet werden. Sie können sich allerdings dann noch als sinnvoll erweisen, wenn man bei der Teilschätzung der glatten Komponente und der Saison- (Teil-) schätzung aus Gründen der Flexibilität unterschiedliche Stützbereichslängen m_1 bzw. m_2 zugrundelegen möchte (wobei in der Regel $m_2 > m_1$ zu wählen wäre).

Beispiel 10.4 Die in Tabelle 10.5 enthaltene Zeitreihe der monatlichen Arbeitslosenzahlen in der Bundesrepublik ist in Abbildung 10.11 graphisch veranschaulicht. Der Verlauf weist neben Niveauveränderungen ein deutliches saisonales Muster auf.

Teil a) von Abbildung 10.12 zeigt die Zeitreihe zusammen mit einen gleitenden "Zwölferdurchschnitt", der den systematischen Verlauf recht gut widergibt. Teil b) zeigt die Differenz zwischen den Daten und der glatten Komponente. Die Residuen werden in wesentlichen von der saisonalen Komponente geprägt.

Der "Rauschanteil" ist bei dieser Zeitreihe offenbar sehr gering. Der Residuenplot macht deutlich, daß die Intensität der saisonalen Schwankungen im Zeitablauf seit 1982 ständig abgenommen hat.

Abbildung 10.13 zeigt eine Saisonteilschätzung (Teil b) und die um diese Saisonteilschätzung "bereinigte" Zeitreihe, zusammen mit den Originaldaten (obere Teil). Der etwas unruhige Verlauf der saisonbereingten Reihe ist auf darin noch enthaltenen Restschwankungen zurückzuführen.

Tabelle 10.5: Anzahl der Arbeitslosen (in Tausend) in der Bundesrepublik Deutschland (alte Bundesländer) von 1982 bis 1991

	Jan	Feb	März	April	Mai	Juni	Juli	Aug	Sept	Okt	Nov	Dez
1982	1949.8	1935.3	1811.4	1710.1	1645.8	1650.3	1757.4	1797.1	1820.0	1920.0	2038.2	2223.4
1983	2487.0	2535.8	2386.5	2253.8	2148.7	2127.1	2202.2	2196.2	2134.1	2147.8	2193.3	2349.0
1984	2539.3	2536.6	2393.3	2253.5	2133.2	2112.6	2202.2	2201.8	2143.5	2144.5	2189.2	2325.2
1985	2619.4	2611.3	2474.5	2304.6	2192.6	2160.4	2221.4	2216.6	2151.6	2148.8	2210.7	2347.1
1986	2590.3	2593.0	2447.6	2230.1	2122.0	2078.2	2131.8	2120.2	2046.1	2026.3	2067.7	2218.2
1987	2497.2	2487.8	2412.4	2215.9	2098.7	2096.9	2175.8	2164.6	2107.1	2092.7	2133.1	2308.2
1988	2518.7	2516.5	2440.1	2261.7	2149.1	2131.4	2199.3	2167.1	2099.9	2074.3	2091.2	2190.5
1989	2334.6	2304.8	2178.2	2035.1	1947.5	1915.2	1972.5	1940.2	1880.8	1873.7	1949.7	2052.0
1990	2191.4	2152.5	2013.1	1914.6	1823.3	1808.0	1963.7	1812.8	1727.8	1687.4	1685.1	1784.2
1991	1874.0	1868.9	1731.0	1651.9	1603.7	1592.6	1693.7	1672.2	1609.5	1599.0	1618.3	1731.2
1992	1875.1	1863.4	1767.9	1747.1	1704.4	1715.5	1827.7	1821.6	1783.6	1830.4	1884.6	2025.5

Quelle: Bis 1990: Indikatoren zur Wirtschaftsentwicklung, Statistisches Bundesamt bis 1990 1991 − 92 : Konjunktur aktuell, Statistisches Bundesamt

10.5 Gleitende Durchschnitte mit lokal gewichteter Regression

Die bisher vorgestellten gleitenden Durchschnitte entsprechen einer Nächste-Nachbarnschätzung mit Rechteckskern. Nach demselben Prinzip können gleitende Durchschnitte mit anderen, auf das Intervall $[-1, 1]$ beschränkten Kernfunktionen konstruiert werden. Ausgangspunkt sind die bei der lokal gewichteten Regression mit den Gewichtsmatrizen $\mathbf{W}(t) = \mathbf{W}(\mathbf{x}(t))$ hergeleiteten Gewichtsvektoren

$$\mathbf{w}'_t = \mathbf{w}(\mathbf{x}(t))' = \mathbf{x}(t)'(\mathbf{X}'\mathbf{W}(t)\mathbf{X})^{-1}\mathbf{X}'\mathbf{W}(t). \qquad (10.22)$$

Die Regressoren $\mathbf{x}(t)$ können sowohl Potenzen in t (für die glatte Komponente) als auch trigonometrische Funktionen (für die Saisonkomponente) enthalten. Als Abstand zwischen

10.5. GLEITENDE DURCHSCHNITTE MIT LOKAL GEWICHTETER REGRESSION

Abbildung 10.11: Monatliche Arbeitslosenzahlen von Januar 1982 bis Dezember 1992 in der Bundesrepublik Deutschland (alte Bundesländer)

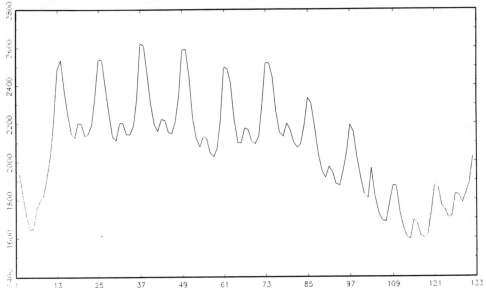

Abbildung 10.12: Monatliche Arbeitslosenzahlen von Januar 1982 bis Dezember 1992 in der Bundesrepublik Deutschland (alte Bundesländer).a) Zeitreihe und Gleitender Zwölferdurchschnitt

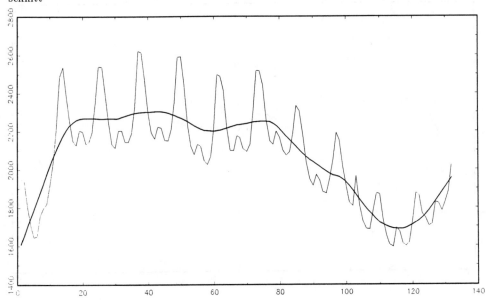

b) Residuenplot

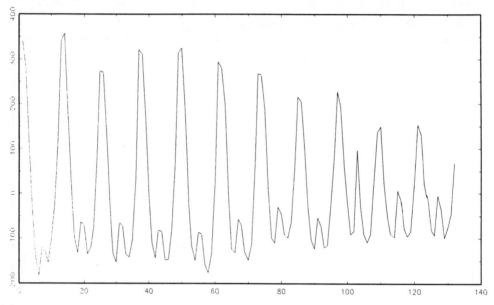

Abbildung 10.13: Monatliche Arbeitslosenzahlen von Januar 1982 bis Dezember 1992 in der Bundesrepublik Deutschland (alte Bundesländer). Zeitreihe und saisonbereignigte Reihe

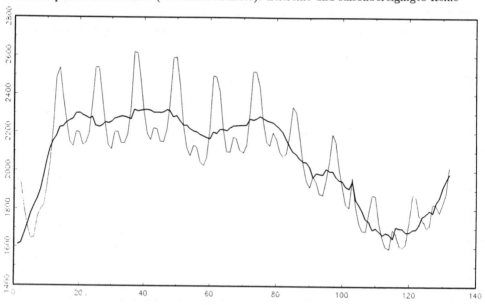

10.5. GLEITENDE DURCHSCHNITTE MIT LOKAL GEWICHTETER REGRESSION

b) Saisonteilschätzung mit $m = 36$, $s = 12$, Polynomgrad 3. zwei Beobachtungen wird man

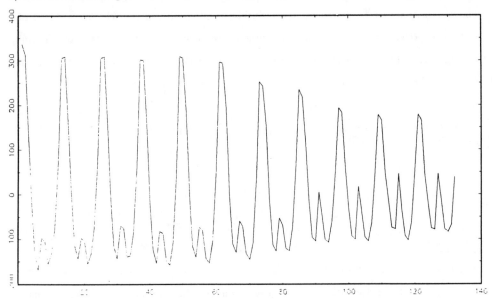

zweckmäßigerweise die zeitliche Distanz wählen. Bei einer gewünschten Stützbereicheslänge von $m = 2k + 1$ ($2k$ ist dann die Anzahl der einbezogener Nachbarn) enthält die diagonale Gewichtsmatrix $\mathbf{W}(t)$ für $t = 1, 2, \ldots, k+1$ die Gewichte

$$w_{ti} = \begin{cases} K\left(\frac{i-t}{m+1-t}\right) & , \quad i = 1, \ldots, m \\ 0 & , \quad i > m. \end{cases}$$

(w_{ti} ist das i-te Diagonalelement von $\mathbf{W}(t)$.).

Ab der Stelle $t = k + 1$ liegen die $2k$ nächsten Nachbarn symmetrisch um t, woraus sich

$$w_{t+1,i+1} = w_{ti} = \begin{cases} K\left(\frac{i-t}{k+1}\right) & , \quad i = t-k, \ldots, t+k \\ 0 & , \quad sonst, \end{cases} \qquad (10.23)$$

für $t = k + 2, \ldots, n - k - 1$ ergibt.

Im Endbereich ist die Situation symmetrisch zu der im Anfangsbereich, d.h. für $t > n - k$ gilt

$$w_{ti} = \begin{cases} 0 & , \quad i \leq n - m \\ K\left(\frac{i-t}{m-n+t}\right) & , \quad i > n - m. \end{cases}$$

Durch die Produkte $\mathbf{X}'\mathbf{W}(t)\mathbf{X}$ bzw. $\mathbf{X}'\mathbf{W}(t)\mathbf{y}$ wird jeweils ein Teilintervall der Länge m von zum Zeitpunkt t gehörigen nächsten Nachbarn mit positiven Gewichten aus der Beobachtungsperiode herausgeschnitten. Alle übrigen Beobachtungen erhalten das Gewicht Null. Die Eigenschaft (10.23) bewirkt, daß für $k < t < n-k$ in $\mathbf{W}(t+1)$ die Hauptdiagonalelemente gegenüber $\mathbf{W}(t)$ jeweils um eine Position nach unten rechts verschoben werden. Damit ist

$$\mathbf{X}'\mathbf{W}(t+1)\mathbf{X} = \sum_{i=t+1-k}^{t+1+k} \mathbf{x}(i)\mathbf{x}(i)'w_{t+1,i} = \mathbf{L}\left(\sum_{i=t-k}^{t+k} \mathbf{x}(i)\mathbf{x}(i)'w_{ti}\right)\mathbf{L}' = \mathbf{L}\mathbf{X}'\mathbf{W}(t)\mathbf{X}\mathbf{L}'$$

und

$$\mathbf{X}'\mathbf{W}(t+1)\mathbf{y} = \mathbf{L}\sum_{i=t-k}^{t+k} \mathbf{x}(i)w_{ti}y_{i+1}.$$

Daraus kann man mit $\mathbf{x}(t+1)' = \mathbf{x}(t)'\mathbf{L}'$ sehen, daß für $k < t < n-k$ der Gewichtsvektor $\mathbf{w}'_{t+1}$ dieselben Elemente enthält wie $\mathbf{w}'_t$, jedoch um eine Position nach rechts verschoben.

Damit führt die lokal gewichtete Regression im mittleren Bereich der Zeitreihe zu einem gleitenden Durchschnitt.

Die Gewichtungssystme können, für den mittleren-, den Anfangs- und den Endbereich gemäß (10.22) bestimmt werden, wobei es genügt, nur m aufeinander folgende Zeitpunkte in die Matrix $\mathbf{X}$ einzubeziehen. Im Anfangsbereich ändert sich jedoch die Matrix $\mathbf{W}(t)$ von $t=1$ bis $t = k+1$. Die Gewichte im Endbereich sind spiegelbildlich zu denen im Anfangsbereich.

Die Varianzfaktoren sind gemäß

$$v_t^2 = \mathbf{w}'_t\mathbf{w}_t$$

zu bestimmen. Im übrigen lassen sich dieselben Gesamtschätzungen, Teilschätzungen und iterierten Verfahren wie bei der ungewichteten lokalen Regression durchführen.

Beispiel 10.5 Wir greifen Beispiel 10.3 wieder auf, wo die Glättung der Wasserstandsdaten des Nils mit Polynomgrad 2 und $m = 15$ noch einen recht unruhigen Verlauf aufweist. Bei der Berechnung zur Abbildung 10.14 im oberen Teil wurde die Länge m auf 25 und der Polynomgrad auf 3 erhöht. Die glatte Komponente weist immer noch einen unruhigen Verlauf

10.5. GLEITENDE DURCHSCHNITTE MIT LOKAL GEWICHTETER REGRESSION

auf. Deshalb wurden bei im übrigen gleicher Parameterkonstellation die gleitenden Durchschnitte mit einem Bisquare-Kern berechnet. Das in Teil b) dargestellte Ergebnis zeigt in der Tat einen deutlichen glatteren Verlauf des "Josephs-Effekts". Daneben lassen sich aber auch säkulare Schwankungen von wesentlich längerer Dauer zu erkennen. Um diese deutlicher herauszuarbeiten, wurde in Abbildung 10.15 ein gleitender Durchschnitt der Länge $m = 99$ mit Polynomgrad 3 und Verwendung eines Bisquare-Kerns auf die Daten angewendet. Die "kurzfristigen" Schwankungen sind hier weggeglättet und die "sehr langfristigen" Bewegungen kommen deutlich zum Ausdruck.

Die Anwendungen haben gezeigt, daß es beim Ergebnis einer Glättung nicht so sehr auf die Wahl der Kernfunktion, sondern viel stärker auf die verwendete Parameterkonstellation ankommt. Insofern wurde die aus anderen Anwendungen mit Kernen -bei der Dichtschätzung und der nichtparametrischen Regression- gewonnenen Erfahrungen bestätigt, wo das Ergebnis auch viel mehr von der Wahl der Bandbreite als vom Kerntyp abhängt.

In vielen Fällen waren selbst die mit Rechteckskern (also lokaler Anpassung ohne Gewichtung) gewonnenen Ergebnisse kaum von denen mit lokal gewichteter Glättung zu unterscheiden.

Abbildung 10.14: Jährliche niedrigste Wasserstände des Nils. Teil (a) Gleitender Durchschnitt mit $m = 25$, Polynomgrad$= 3$

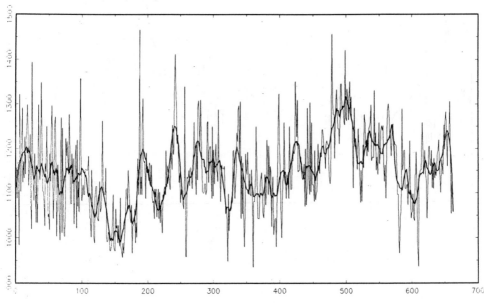

Teil (b) Gleitender Durchschnitt mit $m = 25$, Polynomgrad= 3 und Bisquare-Kern

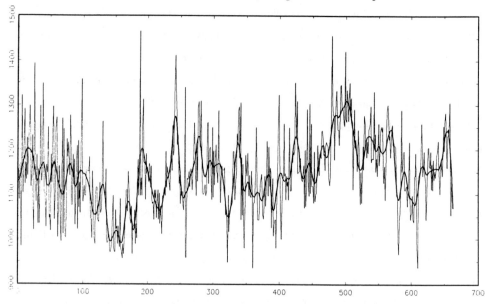

Abbildung 10.15: Jährliche niedrigste Wasserstände des Nils. Gleitender Durchschnitte mit $m = 99$, Polynomgrad= 3

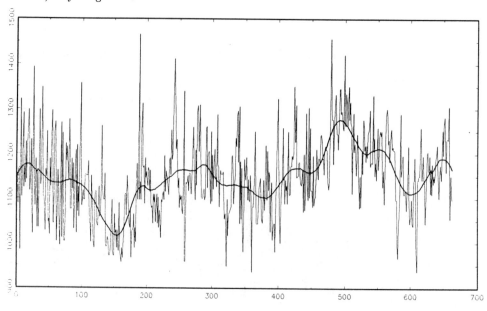

10.6 Resistente Glättungsverfahren

Gleitende Durchschnitte reagieren als lokale gewogene Mittel sehr empfindlich auf Ausreißer. Deshalb sind in der explorativen Datenanalyse Verfahren entwickelt worden, die auf gleitenden Medianen basieren. So ist ein gleitender Median von je drei aufeinanderfolgenden Zeitreihendaten resistent gegenüber einzelnen, isolierten Ausreißern, ein gleitender Fünfermedian kann zwei Ausreißer "verkraften". Bei einer geraden Anzahl von Gliedern wird das arithmetische Mittel der (von der Größe, nicht von der zeitlichen Anordnung her) beiden mittleren Beobachtungen gebildet. Von der zeitlichen Zuordnung her würde solch ein geradzahliger Median jedoch zwischen zwei Beobachtungszeitpunkte zu liegen kommen. Deshalb werden in einem solchen Fall anschließend die Durchschnitte zweier benachbarter gleitender Medianwerte gebildet. So ist etwa bei $m = 4$

$$z_{t-1/2} = med\{y_{t-2}, y_{t-1}, y_t, y_{t+1}\}, \quad z_{t+1/2} = med\{y_{t-1}, y_t, y_{t+1}, y_{t+2}\}$$

und schließlich

$$\hat{g}(t) = \frac{1}{2} z_{t-1/2} + \frac{1}{2} z_{t+1/2} \ .$$

Die Anwendung eines gleitenden Medians führt zu keinem glatten, sondern zu einem eher eckigen Verlauf. Besonders bei ungeradzahligem m treten typischerweise Plateaus und flache Täler gleicher Werte auf. Gipfel und Täler werden abgehackt. Schließlich werden bestimmte hochfrequente Schwingungen von gewissen gleitenden Medianen überhaupt nicht geglättet, sondern allenfalls transformiert. So wird etwa die Folge $(\cos \pi t) = \ldots -1, +1, -1, +1, -1, \ldots$ durch einen gleitenden Fünfermedian genau reproduziert, und ein gleitender Dreiermedian führt lediglich zu einem Vorzeichenwechsel. (Durch einen geradzahligen gleitenden Median wird dieser Effekt vermieden.)

Um solche Unzulänglichkeiten zu korrigieren, sind anschließend weitere Glättungsschritte notwendig. Deshalb bestehen resistente Glättungsverfahren stets aus einer Hintereinanderschaltung mehrerer Prozeduren. Solche Prozeduren sind das "Resmoothing", das "Hanning", das "Splitting" und das "Twicing". Schließlich treten - wie bei den Verfahren im Abschnitt 10.2. - Randprobleme auf. Das es sich hier insgesamt um nichtlineare Datentransformationen handelt, kann das Ergebnis auch nicht so einfach wie in Abschnitt 10.2 (durch Faltung) charakterisiert werden. Zur vereinfachenden Darstellung resistenter Glättungsverfahren für Zeitreihen hat sich folgende Symbolik eingebürgert:

Ein gleitender Median wird duch die Anzahl seiner Glieder (im Fettdruck) charakterisiert. **3** bzw. **5** steht somit für einen gleitenden Dreier- bzw. Fünfermedian. Der oben beschriebene zentrierte gleitende Vierermedian erhält danach die Abkürzung **42** (gleitender Vierermedian, gefolgt von einem gleitenden Zweiermedian). Die Symbole für Hanning, Resmoothing, Splitting und Twicing sind **H**, **R**, **S**, und **,twice**.

Das Hanning (**H**) besteht in der Anwendung eines gleitenden Dreierdurchschnitts mit Gewichtsvektor $\mathbf{w} = (\frac{1}{4}, \frac{1}{2}, \frac{1}{4})'$ (vergleichsweise Abschnitt 10.2) auf das Resultat des vorigen Schrittes. Es ist ein Mittel zur Glättung eines eckigen Verlaufs, nachdem vorher schon der Einfluß von Ausreißern reduziert wurde.

Eine der beliebten Prozeduren ist **4253H**. Hier wird auf das Resultat eines zentrierten Vierermedians zunächst ein gleitender Fünfermedian und dann ein gleitender Dreiermedian angewendet. Das Ergebnis wird schließlich mit dem obigen Dreierdurchschnitt geglättet. Der zweite und der dritte Schritt werden als "Resmoothing" bezeichnet. Das Symbol **R** für erneutes Glätten wird verwendet, wenn im Folgeschritt derselbe Glätter noch einmal verwendet wird. Statt **33** schreibt man also **3R**.

Weisen die Residuen einer Prozedur noch eine systematische Struktur auf, dann kann das Ergebnis der Anpassung dadurch verbessert werden, daß man die Prozedur auf die Residuen dieser Prozedur noch einmal anwendet und das Ergebnis zur ersten glatten Komponente dazuaddiert. Dieses Vorgehen wird als Twicing bezeichnet. Ein Beispiel hierfür wäre etwa **4253H, twice**.

Das "Splitting" entspricht derjenigen Vorgehensweise, welche für den Rand der Zeitreihe empfohlen wird. Deshalb soll zunächst die Glättung am Rand besprochen werden.

Bei $m > 3$ und ungerade wird empfohlen, m solange zu verkürzen, bis man bei $m = 3$ angelangt ist. Dies führt zu

$$z_2 = med\{y_1, y_2, y_3,\}, \quad z_3 = med\{y_1, y_2, y_3, y_4, y_5,\} \ldots$$
$$\ldots z_{n-2} = med\{y_{n-4}, y_{n-3}, y_{n-2}, y_{n-1}, y_n,\}, \quad z_{n-1} = med\{y_{n-2}, y_{n-1}, y_n,\}$$

Zur Ermittlung von z_1 bzw. z_n werden zwei künstliche Beobachtungen y_0^* bzw. y_n^* berechnet, indem man eine Gerade zwischen z_2 und z_3 bzw. zwischen z_{n-2} und z_{n-1} extrapoliert. Für den Anfangsbereich ergibt dies $y_0^* = z_2 - 2(z_3 - z_2) = 3z_2 - 2z_3$, entsprechend für den

10.6. RESISTENTE GLÄTTUNGSVERFAHREN

Endbereich $y_{n+1}^* = 3z_{n-1} - 2z_{n-2}$. Mit diesen künstlichen Werten setzt man dann

$$z_1 = med\{y_0^*, y_1, z_2\} \text{ und } z_n = med\{z_{n-1}, y_n, y_{n+1}^*\}.$$

Diese Endkorrektur wird in der Regel nicht bei jedem Schritt, zumindest aber beim letzten, vorgenommen.

Bei einem Vierermedian hat man zunächst die Reihe $z_{5/2}, z_{7/2}, \ldots, z_{n-5/2}, z_{n-3/2}$. Diese wird ergänzt durch $z_{3/2} = med\{y_1, y_2\} = (y_1 + y_2)/2$ und $z_{n-1/2} = med\{y_{n-1}, y_n\}$. Zusätzlich wird $z_{1/2} = y_1$ und $z_{n+1/2} = y_n$ gesetzt. Aus der so verlängerten Reihe werden dann paarweise Mediane (Durchschnitte) gebildet, sodaß $\hat{g}(1) = \frac{3}{4}y_1 + \frac{1}{4}y_2$, $\hat{g}(2) = (y_1 + y_2)/2 + med\{y_1, y_2, y_3, y_4\}/2, \ldots, \hat{g}(n-1) = (y_{n-1} + y_n)/2 + med\{y_{n-3}, y_{n-2}, y_{n-1}, y_n\}/2$, $\hat{g}(n) = \frac{1}{4}y_{n-1} + \frac{3}{4}y_n$.

Speziell bei der Prozedur **3R** treten gerne Bindungen benachbarter Werte (Plateaus bzw. Talsohlen der Länge 2) auf. Hier soll Splitting zu einem glatteren Verlauf führen. Gilt $z_{t-2} \neq z_{t-1} = z_t \neq z_{t+1}$, so wird für den Zeitpunkt $t-1$ ein künstlicher Wert z_{t-1}^* durch Extrapolation einer Geraden, die durch z_{t+1} und z_{t+2} geht, berechnet. Man erhält $z_{t-1}^* = 3z_{t+1} - 2z_{t+2}$. Diese künstlichen Werte werden nun in einen Dreiermedian einbezogen und der vorherige Wert z_t ersetzt durch $med\{z_{t-1}^*, z_t, z_{t+1}\} = med\{3z_{t+1} - 2z_{t+2}, z_t, z_{t+1}\}$. Die entsprechende Prozedur wird für den Zeitpunkt t verwendet. Dort ist z_{t-1} zu ersetzen durch $med\{z_{t-2}, z_{t-1}, 3z_{t-1} - 2z_{t-3}\}$. Nach Durchführung der Splittingprozedur wird (automatisch) nochmals **3R** angewandt. Das Ergebnis wird mit **3RS** bezeichnet.

Nochmaliges Splitting (und anschließende Anwendung von **3R**) führt zu **3RSS**, einem beliebten Glättungsverfahren. Ähnlich beliebt sind in der explorativen Datenanalyse auch die Kombination **3RSSH** und **3RSSH, twice**.

Abschließend sei darauf hingewiesen, daß sich die Residuen eines resistenten Glättungsverfahrens besonders gut für eine Residuenanalyse eignen, um Ausreißer und interessante Zeitabschnitte im Prozeßverlauf aufzudecken.

Die bisher besprochenen resistenten Verfahren eignen sich nicht zur Analyse von Zeitreihen mit Saisonschwankungen. Eine Schwierigkeit einer Teilschätzung der glatten Komponente durch Mediane besteht darin, daß zwar der Median von s aufeinanderfolgenden Funktionswerten einer periodischen Funktion (ohne Absolutglied) bei geradzahliger Periode s Null ergibt [3], daß aber - von Trivialfällen abgesehen - im Modell $y_t = g(t) + s(t) + r_t$

$$med\{y_i\} \neq med\{g(i)\} + med\{s(i)\} + med\{r_i\},$$

da der Median eine nichtlineare Funktion der Daten ist. Trotzdem starten einschlägige Prozeduren damit, in einem ersten Schritt einen gleitenden Median der Länge s anzuwenden. Dies dient dazu, um zunächst einmal den Einfluß von Ausreißern zu eliminieren oder zumindest zu beschränken. Selbst wenn - für $s = 2k$ - die glatte Komponente in dem Intervall von $t - k + 1$ bis $t+k$ linear verläuft, kann man nicht davon ausgehen, daß $med\{y_i\} = g(t+1/2) + med\{r_i\}$. Deshalb ist in jedem Fall in einem anschließenden Schritt eine weitere Glättung mit einem zur Teilschätzung der glatten Komponente geeigneten gewogenen gleitenden Durchschnitt notwendig. Die so berechnete glatte Komponente wird dann von der Ausgangsdatenreihe subtrahiert. Aus den resultierenden "trendbereinigten" Daten $z_t = y_t - \hat{g}(t)$ werden dann die Periodenreihen

$$z_1, \quad z_{1+s}, \quad z_{1+2s}, \quad \ldots$$
$$z_2, \quad z_{2+s}, \quad z_{2+2s}, \quad \ldots$$
$$\vdots$$
$$z_s, \quad z_{2s}, \quad z_{3s}, \quad \ldots$$

gebildet. Bei Monatsdaten handelt es sich also um die zwölf Einzelreihen aller Januarwerte, Februarwerte usw. Diese Periodenreihen werden dann getrennt analysiert, wozu sich die weiter oben diskutierten resistenten Glättungsverfahren (also etwa **4253H**, **3RSS** etc.) eignen. Aus den Schätzungen in den Periodenreihen wird eine erste Schätzung der Saisonkomponente zusammengesetzt. Diese, von den Originaldaten subtrahiert, liefert eine erste saisonbereinigte Reihe. Im nächsten Durchlauf (und gegenenfall in weiteren Durchläufen) ist diese saisonbereinigte Reihe die Grundlage für eine resistente Schätzung der glatten Komponente, die nun ohne Berücksichtigung saisonaler Schwankungen erfolgen kann. Danach erfolgt eine zweite Schätzung der Saisonkomponente mit den erneut "trendbereinten" Daten. Die Prozedur kann so oft wiederholt werden, bis ein befriedigendes Resultat erzielt ist.

Ein auf dem oben geschilderten Prinzip aufbauendes, in vielen Einzelschritten sehr aufgefächertes Verfahren mit dem Namen SABL (Seasonal Adjustment Bell Laboratories) wurde

---

[3]Für s ungerade ist der Median im allgemeinen ungleich Null, jedoch zeitlich konstant

von Cleveland, Dunn und Terpenning (1978) entwickelt.

Die Anwendung der robusten lokal gewichteten Regression auf die Zeitreihenanalyse wurde von Cleveland R.B., Cleveland W.S., Mc.Rae und Terpenning (1990) vorgeschlagen. Da die Robustheitsgewichte zeitpunktbezogen sind, ist außer beim ersten Schritt der Gewichtsvektor $\mathbf{w}'_t$ für jedes t getrennt zu berechnen. Bei der in der obigen Arbeit diskutierten iterativen Prozedur werden allerdings keine trigonometrischen Funktionen für die Saisonkomponente und keine Teilschätzungen verwendet, was zu einer gewissen, unnötigen Verkomplizierung des Verfahrens führt. Deshalb soll hier auch nicht näher darauf eingegangen werden, obwohl die vorgeschlagene Methode als ein potentieller Nachfolger des Programmsystems SABL angesehen wird.

Beispiel 10.6 Die Zeitreihe der Tagesmittelwerte der Wasserführung der Ruhr weist in unregelmäßigen Abständen auftretende, teilweise sehr stark ausgeprägte Ausreißer auf, die auf heftige Regenfälle zurückzuführen sind. Abbildung 10.16 zeigt die Zeitreihe, zusammen mit einer robusten lokal gewichteten Regression mit $m = 21$ und Polynomgrad 1. Sowohl für die lokale Gewichtung als auch für die Robustheitsgewichte wurde ein Bisquare-Kern verwendet. Die Iteration zur Ermittlung der Robustheitsgewichte erfolgte mit insgesamt fünf Durchläufen. Der Residuenplot macht die Ausreißer in dieser Datenreihe deutlich. Der untere Teil der Graphik zeigt, daß die robuste Glättung sehr gut geeignet ist, mit diesen Ausreißern fertig zu werden.
Das Verfahren läßt sich in analoger Weise auch auf saisonbehaftete Zeitreihen anwenden.

10.7 Vorhersage

Grundprinzipien

Zeitreihendaten bilden die wichtigste Grundlage für statistisch fundierte Vorhersagen. In diesem Abschnitt werden einige Überlegungen dazu angestellt und einfache Vorhersagemethoden, die sich im Rahmen dieses Buches halten, diskutiert. Jedes Vorhersageverfahren mit Zeitreihen beruht darauf, Verlaufsmuster und charakteristische Strukturen des zugrundeliegenden Prozesses in der Beobachtungsperiode zu erkennen und geeignet in die Zukunft zu projizieren. Man darf daher nichts Unmögliches erwarten. Nur wenn solche Strukturen

Abbildung 10.16: Tagesmittelwerte der Wasserführung der Ruhr (in cbm/sec) am Pegel Villigst vom 1.1.1976 bis zum 31.12.1980.

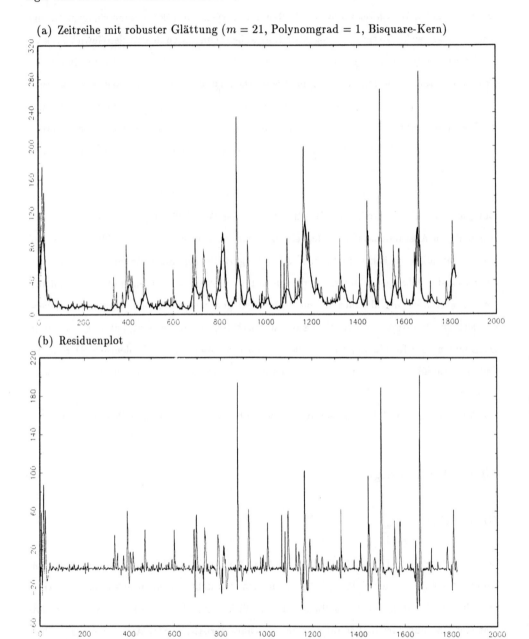

(a) Zeitreihe mit robuster Glättung ($m = 21$, Polynomgrad $= 1$, Bisquare-Kern)

(b) Residuenplot

10.7. VORHERSAGE

erkennbar und auch zeitlich stabil sind, so daß man davon ausgehen kann, daß sie auch in der Vorhersageperiode noch gültig sind, kann man erwarten, daß ein statistisches Vorhersageverfahren Ergebnisse liefert, die besser sind als reines "Raten" oder naive Prognosen. Eine naive Vorhersage besteht beispielsweise darin, den letzten bekannten Meßwert unverändert in die Zukunft zu projizieren ("es bleibt wie es ist"). Bei wenig strukturierten Prozessen ist es durchaus nicht immer einfach, die naive Vorhersage durch ein statistisches Verfahren zu schlagen (zum Beispiel bei Aktienkursen oder in der Meteorologie).

Nicht behandelt werden in diesem Buch subjektive Ansätze, bei denen subjektive Einschätzungen, etwa von Experten, mit einfließen. Natürlich spielen solche subjektiven Einschätzungen bei praktischen Entscheidungsprozessen eine wichtige Rolle. Dabei können jedoch Vorhersagen von Zeitreihen und eine sorgfältige Analyse der Residuen einer Anpassung (Glättung), insbesondere am "aktuellen Rand" der Beobachtungsperiode, eine wertvolle Entscheidungsgrundlage liefern.

Eine wichtige Rolle bei der Planung und der Auswahl von Vorhersagemethoden spielt der sogenannte *Prognosehorizont*. Man unterscheidet kurzfristige, mittelfristige und langfristige Vorhersagen, wobei die Einordnung in eine dieser drei Kategorien nicht immer klar ist und insbesondere vom untersuchten Prozeß selbst abhängt. So ist bei meteorologischen oder umweltrelevanten Daten (mit täglichen oder sogar stündlichen Messungen) eine Vorhersage für drei bis sechs Monate als eher langfristig oder zumindest als mittelfristig anzusehen, während sie im Bereich ökonomischer Monatsdaten eindeutig in den kurzfristigen Bereich fällt. Im letzteren Fall würde man Vorhersagen unterhalb einer Jahresfrist als kurzfristig, solche zwischen einem und zwei Jahren als mittelfristig und darüber hinausgehend als eher langfristig kategorisieren. Bei Langfristvorhersagen können statistische Verfahren oft nur wenig fundierte Entscheidungshilfen leisten, auch wenn gelegentlich durch den Hinweis auf die verwendeten aufwendigen und eleganten mathematischen Prozeduren ein anderer Eindruck vorgetäuscht wird. Der Grund liegt darin, daß sich über längere Zeitperioden hinweg die zugrundeliegenden Prozeßbedingungen, -strukturen und Zusammenhänge ändern können, so daß die Erfahrungen aus der Beobachtungsperiode für den Prognosezeitraum nicht mehr relevant sind. In diesem Bereich sind daher eher relativ einfache Verfahren anzuwenden. Beliebt ist die Extrapolation von Trendfunktionen wie die in Abschnitt 10.1 vorgestellten. Dort wurde auch bereits auf die begrenzte Aussagefähigkeit solcher Extrapolationen hingewiesen. Der künftige Verlauf hängt sehr stark vom gewählten Funktionstyp ab, für den es in den meisten

Fällen keine sachliche Rechtfertigung gibt. Ein anderer Zugang sind in diesem (und auch im mittelfristigen Bereich) bedingte Vorhersagen, bei denen berechnet wird, wie sich der künftige Verlauf bei Vorliegen bestimmter, festgelegter Bedingungen (Szenarien) einstellen würde (Beispiel: Wie wird die Bevölkerung im Jahr 2050 nach Anzahl und Altersstruktur aussehen, wenn die heutigen Geburts- und Sterberaten weitergelten und ein bestimmter Zuwanderungsstrom unterstellt wird). Häufig werden mehrere unterschiedliche Szenarien durchgerechnet und miteinander verglichen.

Im mittelfristigen Bereich können Modellrechnungen, wie etwa ökonometrische Modelle, von Nutzen sein. Diese sind jedoch nicht Gegenstand dieses Buches. Die im folgenden besprochenen Verfahren gehören in den Bereich der Kurzfristvorhersagen, für den sich die Zeitreihenanalyse auch am besten eignet.

Um beurteilen zu können, ob sich ein Verfahren zur Vorhersage einer Zeitreihe überhaupt eignet und um mehrere alternative Ansätze miteinander vergleichen zu können, benötigt man Kriterien zur Beurteilung der Prognesegüte. Darauf soll zunächst eingegangen werden.

Bezeichnet n den Zeitindex der aktuellen Periode und $\{y_1, \ldots, y_n\}$ die interessierende Zeitreihe, so sei $\hat{y}_{n+h,n}$ die sogenannte h-Schrittvorhersage für den Zeitpunkt $n+h$, angestellt zur Zeit n. Nach Ablauf von h Perioden kann die Vorhersage mit dem dann realisierten Beobachtungswert y_{n+h} verglichen werden.

$$e_{n+h,h} = y_{n+h} - \hat{y}_{n+h,n}$$

ist der Vorhersagefehler der h-Schnittprognose. Wird dieselbe Prozedur ab einem bestimmten Zeitpunkt $t - h + 1$ m Perioden lang fortgesetzt, dann erhalten wir die Zeitreihe der h-Schrittprognosefehler $e_{t+1,h}, e_{t+2,h}, \ldots, e_{t+m,h}$. Die Verteilung dieser Prognosefehler liefert Hinweise auf das zugrundliegende Verfahren. Ein deutlich von Null verschiedener Mittelwert (oder Median) deutet auf eine systematische Verzerrung hin: Abweichung nach oben - systematische Überschätzung, Abweichung nach unten - systematische Unterschätzung. Ein beliebtes Kritierium ist der mittlere quadratische Prognosefehler (mean square prediction error)

$$MSPE(h) = \frac{1}{m} \sum_{i=1}^{m} e_{t+i,h}^2.$$

Er setzt sich wegen $\frac{1}{m}\sum_{i=1}^{m} e_{t+i,h}^2 = \frac{1}{m}\sum_{i=1}^{m}(e_{t+i,h} - \bar{e})^2 + \bar{e}^2$ zusammen aus der Varianz und

10.7. VORHERSAGE

dem Quadrat der Verzerrung. Die Wurzel aus MSPE(h) (root mean square predicition error) hat dieselbe Dimension wie die Zeitreihendaten.

Eine dimensionslose Meßzahl ist der relative mittlere quadratische Prognosefehler

$$RMSPE(h) = \frac{1}{m} \sum_{i=1}^{m} \left(\frac{e_{t+i,h}}{y_{t+i}}\right)^2$$

RMSPE ist zwar dimensionslos und skaleninvariant, jedoch nicht invariant gegen Lageverschiebungen. Die letztere Eigenschaft hat der Theilsche Ungleichheitskoeffizient

$$TU(h) = \frac{(\sum e_{t+i,h}^2)^{1/2}}{(\sum (y_{t+i} - y_{t+i-h})^2)^{1/2}},$$

bei dem das zugrundeliegende Vorhersageverfahren mit der naiven Prognose $\hat{y}_{t+h,t} = y_t$ verglichen wird.

Anstelle der Quadrate bei MSPE und RMSPE können auch die absoluten Abstände genommen werden zur Berechnung eines mittleren absoluten Prognosefehlers bzw. eines relativen absoluten Prognosefehlers.

Neben den skizzierten Prognosefehlermaßen können die Quantile der empirischen Verteilung der Prognosefehler zur Beurteilung und zum Vergleich von Vorhersagemethoden herangezogen werden. Der Abstand zwischen einem oberen und einem unteren Quantil gibt einen Hinweis auf die Breite des Unsicherheitsbereichs, mit dem die Vorhersagen behaftet sind. Zu gegebenem $\alpha, 0 < \alpha < 1/2$, wird man diejenige Methode auswählen, die den kleinsten Quantilsabstand aufweist. Schließlich kann der Abstand eines oberen beziehungsweise unteren Quantils vom Median, $\tilde{z}_{2,\alpha} = \tilde{e}_{h,1-\alpha} - \tilde{e}_n$ bzw. $\tilde{z}_{1,\alpha} = \tilde{e}_h - \tilde{e}_{h,\alpha}$, dazu benützt werden, um anstelle der *Punktprognose* $\hat{y}_{n+h,n}$ ein *Prognoseintervall*

$$[\hat{y}_{n+h,n} + \tilde{e} - \tilde{z}_{1\alpha}, \hat{y}_{n+h,n} + \tilde{e} + \tilde{z}_{2\alpha}]$$

anzugeben, das nach den Erfahrungen der Vergangenheit einen Anteil von $1 - 2\alpha$ der künftig eintretenden Beobachtungswerte enthält.

Beginnt man in der Periode n mit der ersten Vorhersage, dann muß man unter Umständen sehr lange warten, bis man genügend viele Prognosefehler (und damit unter Umständen auch schlechte Erfahrungen) gesammelt hat, um die Verteilung der Prognosefehler auswerten und damit geeignete Maßzahlen bestimmen zu können. Solche Maßzahlen hätte man aber schon gerne beim ersten Mal, um ein möglichst gut geeignetes Verfahren auszuwählen. Um dieses Dilemma zu umgehen, bedient man sich der *retrospektiven* Analyse. Sie setzt allerdings genügend lange Zeitreihen voraus. Man beginnt dabei mit der Vorhersage schon zu einem früheren, in der Vergangenheit liegenden Zeitpunkt $N < n - h$. Für diesen Zeitpunkt wird die Vorhersage $\hat{y}_{N+h,N}$ berechnet und mit dem Zeitreihenwert y_{N+h} verglichen, um so den "nachträglichen" Vorhersagefehler $e_{N+h,h} = y_{N+h} - \hat{y}_{N+h,N}$ zu erhalten. Natürlich dürfen zur Vorhersge $\hat{y}_{N+h,N}$ nur Zeitreihenwerte und Informationen verwertet werden, die zur Zeit N bereits bekannt waren. Dies setzt für eine vernünftige Schätzung voraus, daß zur Zeit N genügend viel Vorlauf vorhanden ist. Anschließend wird um einen Schritt weiter gegangen. Man berechnet $\hat{y}_{N+h+1,N+1}$ und $e_{N+1,h}$. So wird fortgefahren, bis man mit $\hat{y}_{n,n-h}$ und $e_{n,h}$ an den aktuellen Rand der Zeitreihe anstößt. Die retrospektiven Vorhersagefehler $e_{N+h,h}, e_{N+h+1,h}, \ldots, e_{n,h}$ können nun zur Fehleranalyse herangezogen werden. Das schrittweise Vorgehen gestaltet sich bei rekursiven Verfahren wie dem später zu besprechenden exponentiellen Glätten besonders einfach.

Verwendung von Frühindikatoren

Gibt es eine Variable X, zu der eine Zeitreihe $\{x_t\}$ vorliegt, die als Einflußgröße für die der Zeitreihe $\{y_t\}$ zugrundeliegenden Variablen Y angesehen werden kann, wobei sich dieser Einfluß jedoch erst mit einer gewissen Zeitverzögerung auswirkt, so nennt man X einen Frühindikator (leading indicator). In einem solchen Fall kann ein Vorhersagemodell der Art

$$y_t = a + bx_{t-h} + r_t$$

nach einer Schätzung von a und b zur Vorhersage herangezogen werden. Gegebenenfalls können auch mehrere Vergangenheitsperioden des leading indicator oder - soweit verfügbar - mehrere Frühindikatoren als Prädiktorvariablen herangezogen werden. Beispielsweise haben Veränderungen der Lufttemperatur Einfluß auf die Wassertemperatur von Flüssen und Seen. Die volle Auswirkung tritt aber erst nach mehreren Stunden ein. In Industriebranchen mit längeren Planungsperioden (z.B. in der Bekleidungsindustrie) sind die Auftragseingänge ein Frühindikator für Produktion und Umsatz. In vielen Fällen ist es aber schwierig, geeignete Frühindikatoren zu finden. Hat man welche gefunden, dann müssen die Zeitverzögerungen

10.7. VORHERSAGE

(Lead-Lag-Beziehungen) zwischen den Variablen festgestellt werden. Dies kann geschehen durch Berechnung der sogenannten Kreuzkorrelationsfunktion

$$r_{xy}(h) = \frac{\sum(y_t - \bar{y})(x_{t-h} - \bar{x})}{\sqrt{\sum(y_t - \bar{y})^2 \sum(x_{t-h} - \bar{x})^2}} \quad \text{für} \quad h = 0, \pm 1, \pm 2, \ldots \quad .$$

Tritt bei einem bestimmten h eine Spitze auf, dann wird man dieses h für die Zeitverzögerung wählen. Ist die Funktion r_{xy} um das Maximum herum eher flach, so sollten mehrere verzögerte Werte des Frühindikators in den Ansatz einbezogen werden, etwa der Art

$$y_t = a + b_0 x_{t-1} + b_1 x_{t-2} + \ldots + b_q x_{t-q} + r_t.$$

Die Auswahl von h (und gegebenenfalls von q) kann auch unter Zuhilfenahme eines der oben erwähnten Prognosefehlermaße erfolgen. Man "probiert" in einer retrospektiven Analyse verschiedene Konstellationen durch und wählt diejenige aus, die das kleinste Prognosefehlermaß liefert.

Ansätze mit Frühindikatoren nennt man multivariate Vorhersagen. Stehen Frühindikatoren nicht zur Verfügung, so kommt eine univariate Vorhersage in Frage, die allein auf der Vergangenheit der interessierenden Zeitreihe selbst basiert. Im folgenden werden zwei univariate Methoden vorgestellt. Die eine benutzt die Idee des exponentiellen Glättens, die andere benutzt das Modell eines autoregressiven Schemas. Weisen bei dem obigen Regressionsansatz mit Frühindikatoren die Residuen (nicht die Prognosefehler) noch eine systematische Struktur auf, dann kann man versuchen, die Vorhersage durch eine univariate Modellierung der Residuen zu verbessern (entsprechend der Idee, die beim Twicing verwendet wird) oder man wählt einen gemischten Ansatz, bei dem Frühindikatoren und die eigene Vergangenheit der Zeitreihe als erklärende Variablen einbezogen werden.

Allgemeines exponentielles Glätten

In den Abschnitten 10.3 und 10.4 wurde für das Komponentenmodell ein lokaler Ansatz mit Polynomen und trigonometrischen Funktionen gewählt, um daraus nach der Methode der kleinsten Quadrate Gewichtungssysteme für gleitende Durchschnitte herzuleiten. Exponentielle Glättungsverfahren gehen von dem gleichen Modellansatz aus. Sie können auch als lokaler Ansatz interpretiert werden in dem Sinn, daß man, was heuristisch als einleuchtend erscheint, bei den Kleinstquadraterechnungen Beobachtungen, die vom Prognosezeitpunkt weiter entfernt sind, ein mit zunehmendem zeitlichen Abstand exponentiell abnehmendes Gewicht gibt. Ausgang ist also wieder das Modell von Abschnitt 10.4

$$y_t = g(t) + s(t) + r(t) = \mathbf{x}_1(t)'\mathbf{b}_1 + \mathbf{x}_2(t)'\mathbf{b}_2 + r_t = \mathbf{x}(t)'\mathbf{b} + r_t,$$

wobei der erste Term in der Mitte für ein Polynom und der zweite für ein trigonometrisches Polynom steht, d.h.

$$\mathbf{x}_1(t) = (1, t, t^2, \ldots, t^{p-1})'$$

und

$$\mathbf{x}_2(t) = (\cos \lambda_1 t, \sin \lambda_1 t, \cos \lambda_2 t, \ldots, \cos \lambda_q t, \sin \lambda_q t,)' \quad \mathbf{x}(t) = (\mathbf{x}_1(t)', \mathbf{x}_2(t)')'.$$

Aus Gründen, die sich für die späteren Rekursionsformeln als zweckmäßig erweisen, wird jedoch für die Regressoren der Nullpunkt der Zeitachse auf die letzte Beobachtungsperiode gelegt (vergleiche hierzu Fahrmeir, 1981).

Mit der Verschiebematrix $\mathbf{L}$ (vgl. (10.20)) läßt sich die Modellgleichung schreiben in der Form

$$y_t = \mathbf{x}(t)'\mathbf{b} + r_t = \mathbf{x}(1)'\mathbf{L}'^{(t-1)}\mathbf{b} + r_t, \quad t = 1, \ldots, n.$$

Mit Einführung des zeitabhängigen Koeffizientenvektors

$$\mathbf{b}_t = \mathbf{L}'^t \mathbf{b}$$

erhalten wir

$$y_t = x(1)'\mathbf{b}_{t-1} + r_t,$$

speziell

$$y_{n+1} = x(1)'\mathbf{b}_n + r_{n+1}.$$

Somit ist eine Einschrittvorhersage gegeben, wenn wir für $\mathbf{b}_n$ einen Kleinstquadratschätzer einsetzen, $\hat{y}_{n+1,n} = \mathbf{x}(1)'\hat{\mathbf{b}}_n$. Mit einem Gewichtsfaktor $\beta, 0 < \beta < 1$, lautet das Kleinstquadratekriterium bei exponentieller Gewichtung

$$\sum_{i=0}^{n-1} \beta^i (y_{n-i} - \mathbf{x}(-i)'\mathbf{b}_n)^2 \Rightarrow \min.$$

10.7. VORHERSAGE

Bezeichnet $\mathbf{Z}_n$ die verschobene Regressormatrix und $\mathbf{B}_n$ eine Diagonalmatrix mit den Gewichten β^{n-i-1} in der Hauptdiagonalen,

$$\mathbf{Z}_n = \begin{pmatrix} \mathbf{x}(-n+1)' \\ \mathbf{x}(-n+2)' \\ \vdots \\ \mathbf{x}(-1)' \\ \mathbf{x}(0)' \end{pmatrix}, \quad \mathbf{B}_n = \begin{pmatrix} \beta^{n-1} & \cdots & \cdots & \cdots & 0 \\ 0 & \beta^{n-2} & \cdots & \cdots & 0 \\ \vdots & & \ddots & & \vdots \\ \vdots & & & \beta & 0 \\ 0 & \cdots & \cdots & 0 & 1 \end{pmatrix},$$

dann ist die Kleinstquadratelösung für $\mathbf{b}_n$

$$\tilde{\mathbf{b}}_n = (\mathbf{Z}_n'\mathbf{B}_n\mathbf{Z}_n)^{-1}\mathbf{Z}_n'\mathbf{B}_n\mathbf{y} = \mathbf{M}_n^{-1}\mathbf{d}_n,$$

wobei

$$\mathbf{M}_n = \mathbf{Z}_n'\mathbf{B}_n\mathbf{Z}_n = \sum_{i=0}^{n-1} \beta^i \mathbf{x}(-i)\mathbf{x}(-i)'$$

und

$$\mathbf{d}_n = \mathbf{Z}_n'\mathbf{B}_n\mathbf{y} = \sum_{i=0}^{n-1} \beta^i y_{n-i}\mathbf{x}(-i).$$

Bei exponentiellen Glättungsverfahren verwendet man an Stelle von $\mathbf{M}_n$ den Grenzwert

$$\mathbf{M} = \lim_{n\to\infty} \mathbf{M}_n.$$

Die Existenz dieses Grenzwerts ist bei den obigen Regressorfunktionen (Polynomen und trigonometrischen Funktionen) wegen $0 < \beta < 1$ gesichert. Damit ist

$$\hat{\mathbf{b}}_n = \mathbf{M}^{-1}\mathbf{d}_n.$$

Die Matrix $\mathbf{M}^{-1} = (\lim_{n\to\infty} \mathbf{M}_n)^{-1}$ kann iterativ berechnet werden gemäß [4]

$$\mathbf{M}_{n+1}^{-1} = \mathbf{M}_n^{-1} - \frac{\beta^n}{1 + \beta^n \mathbf{x}(-n)'\mathbf{M}_n\mathbf{x}(-n)} \mathbf{M}_n^{-1}\mathbf{x}(-n)\mathbf{x}(-n)'\mathbf{M}_n^{-1}. \quad (10.24)$$

Dabei beginnt man mit einem r, das mindestens so groß ist wie die Auswahl der einbezogenen Regressoren. Die Startmatrix $\mathbf{M_r}$ wird explizit invertiert. Danach wird mit der obigen Formel

---

[4] Die Formel ergibt sich unmittelbar aus dem sogenannten Matrix-Inversions-Lemma, wonach

$$(\mathbf{A} + c\mathbf{u}\mathbf{v}')^{-1} = \mathbf{A}^{-1} - \frac{c}{1 + c\mathbf{v}'\mathbf{A}^{-1}\mathbf{u}} \mathbf{A}^{-1}\mathbf{u}\mathbf{v}'\mathbf{A}^{-1}.$$

solange iteriert, bis sich die Elemente zweier aufeinanderfolgender Inverser nur noch um eine vorgegebene Fehlerschranke unterscheiden.

Wegen
$$\begin{aligned}\mathbf{d}_n &= \mathbf{x}(0)y_n + \beta\mathbf{x}(-1)y_{n-1} + \beta^2\mathbf{x}(-2)y_{n-2} + \ldots + \beta^{n-1}\mathbf{x}(-n+1)y_1 \\ &= \mathbf{x}(0)y_n + \beta\mathbf{L}^{-1}\left[\mathbf{x}(0)y_{n-1} + \beta\mathbf{x}(-1)y_{n-2} + \ldots + \beta^{n-2}\mathbf{x}(-n+2)y_1\right]\end{aligned}$$

und
$$\mathbf{d}_{n-1} = \mathbf{x}(0)y_{n-1} + \beta\mathbf{x}(-1)y_{n-2} + \ldots + \beta^{n-2}\mathbf{x}(-n+2)y_1,$$

also
$$\mathbf{d}_n = \mathbf{x}(0)y_n + \beta\mathbf{L}^{-1}\mathbf{d}_{n-1},$$

erhalten wir für $\hat{\mathbf{b}}_n$

$$\begin{aligned}\hat{\mathbf{b}}_n &= \mathbf{M}^{-1}\left[\mathbf{x}(0)y_n + \beta\mathbf{L}^{-1}\mathbf{d}_{n-1}\right] = \mathbf{M}^{-1}\mathbf{x}(0)y_n + \beta\mathbf{M}^{-1}\mathbf{L}^{-1}\mathbf{M}\mathbf{M}^{-1}\mathbf{d}_{n-1} \\ &= \mathbf{M}^{-1}\mathbf{x}(0)y_n + \beta\mathbf{M}^{-1}\mathbf{L}^{-1}\mathbf{M}\hat{\mathbf{b}}_{n-1} \\ &= \mathbf{M}^{-1}\mathbf{x}(0)y_n + \beta\mathbf{M}^{-1}\mathbf{L}^{-1}\mathbf{M}\mathbf{L}'^{-1}\mathbf{L}'\hat{\mathbf{b}}_{n-1}.\end{aligned}$$

Wegen $\mathbf{M} = \sum_{i=0}^{\infty}\beta^i\mathbf{x}(s-i)\mathbf{x}(-i)'$ ist

$$\beta\mathbf{L}^{-1}\mathbf{M}\mathbf{L}'^{-1} = \sum_{i=1}^{\infty}\beta^i\mathbf{x}(-i)\mathbf{x}(-i)' = \mathbf{M} - \mathbf{x}(0)\mathbf{x}(0)'$$

und damit
$$\hat{\mathbf{b}}_n = \mathbf{M}^{-1}\mathbf{x}(0)y_n + \mathbf{M}^{-1}\left[\mathbf{M} - \mathbf{x}(0)\mathbf{x}(0)'\right]\mathbf{L}'\hat{\mathbf{b}}_{n-1}$$

oder
$$\hat{\mathbf{b}}_n = \mathbf{L}'\hat{\mathbf{b}}_{n-1} + \mathbf{M}^{-1}\mathbf{x}(0)\left[y_n - \mathbf{x}(1)'\hat{\mathbf{b}}_{n-1}\right].$$

Da $\mathbf{x}(1)'\hat{\mathbf{b}}_{n-1} = \hat{y}_{n,n-1}$ die Einschrittvorhersage zur Zeit $n-1$ und somit $e_{n1} = y_n - \hat{y}_{n,n-1}$ der Einschrittvorhersagefehler ist, erhalten wir schließlich für $\hat{\mathbf{b}}_n$ die Rekursion

$$\hat{\mathbf{b}}_n = \mathbf{L}'\hat{\mathbf{b}}_{n-1} + \mathbf{M}^{-1}\mathbf{x}(0)e_{n1} = \mathbf{L}'\hat{\mathbf{b}}_{n-1} + \mathbf{k}e_{n1} \tag{10.25}$$

mit dem Verstärkungsvektor $\mathbf{k} = \mathbf{M}^{-1}\mathbf{x}(0)$.

Daraus errechnet sich die Einschrittvorhersage

$$\begin{aligned}\hat{y}_{n+1,n} = \mathbf{x}(1)'\hat{\mathbf{b}}_n &= \mathbf{x}(2)'\hat{\mathbf{b}}_{n-1} + \mathbf{x}(1)'\mathbf{M}^{-1}\mathbf{x}(0)e_{n1} \\ \hat{y}_{n+1,n} &= \mathbf{x}(2)'\hat{\mathbf{b}}_{n-1} + c_1 e_n\end{aligned} \tag{10.26}$$

10.7. VORHERSAGE

und die h - Schrittvorhersage für $h > 1$ ist

$$\hat{y}_{n+h,n} = x(h)'\mathbf{L}'\hat{b}_{n-1} + c_h e_{n1}$$

mit $c_1 = \mathbf{x}(1)'\mathbf{M}^{-1}\mathbf{x}(0)$ und allgemein $c_h = \mathbf{x}(h)'\mathbf{M}^{-1}\mathbf{x}(0)$.

Formel (10.25) läßt sich wie folgt interpretieren. Im ersten Term auf der rechten Seite wird der vorherige Regressionsvektor $\hat{\mathbf{b}}_{n-1}$ auf den Zeitpunkt n aufdatiert. Dazu kommt eine Korrektur mit dem zeitlich konstanten Korrekturvektor $\mathbf{k}$, wobei Richtung und Stärke der Korrektur durch Multiplikation mit dem Einschrittvorhersagefehler e_{n1} gegeben sind.

Zum Starten der Rekursion (10.25) benötigt man einen Anfangsvektor. Einen solchen kann man erhalten, wenn man für eine Anfangsperiode der Länge r (r muß mindestens so groß sein wie die Anzahl der Regressoren) den Anfangsvektor $\hat{b}_r$ bestimmt gemäß

$$\hat{\mathbf{b}}_r = \mathbf{M}_r^{-1}\mathbf{d}_r$$

mit $\mathbf{M}_r$ und $\mathbf{d}_r$ wie oben.

Von der Periode $r + 1$ an bis zur Periode n erhält man dann im Sinn der retrospektiven Analyse eine Folge von Einschrittprognosefehlern (bzw. von $r + h$ bis n eine Folge von h-Schrittprognosefehlern). Zu einer Analyse der Prognosefehlerverteilung oder zur Berechnung eines Prognosefehlermaßes sollte man jedoch die ersten Glieder der Folge nicht verwenden, da rekursive Verfahren ein typisches "Einschwingverhalten" zeigen und sich erst nach einiger Zeit stabilisieren. Ein Prognosefehlerplot gegen die Zeit abgetragen kann darüber Auskunft geben. Erst von der Zeit ab, wo sich der Prozeß stabilisiert hat, sollten die Vorhersagefehler im Sinn der retrospektiven Analyse benützt werden.

So können Ansätze mit unterschiedlichem Gewichtsvektor β durchgerechnet werden, um ein β mit kleinstem Prognosefehlermaß (etwa dem kleinsten mittleren quadratischen h-Schrittvorhersagefehler) zu finden. Werte für β zwischen 0.6 und 0.9 sind in der Praxis üblich.

Beispiel 10.7 Auf die Arbeitslosendaten von Beispiel 10.4 ist ein exponentielles Glättungsverfahren mit Polynomgrad 1 und Saisonperiode $s = 12$ angewendet werden. Die Rekursion wurde mit einer Anfangsperiode von 24 Zeiteinheiten gestartet. Mit der retrospektiven Analyse wurde nach 48 Monaten begonnen. Verschiedene Vergleichsrechnungen ergaben für den Glättungsparameter β einen günstigen Wert von 0.1. Die Ergebnisse der retrospektiven Analyse für diesen Fall sind in Tabelle 10.6 zusammengefaßt. Die mittleren relativen Vorhersagefehler fallen insgesamt sehr gering aus. Ein Blick auf die Theilschen Ungleichheitskoeffizienten zeigt, daß man für einen Polynomhorizont bis zu drei Monaten recht ordentliche Vorhersagen erhält. Auch die Vorhersagen bis zu acht Monaten voraus erscheinen noch brauchbar, während Vorhersagen über 9 Monate hinaus als unbrauchbar zu bezeichnen sind. In Abbildung 10.17 werden die Einschrittvorhersagen zusammen mit den späteren Realisationen dargestellt.

Tabelle 10.6: Diagnose der Vorhersagefehler einer retrospektiven Analyse für die Zeitreihe der Arbeitslosen bei exponentieller Glättung

Prognoseschritt	Median	ROOTMSPE	RELMSPE	THEIL
1	-0.9	38.8	0.000	0.38
2	-0.4	55.6	0.001	0.32
3	2.8	72.7	0.001	0.33
4	4.0	91.1	0.002	0.39
5	3.8	104.9	0.003	0.46
6	10.7	119.3	0.004	0.53
7	-3.3	132.6	0.005	0.56
8	1.7	145.4	0.006	0.58
9	13.1	158.3	0.007	0.65
10	35.3	169.3	0.008	0.79
11	44.7	179.9	0.009	1.04
12	47.2	190.3	0.010	1.21

ROOTMPSE: Wurzel aus mittlerem (quadratischem) Vorhersagefehler

RELMPSE: Relativer quadratischer Vorhersagefehler

THEIL: Theilscher Ungleichungskoeffizient

Startzeit der Rekursion: 24; Startzeit der retrospektiven Analyse: 48; $\beta = 0.1$.

Abbildung 10.17: Vergleich der Einschrittvorhersage (—) mit den einen Monat später beobachteten Zahlen für die Anzahl der Arbeitslosen (...)

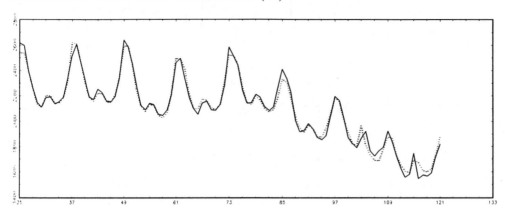

Einfache Modelle des exponentiellen Glättens

Wir betrachten nun einige einfache Spezialfälle und Varianten des allgemeinen exponentiellen Glättungsansatzes

a) Einfaches exponentielles Glätten: $g(t) = a, s(t) = 0$ (kein Trend, keine Saison). Hier ist $\mathbf{M}$ gleich dem Skalar $\sum_{i=0}^{\infty} \beta^i = \frac{1}{(1-\beta)}, \mathbf{L} = 1$ und $\mathbf{k} = (1-\beta)$. Damit lauten die Rekursionen (10.25) und (10.26)

$$\hat{a}_n = \hat{a}_{n-1} + (1-\beta)(y_n - \hat{y}_{n,n-1})$$
$$\hat{y}_{n+h,n} = \hat{a}_n.$$

Einen Anfangswert erhält man mit $\hat{a}_1 = y_1$.

b) Doppeltes Glätten: $g(t) = a + bt, s(t) = 0$. Hier ist $\mathbf{M}$ eine 2x2-Matrix mit den Elementen $m_{11} = \frac{1}{(1-\beta)}, m_{12} = m_{21} = -\sum_{i=0}^{\infty} i\beta^i = -\frac{\beta}{(1-\beta)^2}$ und $m_{22} = \sum_{i=0}^{\infty} i^2 \beta^i = \frac{\beta(1+\beta)}{(1-\beta)^2}$. Damit ist die Inverse

$$\mathbf{M}^{-1} = (1-\beta)^2 \begin{pmatrix} \frac{(1+\beta)}{(1-\beta)} & 1 \\ 1 & \frac{(1-\beta)}{\beta} \end{pmatrix}$$

und der Verstärkungsfaktor $\mathbf{k}$ ist

$$\mathbf{k} = \mathbf{M}^{-1}\mathbf{x}(0) = \mathbf{M}^{-1}\begin{pmatrix} 1 \\ 0 \end{pmatrix} = \begin{pmatrix} 1-\beta^2 \\ (1-\beta)^2 \end{pmatrix}.$$

Daraus ergibt sich

$$\begin{bmatrix} \hat{a}_n \\ \hat{b}_n \end{bmatrix} = \begin{pmatrix} 1 & 1 \\ 0 & 1 \end{pmatrix} + \begin{bmatrix} \hat{a}_{n-1} \\ \hat{b}_{n-1} \end{bmatrix} + \begin{bmatrix} 1-\beta^2 \\ (1-\beta)^2 \end{bmatrix} (y_n - \hat{y}_{n,n-1})$$

oder

$$\begin{aligned} \hat{a}_n &= \hat{a}_{n-1} + \hat{b}_{n-1} + (1-\beta^2)e_{n1} \\ \hat{b}_n &= \hat{b}_{n-1} + (1-\beta)^2 e_{n1} \end{aligned} \qquad (10.27)$$

und

$$\begin{aligned} \hat{y}_{n+1,n} &= \hat{a}_n + \hat{b}_n = \hat{a}_{n-1} + 2\hat{b}_{n-1} + 2(1-\beta)e_{n1}. \\ \hat{y}_{n+h,n} &= \hat{a}_n + h\hat{b}_n = \hat{a}_{n-1} + (h+1)\hat{b}_{n-1} + \left[1-\beta^2 + h(1-\beta)^2\right] e_{n1}. \end{aligned}$$

Anfangswerte für die Rekursion erhält man mit $\hat{a}_2 = y_2$ und $\hat{b}_2 = y_2 - y_1$.

Holt (1957) hat eine Variante vorgeschlagen, bei der auf den Niveauparameter a und den Steigungsparameter b unabhängig Glättungsfaktoren angewandt werden. Wegen $e_{n1} = y_n - \hat{a}_{n-1} - \hat{b}_{n-1}$ können die beiden Rekursionen (10.27) auch geschrieben werden in der Form:

$$\begin{aligned} \hat{a}_n &= \beta^2(\hat{a}_{n-1} + \hat{b}_{n-1}) + (1-\beta^2)y_n \\ \hat{b}_n &= \left[1-(1-\beta)^2\right] \hat{b}_{n-1} + (1-\beta)^2(y_n - \hat{a}_{n-1}) \end{aligned}$$

Setzen wir $1 - \beta^2 = \alpha$ und für $(1-\beta)^2$ einen von α unabhängigen, zweiten Glättungsparameter γ ($0 < \gamma < 1$), so lauten die Holtschen Rekursionen

$$\begin{aligned} \hat{a}_n &= \alpha y_n + (1-\alpha)(\hat{a}_{n-1} + \hat{b}_{n-1}) \\ \hat{b}_n &= \gamma(y_n - \hat{a}_{n-1}) + (1-\gamma)\hat{b}_{n-1}. \end{aligned}$$

c) Für einen quadratischen Ansatz bezüglich der glatten Komponente, $g(t) = a + bt + ct^2$, lauten die (10.27) entsprechenden Rekursionen (vgl. Kendall, 1973, S.121)

$$\begin{aligned} \hat{a}_n &= \hat{a}_{n-1} + \hat{b}_{n-1} + \hat{c}_{n-1} + (1-\beta^3)e_{n1} \\ \hat{b}_n &= \hat{b}_{n-1} + 2\hat{c}_{n-1} + \tfrac{3}{2}(1-\beta)(1-\beta^2)e_{n1} \\ \hat{c}_n &= \hat{c}_{n-1} + \tfrac{1}{2}(1-\beta)^3 e_{n1} \end{aligned}$$

und

$$\hat{y}_{n+h,n} = \hat{a}_n + h\hat{b}_n + h^2\hat{c}_n.$$

d) Eine saisonale Komponente kann mit trigonometrischen Funktionen in der Form (10.15) modelliert un in den allgemeinen Glättungsansatz einbezogen werden. Allerdings führen dann die Rekursionen (10.25) und (10.26) im allgemeinen zu keinen so einfachen Formeln wie bei den obigen Beispielen a) bis c). Holt und Winters betrachten das Modell

$$y_t = a + bt + s(t) + r_t \text{ mit } s(t+s) = s(t).$$

(Die von ihnen ebenfalls propagierte multiplikative Modellversion wird hier nicht weiter untersucht. Vgl. hierzu Brown, 1963.)

Niveau-, Steigerungsparameter und Saisonkomponente werden dabei mit drei unabhängigen Glättungsfaktoren α, β und γ fortgeschrieben. Die Rekursionsformeln lauten

$$\hat{a}_n = (1-\alpha)(\hat{a}_{n-1} + \hat{b}_{n-1}) + \alpha(y_n - s(n-s))$$
$$\hat{b}_n = (1-\beta)\hat{b}_{n-1} + \beta(\hat{a}_n - \hat{a}_{n-1})$$
$$\hat{s}_{(n)} = (1-\gamma)\hat{s}(n-s) + \gamma(y_n - \hat{a}_n)$$

und

$$\hat{y}_{n+h,n} = \hat{a}_n + h\hat{b}_n + s(n-s+h) \quad \text{für } h \leq s$$

bzw.

$$\hat{y}_{n+h,n} = \hat{a}_n + h\hat{b}_n + s(n-2s+h) \quad \text{für } s < h \leq 2s.$$

Vereinfachte Anfangswerte für die Rekursion können etwa aus den ersten beiden Saisonperioden (d.h. aus den Beobachtungen $y_1, \ldots, y_{2s}$) gewonnen werden mit

$$\hat{a}_{2s} = \tfrac{1}{s}\sum_{i=1}^{s} y_i$$
$$\hat{b}_{2s} = \tfrac{1}{s}\sum_{i=s+1}^{2s} y_i - \tfrac{1}{s}\sum_{i=1}^{s} y_i$$
$$\hat{s}(2s-j) = \tfrac{1}{2}(y_{2s-j} - y_{s-j} - \hat{b}_{2s}), \quad j = 0, 1, \ldots, s-1.$$

Die optimale Wahl der Glättungsparameter α, β und γ über ein Prognosefehlermaß erfordert allerdings schon einen erheblichen Suchaufwand.

Autoregression

Ein beliebtes und häufig auch recht erfolgreicher Ansatz zu Erklärung und Vorhersage von Zeitreihen besteht darin, die eigene Prozeßvergangenheit direkt in die Modellierung einzubeziehen. Man spricht von Autoregression. Eine erste Möglichkeit bei Zeitreihen ohne erkennbaren Trend und ohne Saisonschwankungen besteht in der Glättung von Scatterplots, wenn wir dort y_t gegen y_{t-h} abtragen. Der entsprechende Kernschätzer liefert

$$\hat{y}_{n+h,n} = \frac{\sum_{t=1}^{n-h} K\left(\frac{y_n-y_t}{h_n}\right) y_{t+h}}{\sum_{t=1}^{n-h} K\left(\frac{y_n-y_t}{h_n}\right)}.$$

Die Vorhersage berechnet sich als ein gewogenes Mittel derjenigen Zeitreihenwerte y_t, deren Vorgänger vor h Zeitreihen in der Nähe von y_n liegen. Speziell für $h = 1$ spricht man von nichtparametrischer Autoregression erster Ordnung.

Die Bandbreite h_n kann wiederum durch retrospektive Analyse mit einem Prognosefehlermaß bestimmt werden. Bei einem Nächste-Nachbarnschätzer ersetze man h_n durch den Abstand zum k_n-nächsten Nachbarn, $H_{nk}(y_n)$. Dieser Ansatz läßt sich auch auf die Einbeziehung mehrerer Vorgänger ausdehnen (nichtparametrische Autoregression höherer Ordnung). Dazu betrachten wir die p verzögerten Zeitreihenwerte $\mathbf{x}(t) = (y_{t-p+1}, \ldots, y_t)'$ als Regressoren für y_{t+1} und nehmen als Abstand zwischen $\mathbf{x}(t)$ und $\mathbf{x}(s)$ den standardisierten euklidischen Abstand

$$d(\mathbf{x}(t), \mathbf{x}(s)) = s_y^{-1} \left(\sum_{j=1}^{p} (y_{t-p+j} - y_{s-p+j})^2\right)^{1/2}$$

$$\text{mit} \quad s_y^2 = \frac{1}{n-1} \sum_{t=1}^{n} (y_t - \bar{y})^2.$$

Damit lautet die h-Schrittvorhersage mit nichtparametrischer Autoregression der Ordnung p

$$\hat{y}_{n+h,n} = \frac{\sum_{t=p}^{n-k} K\left(\frac{d(\mathbf{x}(n),\mathbf{x}(t))}{h_n}\right) y_{t+h}}{\sum_{t=p}^{n-k} K\left(\frac{d(\mathbf{x}(n),\mathbf{x}(t))}{h_n}\right)}.$$

Nichtparametrische Autoregression erweist sich gegenüber dem ausschließend besprochenen autoregressionen Schema dann als vorteilhaft, wenn die Zeitreihe zwar deutliche Muster in ihrem Verlauf aufweist, diese Muster jedoch in unregelmäßigen Abständen auftreten. Bezüglich weiterer Einzelheiten sowie Anwendungen sei auf das Buch von Michels (1992) verwiesen. Nichtparamerische Autoregression läßt sich auch anwenden auf erste oder saisonale Differenzen einer Zeitreihe (siehe dazu weiter unten).

Von einem autoregressiven Schema der Ordnung p, abgekürzt $AR(p)$, (mit Absolutglied) spricht man bei dem Modellansatz

$$y_t = b_0 + \sum_{i=1}^{p} b_i \cdot y_{t-i} + r_t. \tag{10.28}$$

Mit einem autoregressiven Schema versucht man, die in der Zeitreihe vorhandene Eigendynamik im Modell zu erfassen. Legt man den Nullpunkt der Zeitachse auf die p-te Beobachtung, das heißt ordnet man die Zeitreihe in der Form $\{y_{-p+1}, y_{-p+2}, \ldots, y_{-1}, y_0, y_1, \ldots, y_n\}$ an, so läßt sich mit den Vektoren $\mathbf{y} = (y_1, \ldots, y_n)'$, $\mathbf{b} = (b_0, b_1, \ldots, b_p)'$ und den Regressoren (den Elementen der Regressormatrix $\mathbf{X}$)

$$x_{t0} = 1, \quad x_{ti} = y_{t-i}, \quad i = 1, \ldots, p, \quad t = 1, \ldots, n,$$

so läßt sich das Modell (10.28) in gewohnter Form als multiples Regressionsmodell

$$\mathbf{y} = \mathbf{Xb} + \mathbf{r}$$

schreiben und die Kleinstquadratemethode liefert für $\mathbf{b}$ den Schätzwert $\hat{\mathbf{b}} = (\mathbf{X}'\mathbf{X})^{-1}\mathbf{X}'\mathbf{y}$. Daraus ergibt sich die Einschrittvorhersage

$$\hat{y}_{n+1,n} = \hat{b}_0 + \sum_{i=1}^{p} \hat{b}_i y_{n-i}.$$

Durch sukzessives Einsetzen der Vorhersagen aus dem vorherigen Schritt auf der rechten Seite erhält man die h–Schrittvorhersage ($h > 1$)

$$\hat{y}_{n+h,h} = \hat{b}_0 + \sum_{i=1}^{p} \hat{b}_i y_{n+h-i},$$

d.h. für $i < h$ ist auf der rechten Seite das unbekannte y_{n+h-i} zu ersetzen durch $\hat{y}_{n+h-i,n}$. Das Modell $AR(p)$ eignet sich nicht für Zeitreihen, die einen monoton steigenden oder monoton fallenden Trend aufweisen. In einem solchen Fall wird empfohlen, das Modell (10.28) nicht auf die Zeitreihendaten selbst, sondern auf deren Veränderungen, die sogenannten ersten Differenzen $\Delta y_t = y_t - y_{t-1}$ anzuwenden. Man erhält dann

$$\Delta y_t = b_0 + \sum_{i=1}^{p} b_i \Delta y_{t-i} + r_t.$$

Die Beibehaltung des Absolutglieds im Modell mit ersten Differenzen ist nicht unbedingt geboten. Sie entspricht der Unterstellung eines linearen Trends mit Steigung b_0 bei den

Ausgangsvariablen (denn für $g(t) = a_0 + b_0 t$ ist $\Delta g(t) = g(t) - g(t-1) = b_0$). Die Einschrittvorhersage mit Kleinstquadratschätzung der Koeffizienten lautet

$$\hat{y}_{n+1,n} = y_n + \hat{b}_0 + \sum_{i=1}^{p} \hat{b}_i (y_{n-i} - y_{n-i-1}).$$

Die h-Schrittvorhersage ($h > 1$) erhält man wie im Modell ohne Differenzenbildung durch sukzessives Einsetzen auf der rechten Seite.

In der Zeitreihe vorhandene Saisonschwankungen können in autoregressiven Modell berücksichtigt werden durch die Bildung der saisonalen Differenzen $\Delta_s y_t = y_t - y_{t-s}$. Liegt zusätzlich ein monotoner Trend vor, dann werden diese saisonalen Differenzen zusätzlich zu den ersten Differenzen gebildet. So erhält man

$$\Delta_s(\Delta y_t) = \Delta(\Delta_s y_t) = y_t - y_{t-1} - y_{t-s} + y_{t-s-1}.$$

Wenden wir das Modell (10.28) - ohne Absolutglied - auf die Differenzen $\Delta \Delta_s y_t$ an, so erhalten wir mit den Kleinstquadrateschätzungen $\hat{b}_i, i = 1, \ldots, p$, die Einschrittvorhersage

$$\hat{y}_{n+1,n} = y_n + (y_{n-s+1} - y_{n-s}) + \sum_{i=1}^{p} \hat{b}_i (y_{n-i} - y_{n-i-1} - y_{n-s-i} + y_{n-s-i-1}).$$

In der praktischen Anwendung ist neben der Form der Differenzenbildung die Ordung p, das heißt die Anzahl der einzubeziehenden Vergangenheitswerte (bzw. deren Differenzen) festzulegen. Die einfachste Möglichkeit besteht darin, die Wahl der Ordnung p über ein Prognosefehlermaß in retrospektiver Analyse vorzunehmen.

Die Anpassung eines autoregressiven Schemas nach der Methode der kleinsten Quadrate ist ausreißeranfällig. Darüber hinaus hängen die Vorhersagen, wie man sieht, von den letzten beobachteten Zeitreihenwerten ab. Dies gilt in besonderem Maße bei der Verwendung von (ersten oder saisonalen) Differenzen. Befinden sich unter den letzten p Beobachtungen Ausreißer, so können sie die darauf aufbauenden Vorhersagen stark verfälschen. Bei der praktischen Anwerdnung sollten daher die letzten Beobachtungswerte dahingehend sorgfältig geprüft werden.

Beispiel 10.8 Für den Datensatz der Arbeitslosen von Beispiel 10.4 sind verschiedene Parameterkonstellationen eines autoregressiven Schemas durchgerechnet und auf ihre Prognosegüte hin verglichen worden. Mit der retrospektiven Analyse wurde nach 48 Monaten

10.7. VORHERSAGE

begonnen. Als eine günstige Parameterkonstellation stellte sich das sehr einfache Modell heraus, bei dem saisonalen Differenzen (keine ersten Differenzen) gebildet und auf diese ein

Tabelle 10.7: Diagnose der Vorhersagefehler einer retrospektiven Analyse für die Zeitreihe der Arbeitslosen bei einem autoregressiven Schema

Prognoseschritt	Median	ROOTMSPE	RELMSPE	THEIL
1	-6.9	8.5	0.0000	0.08
2	-9.3	39.8	0.0004	0.23
3	-16.7	56.3	0.0009	0.26
4	-19.9	72.3	0.0014	0.31
5	-20.0	88.0	0.0021	0.39
6	-15.1	99.5	0.0027	0.44
7	-19.3	110.6	0.0033	0.47
8	-18.7	120.5	0.0040	0.49
9	-11.2	129.6	0.0047	0.54
10	-8.0	139.3	0.0055	0.65
11	-12.3	147.1	0.0062	0.85
12	-22.6	154.4	0.0068	0.98

ROOTMPSE: Wurzel aus mittlerem (quadratischem) Vorhersagefehler

RELMPSE: Relativer quadratischer Vorhersagefehler

THEIL: Theilscher Ungleichungskoeffizient

Startzeit der retrospektiven Analyse: 48; Saisonale Differenzen; Ordnung des autoregressiven Schemas:1.

autogeregressives Schema erster Ordnung angewendet wurden. Die Ergebnisse der retrospektiven Analyse sind Tabelle 10.7 zu entnehmen. Man stellt fest, daß Einschrittvorhersagen sehr gute Resultate liefern, Vorhersagen bis zu drei Monaten auch noch als recht ordentlich zu bezeichnen und Vorhersagen acht bis neun Monate voraus immer noch brauchbar sind. Über neun Monate hinaus erscheinen die Vorhersagen jedoch wenig geeignet. Die Vorzeichnen der Mediane der Verteilung der Vorhersagefehler deuten darauf hin, daß die Vorhersagen tendenziell etwas zu hoch ausfallen, was auch aus Abbildung 10.18 zu ersehen ist, in die Einmonats-, Zweimonats- und Dreimonatsvorhersagen mit den späteren Realisierungen gemeinsam abgebildet sind. Insgesamt fallen bei dieser relativ einfach strukturierten Zeitreihe

Abbildung 10.18: Vergleich der Vorhersagen (—) mit den späteren Realisationen (...) beim autoregressiven Modell für die Zeitreihe der Arbeitslosen

(a) Prognoseschrittweite = 1

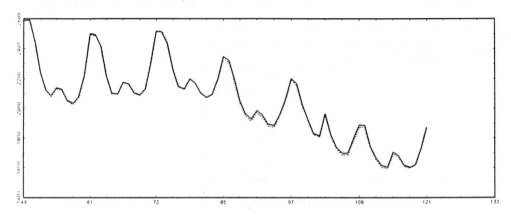

(b) Prognoseschrittweite = 2

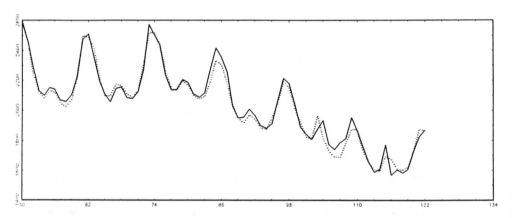

(c) Prognoseschrittweite = 3

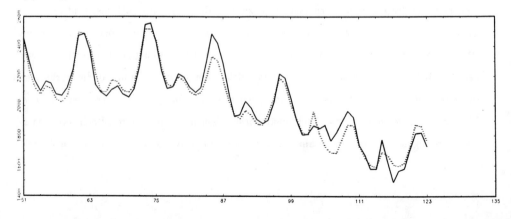

die Vorhersagen mit dem autoregressiven Modell recht gut und deutlich besser aus als bei Verwendung des exponentiellen Glättungsverfahren (vergleiche hierzu Tabelle 10.6).

Gemischte Vorhersagemodelle

Zu Beginn dieses Abschnitts wurde die Verwendung von Frühindikatoren zur Vorhersage diskutiert. Weisen die Residuen eines Ansatzes mit Frühindikatoren noch eine systematische Struktur auf, dann liegt es nahe, die Frühindikatoren mit der eigenen Vergangenheit der Zeitreihe zu kombinieren in einem gemischten Modell der Art

$$y_t = b_0 + b_1 y_{t-1} + \ldots + b_p y_{t-p} + c_1 x_{t-1} + c_2 x_{t-2} + \ldots + c_q y_{t-q} + r_t.$$

Vor der Verwendung zu stark aufgeblähter Modelle in der Praxis ist allerdings zu warnen. Sie liefern zwar eine bessere Anpassung für die Vergangenheitsperiode, aber durchaus nicht immer bessere Vorhersagen. Es sollte stets auch geprüft werden, ob nicht ein reduziertes, einfacheres Modell bessere Vorhersagen liefert.

Literaturverzeichnis

[1] **ABRAMSON, I.S. (1982a)**: Arbitrariness of the pilot estimator in adaptive kernel methods. J.Mult.Anal. 12, 562–567.

[2] **ABRAMSON, I.S. (1982b)**: On bandwidth variation in kernel estimates – a square root law. Annals of Math. Statistics 10, 1217–1223.

[3] **ATTESLANDER, P. (1974)**: Materialien zur Siedlungssoziologie. Kiepenheuer und Witsch, Köln.

[4] **BARNETT, V. (1976)**: The ordering of multivariate data (with discussion). Journal Royal Statist-Soc. A 139, 318–354.

[5] **BARNETT, V., LEWIS, T. (1984)**: Outliers in statistical data. 2.Auflage, Wiley, New York.

[6] **BARTLETT, M. (1949)**: Fitting a straightline when both variables are subject to "error". Biometrics 5, 207–212.

[7] **BARTLETT, M. (1960)**: Time series analysis. Science paperbacks and Methuen & Co ltd. Australian National University, Canberra.

[8] **BENZECRI, J.-P., Mitarbeiter (1973, 1980)**: L'analyse des données. Band 1: La Taxinomie, Band 2: L'analyse des correspondances. Dunod, Paris.

[9] **BLOMQUIST, N. (1950)**: On a measure of dependence between two random variables. Annals of Math. Statistics 21, 593–600.

[10] **BREIMANN, L., MEISEL, W., PURCELL, E. (1977)**: Variable kernel estimates of multivariate densities. Technometrics 19, 135–144.

[11] **BROWN (1963):** Smoothing, forecasting and prediction of discrete time series. Prentice Hall, New Jersey.

[12] **BÜNING, H. (1985):** Adaptive verteilungsfreie Tests – Nichtparametrische Maße zur Klassifizierung von Verteilungen. In: Neuere Verfahren der nichtparametrischen Statistik, Hrsg. G.C.Pflug, Springer, Berlin.

[13] **BÜNING, H. (1991):** Robuste und adaptive Tests. de Gruyter, New York.

[14] **CHAMBERS, I.M., CLEVELAND, W.S., KLEINER, B. TUKEY, P.A. (1983):** Graphical Methods for Data Analysis. Wadsworth, Belmont CA.

[15] **CHATFIELD, C. (1982):** Analyse von Zeitreihen. BSB B.G. Teubner Verlagsgesellschaft, Leipzig.

[16] **CHERNOFF, H. (1971):** The use of faces to represent points in n-dimensional space graphically. Technical Report 71, Department of Statistics. Stanford University, Stanford.

[17] **CHERNOFF, H. (1973):** The use of faces to represent points in k-dimensional space graphically. Journal Amer. Statist. Ass. 68, 361–368.

[18] **CLEVELAND, W.S. (1979):** Robust locally weighted regression and smoothing scatterplots. Journal Amer. Statist. Ass. 74, No. 36, 829–836.

[19] **CLEVELAND, W.S. (1981):** LOWESS: A program for smoothing scatterplots by robust locally weighted regression. American Statistican 35, No. 1., 54.

[20] **CLEVELAND, R.B., CLEVELAND, W.S., McRAE, I.E., TERPENNING, I. (1990):** STL: A seasonal-trend decomposition procedure based on LOWESS. Journal of Official Statistics 6, No. 1, 3–73. (mit Diskussion).

[21] **CLEVELAND, W.S., DELVIN, S.J. (1988):** Locally weighted regression: An approach to regression analysis by local fitting. Journal Amer. Statist. Ass. 83, 596–610.

[22] **CLEVELAND, W.S., DELVIN, S.J., GROSSE, E. (1988):** Regression by local fitting. Methods, Properties and Computational Algorithmus. Journal of Econometrics 37, 87–114.

[23] **CLEVELAND, W.S., DUNN, D.M., TERPENNING, I.J. (1978):** SABL: A resistant seasonal adjustment procedure with graphical methods for interpretation and diagnosis. In: A. ZELLNER (Hrsg.): Seasonal analysis of economic time series. Economic Research Report, ER-1, Bureau of the Census. Washington D.C., 35, 201–241.

[24] **DETTE, H. (1992):** On the boundary behaviour of nonparametric regression estimators. Biometrics 34, 153–164.

[25] **DEUTSCHE MATHEMATIKER-VEREINIGUNG (1990):** Ein Jahrhundert Mathematik 1890–1990. Festschrift zum Jubiläum der DMV. Vieweg, Braunschweig.

[26] **DIXON, W.J., KRONMAL, R.A. (1965):** The choice of origin and scale for graphs. Journal of the Ass. for Computing Machinery 12, 259–261.

[27] **DODGE, Y. (Hrsg.,1992):** L_1 - Statistical analysis and related methods. North Holland, Amsterdam.

[28] **EMBRECHTS, P., HERZOG, A.M. (1991):** Variations of Andrews' plots. International statistical Review 59, 175–194.

[29] **FAHRMEIER, L. (1981):** Rekursive Algorithmen für Zeitreihenmodelle. Vandenhoeck und Ruprecht, Göttingen.

[30] **FAILING, K. (1984):** Neue Methoden zur nichtparametrischen Schätzung von Dichte- und Hazardfunktionen bei zensierten Daten mit Anwendungen in klinischen Studien. In: Der Beitrag der Informationsverarbeitung zum Fortschritt der Medizin, (Hrsg.: Köhler, C.O., Tautu,P., Wagner,G.), Springer-Verlag, Heidelberg, 92–99.

[31] **FERSCHL, F. (1978):** Deskriptive Statistik. Physica-Verlag, Würzburg.

[32] **FISHER, R.A. (1936):** The use of multiple measurements in taxonomics problems. Ann.Eugenics 7 (II), 179–188.

[33] **FLURY, B., RIEDWYL, H. (1981):** Graphical representation of multivariate data by means of asymmetrical faces. Journal Amer. Statist. Ass. 76, 757–765.

[34] **FREEDMAN, D., DIACONIS, P. (1981a):** On the histogram as a density estimator: L-2 theory. Zeitschrift für Wahrscheinlichkeitstheorie und verwandte Gebiete 57, 453–476.

[35] **FREEDMAN, D., DIACONIS, P. (1981b):** On the maximum deviation between the histogram and the underlying density. Zeitschrift für Wahrscheinlichkeitstheorie und verwandte Gebiete 58, 139–167.

[36] **GASSER, T., MÜLLER, H.G., MAMMITZSCH, V. (1985):** Kernels for nonparametric curve estimation. Journal Royal Statist-Soc. B, 47, No.2, 238–252.

[37] **GEFELLER, O., MICHELS, P. (1993):** Nichtparametrische Analyse von Verweildauern. Österreichsche Zeitung für Statistik.

[38] **GIBSON, W.M., JOWETT, G.H. (1957):** "Three-group" regression analysis. Part I. Simple regression analysis. Applied Statistics 6, 114–122.

[39] **GINI, C (1912):** Variabilità e mutabilità. Contributo allo studio delle distribuzioni e relazioni statistiche. Studi economico-giuridici dell'Università di Cagliari, anno III, 1–159.

[40] **HACKING, I. (1990):** The Taming of chance. Cambridge Univ.Press.

[41] **HAMPEL, F.R. (1971):** A general qualitative definition of robustness. Annals of Math. Statistics 42, 1887–1896.

[42] **HAMPEL, F.R., RONCHETTI, E.M., ROUSSEEUW, P.J. STAHEL, W.A. (1986):** Robust Statistics: The approach based on influence functions. Wiley, New York.

[43] **HARTUNG, J. (1991):** Statistik. 8.Auflage, Oldenbourg, München.

[44] **HARTUNG, J., ELPELT, B. (1992):** Grundkurs Statistik. Lehr- und Übungsbuch der angewandten Statistik. 2.Auflage, Oldenbourg, München.

[45] **HARTUNG, J., HEINE, B. (1993):** Statistik-Übungen. Deskriptive Statistik. 4.Auflage, Oldenbourg, München.

[46] **HEILER, S. (1966):** Analyse der Struktur wirtschaftlicher Prozesse durch Zerlegung von Zeitreihen. Dissertation, Tübingen.

[47] **HEILER, S. (1982):** Stichwort "Zeitreihenanalyse" im Handwörterbuch der Wirtschaftswissenschaften, Gustav Fischer, Stuttgart, I.C.B. Mohr, (Paul Siebeck), Tübingen, Vandenhoeck und Ruprecht, Göttingen, 582–599.

[48] **HOAGLIN, D.C., MOSTELLER, F., TUKEY, I.W. (1983 a):** Understanding robust and exploratory data analysis. Wiley, New York.

[49] **HOAGLIN, D.C., MOSTELLER, F., TUKEY, I.W. (1983 b):** Exploring data tables, trends and shapes. Wiley, New York.

[50] **HODGES, J.L. jr., LEHMANN, E.L. (1963):** Estimates of location based on rank tests. Annals of Math. Statist. 34, 598–611.

[51] **HOLT, C.C. (1957):** Forecasting seasonals and trends by exponentially weighted moving averages. Carnegie Inst. Tech. Res. Mem. No. 52.

[52] **HUBER, P.J. (1981):** Robust Statistics. Wiley Inc., New York.

[53] **JAMBU, M (1992):** Explorative Datenanalyse. Gustav Fischer, Stuttgart.

[54] **JOHNSON, N.J., KOTZ, S. (1982 – 1989):** Encyclopedia of statistical sciences. Bände 1 – 9 und Ergänzungsband. Wiley, New York.

[55] **KENDALL, M.G. (1938):** A new measure of rank correlation. Biometrika 30, 81–93.

[56] **KENDALL, M.G. (1970):** Rank correlation methods. 4th edition, London.

[57] **KENDALL, M.G. (1973):** Time series. Griffin, London.

[58] **KENDALL, M.G., STUART, A. (1968):** The advanced theory of statistics, Vol. 1–3, 2nd edition, Griffin, London.

[59] **KUNGEL, U. (1990):** Wahrscheinlichkeitstheorie. In: DEUTSCHE MATHEMATIKER-VEREINIGUNG. Ein Jahrhundert Mathematik 1890–1990, 457–489.

[60] **LAUNER, R.L. SIEGEL, A.F.,(Hrsg.1982):** Modern data analysis. Academic press, London.

[61] **LIU, R.Y. (1988):** On a notion of simplicial depth. Proc. Nat. Acad. Sci. USA 85, 1732–1734.

[62] **LIU, R.Y. (1990):** On a notion of data depth based on random simplices. Annals of Statistics 18, 405–414.

[63] **LIU, R.Y. (1992):** Ordering directional data: Concepts of data depth on circles and spheres. Annals of Statistics 20, No. 3, 1468–1484.

[64] **v.d.LIPPE, P. (1993):** Deskriptive Statistik. Gustav Fischer, Stuttgart.

[65] **MICHELS, P. (1992):** Nichtparametrische Analyse und Prognose von Zeitreihen. Physica-Verlag Heidelberg.

[66] **MOSTELLER, F., TUKEY, I.W. (1977):** Data Analysis and Regression. Addison-Wesley, Reading Mass..

[67] **MÜLLER, H.-G. (1987):** Weighted local regression and kernel methods for nonparametric curve fitting. Journal Amer. Statist. Ass. 82, 231-238.

[68] **MÜLLER, H.-G. (1988):** Nonparametric regression analysis of longitudinal data. Lecture Notes in Statistics 46, Springer-Verlag, Berlin.

[69] **MÜLLER, H.-G.. (1991):** Smooth optimum kernel estimators near endpoints. Biometrica 78, 521–530.

[70] **NADARAYA, E.A. (1964):** On estimating regression. Th.Prob. Appel., 9 141-142.

[71] **NAIR, K.R., SHRIVASTAVA, M.P. (1942):** On a simple method of curve fitting. Sankhyā 6, 121–132.

[72] **NIINIMAA, A., OJA, H., NYBLOM, J. (1992):** The Oja bivariate median. Applied Statistics 41, No. 3, 611–617.

[73] **OJA, H. (1983):** Descriptive Statistics for multivariate distributions. Stat. and Probability Letters 1, 327–332.

[74] **PARZEN, E. (1962):** Stochastic Processes. San Francisco, Holden-Day.

[75] **PARZEN, E. (1962):** On estimation of a probability density function and mode. Annals of Math. Statist. 33, 1065–1076.

[76] **PASCHAL, I.L., TRENCH ,B.L. (1956):** A method of economic analysis applied to nitrogen fertilizer on irrigated corn. USDA Tech.Bull. 1141, 1–73.

[77] **POLASEK, Wolfgang (1988):** Explorative Datenanalyse. Springer, Berlin.

[78] **PORTER, Th.M. (1986):** The rise of statistical thinking: 1820–1900. Princeton Univ.Press.

[79] **RAVEH, A., SCHWARZ, G. (1982):** Comment. American Statistican 39/3, 239.

[80] **ROSENBLATT, M. (1956):** Remarks on some nonparametric estimates of a density function. Annals of Math. Statist. 27, 832–837.

[81] **ROUSSEEUW, P.I., LEROY, A.H. (1987):** Robust regression and other detection. Wiley. New York.

[82] **ROUSSEEUW, P.I., CROUX, Ch. (1992):** Explicit scale estimators with high breakdown point. In: DODGE, Y. (Hrsg.), 77–92.

[83] **SCHLITTGEN, R. (1981):** Ein nichtparametrischer Ansatz in der Zeitreihenanalyse. Allg. Statist. Archiv 2/1981, 156–172.

[84] **SCHLITTGEN, R. (1993):** Einführung in die Statistik. Oldenbourg, München.

[85] **SCHLITTGEN, R. STREITBERG, B.H.I. (1991):** Zeitreihenanalyse. 4.Auflage. Oldenbourg, München.

[86] **SCHNEIDER, I. (1989):** Die Entwicklung der Wahrscheinlichkeitstheorie von den Anfängen bis 1933. Einführungen und Texte. Wiss. Buchgemeinschaft, Darmstadt.

[87] **SCOTT, D.W. (1979):** On optimal and data-based histograms. Biometrika 66, 605–610.

[88] **SCOTT, D.W., TAPIA, R.A., THOMPSON, J.R. (1977):** Kernel density estimation revised. Nonlinear Analysis 1, 339–373.

[89] **SEN, P.K. (1963):** On the estimation of relative potency in dilution (-direct) assays by distribution-free methods. Biometrics 19, No. 4, 532–552.

[90] **SEN, P.K. (1968):** Estimates of the regression coefficient based on Kendall's tau. Journal Amer. Statist. Ass. 63, 1379–1389.

[91] **SEN, A., SRIVASTAVA, M. (1990):** Regression analysis. Springer-Verlag, New York Inc.

[92] **SILVERMAN, B.W. (1986):** Density estimation for statistics and data analysis. Chapman and Hall, London, New York.

[93] **SMALL, C.G. (1990):** A survey of multidimensional medians. International Statistical Review 58, 263–277.

[94] **STABLEIN, M.D., CARTER, W.H. NOVAK, J.W. (1981):** Analysis of survival data with nonproportional hazard functions. Controlled Clin. Trials 2.

[95] **STIGLER, S.M. (1986):** The history of statistics: the measurement of uncertainty before 1900. Harvard Univ. Press, Cambridge, Mass..

[96] **STURGES, H.A. (1926):** The choice of a class interval. Journal Amer. Statist. Ass., 21, 65–66.

[97] **TAPIA, R.A., THOMPSON, J.R. (1978):** Nonparametric probability density estimation. Johns Hopkins University Press, Baltimore.

[98] **THEIL, H. (1950):** A rank-invariant method of linear and polynomial regression analysis. I, II and III. Proceedings of Koninklijke Nederlandse Akademie van Wetenschappen, 53, 386–392, 521–525, 1397–1412.

[99] **TUKEY, I.W. (1961):** Curves as parameters and touch estimation. Proc. 4th Berekley Symp., 1, 681–694.

[100] **TUKEY, I.W. (1962):** The future of data analysis. Annals of Math. Statistics 33, 1–67.

[101] **TUKEY, I.W. (1975):** Mathematics and the picturing of data. In: Proc. International Congress of Mathematicians, Vancouver 1974, 2, 523–531.

[102] **TUKEY, I.W. (1977):** Exploratory data analysis. Addison-Wesley, Reading, Mass..

[103] **VELLEMAN, P.F., HOAGLIN, D.C. (1981):** Applications, Basics and Computing (ABC) of Exploratory Data Analysis (EDA). Duxburry Press, North Situate, Mass..

[104] **VELLEMANN, P.F. (1980):** Definition and comparison of robust nonlinear data smoothing algorithms. Journal Amer. Statist. Ass. 75, 609–615.

[105] **VOLLE, M. (1981):** Analyse des données. Economica, Paris.

[106] **VOGEL, F. (1991):** Beschreibende und schließende Statistik. Oldenbourg Verlag, München.

[107] **WAGEMANN, E. (1935):** Narrenspiegel der Statistik. Die Umrisse eines statistischen Weltbildes. Hanseatische Verlagsanstalt, Hamburg.

[108] **WALD, A. (1940):** The fitting of straight lines if both variables are subject to error. Annals of Math. Statistics 11, 284–300.

[109] **WATSON (1964):** Smooth regression analysis. Sankhyā A 26, 359–372.

[110] **WEBER, A. (1909):** Über den Standort der Industrien. Tübingen. English translation by FRIEDRICH, C.J. (1929): Alfred Weber's Theory of Location of Industries. University of Chicago Press.

[111] **WINTERS, P.R. (1960):** Forecasting sales by exponentially weighted moving averages. Man.Sci 6, 324–342.

[112] **WITTING, H. (1990):** Mathematische Statistik. In: DEUTSCHE MATHEMATIKER-VEREINIGUNG. Ein Jahrhundert Mathematik 1890–1990, 81–815.

[113] **WOLF, H.W. (1989):** Grundprobleme der EDA. Literate EDA als Antwort auf Kommunikationsprobleme einer explorativen Datenanalyse. Lit Verlag, Münster.

Abbildungsverzeichnis

1.1 Statistische Institutionen in der Bundesrepublik Deutschland 10

1.2 Der Ablauf von Bundesstatistiken 12

1.3 Veröffentlichungssystem des Statistischen Bundesamtes 13

1.4 Internationale Einbindung der Bundesstatistik 17

2.1 Schema einer Tabelle 30

3.1 Intervallaufteilung bei Klassenbildung 34

3.2 Zahl der Kinder in Mehrpersonenhaushalten 36

3.3 Säulendiagramm: Schulabsolventen in den Jahren 1978 und 1988 in der Bundesrepublik Deutschland 36

3.4 Sicherstellungsmengen [in kg] ausgewählter Drogen in den Jahren 1978, 1981, 1984, 1987 und 1990 37

3.5 Kreisdiagramme: Schulabsolventen in den Jahren 1978 und 1988 nach Schulabschlüssen 38

3.6 Beipspiele für Piktogramme 39

3.7 Kartogramm: Anteil der landwirtschaftlich genutzten Fläche 1985 in der Bundesrepublik 41

3.8 Kurvendiagramm der Zeitreihe der Drogentoten in der Bundesrepublik von 1973 bis 1990 42

3.9 Histogramm der Milchkuhbestände der landwirtschaftlichen Betriebe im ehemaligen Bundesgebiet zum 1.1.1989 44

3.10 Bevölkerungspyramide Deutschlands am 1.1.1990 46

3.11 Empirische Verteilungsfunktion der Jahresdurchschnittstemperaturen ausgewählter deutscher Städte 51

3.12 Summenpolygon der Jahresdurchschnittstemperaturen ausgewählter deutscher Städte 52

3.13 Summenpolygon und empirische Verteilungsfunktion der Jahresdurchschnittstemperaturen ausgewählter deutscher Städte 52

3.14 Summenpolygon der Milchkuhbestände landwirtschaftlicher Betriebe 53

3.15 Histogrammausschnitt 55

3.16 Einige Kernfunktionen 57

3.17 Konstruktion des Kerndichteschätzers bei Verwendung eines Dreieckskernes, b=h_n=1 60

3.18 Kerndichteschätzer für die langjährigen Durchschnittstemperaturen in 42 deutschen Städten, Rechteckskern, Bandbreite $h_n = 0.5$ 61

3.19 Kerndichteschätzer für die langjährigen Durchschnittstemperaturen in 42 deutschen Städten, Bisquare-Kern, Bandbreite $h_n = 0.7$ 61

3.20 NN-Dichteschätzer für die langjährigen Durchschnittstemperaturen in 42 deutschen Städten, Bisquare-Kern, Nachbarnzahl $k_n = 20$ 62

3.21 Variabler Kerndichteschätzer für die langjährigen Durchschnittstemperaturen in 42 deutschen Städten, Bisquare-Kern, Nachbarnzahl $k_n = 20$, Bandbreite $h_n = 0.8$ 62

ABBILDUNGSVERZEICHNIS

3.22 Konstruktion von Stamm-Blätter-Darstellungen 65

3.23 Stamm-Blätter-Darstellung der Überlebenszeiten von 38 gestorbenen Patentienten mit fortgeschrittenen Magenkrebs nach einer Chemotherapie 67

3.24 Stamm-Blätter-Darstellung der Gesamtpunktzahlen im Abiturzeugnis von 215 Studenten der Universität Konstanz 68

3.25 Stamm-Blätter-Darstellung der Ölfeldgröße bei 58 erfolgreichen Bohrungen . 72

3.26 Klassenzahlen nach drei Regeln 74

3.27 Dichte der Normalverteilung mit Lagezentrum $\mu = 20$ und Streuung $\theta = 2$ .. 77

3.28 Histogramme mit unterschiedlicher Anzahl von Klassen bzw. unterschiedlichen Klassenbreiten zu den Jahresdurchschnittstemperaturen von 42 deutschen Städten 81

3.29 Kernschätzer mit unterschiedlichen Bandbreiten zu den Jahresdurchschnittstemperaturen von 42 deutschen Städten 83

4.1 Berechnung von Quantilen bei gruppierten Daten 97

4.2 Pentagramme 104

4.3 Symmetrische (a), rechtsschiefe (b), linksschiefe Verteilung (c) 117

4.4 Symmetriediagramme 122

4.5 QQ-Plots 126

4.6 Pentagramme für die Großbetriebe in 13 europäischen Staaten 138

4.7 Einfache Box-Plots zum Vergleich der Großbetriebe in 13 europäischen Staaten 139

4.8 Punktierte Box-Plots für die Daten zur Ergiebigkeit eines Ölfeldes 140

4.9 Punktierte Box-Plots zum Vergleich der Großbetriebe in 13 europäischen Staaten 141

4.10 Gekerbte Box-Plots zum Vergleich der Fakultäten der Universität Konstanz anhand der Gesamtpunktzahlen ihrer Studenten 144

4.11 Zwei konstruierte Lorenzkurven 149

4.12 Lorenzkurven zur Veranschaulichung der Konzentration der Hopfenerntemenge auf die deutschen Hopfenanbaugebiete 151

4.13 Lorenzkurven für die Milchkuhhaltung in den landwirtschaftlichen Betrieben des früheren Bundesgebietes 154

5.1 Potenzfunktionen $\tilde{T}_p$ für einige Werte von p 161

5.2 Potenzfunktionen T_p^* für einige Werte von p 161

5.3 Box-Plots der Ergiebigkeit von Erdölfeldern und der transformierten Daten . 166

5.4 Transformations-Plot für die Ergiebigkeit von Erdölfeldern 167

5.5 Streuungs-Niveau-Plot für die Umsätze der 20 größten Firmen in 13 europäischen Staaten 169

5.6 Box-Plots für die logarithmierten Umsätze der 20 größten Firmen in 13 europäischen Staaten 170

5.7 Box-Plots für die Daten zur Ergiebigkeit einer Ölprovinz nach logarithmischer Transformation und Matching 172

6.1 Scatterplot: Umsätze versus Beschäftigtenzahlen der umsatzstärksten Großbetriebe in Deutschland im Jahre 1990 186

6.2 Scatterplot mit Markierung ungewöhnlicher Punkte: Umsätze versus Beschäftigtenzahlen der umsatzstärksten Großbetriebe in Deutschland im Jahre 1990 . 187

6.3 Scatterplot-Matrix von fakultätsspezifischen Durchschnittsnoten und Frauenanteilen 189

ABBILDUNGSVERZEICHNIS 411

6.4 Scatterplot mit gekreuztem Box-Plot: Umsätze versus Beschäftigtenzahlen der umsatzstärksten Großbetriebe in Deutschland im Jahre 1990 191

6.5 Histogramm für bivariate Daten: Mittlere Temperaturen im Januar und mittlere Temperaturen im Juli in 42 deutschen Städten 193

6.6 Bivariater Kernschätzer mit Bisquare-Kern: Mittlere Temperaturen im Januar und mittlere Temperaturen im Juli in 42 deutschen Städten 194

6.7 Gespiegelte Stamm-Blatt-Darstellung: Aufenthaltsdauern remigrierter spanischer Gastarbeiter in der Bundesrepublik Deutschland 196

6.8 Stamm-Blatt-Darstellung für bivariate Daten: Gesamtpunktzahlen im Abitur von 215 Studenten der Universität Konstanz 198

6.9 3-D-Scatterplots: 200

6.10 Profilkurven für 10 Fakultäten 202

6.11 Profilkurven für Fakultäten Mathematik (M), Physik (P), Chemie (C), Biologie (B), Wirtschaftswiss. (W) 204

6.12 Profilkurven für Fakultäten Rechtswiss. (R), Philosophie (H), Psychologie (Y), Sozialwiss. (S), Verw.wiss. (V) 204

6.13 Andrews' waves 206

6.14 Fakultätsspezifische Flury-Riedwyl-Gesichter 208

6.15 Gegenüberstellung der extremen und durchschnittlichen Ausprägungen einzelner Gesichtszüge der Flury-Riedwyl-Gesichter 209

6.16 Sternen-Plot von fakultätsspezifischen Abiturleistungen und dem Anteil von Studentinnen für 10 Fakultäten der Universität Konstanz 211

6.17 Merkmalszuordnungen für Sternen- und Sonnenstrahl-Plot 212

6.18 Sonnestrahlen-Plot von fakultätsspezifischen Abiturleistungen und dem Anteil von Studentinnen für 10 Fakultäten der Universität Konstanz 213

7.1 Schwerpunkt der Januar- und Julitemperaturen 218

7.2 Streudiagramm der Januar- und Julitemperaturen mit Medianlinien 220

7.3 Berechnung der empirischen Kovarianz 223

7.4 Die Ermittlung von Halbebenen-Tiefen 235

7.5 Konvexe Hüllen 238

7.6 Konvexe Hüllen am Beispiel der mittleren Januar- und Julitemperaturen . . . 239

7.7 Zweidimensionale Daten aus der Tabelle mit verschiedenen Lage- und Streuungsmaßen 241

8.1 Berechnung von C_{ij} und D_{ij} 269

9.1 CDU/CSU-Stimmenanteile versus Wahlbeteiligungen in den Nachkriegswahlen vor der deutschen Vereinigung mit KQ-Regressionsgerade 284

9.2 KQ-Residuen der CDU/CSU-Stimmenanteile versus Wahlbeteiligungen in den Nachkriegswahlen vor der deutschen Vereinigung 285

9.3 CDU/CSU-Stimmenanteile versus Wahlbeteiligungen mit Wald'scher Regressionsgerade (—) und resistenter Modifikation (- - -) 289

9.4 CDU/CSU-Stimmenanteile versus Wahlbeteiligungen mit Regressionsgerade nach Theil 294

9.5 CDU/CSU-Stimmenanteile versus Wahlbeteiligungen mit Regressionsgerade nach Nair und Srivastava (—) bzw. von Bartlett (- - -) 297

9.6 Ermittlung der resistant line 298

9.7 CDU/CSU-Stimmenanteile versus Wahlbeteiligungen mit resistant line 301

9.8 CDU/CSU-Stimmenanteile und Wahlbeteiligungen: resistant line Residuen . 302

ABBILDUNGSVERZEICHNIS

9.9 Diagramm zur Wahl einer geeigneten Potenztransformation zur Linearisierung monotoner Zusammenhänge 305

9.10 Feldversuch zur Wirkung der Stickstoffmenge auf die Maiserträge (vgl. Paschal und French (1956) 308

9.11 Transformationsplot: Feldversuch zur Wirkung der Stickstoffmenge auf die Maiserträge (vgl. Paschal und French, 1956) 310

9.12 Feldversuch zur Wirkung der Stickstoffmenge auf die Maiserträge 310

9.13 Scatterplot mit Regressogramm: Umsätze versus Beschäftigtenzahlen der umsatzstärksten Großbetriebe in Deutschland im Jahre 1990 314

9.14 Scatterplot mit Kernglättern: Umsätze versus Beschäftigtenzahlen der umsatzstärksten Großbetriebe in Deutschland im Jahre 1990 317

9.15 Scatterplot mit Temperaturen und Niederschlägen ausgewählter deutscher Städte 322

9.16 TRASH-Kurven zur KQ- und resistant line Regression für CDU/CSU-Stimmenanteile versus Wahlbeteiligungen 325

9.17 Typische Residuenmuster 327

9.17 Fortsetzung: Typische Residuenmuster 328

10.1 Zwei exponentielle Trendfunktionen 336

10.2 Entwicklung der Weltbevölkerung 338

10.3 Entwicklung der Bevölkerung Afrikas 338

10.4 Verläufe verschiedener nichtlinearer Trendfunktionen 339

10.5 Entwicklung der Bevölkerung Europas 341

10.6 Entwicklung der Bevölkerung Europas 342

10.7 Einige Gewichtungssysteme der Länge 15 346

10.8 Gewichtungssysteme für Stützbereichslänge 11 bei einer Geraden (oben), Parabel (Mitte) und einem Polynom 3. Grades (unten) 351

10.9 Jährliche niedrigste Wasserstände des Nils von 622 bis 1284 355

10.10 Jährliche niedrigste Wasserstände des Nils und gleitender Durchschnitt mit $m = 15, p = 2$. 355

10.11 Monatliche Arbeitslosenzahlen von Januar 1982 bis Dezember 1992 in der Bundesrepublik Deutschland (alte Bundesländer) 365

10.12 Monatliche Arbeitslosenzahlen von Januar 1982 bis Dezember 1992 in der Bundesrepublik Deutschland (alte Bundesländer).a) Zeitreihe und Gleitender Zwölferdurchschnitt 365

10.13 Monatliche Arbeitslosenzahlen von Januar 1982 bis Dezember 1992 in der Bundesrepublik Deutschland (alte Bundesländer). Zeitreihe und saisonbereignigte Reihe 366

10.14 Jährliche niedrigste Wasserstände des Nils. Teil (a) Gleitender Durchschnitt mit $m = 25$, Polynomgrad= 3 369

10.15 Jährliche niedrigste Wasserstände des Nils. Gleitender Durchschnitte mit $m = 99$, Polynomgrad= 3 370

10.16 Tagesmittelwerte der Wasserführung der Ruhr (in cbm/sec) am Pegel Villigst vom 1.1.1976 bis zum 31.12.1980. 376

10.17 Vergleich der Einschrittvorhersage (—) mit den einen Monat später beobachteten Zahlen für die Anzahl der Arbeitslosen (. . .) 387

10.18 Vergleich der Vorhersagen (—) mit den späteren Realisationen (. . .) beim autoregressiven Modell für die Zeitreihe der Arbeitslosen 394

Tabellenverzeichnis

2.1 Kodierung der qualitativen Variablen Verkehrsmittel, Zufriedenheit und Studienfach 29

3.1 Mehrpersonenhaushalte im April 1989 in der Bundesrepublik nach Zahl der Kinder im Haushalt 35

3.2 Schulabgänger 1978 und 1988 nach Beendigung der Vollzeitschulpflicht 35

3.3 Sicherstellungsmengen [in kg] ausgewählter Drogen in den Jahren 1978, 1981, 1984, 1987 und 1990 in der Bundesrepublik Deutschland 38

3.4 Anzahl der Drogentoten in der Bundesrepublik von 1973 bis 1990 42

3.5 Tabelle zur Erstellung eines Histogramms für die Milchkuhbestände in den landwirtschaftlichen Betrieben des früheren Bundesgebietes für das Jahr 1989 44

3.6 Regeln zur Wahl der Klassenanzahl 47

3.7 Wetterverhältnisse in 42 deutschen Städten 48

3.8 Jahresdurchschnittstemp.: Berechn. der emp. Vert.fkt. 50

3.9 Jahresdurchschnittstemperaturen in 42 deutschen Städten: Tabelle zur Berechnung des Summenpolygons 51

3.10 Beispiele von Kernfunktionen 56

3.11 Überlebenszeiten von 38 gestorbenen Patentienten mit fortgeschrittenen Magenkrebs nach einer Chemotherapie 64

3.12 Gesamtpunktzahlen im Abiturzeugnis von 215 Studenten der Universität Konstanz nach Fakultäten geordnet 69

3.13 Erschließung einer Erdölprovinz: Bohrlochnummern und Ölfeldgröße (in Mio. barrel) von 58 erfolgreichen Bohrungen. Die Numerierung entspricht der zeitlichen Reihenfolge der Bohrungen 71

3.14 Anzahl der Linien in der Stamm–Blätter–Darstellung bzw. Klassenzahl im Histogramm nach drei Regeln 75

3.15 Werte für $\int K^2(u)du$, $\int u^2 K(u)du$ und für $C(K)$ für einige Kernfunktionen . 78

4.1 Arbeitstabelle zur Berechnung des arithmetischen Mittels und der Varianz des Milchkuhbestandes in den landwirtschaftlichen Betrieben des früheren Bundesgebietes, 1989 90

4.2 Veränderung der Anzahl der Betriebe im Bergbau und im Verarbeitenden Gewerbe Nordrhein-Westfalens von 1980 bis 1991 (Angabe der Veränderung gegenüber dem Vorjahr in %) 93

4.3 Entfernungen, Geschwindigkeiten und Fahrtzeiten bei einer Fahrt von Konstanz nach Stockach und Lindau 95

4.4 Preise, Mengen und Umsätze 95

4.5 Letter Value Display 107

4.6 Letter Value Display am Beispiel der Überlebenszeiten von Krebspatienten . 107

4.7 Umrechnungsfaktoren zur Adjustierung resistenter Streuungsmaße bei normalverteilten Daten 113

4.8 Erweiterter Letter Value Display der Ölfelddaten 114

4.9 Kenngrößen zur Schiefeberechnung 118

4.10 Tabelle zur Berechnung von Fisher's Schiefe- und Wölbungskoeffizienten γ_1, γ_2 123

TABELLENVERZEICHNIS

4.11 Quantile der Normalverteilung und Ordnungsstatistiken $x_{(k)}$ der mittleren Januartemperaturen 127

4.12 Umsätze (in Mio. ECU), Beschäftigtenzahlen und Rangnummern der 50 umsatzstärksten Betriebe in der Bundersrepublik Deutschland (Daten für 1990) 130

4.13 Umsätze (in Mio. ECU) und Rangnummern der 20 umsatzstärksten Betriebe in den Niederlanden (Daten für 1990) 131

4.14 Umsätze (in Mio. ECU) und Rangnummern der 20 umsatzstärksten Betriebe in Großbritannien (Daten für 1990) 131

4.15 Umsätze (in Mio. ECU) und Rangnummern der 20 umsatzstärksten Betriebe in Italien (Daten für 1990) 132

4.16 Umsätze (in Mio. ECU) und Rangnummern der 20 umsatzstärksten Betriebe in Frankreich (Daten für 1990) 132

4.17 Umsätze (in Mio. ECU) und Rangnummern der 20 umsatzstärksten Betriebe in der Schweiz (Daten für 1990) 133

4.18 Umsätze (in Mio. ECU) und Rangnummern der 20 umsatzstärksten Betriebe in Österreich (Daten für 1990) 133

4.19 Umsätze (in Mio. ECU) und Rangnummern der 20 umsatzstärksten Betriebe in Spanien (Daten für 1990) 134

4.20 Umsätze (in Mio. ECU) und Rangnummern der 20 umsatzstärksten Betriebe in Belgien (Daten für 1990) 134

4.21 Umsätze (in Mio. ECU) und Rangnummern der 10 umsatzstärksten Betriebe in Luxemburg (Daten für 1990) 135

4.22 Umsätze (in Mio. ECU) und Rangnummern der 20 umsatzstärksten Betriebe in Dänemark (Daten für 1990) 135

4.23 Umsätze (in Mio. ECU) und Rangnummern der 20 umsatzstärksten Betriebe in Portugal (Daten für 1990) 136

4.24 Umsätze (in Mio. ECU) und Rangnummern der 20 umsatzstärksten Betriebe in Irland (Daten für 1990) 136

4.25 Berechnung der Lorenzkurve und des Ginimaßes für die Verteilung der Hopfenerntemengen auf die deutschen Hopfenanbaugebiete 1979 und 1990 150

4.26 Berechnung der Lorenzkurven und Ginimaße für die Milchkuhhaltung in den landwirtschaftlichen Betrieben des früheren Bundesgebietes 153

5.1 Leiter der Potenzen 160

5.2 Plot zur Transformation der Erdöldaten auf Symmetrie 165

6.1 Allgemeine Kreuztabelle für absolute Häufigkeiten 178

6.2 Straftaten gegen die sexuelle Selbstbestimmung: Bekanntgewordene Fälle nach Deliktart und Ortsgrößenklasse aufgegliedert 179

6.3 Relative Häufigkeitstabelle der Straftaten gegen die sexuelle Selbstbestimmung: Bekanntgewordene Fälle nach Deliktart und Ortsgrößenklasse aufgegliedert 180

6.4 Straftaten gegen die sexuelle Selbstbestimmung: Bedingte Verteilung der Fälle auf die Deliktarten bei gegebener Ortsgrößenklasse 181

6.5 Straftaten gegen die sexuelle Selbstbestimmung: Bedingte Verteilung der Fälle auf die Ortsgrößenklassen bei gegebenen Deliktarten 181

6.6 Beispiel für eine fünfdimensionale Kontingenztafel: Studentenbefragung nach benutzten Verkehrsmittel 184

6.7 Beispiel für eine Vierfeldertafel: Studentenbefragung nach benutzten Verkehrsmittel 185

6.8 Durchschnittspunktzahlen und Anteile in den Fakultäten 188

6.9 Fortsetzung der Tabelle: Durchschnittsnoten in den Fakultäten 190

6.10 Aufenthaltsdauern in Jahren von spanischen Remigranten aus der Bundesrepublik 197

6.11 Zuordnung der Merkmale zu Gesichtszügen, Numerierung der Merkmale für Profilkurven und Andrews' waves 203

7.1 Zahlenbeispiel zum Vergleich bivariater Lage- und Streuungsmaße 240

7.2 Daten zur multiplen Regression 251

7.3 Daten zur multiplen Regression 253

8.1 Durschnittspunktzahlen in Deutsch und Mathematik in den 10 Fakultäten . . 258

8.2 Arbeitstabelle zur Berechnung des Korrelationskoeffizienten von Bravais-Pearson 258

8.3 5×5 Kontingenztafel der Januar- und Julitemperaturen in 42 deutschen Städten (in Klammern $n_{ij} \times a_i \times b_j$) mit den zur Berechnung von ρ_{XY} notwendigen Randsummen 259

8.4 Arbeitstabelle zur Berechnung des Korrelationskoeffizienten von Fechner . . . 262

8.5 Arbeitstabelle zur Berechnung des Korrelationskoeffizienten von Spearman . . 264

8.6 Tabelle zur Berechnung von R_{XY}: Flugklassen von American Express Mitgliedern nach Kartentyp (links oben und fett: Anzahl der Flüge; rechts oben: d_{ij}^2; rechts unten: $d_{ij}^2 n_{ij}$) 266

8.7 Arbeitstabelle zur Bestimmung von N_C und N_D 270

8.8 $\text{sign}(x_i - x_j)\text{sign}(y_i - y_j)$ zur Bestimmung von Kendall's τ (x_i sind der Größe nach aufsteigend angeordnet, y_i ist zu $x_{(i)}$ gehöriger Y-Wert 271

8.9 Tabelle zur Berechnung von γ_{XY}: Flugklassen von American Express Mitgliedern nach Kartentyp (links oben und fett: Anzahl der Flüge; links unten: D_{ij}; rechts unten: C_{ij}) 272

8.10 Vierfeldertafel für dichotomisierte Merkmale 273

8.11 Arbeitstabelle zur Berechnung der Korrelationskoeffizienten von Blomquist und Ravek/Schwarz 274

8.12 Ergebnis der Werbebriefaktion 276

8.13 Ergebnisse einer Umfrage nach den Informationsbedürfnissen der Kunden einer Bank für 80 der besten Kunden. Oben links und fett: n_{ij}, oben rechts: $n_{i.}n_{.j}/n$, unten links: Residuum r_{ij}, unten rechts: r_{ij}^2 280

9.1 Wahlbeteiligungen (in % der Wahlberechtigten) und CDU/CSU-Anteile in den Nachkriegswahlen zum deutschen Bundestag vor der deutschen Vereinigung sowie Arbeitstabelle zur KQ-Methode 286

9.2 Wahlbeteiligungen (in % der Wahlberechtigten) und CDU/CSU-Anteile in den Nachkriegswahlen zum deutschen Bundestag vor der deutschen Vereinigung nach x_i-Werten geordnet 290

9.3 Paarweise Neigungen $\frac{y_j-y_i}{x_j-x_i}$ der Regressionsgeraden für die Wahlbeteiligungen und CDU/CSU-Anteile in den Nachkriegswahlen zum deutschen Bundestag vor der deutschen Vereinigung 292

9.4 Paarweise Mittelwerte der Reste der homogenen Regression $\frac{z_j+z_i}{2}$ für die Wahlbeteiligungen und CDU/CSU-Anteile in den Nachkriegswahlen zum deutschen Bundestag vor der deutschen Vereinigung 293

9.5 Wahlbeteiligungen (in % der Wahlberechtigten) und CDU/CSU-Anteile in den Nachkriegswahlen zum deutschen Bundestag vor der deutschen Vereinigung nach x_i-Werten geordnet 296

9.6 Feldversuch zur Wirkung der Stickstoffmenge auf die Maiserträge (vgl. Paschal und French (1956): Originaldaten und Potenzen der Maiserträge 306

9.7 Feldversuch zur Wirkung der Stickstoffmenge auf die Maiserträge: Half-slope-ratios und Bestimmtheitsmaße für $p = 1, 2, \ldots, 7$ 307

9.8 Feldversuch zur Wirkung der Stickstoffmenge auf die Maiserträge: Transformationsplot 309

TABELLENVERZEICHNIS

9.9 Tabelle zur Erstellung eines Regressogramms 315

9.10 Arbeitstabelle zur Berechnung der TRASH-Kurven für die KQ- und RL- (resistant line) Regression für die Wahlbeteiligungen und CDU/CSU-Anteile . . 325

10.1 Die Entwicklung der Weltbevölkerung und der Bevölkerung Afrikas (in Millionen) 337

10.2 Die Entwicklung der Bevölkerung in Europa (in Millionen) 340

10.3 Varianzfaktoren Kleinst-Quadrate-optimaler gleitender Durchschnitte für verschiedene Stützbereichslängen und Polynomgrade 353

10.4 Varianzfaktoren gleitender Durchschnitte zur Teilschätzung der glatten Komponente bei Saisonschwankungen mit Periode 4 und 12 362

10.5 Anzahl der Arbeitslosen (in Tausend) in der Bundesrepublik Deutschland (alte Bundesländer) von 1982 bis 1991 364

10.6 Diagnose der Vorhersagefehler einer retrospektiven Analyse für die Zeitreihe der Arbeitslosen bei exponentieller Glättung 386

10.7 Diagnose der Vorhersagefehler einer retrospektiven Analyse für die Zeitreihe der Arbeitslosen bei einem autoregressiven Schema 393

Index

Absolutglied 248

Absolutskala 22

Abstand
  verallgemeinerter 233
  euklidischer 233

Abstandquadrate, standardisierte 233

Abweichung (vom Median), mittlere absolute 107

Achenwall, Gottfried 4

Achsenabschnitt 244, 248

Adäquationsproblem 24

adjacent values 137

Anderson, O. 8

Andrews' waves 203

Angelpunkte 102

Approximation erster Ordnung, beste 229

Approximation zweiter Ordnung 229

Äquivarianz
  affine 216, 217, 219, 236, 237, 238, 242

Anpassung 245, 321
  Güte der Anpassung 245

Anrainer 137

Arbeitskreis Deutscher Marktforschungsinstitute (ADM) 16

Aristoteles, Politiken des 4

Assoziation 275

Assoziationskoeffizient 8
  Yule'scher 275

Cramer's 277

Assoziationsmaß, Cramer's 278

Atteslander 22

Ausreißer 9, 101, 105, 106, 112, 129, 186, 217, 229, 273, 283, 321
  ausreißeranfällig 89, 107, 115, 123, 257, 287
  multivariate Ausreißer 229
  Ausreißer-resistent 216, 230

Aussagetabelle 28

Außenpunkte 106, 137, 191

Autoregressives Schema, $AR(P)$, 390

Bandbreite 55, 58, 315

Bandbreiteneinstellung 316
  Bandbreitenwahl 195
  Regeln zur Wahl von 73

Barthaare 129

Basisperiode 90

Bayes, Thomas 7

Befragung 24, 25
  kombinierte 25
  mündliche 25
  schriftliche 25

Beobachtung 21, 24, 26
  offene 26
  verdeckte 26

Berichtsperiode 90

Berücksichtigung saisonaler Schwankung 360

Bestandsdaten 159

Bestandsmasse 20

Bestimmtheitsmaß 248, 307, 321, 324

Bernoulli, Jakob 7

Bernoulli-Theorem 7

Bernoulli-Verteilung 7

Bevölkerungspyramide 45

Bewegungsmasse 20

Bindung 96, 160, 262, 267, 269, 287, 295

Bindungsgruppe 262, 263

Binomialverteilung 7

Biometrika 8

Bisquare-Kern 78, 316

Blätter 64

Blockdiagramm 35

Blöcke, statistisch äquivalente 232

Blomquist 272

Botero, Giovanni 4

Bortkiewicz, L. von 8

BOX-COX-Transformation 163

Box-Plot 129, 165, 326

    bivariater 191

    einfacher 129

    eigentlicher, punktierter 137

    gekerbter 142

Box-Plots, gekreuzte 190

Brevarium Augusti 3

Buchstabenwerte 102, 160

Cardano, Gerolamo 6

Centil 99

c-Gruppe 1 237

c-Gruppe 2 237

Chernoff-faces 207

Chi (χ^2) 8, 277

Cityblockmetrik 219

Cleveland 210

Clusteranalyse 186

Conring, Hermann 4

C-Ordnen 231

Cross-validation-Technik 79

Darstellung, graphische 177

Daten

    gruppierte 108

    höherdimensionaler, Darstellung 199

    multivariate 33, 177

    standardisierte 210

    univariate 33

    weiche 273

    Zusammenhänge in metrisch skalierten 255

    Zusammenhänge in nominal skalierten 274

    Zusammenhänge in ordinal skalierten 261

Datenanalyse, explorative (EDA) 2

Datenmatrix 27, 177, 228, 231

Datensatz, geordneter 96

Designmatrix 249

Designpunkt 244

Determinante 226

Diaconis 77

dichotomisieren 272

Dichteschätzung 316

Differenzen 391
    saisonale 392
diskordant 267
diskret 23
Diskriminanzanalyse, multivariate 232
Disraeli 2
Domesday Book 3
Dreieckskern 78
Dreieckstiefe 236
Drei-Schnitt-Median-Gerade 298
Durchschnitt 87

Edgeworth, Francis Ysidro 8
effizient 273, 275
Eigenvektor 227
    Eigenvektoren der Kovarianzmatrix 233
Eigenwert 227
Eighths 98, 102
Eighth-spread 106
Einfachklassifikation 168
Einfachregression 283
Einfallsklasse 97
Einflußgröße 244
Einflußrichtung 320
Einflußvariable 244
Einpunktverteilung 147
Einzelphänomene 2
Ellipsen 229
Ellipsoiden 229
ensemble 19
Epanechnikow-Kern 78
Ergebnis, robustes 78
Erhebung 24
    amtliche 3
Erhebungseinheit 24
Erhebungsgesamtheit 24
Erhebungsumfang 33
Erleichterung einer sachbezogenen Interpretation 157
E-spread 106
Experiment 25, 26
Exponentialfunktion 336
extensiv 23
Extremwerte 102, 137

Fachserien 11
Faktor 244
Faktoren 229
Faktorenanalyse 229
Faltung 345
far outside 106
Fechner 8
Fechnersche Lageregel 8, 118
Fehler
    mittlerer quadratischer 76
    integrierter mittlerer quadratischer 76
Fehlervariable 245
4-Feldertafel 275
fences 137
Fermat, Pierre de 7
Fernpunkte 106, 140, 191
Fisher, R. A. 8, 121, 123, 205
Fisherscher Momentenkoeffizient 121
Fit 245, 321
    Goodness of fit 245, 321
Flächentreue, Prinzip der 39

flow 20

Flury-Riedwyl Gesichter 205, 210

Formparameter 116

Fourths 102

Fragebogen 25

Fragebogenerstellung 25

Freedman 77

French 305

β-Funktion 8

Funktionsschätzer 54

Galilei, Galileo 6

Galton, Francis 8

Gauß, Carl Friedrich 7

Gerade, homogene 287

Gesamtbild 2

Gesamtheit, statistische 19

Gesetze der großen Zahlen 7, 8

Gesetz der kleinen Zahlen 8

Gewichtsmatrix 364

Gewichtungssystem 344

Gewichtsvektor 344

Gini 111

    Gini-Maß 148

        Ginimaß, normiertes 148

Glätten, doppeltes 387

Glätten, einfaches exponentielles 387

Glättungsfaktor 389

Glättungsverfahren 313

    Resistente Glättungsverfahren 371

Glättungsverfahren bei nichtlinearen Zusammenhängen 312

Gleitender Durchschnitt 343

Gleitender Zwölferdurchschnitt 360

Glücksspiel 6

Gompertz-Kurve 337

Goodman und Kruskal's Gamma 269, 275

Gosset, William Sealy 8

Graunt, John 5

Grenzwertsatz, zentraler 9

Grundgesamtheit 19

Gruppe 28

Gruppenbildung 34

Gruppenbreite 34

Gumbel, E. J. 8

Halley, Edmund 5

Halbordnung 231

Halbraummedian 234, 236

Halbsteigung 303

half-slope 303

half-slope-ratio 304, 307

Hanning 372

Häufigkeit

    absolute 34, 178

    kumulierte relative 49, 178

    relative 34

Häufigkeitspolygon 35

Häufigkeitstabelle, bivariate 178

Häufigkeitsverteilung

    multivariate 177

    symmetrische 116

    univariate unimodale 121

Hauptachsen 226, 227

Hauptkomponenten 226, 228, 232, 233

    erste Hauptkomponente 229

zweite Hauptkomponente 229
Hauptkomponentenanalyse 229, 234
Hebelwirkung 89, 116, 229, 283, 286, 321
Helmert 8
Heterogenität 186
Hilfspunktmethode 89, 110, 257
Hinges 98, 102
    Hinge, oberer 129
    Hinge, unterer 129
Hinge-spread 106, 168
Histogramm 40, 216, 313, 326
    gleitendes 55
Histogramm für bivariate Daten 192
HI-Werte 106
Holtsche Rekursionen 388
homme moyen 6
H-spread 106, 329
Huygens, Christian 7
Hypothese 9, 320

identifizierbar 250
Index 88, 90
    einfacher 90
    zusammengesetzter 91
Indextheorie 8
Indikatorfunktion 33
Individuen 2
inner fences 106
intensiv 23
integrated mean squared error 76
Inter-quartile-range 78, 105
Intervallskala 22
Interview 25
    hartes 26
    nichtstandardisiertes 26
    persönliches 25
    standardisiertes 25
    telefonisches 25
    weiches 26
Interviewer-Verzerrung 25
Interviewereinfluß 25
Invarianz 236
    gegenüber affinen Transformationen 237, 238
IQR 78, 105
iteratives Trimmen 234
iteriert 326

Kaiser Augustus 3
Karl der Große 3
Kartogramm 40
Kaufkraftparität 92
Kausalitätsüberlegung 320
Kendalls τ 267, 273, 291
Kerndichteschätzer 55
    für bivariate Daten 193
Kerndichteschätzung 54
Kernfunktion 55, 315
Kernglättung 342
Kernschätzer 315, 326
    Kernschätzer, variabler 59
Kernschätzer zur Glättung von Scatterplots 315
Klassen 28
    Wahl der Anzahl der 47
    Regeln zur Wahl von 73

Klassenbildung 34, 178
    Faustregeln zur 47
Klassenbreite 34
Klassifikation 232, 239
Kleinstquadrateeigenschaft 88
Kleinstquadrateprinzip 245
Kleinstquadrate-Residuen 247
Knies, Carl Gustav Adolph 5
ϕ-Koeffizient 276
König David 3
Kolmogorov, A. N. 9
Kombinatorik 7
kombinatorisch 7
Kommunalstatistische Ämter 10
Kommunikationsphase 63
Komponente
    glatte 342
    systematische 332
Komponentenmodell, additives 333
Komponentenmodell, multiplikatives 333
Konfuzius, Kung-Fu-Tse 3
konkordant 267
Konstruktionsphase 63
Kontingenzkoeffizient von Pearson 278
    korrigierter 278
Kontingenztabelle 178, 256, 263
konvexe Hülle 243
Konvexe-Hüllen-Median 237
konvexes Polyeder 236
Konzentration 85, 146
Konzentrationsmaß 147
Korrelation 8
Korrelationsanalyse 185, 244, 320

Korrelationskoeffizient 8
    nach Blomquist 272
    nach Bravais-Pearson 223, 255, 291
    von Fechner 260, 273
    partieller 255
    nach Ravek & Schwarz 272
korreliert 224, 247
Kotz 324
Kovariable 244
Kovarianz
    empirische 222
    α-getrimmte 234
Kovarianzmatrix 234
KQ-Anpassung 307
KQ-Prinzip 245
KQ-Regression 288, 324
KQ-Residuenquadratesumme 321
Kreisdiagramm 39
Kreisfrequenz 356
Kreuzkorrelationsfunktion 381
Kreuztabelle 178
Krümmung 163
$k \times m$-Felder Tafel 178
Kurtosis 121
Kurvendiagramm 40

labeled 140
Laet, Jan de 4
Lage 85
Lagemaße 215
Lageparameter 85, 326
Lageregeln 118
Laplace, Pierre Simon de 7

INDEX

Leacock, Stephen 1
Leave-one-out-Schätzer 79
leaves 64
Legendre, Adrien Marie 7
Leibniz 6
Leiter der Potenzen 162, 304
Letter-Value 102
Letter Value Display 106
leverage 283, 286
leverage points 321
Lexis 8
    Lexissche Dispersionstheorie 8
Liapunov, A. M. 9
Lineare Unabhängigkeit 250
linearisiert 321
Linearisierung von Beziehungen 158
Linearkombination 232
    Linearkombinationen von Ordnungsstatistiken 100
    multivariate Linearkombinationen von Ordnungsstatistiken 238
linksschief 116, 164
linkssteil 116
Logistische Funktion 337
Lorenzkurve 146
    empirische 146
Lorenzsches Konzentrationsmaß 148
LO-Werte 106

Mahalanobis-Distanz 234
Mahalanobis-Tiefe 234
Malthus, Thomas Robert 6
Markov, A. A. 8, 9

Markov-Ketten 8
Markt- und Meinungsforschungsinstitute 10, 15
Maskierungseffekt 230, 234, 283, 286, 322
Massenerscheinung 2
Masse, statistische 19
Maßzahlen 85
matched 163
Matching 162
Mayr, Georg von 8
mean squared error 76
Median 97, 102, 116, 129, 168, 329
    L_1-Median 221
    räumlicher Median 221
    verallgemeinerter 242
Median der absoluten Abweichungen vom Median (MAD) 111
Medianpunkt 218, 219
Mengenindex 91
Merkmale
    dichotome 272, 275
    diskrete 178
Merkmalsvektor, bivariater 178
Meßfehler 245
Methode der kleinsten Quadrate 7, 283
Methoden, graphisch-explorative 80
Methode, vergleichende 4
Méré, Antoine Chevalier de 7
Merkmal 21
    bivariates 185
    extensives 146
    homogenes 195
    kodiertes 28

metrisches 185

qualitatives 22

quantitatives 22

quasistetiges 23, 34

stetiges 34

Merkmalsausprägung 21

Merkmalsraum 21

Mideighth 102

Midextremes 103

Midhinge 102

Midsixteenth 103

Midsummaries 102, 103, 116, 118

Mises, R. von 8

Mittel

α- getrimmtes 100

α- winsorisiertes 100

arithmetisches 87, 108, 116, 216

geometrisches 92

getrimmtes 216

gewogenes arithmetisches 87

gewogenes geometrisches 93, 94

harmonisches 94

Tiefen-getrimmtes 239

winsorisiertes 216

Mittelwert 87

Modalwert 86

Modellbildung 320

Modus 86, 116, 216,

Moivre, Abraham de 7

Momente

empirische 120

empirische r-te zentrale 121

Momentenkoeffizient 123

M-Ordnen 231

Mosteller 106, 164

Nair 295

k_n-Nearest-Neighbour-Schätzer (k_n-NN-) 58

Neumann, Kaspar 6

Neyman, Jerzy 8

Nichtlinearität 257, 298

Nichtparametrische Autoregression 390

Nominalskala 22

Nonsenskorrelation 255

Normalgleichungen 246, 249

Normalkern 78

Normalverteilung 7

multivariate 226, 229

5 number summary 103

Oberwellen 356

Oja's Median 242, 243

verallgemeinerter 240

verallgemeinerter mittlerer Abstand zum Oja-Median 243

ordinal skaliert 262

Ordnen

konditionales 231

marginales 231, 232

multivariater Daten 231

partielles 231

reduziertes 231

sequentielles 231

Ordnen nach einer Randverteilung 232

Ordnen nach der Mahalanobis-Distanz 232

Ordnungsstatistik 96, 231

orthogonalisiert 228

INDEX

Orthogonalreihen 202
outer fences 106
outside 106
outside values 106
Oversmoothing 78

Paarvergleiche 267
Parameter 85
Pascal, Blaise 7
Parzen 78
Plausibilitätskontrolle 28
Pearson, Egon S. 8
Pearson, Karl 8, 119
Pentagramm 102, 103, 129
Periode 354
Periodenmittelwert 357
Petty, William 6
pH-Wert 159
Picard-Kern 78
Plug-in-Technik 79
Poisson, Siméon Denis 7
Poissonsapproximation 8
Politische Arithmetik 5
Polygonzug 40
P-Ordnen 231, 237
positiv definit 226, 232, 247
positiv semidefinit 224
Potenztransformation 298, 303
    Potenztransformation, linearisierende 186
Prediktormatrix 249
Prediktorvariable 244
Preisindex 91
    nach Laspeyres 91
    nach Paasche 91
Prinzip der Kleinsten Quadrate 249
Profilkurve 201, 203
Prognosefehler 378
    mittlerer quadratischer 378
    relativer mittlerer quadratischer 379
Prognoseintervall 379
Projektion 199
Projection-Persuit-Verfahren 199
Projektionsmatrix 250
Projizierung auf niedrigdimensionale Unterräume 229
Pseudosigma 114
Punktprognose 379
Punktwolke 185

Quantil 96, 119, 216
    α-Quantil 96
    Quantilsabstand 105
        verallgemeinerter (q/n)-Quantilsabstand 243
    Quantilsmittel 116
α-Quantilskoeffizient der Schiefe 119
Quantil-Quantil-Diagramm 125
QQ-Diagramm 125
QQ-Plot gegen Normalverteilung 326
Quartil
    oberes 99
    unteres 99
Quartilsdispersionskoeffizient 115
Quartilskoeffizient der Schiefe $QS_{1/4}$ 119
Quetelet, Lambert Adolphe Jacob 6
Quellentabelle 28

Randhäufigkeiten 179
Randverteilung 179, 277
   eindimensionale 215
Rang 96, 262
   Rang, mittlerer 262, 270
range 105
Rangkorrelationskoeffizienten nach Spearman 263, 273
Realisation 21
Rechteckskern 78, 316
rechtsschief 116, 164
rechtssteil 116
Reduktion der Anzahl der Variablen 229
Regeln zur Wahl der Anzahl der Klassen 47
   $\log_2 n$-Regel 74
   $10\log_{10} n$-Regel 75
Regression 8
   lineare Regression 244, 283
      einfache lineare Regression 244
      multiple lineare Regression 244, 248
      lokal gewichtete Regression 364
Regressionsanalyse 185, 244, 320
Regressionsgerade 321
Regressionshyperebene 321
Regressogramm 313
Regressormatrix 249
Regressorvariable 244
Residualanalyse 321
Residual-Plot 298, 326, 329
Residualstreuung 247
Residuen 245, 250
Residuenanalyse 326

Residuum 321
   adjustiertes 329
   standardisiertes 329
   studentisiertes 329
resistent 106, 107, 110, 115, 221, 262, 264, 273, 303, 324
resistant line– Technik 324
Resistenz 100
   gegenüber Ausreißern 9
Resmoothing 372
Responsevariable 244
Ressort-Statistik 10, 14
Reststreuung 247
RL-Anpassung 307
RMSPE 379
Robustifizierung 287
R-Ordnen 231, 232
Rotationen der dreidimensionalen Punktwolke 199
rotationsäquivariant 219
Rümelin, Gustav 8

SABL 374
Sachproblem 19
Säulendiagramm 34
Saisonteilschätzung 359
Saisonschwankung 333
Sansovino, Francesco 4
Scatterplot 185, 199, 229, 244, 313
   Glätten von Scatterplots 192
   X-Y-Scatterplot 303
Scatterplot– Matrizen 187, 320
Schärfe 323

Bimax-Schärfe 323
k-Schärfe 323, 324
Schärfekurve 323
Schärfe der Skizze 323
1-Schärfe 323
2-Schärfe 323
Schatten, statistische 2
Schätzer
    Hodges/Lehmann-Schätzer 291
    M-Schätzer 286
Schälen konvexer Hüllen 237
Scheinkorrelation 255
Schiefe 85, 116, 222
    Schiefeparameter 116, 326
    Schiefekoeffizient, erster Pearsonscher 119
    Schiefekoeffizient, zweiter Pearsonscher 120
    Verallgemeinerungen des Pearsonschen Schiefekoeffizienten 243
Schlözer, August Ludwig von 4
Schmeitzel, Martin 4
Schule, englische 8
Schule, kontinentale 8
Schwarzsche Ungleichung 224
Schwerpunkt 88, 217, 221, 237, 287
    verallgemeinerter 243
    α-getrimmte Schwerpunkte 234
Scott 77, 79
Sheppardsche Korrektur 108
Seckendorff, Veit Ludwig von 4
Sekundärstatistik 24
serendipitious effects of transformation 175

Servius Tullius 3
S-förmig 127
Simplexmedian 236
Simplextiefe 232, 236
Sixteenths 102
Skala 22
    Kardinalskala 22
    Metrische Skala 22
    Ordinalskala 22
    Rangskala 22
skalenäquivariant 242
Skalenmaß 239
    richtungsbezogenes 239
    univariates 242
Skalenniveau 22
Skalierung 22
Skalierungsverfahren 22
Skizze 321
Snedecor 8
Sonnenstrahl-Plot 210
Spannweite 105
    verallgemeinerte 243
Splitting 372
Spread 106
spread-versus-level-plot 168
Staatsmerkwürdigkeiten. Lehre von den 4
Stabdiagramm 34
Stabilisierung der Varianz 158
Stabilisierung der Varianz mehrerer Datensätze 167
Stablein 103
Stamm 64
Stamm-Blätter-Darstellung 63, 106, 195, 326

gestutzte 71

kodierte 71

Standardabweichung 108

Standardisierung 157, 201

standardisiert 228

Star-Symbol-Plot 210

STATIS-BUND 11

Statistik 1,4

amtliche 10, 24

ausgelöste 10

der Markt- und Meinungsforschungsinstitute 14

der Wirtschaftsforschungsinstitute 14

deskriptive 2

Geschichte der 3

nichtamtliche 10, 14, 24

schließende 2

Statistisches Bundesamt 10, 91

Statistische Institutionen 10

Statistisches Jahrbuch 11

Statistische Landesämter 10

Statistischer Wochendienst 11

Steigungsparameter 244

Stem & Leaf-Diagramm 165

Stem & Leaf-Displays 63

Stem & Leaf-Plot 195

Sterbetafel 5

Sternen-Plot 210

Stichprobe 24

Stichprobentheorie 24

Stichprobenumfang 33

Stichprobenvarianz 108

stock 20

strays 129

Streudiagramm 185, 190, 320

Streuung 85, 222

erklärte 247

Streuungsmaß 104, 222

dimensionsloses 114

Streuungs-Niveau-Plot 168, 174

Streuungsparameter 104, 326

Streuungszerlegung 109, 247, 250

Störvariable 245

Student'sche t-Verteilung 8

Stützbereich 352

Summenpolygon 49, 97, 192

Summenpolygon, bivariates 192

Süßmilch, Johann Peter 6

Symmetrie der Verteilung 158

Symmetriediagramm 121, 326

Tabelle 30

Tabellenknechte 5

Teilschätzung der glatten Komponente 359

Telefoninterview 25

Theil, Methode von Theil 291

Theilscher Ungleichheitskoeffizient 379

Thirtyseconds 102

Three Group Resistant Line 298

Tiefe 65, 96, 98, 102

Tiefe univariater Beobachtungen 234

Transformation 157, 216, 244, 326

affine 221, 228, 236

angepaßte Transformationen (Matched Transformations) 171

lineare 264

INDEX 435

linearisierende 257
Lineartransformation 157
Transformation auf Linearität 303
Log-Transformation 159
monotone 264
orthogonale 221
Potenztransformationen 159, 329
Transformationen zur Erhöhung der Interpretierbarkeit 158
Transformationen zur Erhöhung der Symmetrie 163
Transformationsplot 164, 305, 307, 329
Transformationsplot zur Symmetrisierung 173
Translationsäquivarianz 86, 88, 98, 215, 219
TRASH-Kurve 323, 324
Trigonometrisches Polynom 356
Trimean 101
Trimmungsanteil α 239
Tschuprov, A. A. 8
Tschebyschev, P. L. 9
Tukeys Halbraumtiefe 232, 234, 235
Tukeys resistant line 303
Twicing 372

Umbasierung 92
Umrechnungsfaktor 114
Umsatzindex 90
Unabhängigkeit 256, 277
Undersmoothing 79
Universitäts- oder Kathederstatistik, (deutsche) 4
unkorreliert 224, 256

Untersuchungseinheit 19
updating 329
Urliste 178
Urmaterial 27, 85
Urnenmodell 7

Variablen
    abhängige 244
    nicht beobachtbare (latente) 229
    statistische 21
    unabhängige Variable 244
    zentrierte 228
    zu erklärende 244
Varianz 108
    Gesamtvarianz 226
    nichtkonstante 329
    Varianz, verallgemeinerte 226
Varianzanalyse 8, 168
Variationskoeffizient 115, 147
Vektor der Einflußparameter 249
Vektor der Störgrößen 249
Vektor der zu erklärenden Variablen 249
Verbands-Statistik 10, 14
Verfahren
    asymtotisch optimale 76
    robuste 9
Verhältnisskala 22
Veröffentlichungsverzeichnis des Statistischen Bundesamtes 11
verschiebungsinvariant 242
Verschiebungsmatrix 349
Verschiebungssatz 109
Versuchsplanung 8

statistische 27

Verteilung

    abgeplattete 123

    bedingte 180

        eindimensionale bedingte 215

    β-Verteilung 8

    bivariate 195

    Γ-Verteilung 8

    χ^2-Verteilung 8

    F-Verteilung 8

    gemeinsame 180

    leptokurtische 123

    linksschiefe 116, 119

    mesokurtische 123

    platykurtische 123

    rechtschiefe 116, 119

    spitze 123

        Darstellung zweier Verteilungen, spiegelbildliche 195

Verteilungsfunktion, empirische 49

    empirische Verteilungsfunktion, bivariate 192

Volkszählung 3, 6

Vollerhebung 24

Vorhersage

    bedingte 378

    kurzfristige 377

    langfristige 377

    mittelfristige 377

    naive 377

h-Schrittvorhersage 378

Vorhersagefehler 378

Wachstum, exponentielles 159

Wachstumsfaktor 92

Wachstumsrate 92, 159

Wahrscheinlichkeit, bedingte 7

Wahrscheinlichkeitsbegriff, Laplacescher 7

Wahrscheinlichkeitstheorie 6

Wald, Methode von Wald 287

Warenbündel 90

Warenkorb 90

Wertgewichtsmethode 91

Wert, häufigster 86

Wertindex 90

whiskers 129

Wilhelm der Eroberer 3

Wirtschaft und Statistik 11

Wirtschaftsforschungsinstitute 10, 15

Wölbung 85, 116, 121, 222

Wölbungsmaß, verallgemeinertes 243

Wölbungsparameter 326

Wurzelregel 74

Yule 8

Zähldaten 159

Zäune 137

    Zäune, äußere 106, 140

    Zäune, innere 106, 137

Zeitreihe 40

    saisonbereinigte 363

    trendbereinigte 363

Zensus 3

Zentralpunkt 221

zentriert 228

Zusammenhang

kausaler 320
lineare 244, 256
schwach monotoner 269
Zusammenhangsmaß 222